本书获深圳大学教材出版资助

# 家具形态设计

# Furniture Form Design

唐开军　编著

清華大學出版社
北　京

## 内 容 简 介

本教材共六章，系统地梳理了国内外家具形态设计知识体系的最新发展与成果。第一章概括地介绍了家具形态设计的基本概念、特征、原则、演变过程与发展方向；第二章详细阐述了家具形态构成元素的语义与应用；第三章详细阐述了家具形态构成的美学法则及其在家具形态中的释义；第四章详细介绍了家具形态创新思维形式的类型，采用案例式编写体例解析了各类创新设计方法在家具形态设计构思中的应用；第五章以全新的视野，从功能、色彩、材料、工艺、构造、风格、概念、仿生八个方面构建了家具形态创新设计的途径，也是整个教材的重点与创新性内容；第六章通过具体案例演示了家具形态设计的完整过程与评价方法。本教材结合各章的内容设置了相应的“思政要点与设计实践”。

本教材以国家级一流专业、一流课程建设要求为编写依据，由传统设计类教材以产品功能价值为编写理念转变为以新兴的产品情感价值为编写理念，以中式悟物之道为导向，形成全新的架构与知识体系。本教材具有内容全面丰富、条理清晰、层次分明、核心内容突出、知识点明晰、时效性强等特征，高度契合了新时期设计类专业的思维方式和教学特点，以及当前设计产业的现状与发展趋势，是一本适用于普通高等学校产品设计、艺术设计、工业设计、家具设计与工程等专业教学和行业从业者的专业书籍。

本教材配套提供了教学课件(PPT)，教学大纲、电子教案和二维码拓展阅读等数字化资源，形成了“互联网+”新形态立体化的特色资源体系。



**图书在版编目（CIP）数据**

家具形态设计 / 唐开军编著. -- 北京 ： 清华大学出版社，2024. 8. -- ISBN 978-7-302-66633-2

Ⅰ. TS664.01

中国国家版本馆CIP数据核字第20241R6Q43号

责任编辑：王　定
封面设计：周晓亮
版式设计：孔祥峰
责任校对：牛艳敏
责任印制：杨　艳

出版发行：清华大学出版社
网　　址：https://www.tup.com.cn，https://www.wqxuetang.com
地　　址：北京清华大学学研大厦A座　　邮　　编：100084
社 总 机：010-83470000　　邮　　购：010-62786544
投稿与读者服务：010-62776969，c-service@tup.tsinghua.edu.cn
质 量 反 馈：010-62772015，zhiliang@tup.tsinghua.edu.cn
印 装 者：北京博海升彩色印刷有限公司
经　　销：全国新华书店
开　　本：203mm×260mm　　印　　张：16.5　　字　　数：395千字
版　　次：2024年8月第1版　　印　　次：2024年8月第1次印刷
定　　价：89.80元

产品编号：103087-01

# 前言

历经40多年改革开放的中国，创造了举世瞩目的“中国奇迹”，综合国力、科技实力、文化影响力、国际影响力等进入世界前列，赢得国际社会的普遍尊重。随着中国国际地位的提升，在未来的人工智能时代，中国将承担更多的国际责任和义务，这也对大学教育、人才培养提出了新的要求。

习近平总书记在党的二十大报告中强调，“加快建设中国特色、世界一流的大学和优势学科”，到2035年，把中国建成“教育强国、科技强国、人才强国”。这意味着中国高等院校要有计划、有目标、分层次地逐步推进新兴学科、交叉学科建设，构建中国自主的知识体系、话语体系，形成适应中国特色社会主义发展要求、立足国际学术前沿、门类齐全的教材体系，向世界贡献中国智慧。教材作为教学构成的基本要素之一，具备知识的权威性，师者以教材为知识的载体和实施教学的主要工具，有选择地向学生传递有价值的知识信息，帮助学生掌握合理有效的学习方法，高效地构建自己的系统化知识，延续人类的文明，推动社会的进步。

设计和造物是人类与生俱来的天赋，从早期的原始社会、农耕时代、工业时代和信息时代到现在的人工智能时代，无处不在的造物活动不仅充分展示了人类高超的智慧和无上的技能，还层析出了技术与艺术融合的系统化、条理化、层次化的独特知识体系，通过现代教育机构、教学方法针对不同的学者群体，以教材为知识载体，由师者高效、快捷地完成某一专门领域的知识传授、传承。设计类知识体系的独特性赋予了其智力性、创新性内涵，因此也赋予了设计类教材体系鲜明的个性与特色。

首先，在新文科、新设计背景下，构建新型的设计类教材体系，应该以树立和培养正向的思想与观点为宗旨，润物无声地引导学生运用唯物主义的观点发现问题，科学理性地分析问题；正确地应用设计学科的基本理论、基本知识和基本技能解决问题；让学生在潜移默化间形成以东方的哲学思想为基础，以中式悟物之道为思维过程，以现代中式形态内涵为呈现方式的设计知识体系。

其次，以国家级一流专业、一流课程建设要求为编写依据，以高水平配套教材为编写目标，综合体现国内外设计学科专业的最新研究成果及未来发展趋势，既要保证教材基本内容和知识体系的科学性、系统性、先进性和实用性，又要契合设计类专业的思维特点和教学组织形式，并利用互联网平台进行相关知识内容的数字化配套与拓展，保证设计产业现状与教学内容的即时互通。

最后，随着情感消费时代的到来，产品的价值输出亦由功能转向情感，消费者更加关注产品的情感价值，体验人与产品共情的心理效应；传统的以产品功能价值为编写理念的教材已经不能满足情感化产品对设计人才的需求。因此，亟须以新兴的产品情感价值为编写理念，以中国式雅致生活方式为基础，以蕴含东方美学思想的产品设计为核心，以情感设计方法、呈现形式为基本内容的教材架构与知识体系。这也是撰写本教材的初衷，以期对传统的家具造型设计类教材进行迭代升级。

由于作者的学识水平有限，以及家具形态设计相关领域不断迅速发展、迭代更新，教材中难免有不足之处，热忱欢迎专家、学者提出宝贵意见和建议，共同推动新兴家具形态设计知识体系的发展和完善。

本教材免费提供教学课件、教学大纲和电子教案，读者可扫描下方二维码获取。另外，教材提供的拓展阅读等数字化资源，读者可扫描相应章节的二维码学习。

教学课件

教学大纲

电子教案

作　者

2024年春于深圳

# 目 录

# 第一章

# 概　　论

家具既是人类生活的必需品，又是人类生活方式的载体。它从远古走向今天，与人类相伴而生，与人类文明如影随形。人类生产生活中的变化或多或少会以不同的形式体现在家具上，家具形态设计是对人类生活的另一种诠释，演绎着人类文明的进程。从几千年前原始、简陋的家具，到今天绚丽多彩的现代家具，其间经历了无数次变革与创新，并随着时代的发展，因地域的不同，形成了在形式、材料、构造、工艺技术等方面有着显著差异的多样化的家具形态。

# 第一节 基本概念

尽管家具的诞生与发展变化存在地域差异，且受到不同历史时期、不同区域政教思想、风俗习惯、物质文明与精神文明等因素的综合影响，呈现出有别于其他艺术系统的独特风格，但不同地域的家具及其形态的基本含义与服务于人类的基本方式却是相同或相近的。

## 一、家具的概念

家具是指人类在维持日常生活、从事生产实践和开展社会活动等过程中用于支承、凭倚、收纳、作业或展示物品等的一类器具，是建筑室内陈设与装饰的主题，与建筑室内环境融为一体。

在人类社会的演进过程中，家具的概念与范畴也在不断变化，并早已突破了人类工作或生活用器具的范畴，或作为礼器设于王宫与贵族官邸，如图1-1所示的现存于北京故宫保和殿的清中期的贴金罩漆镶宝石龙纹宝座，它以彰显皇权威严的至高无上为形态语义，在宽大、厚重的宝座形体上贴金罩漆，不露木骨，形成异常威严、肃穆、庄重的气韵和效果；或作为法器置于庙堂之内，如图1-2所示的哥特式教堂椅，它以推崇神权的至高无上为形态语义，把基督教的政教思想融入雄伟、庄严、威仪、挺拔向上的家具形态，旨在让人产生腾空向上、与上帝同在的幻觉。可见，家具的形态、功能、类型、风格和制作水平以及当时的存有情况，还反映了一个国家或地区在某一历史时期的物质文明水平、社会形态以及历史文化特征，是某一国家或地域在某一历史时期社会生产力发展水平的标志，是某种生活方式的缩影，是某种文化形态的显现[1]。

图1-1　贴金罩漆镶宝石龙纹宝座/清中期

图1-2　哥特式教堂椅/中世纪

人类进入现代社会后，家具也跟随时代的脚步不断发展创新，形成了如今门类繁多、用料各异、品类齐全、用途不一的繁荣现象，并以其独到的功能服务于现代生活的方方面面——工作、学习、教学、科研、社交、旅游、娱乐、休息等。而且随着社会的发展与人们行为方式的多样化，家具由原来使用场合较为单一的形式演变到现在与使用空间功能特征相吻合的各类形式，如公共空间的宾馆家具、商业家具、办公家具以及居室空间中的客厅家具、餐厅家具、卧室家具、书房家具、厨房家具、儿童房家具、浴卫家具等。各种家具类别层出不穷，它们以不同的功能形式、不同的形态特征、不同的文化语义来满足不同使用群体的不同行为方式和情感需求。图1-3是人们日常主要行为方式与空间及其家具之间的关联简图。

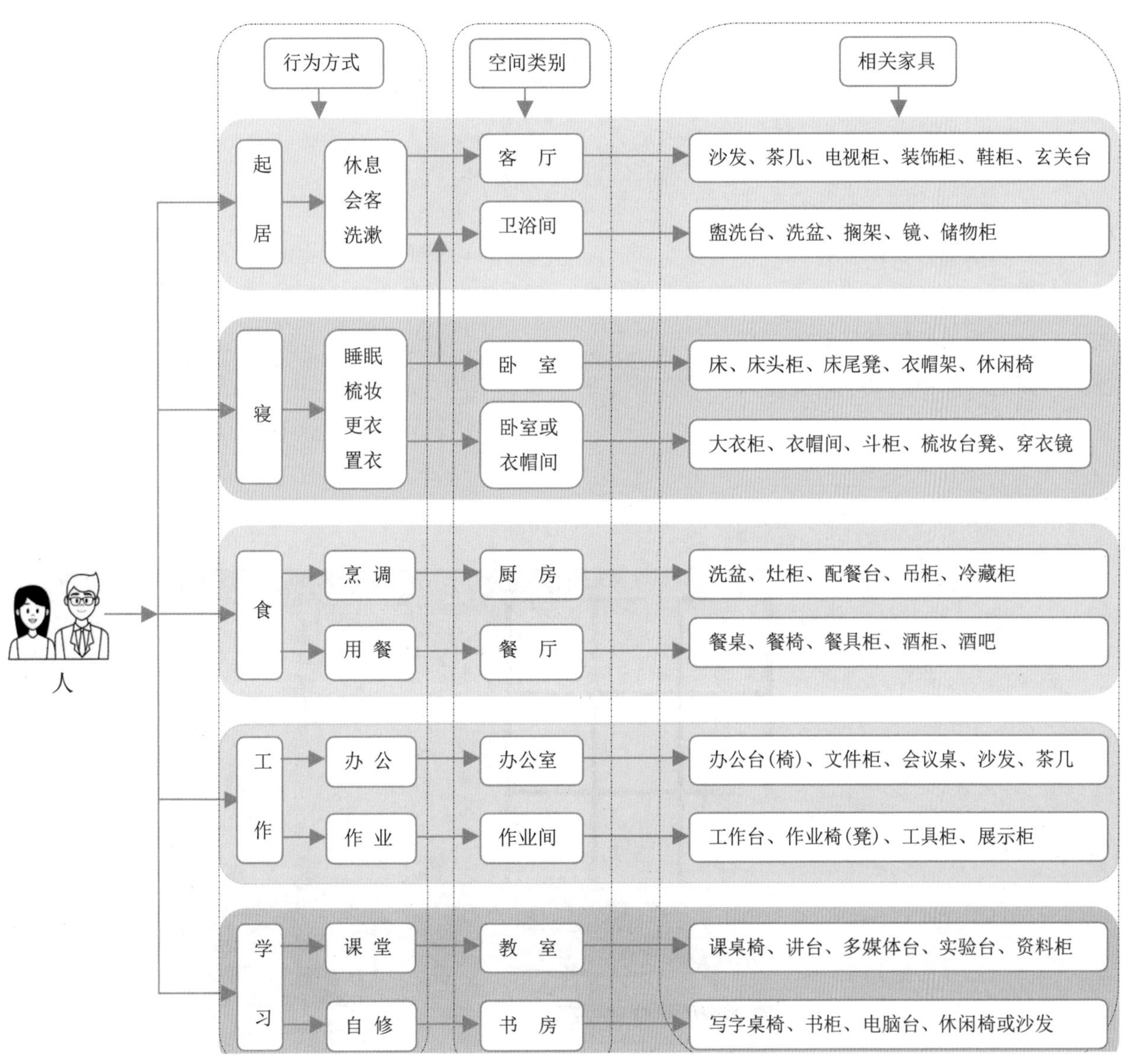


图1-3 人们日常主要行为方式与空间及其家具之间的关联简图

## 二、家具的类别

现代社会的快速发展与进步，各类资讯、信息趋于即时化，现代家具的材料、使用功能、使用环境的多样化，造就了现代家具的多元化。因此，很难采用某种单一的方法对现代家具进行分类。为了便于理解和学习，本教材从建筑空间功能、家具基本功能、家具构成材料、家具构成形式、家具风格形式等角度对现代家具进行分类，以期形成一个完整的家具产品的概念(图1-4)。

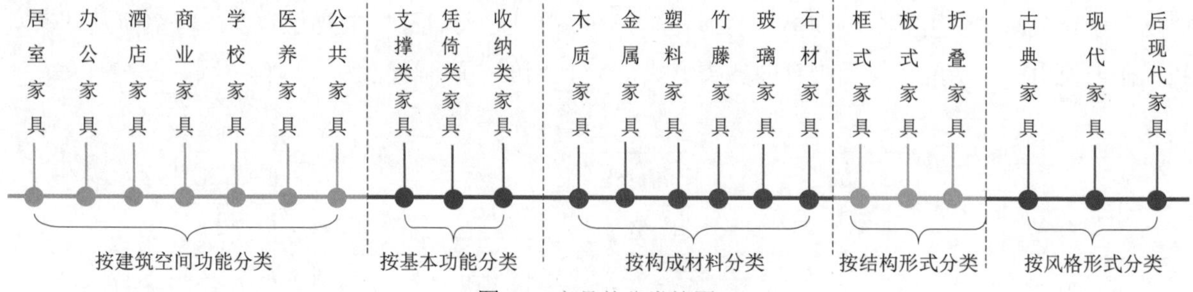


图1-4　家具的分类简图

### 1. 按建筑空间功能分类

人类在长期的工作和生活行为过程中逐渐形成了多种典型的建筑空间功能类型，为满足人类在不同建筑空间中活动的功能需求，可对家具进行以下分类：

(1) 居室家具。居室家具是指人们日常生活起居所用的家具，品类繁多、形式多样，是最常见、市场上份额最大的一类家具产品。根据居室空间的功能不同，居室家具主要包括客厅家具、卧室家具、书房家具、厨房家具、茶室家具、餐厅家具、儿童房家具、浴卫家具等。图1-5是居室客厅家具形态。

图1-5　居室客厅家具形态

(2) 办公家具。办公家具是指日常办公室中所配置的各类家具。办公室主要有办公、接待、会议、文件资料收发与陈放等功能，所需主要家具有办公桌(台)、工作椅、会议桌椅、电脑台、文件柜、沙发与茶几、茶水柜、间隔屏风等[2]。图1-6是小型会议桌椅形态。

图1-6 小型会议桌椅形态

(3) 酒店家具。酒店家具主要是指酒店、旅馆、民宿的客房、餐厅、大堂、酒吧、卫浴间等功能空间用的家具，其中多数家具与装修相结合。由于所处的空间相对较小，且供旅客临时使用，酒店家具一般根据客房实际大小和酒店主题特色设计制作，在形态、构造、尺寸等方面均有自己的突出特色。图1-7是民宿酒店客房家具形态。

(4) 商业家具。商业家具是指在各类商场、超市、专卖店等商业环境中用于陈列、展示、储存商品的家具，主要包括货柜、货架、展示台、橱窗、收款台等。这类家具应与被展示商品的主题、性能、规格、品牌特征等相符合，也要和建筑空间环境相协调。图1-8是纸质橱窗展示台形态。

图1-7 民宿酒店客房家具形态

图1-8 纸质橱窗展示台形态/设计：十八子

(5) 学校家具。学校家具包括大、中、小学的教室和科研机构在教学与科研中使用的家具，主要有教室和实验室用的课桌椅、讲台、多媒体台、绘图桌、实验台、电脑台、试剂柜、资料柜等，学生宿舍或公寓中用的床、学习桌、储物柜及食堂中的家具。特别是中、小学生用的课桌椅应考虑到使用者身高的可变性，采用可调节高低的构造系统(图1-9)。

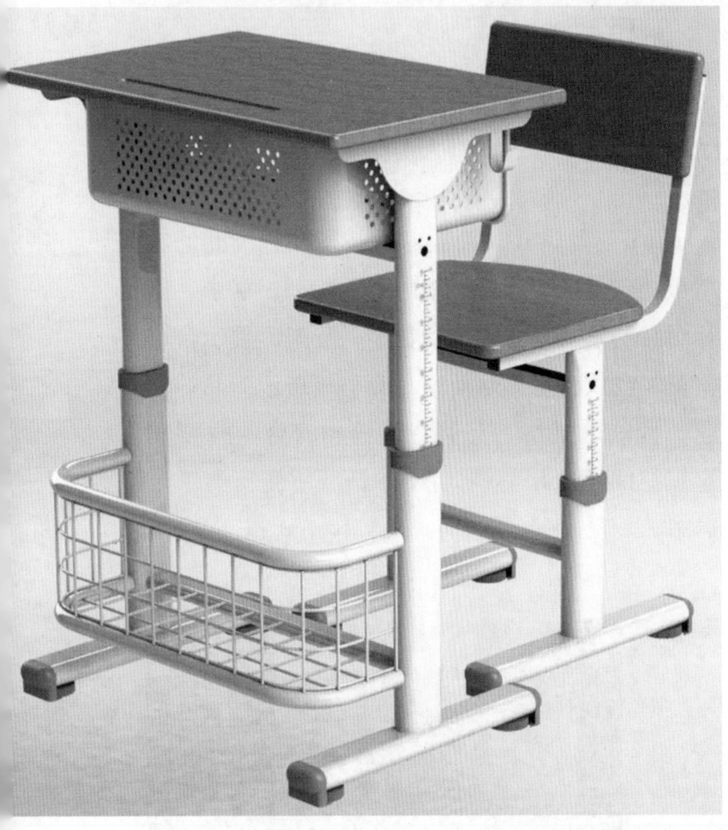

图1-9　高度可调课桌椅形态

(6) 医养家具。医养家具是指医院、养老院等医疗康养场所使用的家具。特别是医院用的家具，对材质有比较高或特殊的要求，如耐酸碱性、耐脏易清洁等。医养家具主要包括病床与床头柜、注射凳、药品柜、手术台、器具柜、试剂柜、化验台、医护办公用家具等。图1-10是新型智能病床形态。

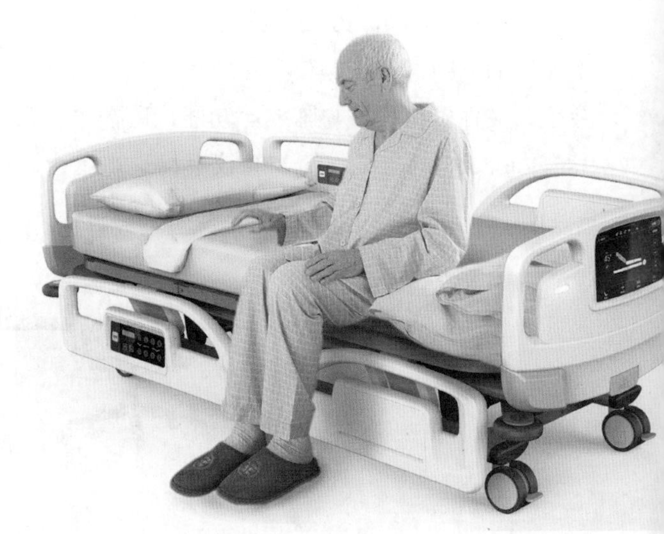

图1-10　新型智能病床形态

(7) 公共家具。公共家具是指公共空间与环境，如影剧院、报告厅、会议厅、车站、机场、码头、休闲广场或公园等公共场所所使用的家具(图1-11)。公共家具是一个地方或城市社会形态的展现，不仅具有使用功能，更是精神文化的传播者。公共家具要求构造简单、位置固定、强度高、耐腐蚀、耐酸碱。公共家具主要有连排座椅类、长条椅、凳类、台类等。

图1-11　休闲场所中的公共家具形态

## 2. 按基本功能分类

根据家具的基本使用功能，结合家具与人、家具与物品之间的相互关系，家具可分为支撑类、凭倚类和收纳类。

(1) 支撑类家具。支撑类家具是人类早期由无意识到有意识使用、创造的生活用品之一，也是人的一生中使用较为频繁和广泛的一类家具，包括椅凳类、沙发类和床类等。

椅凳类是较为基础的家具类型，主要有方凳、长方凳、长条凳、靠背椅、扶手椅、餐椅、办公椅、休闲椅等，其形式、构造、材料多种多样。图1-12是丹麦家具设计大师汉斯·维格纳(Hans Wegner)于1949年设计的一款现代风格的椅子，称为肯尼迪椅。沙发类是人们为了追求舒适的起居方式，在座椅的基础上衍变而来的。尽管沙发的历史较短，但其已经成为现今一般家庭必备的家具之一。床是供人睡眠休息、放松身心、恢复活力的家具，根据规格、构造形式又可分为单人床、双人床、折叠床、单层床、双层床等类型。

(2) 凭倚类家具。凭倚类家具是指家具构成的一部分与人体有关，另一部分与物品有关，主要供人们倚凭或伏案作业，同时兼有收纳与支撑物品功能，主要有台桌和几架两类。台桌类主要有餐桌(台)、写字台(图1-13)、电脑台、办公桌、工作台、会议桌、梳妆台、课桌等，几架类主要有茶几、花架、衣架、屏风等。

(3) 收纳类家具。收纳类家具也称柜类家具，用于储物、收纳和展示，主要有衣柜、书柜、床头柜、餐具柜、电视柜、装饰柜(图1-14)、文件柜等。柜类家具有固定式和可移动式两种基本类型，在空间构成上有封闭式、半封闭式和开放式三种形式。

图1-12 现代风格椅子形态/设计：汉斯·维格纳

图1-13 现代风格写字台形态

图1-14　现代风格装饰柜形态

### 3. 按构成材料分类

材料是构成家具的物质基础，根据构成家具的整体或主体构件所用材料的不同，家具可分为木质家具、金属家具、塑料家具、竹藤家具、玻璃家具、石材家具等。

在现代家具的各类用材中，木材的历史最为悠久，是人类一直使用的主要材料，且随着科技的发展与进步，还衍生出了木质胶合板、中密度纤维板、刨花板、细木工板、片状薄木等木质材料，形成了现代家具的木质材料族系。金属家具是工业革命之后逐渐兴起的，主要以金属管材(圆管、方管)、线材或板材(薄钢板)等为家具的基础材料，常与木材、皮革、纤维织物、塑料、玻璃等配搭(图1-15)。塑料属于新兴高分子材料，因其种类繁多、成型方便而主要作为一些简易型家具用材。玻璃与石材因其高硬度与脆性、触感差等特性而限制了其在家具中的广泛应用。

图1-15　金属与其他材料配搭构成的椅子形态/设计：贾斯珀·莫里森

### 4. 按构造形式分类

家具的构造形式包括家具构件之间的接合方式与形态构成。从古至今，尽管家具的构造形式变化缓慢，但也经历了榫接合、五金件接合等。

家具由于构造形式的不同往往会呈现出不同的形态特征，据此可以分为框式家具、板式家具、折叠家具等。

框式家具主要是由实木材料构成的家具，是一种传统的、以榫接合为主要特征的家具构造形式；木构件通过榫头、榫眼接合，构成承重框架，如果有围合的板件则附设于框架之上，是一种不可拆装的家具。板式家具是一种新型构造形式的家具，由专用的五金件或木圆棒将家具的各构件接合在一起，通常可反复拆装，适合远距离运输和互联网平台销售。折叠家具包括折合和叠放两类，设计的初衷是减少家具在非使用状态时的空间占用，并便于搬动。折合家具一般由其主要部位上的一些既相互牵连又起连接作用的折动点来实现折合，叠放家具在非使用状态下可以在垂直方向层层叠放。

### 5. 按风格形式分类

随着历史的演进，家具的风格形式也发生着变化，并与不同时期、不同地域的政教思想、文化内涵和艺术形式一致，是不同时代的象征。根据历史的演进和风格形式的不同，家具可分为古典家具、现代家具、后现代家具三大类。

(1) 古典家具。古典家具是一个抽象的概念，其中包括西方古典家具和中国古典家具两类。西方古典家具的文字记载始于公元前2600年左右古埃及第四王朝赫特非尔斯女王的黄金床和座椅。古埃及家具通过题材丰富的装饰展现了人类早期征服自然的勇气和力量；古希腊家具展示了人类认识自然、与自然和谐共处的智慧；古罗马家具呈现了人类征服自然、利用自然的勇气；而中世纪的哥特式家具则契合了政教合一的宗教思想。直至进入近代社会，西方家具相继经历了文艺复兴时期家具、巴洛克式家具、洛可可式家具、新古典主义时期家具，家具风格也从追求宏伟、壮观、华丽、奢华逐渐转向精简、轻盈、雅致。图1-16所示为法国巴洛克式小衣柜，图1-17所示为英国洛可可(齐宾代尔)式碗柜。

图1-16 法国巴洛克式小衣柜

西方古典家具精品赏析

图1-17 英国洛可可(齐宾代尔)式碗柜

中国古典家具和西方古典家具一样经历了不同时代的蜕变，至明代达到世界公认的家具艺术巅峰，以造型简练质朴、做工精细、构造严谨、比例优美等特征而著称于世，载入人类家具艺术史册。明代黄花梨南官帽椅如图1-18所示。清代家具则由简入繁，既是对明代家具的继承，也是对明代家具经典的某种“反叛”；形成造型坚实凝重、装饰形式丰富多样、工艺精湛、吸收外来文化、融合东西方艺术等风格特征[3]。清代太师椅如图1-19所示。

中国古典家具精品赏析

图1-18　明代黄花梨南官帽椅

图1-19　清代太师椅

(2) 现代家具。现代工业文明催生了现代设计，现代家具是现代设计的直接成果。简言之，现代家具实用、美观、经济，便于工业化生产，材料多样，零部件通用化和标准化，且是采用最新科学技术等生产的家具。现代家具形态的特征主要体现为重功能、轻装饰，外形简洁，构造合理，材料丰富多样，以及采用淡雅的装饰或基本上不采用任何装饰等。图1-20是英国设计师雅罗斯拉夫·杰克兹(Jaroslav Juricacz)于2011年设计的现代曲木椅。

图1-20　现代曲木椅/设计：雅罗斯拉夫·杰克兹

(3) 后现代家具。后现代家具既是现代家具的延续，又是对现代家具的反叛，是现代物质文明繁荣下的“怪诞”产物。其主要特点是反对现代家具重功能、形态的简洁化和轻装饰倾向，而出现轻视功能、重装饰加上“传统符号”和形态构成上的游戏心态，近乎怪诞。简言之，后现代家具是指形式奇怪、色彩夸张、技术暴露的家具，如图1-21所示的卡尔顿书架。后现代家具以大众化的艺术为基础，强调个体、个性化宣泄，具有明显的主观性内容，是人类进入后工业社会、信息社会的结果。

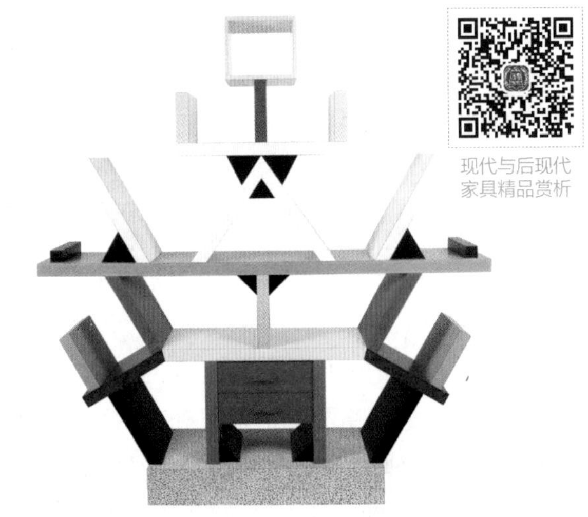


图1-21 卡尔顿书架/设计：埃托·索特萨斯

## 三、形态的含义

综合而言，形态是由某种物质或构造所呈现出来的视觉特征，是传达视觉信息的第一要素。在社会活动中，人们往往会用图形符号来表达自己的思想和愿望；在造物活动中，人们早已学会使用图形来表达和传递自己的设计意图和工作方式。可见，大千世界充满各种形态，无论是作用于感官的物化事物，还是通过思维构想出的抽象事物，都可以通过形态进行表达。

在设计领域中，形态包含形状和情态两方面的内容。形状是指物形的识别性，是由面或封闭线条组成的物体的外形或轮廓，如方形、圆形、三角形等；情态是指蕴含在物体形体内的神态、意象、性格特征等，是指人对物体形态的心理感受。总之，任何物体都是“形”和“态”的协调统一体，两者相辅相成、协调融合，不可分割。其中“形”是物质的、客观的、物理的、固有的、自然的，“态”是精神的、主观的、心理的、联想的、社会的。可见，在设计过程中，既要创造一个美观的外形，又要赋予其某种神态[4]。

设计形态的过程是指人们运用一定的艺术形式和审美法则理解与体验所观察的现象，并建立一目了然、符合一定秩序、具有独特印象和让人产生想象的轮廓的过程。可见，设计形态的意义在于其形式所表现的物质化内容，而内容又依赖形式传达某种内涵。因此，优秀的设计形态应具有以下几个方面的特征。

一是轮廓的直接反映，即对客观对象的二次描绘。人类的许多造型艺术均是通过对人、物、环境及自然的直接描绘来反映事物特征的，这种客观的描绘技法与当时的手工工艺结合，广泛地运用到造物活动中，并将形态描绘制作的精细与难易程度作为形态的价值体现。

二是抽象归纳，即对自然形态进行归纳、总结，用简练的线条或轮廓、不同的技法、艺术形式表现形态外部轮廓及其主要特征。工业革命以后，为满足现代工业化生产要求，经过提炼与抽象归纳的几何形和有机形成为现代艺术形态与设计形态的主要表现特征。

三是动态联想，即强调主观感受。对于复杂的自然形态不是直观描绘，而是通过判断与分析，或进行抽象化，或从中提取纯粹的形，或通过主观感受将对自然的认识和对行为方式的感受结合在一起，通常强调象征与印象，这也是现代设计形态的主要特征。

四是功能的适用性。根据人的生理特征，以及人在行为过程中的功能需求和生理需求，环境空间的整体影响，赋予人造物以相应的形态。

五是技术的限定。在现代人造物中，由于受到技术、构造、材料、工艺、成本等因素的影响，人造物的形态受到很大的限制，其形态应在满足上述要求的前提下体现和发挥其最大价值。

总之，设计中的形态更多的是研究物的形态，是建立在以人的心理和生理为基本需求，以自然和社会的协调性、事物存在的科学性为衡量标准，并包含社会性、文化性、多维性和创造性等方面的内涵。因此，在设计过程中，需要按艺术、美学的评判标准来对待设计形态。另外，设计形态也不是简单的“艺术+科学”的两栖形态，它有自己的语言，有自己的评判原则与标准。

## 四、形态的分类

在现实世界中，一切千姿百态的物质都有形态，且形态各异，但综合分析后，可将其归纳为自然形态、人为形态和抽象形态三大类，如图1-22所示。

- 形态
  - 自然形态
    - 有机形态(动物形态、植物形态)
    - 无机形态(非生物形态)
  - 人为形态——造物设计、纯文化功能设计等
  - 抽象形态(纯粹形态)——概念形态

（自然形态、人为形态：现实形态）

图1-22　形态的分类

### 1. 自然形态

自然形态即自然界中各种客观存在并自然形成的形态。自然形态在大自然中自律地依据某种相互关联或相互作用而存在，并且不断变化。自然形态根据变化的快慢可分为常态和非常态。常态是指保持相对较长时间稳定不变或缓慢变化的自然形态，如各种动物、植物、山川等；而非常态是指偶然瞬间发生的形态，如云朵、闪电、碰撞、撕裂、挤压等产生的自然形态。自然形态示例如图1-23。

部分动物

部分植物

山川

云朵

图1-23　自然形态示例

自然形态是人类认识自然的基础，人类在与自然和谐共处的过程中积累了大量依赖自然形态生存的认知经验，这些认知经验不因生存环境、宗教信仰、性别差异而不同，人们根据这些认知经验进行改造自然、繁衍传承的造物活动。可见，充分了解和认知自然形态表现出来的各种生命力、运动感、力度感和自然观，是设计师设计创造出各种优美产品形态的源泉。

### 2. 人为形态

人为形态是人类利用一定的材料，运用各种工具或机械，按照一定的目的、要求而设计制造出的各种形态，如建筑物、汽车、家具、生活用品、机电设备等(图1-24)，人类就生活在由大量的自然形态和人为形态所组成的环境之中。可见，人为形态的形成是需要动机的，这种动机可以是人类活动过程中必需的物质工具或精神信仰，并依据共同的审美标准或表现形式，如统一、对称、比例、协调、稳定等。

在人类发展的历史进程中，人们无时无刻不在追求对美感形态的创造。从新石器时代的彩陶到现代陶器，从古代家具、建筑到现代家具、建筑，无不包含不同时代特征的审美内涵。特别是进入现代社会后，人为形态对现代人的工作、生活尤其重要，不仅满足了人们日常行为的物质需要，而且其所表现出来的形式美无时无刻不在影响人们的情感，陶冶人们的情操。

### 3. 抽象形态

抽象形态即非现实的、纯粹的形态，它不涉及实际产品形态的工程问题，而是从原理和形态美学变换法则等方面评论形态问题。尽管抽象形态是概念性的、非现实的形态，但它却是产品形态设计视觉化的基础，在创造现实形态之前，通过点、线、面、体等基本形式表现出来，以便对即将创造的现实产品有一个全面的预估。因此，抽象的形态是产品形态设计的初步表现，并不是漫无目的的遐想[5]。

建筑形态

概念汽车形态

家具形态

图1-24 人为形态示例

# 第二节 家具形态的特征

家具形态是表达设计思想和现实产品功能的语言和媒介，形态设计不仅要实现家具的使用功能，还要传达精神、文化等层面的象征意义与内涵寓意。家具形态包括功能形态、色彩形态、材料形态、工艺形态、构造形态、风格形态、概念形态等方面的内容。家具形态的特征则是由其自身的功能、色彩、材料、工艺技术、构造、艺术风格等客观因素与设计师和使用者所处社会环境、审美观、价值判断等主观因素相互交融的综合结果。

## 一、形态服从功能

家具形态源自有目的地设计构思，其中功能目的是第一位的，是家具形态存在的前提。因此，家具在服务于人类衣、食、住、用、行等的过程中呈现出不同的形态。其中，家具的功能以符合健康的行为方式和创造良好的行为空间为目的，这既是家具形态设计的基本内容，又是家具形态设计的依据；而家具的形态则是通过形状、体量、尺度、色彩、肌理等因素正确地传递产品的功能信息，并使使用者乐于接受形态所表现的情感与内涵。

家具形态一般从整体形态、局部形态、构造形态三个方面服从于功能。整体形态是指家具因不同功能需求而呈现的类别性形态，这类形态具有抽象性、相似性和符号化特征。例如，柜类的形态满足收纳的需求，坐具的形态符合人类休闲或工作的行为方式，床类的形态契合人类睡眠的姿态。局部形态是指家具整体中某局部的构成形式，如柜类的门、腿脚、抽屉，坐具的座面、腿脚、靠背、扶手，床类的床屏，等等。家具局部形态的构成既要与其整体形态及主体功能吻合，又要满足人体局部安全性、舒适性或便利性等方面的需求。图1-25为S33悬挑椅，其与人体臀部和背部曲线吻合的弧形座面和靠背既与整体优美的S形钢管支撑体协调统一，又为人体靠坐提供了较好的舒适感体验和腿脚便利活动的空间。构造形态是指家具因使用场所或功能的不同，对材料、构造等的特殊要求而形成的形态，这类形态多取决于工艺技术的因素。

图1-25 S33悬挑椅/设计：马特·斯坦

## 二、形态美的时代性

家具作为社会物质文化和精神文化的一部分，随着时代发展与社会制度的更替，经历了从低级到高级、从简单到复杂的发展过程，并积淀出与其所处地域、历史阶段的物质文明与审美需求高度契合的物化形态。特别是不同时代、不同审美文化与审美标准对家具形态设计的影响，构成了不同时代家具形态的主导特征和形态美的时代性内涵。家具形态美的时代特征的形成与发展既是该时代人们的文化观念、审美意识、价值取向及设计思想在设计中的物化表现，又受其所处时代科学技术状况的制约[6]。

家具形态设计本质上属于创新活动，涉及内容极为宽泛，包括不同时代的形式美、功能美、材料美、工艺美、构造美等多个方面，需要设计师运用专业知识将人们对客观事物的直接反应、对艺术的直观看法，通过视觉语言表现为某种新颖的形式，以整体的协调、统一、对称、韵律、比例等形式美法则为审美的核心要点，贯穿于整个设计方案，并契合大众审美，不断创造新的审美元素，探寻形态美的发展趋向，实现品质与外形的完美统一，呈现出家具形态美的时代性。

科学技术是家具形态美时代化的物质基础，科学技术有所突破，为设计提供了新的拓展空间，新材料、新工艺、新技术等的应用不断推动着家具形态的变化与创新。家具形态的材料成型、色彩呈现、肌理质感及构造设置等形态美的要素无一不是将相关科学技术作为设计构思的物质基础和实施条件，并为家具形态美提供实践的可行性的。例如，帕米奥椅(图1-26)的形态与木质多层薄板模压胶合工艺技术的突破密切相关，既突破了实木家具的传统形态、呈现出曲直交替、空灵飘逸、优美流畅、简洁新颖、拆装灵活、运输方便、适合机械化大批量生产的时代化新形态，又提高了木材的利用率和产品的物理力学性能。

总之，纵观家具的发展历程可知，每当社会物质文明有所进步，科学技术有所突破, 特别是新材料的发明与应用出现时，就会产生前所未有的家具新形态，如金属、塑料、玻璃等现代人工材料在家具产品中的应用，既突破了家具以木材为主的传统用材范围，又颠覆了木质家具的固有形态，以现代、简约、时尚的现代家具形态，服务于人类与时代同步的行为方式，满足人们的情感需求。

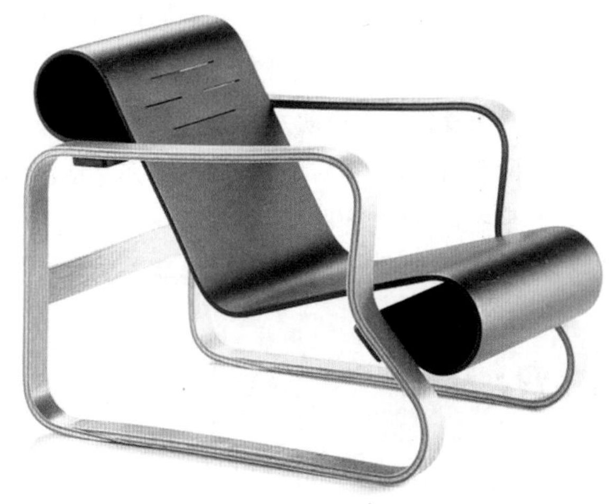

图1-26 帕米奥椅/设计：阿尔瓦·阿尔托

## 三、形态内涵的文化性

家具形态内涵即其形态所反映的物质属性和精神属性的总和。其中，物质属性是指为满足其功能定位所涉及的材料、构造、工艺、设备、科学技术等方面的内容，具有一定时期内的相对稳定性；精神属性是指某一地域内的风俗、习惯、观念和规范等形成的以某些行为方式为本源所承载的思想、观念、精神、价值观等方面的内容，即家具形态内涵的文化性所在。综合而言，家具形态内涵的文化性会因地域的不同而表现出差异性和多变性，这也是家具形态设计的本源所在。

家具形态内涵的文化性主要表现在以下几个方面：一是地域性，基于不同地域的气候条件与自然资源所形成的家具形态，显露出浓郁的地域人文特色。二是民族性，基于历史形成的具有共同语言、共同地域在文化形态上表现出的有别于其他共同体的家具形态，具有相对的独立性和稳定性。三是时代性，不同地域或民族，不同历史时期的家具形态都具有一定的主导特征，即同一时期的家具形态会表现出某种程度的统一性。四是传承性，即无论社会如何变革发展，家具形态始终会沿着固有的文化基因，逐渐积淀，形成新的形态内涵。五是传播性，是指以某一地区为中心，随着整体文化的交流向周边传播扩散并借鉴交融、相互影响的过程。其中，民族性与地域性是家具形态内涵之根；传承性是其发展的内因与脉络，是承古拓新、继往开来之本；时代性与传播性是其设计创新的策动力。

北欧现代家具的形成过程向世人完整地演示了家具形态内涵的文化传承、创新与传播过程。图1-27是丹麦设计大师汉斯·维格纳于1986年设计的环形椅，其圆弧环形和绳编网形构成了环形椅朴素、简洁、优美的形态，既传承了斯堪的纳维亚地区“尊重并充分利用自然资源，通过产品细节把材料特性发挥到极致”的悠久传统工匠文化的精髓，又完美地契合了现代家具的时代性形态特征，诞生至今一直受到世界各地设计师的赞美和使用者的喜爱。

图1-27 环形椅/设计：汉斯·维格纳

## 四、形态语义的符号化

人类在长期的生产劳动和社会实践中创造了语言、文字、图形、行为和表情等一系列用于信息传达的工具和方法，并沉淀为特定意义的符号。设计师通过对于构成家具形态的理解，应用设计语言对家具的形式、构造、色彩、肌理等进行设计表达，形成产品形态在社会层面、使用层面、心理层面的暗示与普遍的认同，从而逐渐形成家具形态的语义。

家具通过其形态语义和形态语言，让使用者了解其形态含义，在社会约定俗成的基础上，准确地展现其形态的功能与特性等方面的信息。因此，家具形态可以看成一个将点、线、面、体、色彩、肌理等形式构成元素，按照一定的规则进行组合所形成的一类约定性的符号系统，在家具“形态—符号—功能”之间建立大众化认同的转译关系。不同符号组合所表达的不同形态语义及传递的不同形态信息，即可形成家具形态符号的柜类、坐具类、台桌类、架类等不同的类别性差异和多样性内容。并且，随着时间的积淀，逐渐衍生新的形态符号与组合，形成一种推陈出新、良性循环的家具形态创新设计生态。

在形态创新设计的过程中，应把形态的功能性和功能的便捷性放在首位。形态的功能性是指形态的构成形式、色彩、材质与肌理等要素应充分呈现为大众共知的符号性功能用途，即能让使用者一眼即可通过“形态—符号—功能”间的转译关系明白其功能类别，如支撑或收纳功能等。而功能的便捷性则是建立在形态的功能性基础之上的，形态要向使用者进一步指示该产品的使用方式或操作方式。

### 五、形态的多样化

主观世界和客观世界中的事物一般都会存在多样化，如生态环境、生物种类、商业产品、社会文化等皆存在多样化。各种层面的多样化通常会保持某种动态平衡，其中有些会被淘汰，也会有新生的不同于以往的新形式出现。可见，多样化是事物蓬勃发展、创新进化的基础。

家具形态的多样化意指整体形态的多样化和局部形态的多样化。尽管家具有不同的品类，且每个品类的家具的形态语义和功能内涵具有明确的特指性，但其构成形式却是多样化的。这种多样化直观地表现在同一品类家具的形态构成上，通过材料的多样化配搭、材料质感与肌理及其色彩的多样化呈现、构造的多样化应用等形态构成要素，充分满足市场的多样化需求和使用者的个性化需求。也正是家具形态的多样化存在才衬托出设计的价值，同时为设计的创新提供了多样化素材。

## 第三节 家具形态设计的原则

设计原则是设计构思过程中所依据的准则，为设计提供方向，体现设计方案的核心价值观。有效的设计原则必须具备核心观念突出、真实，可操作性强，与社会主流价值观一致等特性。在构建设计原则时，或自上而下，把握产品目的，传递产品价值观；或由外而内，探索用户需求，不断升级迭代，保持更新。在体现产品情感价值，满足市场情感化消费需求的前提下，结合家具的特征，将形态设计的基本原则分述如下。

### 一、实用性原则

功能主义的观点认为，有实用价值的设计才是好的设计。在当今的情感消费时代，产品功能不仅没有超脱产品情感价值，反而作为产品情感输出的主要因素被纳入产品情感体系。可见，实用性原则仍然是家具形态设计的基本原则，任何一种家具形态的诞生，都承载着满足人们物质或精神需求的期许，通过功能创新或功能改进力求实现最大限度的实用性拓展，为消费者提供适宜、便捷、高效、时尚的功能，满足他们情感消费的物质性。在实际设计过程中，一般从功能的适宜性、功能的科学性、功能的安全性等方面评价家具形态的实用性。

### 1. 功能的适宜性

家具形态以服从于使用功能、服务于人类行为而存在，满足人们的功能需求是产品形态的重要属性。特别是现代人类行为方式的多样化特性，虽然为家具的功能创新提供了更多的可能，但形态复杂、功能过多、组合性强的家具往往会存在构造复杂、体量大、性价比低、受制于小空间居室等问题。可见，并不是家具的功能越多或越复杂越好，而是需要根据家具的用材、形态的美观性，工艺、构造的可行性与复杂性，生产成本的可控性等因素进行综合评估，合理界定最佳性价比的功能范畴。

现实生活中，人们已然对家具“形态—符号—功能”之间的关联性有了固有的认知，对家具形态类别与其主体功能之间的对应关系了然于心，因此，在保证主体功能至臻完美的前提下，适当地导入一些辅助性功能，有助于对产品形态的功能性有所增益。例如，在餐桌桌面下侧设置小抽屉，或将常用的线形腿支撑改为柜体支撑，形成简易的收纳功能(图1-28)，既不影响餐桌的主体形态与功能，又方便收纳进餐用的小件物品。反之，若过度强调不同功能间的组合，既易混淆产品功能的主次关系，又会增加产品形态的复杂性和生产成本，有悖于功能的适宜性。

图1-28　具有简易收纳功能的柜体支撑餐桌

### 2. 功能的科学性

家具形态功能的科学性是指在进行形态设计时，对与其功能相关联的各种因素进行客观、全面、系统的分析处理，功能的形成体现当代新技术的应用。基于产品功能服务于人们行为方式的基本准则，家具形态功能的科学性包含功能的合理性和功能的技术性两个方面。功能的合理性是指以人类工程学理论为依据，科学分析、分解功能使其服务于人类的行为过程，力求以人体生理和使用需求为导向，形成安全、合理、高效的功能形态，满足使用者使用过程中的生理及心理需求。功能的技术性即应用新技术对功能的构成进行提升或优化，如具有计时和休息提醒功能的智慧型办公椅、收纳分类的智慧型衣柜、健康监测系统的智慧型睡眠床等，皆为通过综合应用时尚智慧类新技术，引领新型工作或生活起居方式。图1-29是一款智能健康睡眠床，设计科学、系统地解析了现代人的睡眠过程，综合应用了健康睡眠、软体材料、智能控制等方面的最新科学研究成果，形成振动、按摩、倾斜度调节等物理方式以及灯光调整、音乐舒缓等精神方式，为使用者快速消除疲劳、保证睡眠质量提供了科学保障。

图1-29　智能健康睡眠床

### 3. 功能的安全性

功能的安全性是指家具在使用、储运、销售等过程中，对用户的生理与心理健康、物品、环境、产品自身安全免受伤害或损失的保障能力。安全性是家具功能的固有特性，伴随着产品的设计与制造过程形成，一般取决于所用材料、构造等的物理性能、力学性能、化学性能，也包含家具形态或构件在使用过程中的稳定性、耐久性、牢固度等各种因素所能达到的程度。因为功能的安全性直接体现了家具的综合品质，所以应该特别受到重视，从设计开始就注重家具形态与其工作性能之间的协调，从根源上为功能的安全性提供保障(图1-30)。

图1-30 安全稳定的明代黄花梨长方凳

## 二、美观性原则

爱美之心，人皆有之。好的产品不仅能契合人们的使用需求，服务于使用者的行为过程，还能让人们从产品的形态上获得美的体验，享受精神上的愉悦。家具的美观性主要是指遵循形式美的构成规律和要求，适合工业化大批量生产的产品形态。这既是家具的精神功能所在，更是对家具整体美的综合评判。家具的美观性包括产品的形式美、色彩美、构造美、工艺美、材质美等内容以及产品所蕴含的时代感、社会性、民族性、文化性及与环境的和谐性等方面的内涵，满足情感消费的物质性。设计过程中，可以从以下几个方面体现美观性原则。

### 1. 形式美

任何审美活动都在一定程度上依赖视觉提供的物像形式。就家具产品而言，其形态对于美的考量与关注既是产品形态满足设计目标需要的必需举措，又是其设计创新活动中人性化的彰显，是设计服务于人的具体践行。通过系统的设计思考，对产品形态的形式、色彩、质地等构成要素进行美的营造，是实现产品形态美的属性及审美价值的首要因素。

人们日常面对的家具绝大多数属于实用型工业产品，兼具美观与实用的属性，不存在绝对与完全意义上的美或丑，因此，单纯、孤立与静止地判断一件家具的形态是否美观以及美观的程度如何，是不符合产品审美的普遍认知规律的。在设计实践中，可以从三个方面构建产品形态的形式美：一是形式总体上的和谐性，即构成产品形态的各形式要素之间形成“主题突出、主辅相依相存”的相对统一与秩序，以达成形式的和谐诉求。二是各形式要素构成的规律性，即以均衡、对比、对称、节奏、比例等形式美法则主导各形式要素的构成。三是形式与内涵的协调性，即产品形态须具有与其属性类别、功能定位及价值面向等内涵的对应与契合关系[7]。

总之，家具形态美的创新设计是以产品形态合乎人的审美规律与使用目的为基础的综合评估、平衡取舍、有机融合；以形态各构成素材的独辟蹊径、构成方式的不拘一格为灵感和举措，以人类社会与自然生态可持续发展的责任感、使命感及设计伦理为原则与导引，实施的具有一定前瞻性、先进性与良性效应的造美活动(图1-31)。

图1-31 虾形躺椅/设计：马克库斯·杰斯和于尔根·劳

## 2. 功能美

家具的形态美是建立在用的基础上的，产品功能是其形态具有审美属性的基础与前提；产品形态美是对其功能的有效实施，具有正面意义和正向价值的美，是一种具有实效性与对应性的美，是产品功能发挥功效的“加持剂”。适宜、科学、安全的功能置于令人愉悦的家具使用过程之中，既能使产品通过功能获得价值的增值，又能使产品的功能因满足人的行为需求而使人产生理智愉悦的反应，嬗变为一项审美活动，引起涵盖了视觉、触觉等感官的情感心理回馈。

可见，家具形态是其功能发挥效用的物质基础与实施保障；而功能则构成了其形态存在的内涵依据与价值，同时为形态美的创新设计提供了切实可行的实施方略。基于此，家具形态功能美的内涵主要有以下两个方面：一是以产品功能的普遍认同的使用习惯、经验或常识为基础进行形态的创新设计，形成产品形态的理性美。二是以产品功能的特定职能为依据，通过形态的形式、色彩、质感及功能的数量、位置等突出功能的个性化与创新性，形成产品形态的感性美。图1-32是意大利设计师卡罗·莫里诺(Carlo Mollino)于1949年设计的凯沃尔办公桌，其以夸张的线形应用，独具特色的产品形态，玻璃、金属与木质材料的配搭应用，彰显了产品形态的个性化特色与功能之美。

总之，在家具产品形态美的创新设计与审美实践中，应从理性客观的角度去分析产品的美观性是否建立在科学的使用功能之上，使产品的形式美有利于使用功能的发挥和完善，有利于新材料和新技术的应用。如果过分地追求、强化产品

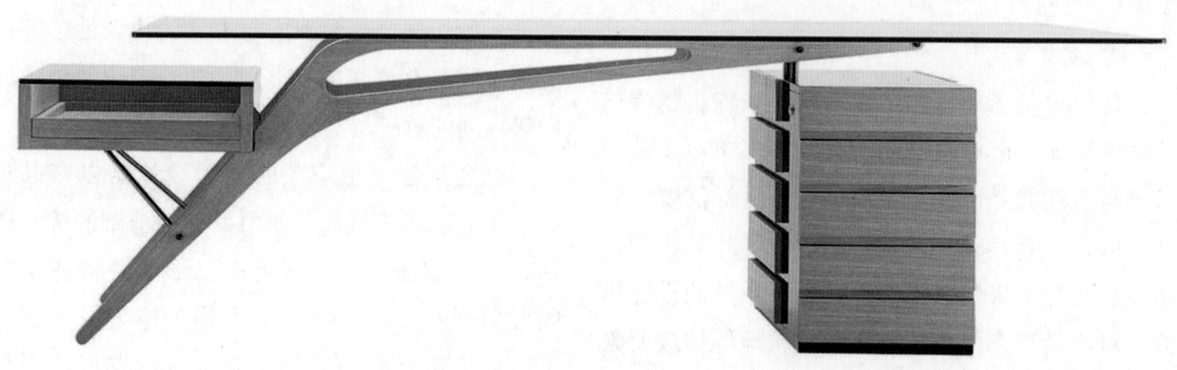

图1-32 凯沃尔办公桌/设计：卡罗·莫里诺

的形式美而破坏了产品的使用功能，就容易形成脱离产品功能属性的唯美主义形态，偏离产品形态服务于人们行为方式的基本准则。反之，如果单纯考虑产品的使用功能而忽略其形态所带给人们的生理、心理影响及视觉感受，便只是单调、僵化、呆板冷漠、缺乏生命力的工业产品。

### 3. 科技美

科学技术与产品美学是人类在探索世界、认识世界、改造世界的实践过程中沉淀的宝贵财富，主要体现在产品与人之间关系的和谐与丰富性方面。因此，依托科学技术形成的产品形态美也是人们乐于接受且极易获得共识的美。家具形态与人类文明如影随形，与人类社会生产力同步发展。严谨、客观的科学技术在为家具形态美的创新设计提供系统性知识体系的同时，也是其形态成型、质地、色彩及构造等要素达成的直接支撑，更是其形态美能够不断迭代、更新的原动力之一。

科学技术创造家具形态美主要涵盖两个方面：一是家具形态美的创新设计离不开科学技术的全方位支撑，并将相关科学技术作为物质基础和实施条件。二是科学技术可以作为形态的构成要素，形成人文主义与科学技术融合的家具形态类别，并随着现代科技文明的发展而不断催生、触发家具形态的更新迭代，让人们能够享受到与时代潮流同步的新形态、新功能，这些新形态、新功能贴切服务于人们的日常行为，使人们产生愉悦的心情。

## 三、创新性原则

创新是产品设计的核心、价值和意义所在，既是创造性思维的一种体现，又是探索设计的无限可能性途径之一。一件没有任何新意的产品，很容易被不断发展的社会所淘汰。因此，形态作为家具设计的主体要素，只有不断追求新形态，并赋予形态丰富、多向的内涵与外延，展现其较强的现实性与拓展性等方面的属性与特质，才能规避形态对人的视觉刺激的时效性，让新鲜的家具形态常驻使用者视域。因此，家具形态设计的目标之一就是通过对其不断创新来满足使用者在物质和精神方面的新需求，并无限拓展人类的行为方式与精神世界，使之与时代发展相适应。

在产品形态的创新设计过程中，尽管涉及相关主体与客体的多个层面、视域，以及心理、生理的诸多要素，但一般以新概念、新思想、新方法、新技术为起点，思考形态的功能或构造原理，突破固有的工艺技术，应用新技术、新材料、新的构造原理等，创造具有相当社会价值或形式的产品形态，实现创新设计目标。

图1-33是英国设计师爱德华·巴布尔(Edward Barber)和杰·奥斯戈比(Jay Osgerby)于2011年设计的前倾动态椅，这款椅子根据人类前倾的坐姿有利于健康的研究成果，用实心聚丙烯(PP)材料设计了一种全新形态的功能型椅子[图1-33(a)]。前倾动态椅通过在椅座底部设计一个简单的9°斜角，让人们在采用前倾坐姿时能维持舒适且稳定的状态。使用过程中，椅子前倾后倒之间的自然变化能缓和地拉直、连动骨盆和脊椎部位，促进背部和腹部的血液循环，就像呼吸和吐纳一样单纯、自然，形态简洁、现代、新颖，适用于居家、休闲、用餐、办公等场所[图1-33(b)]。

(a)

(b)

图1-33 前倾动态椅/设计：爱德华·巴布尔和杰·奥斯戈比

## 四、绿色设计原则

绿色设计，或称生态设计、可持续设计等，是针对传统设计的不足提出的新的设计理念。绿色设计以产品整个生命周期内的可拆卸性、可回收性、可维护性、可重复利用性等属性因素为设计目标，把产品在使用的全过程中对环境与资源的影响放在首位，在进行设计时充分考虑产品的质量、功能、使用周期等细节，实现产品设计的良性循环，从而将产品在制造和使用过程中对环境的负面影响降到最低[8]。对于家具形态设计而言，其绿色设计的核心是3R，即减量(reduce)、再利用(reuse)、再循环(recycle)，不仅要减少物质和能源的消耗，减少有害物质的排放，而且要使产品及其构件方便地分类回收并再生循环或重新利用。

实现减量设计就是要遵循科学和家具形态构成与构造的原理，设计时减小体量、精简构造，生产中减少消耗，流通中提高运输效率、降低成本，使用过程中延长使用寿命、减少对环境与人体的危害，从而保证家具的材料与物质最大限度地被利用，以减少资源与能量的消耗。再利用是指在设计时应充分考虑产品及其构件的回收再利用，根据工业化产品的特征，一般采用模块化设计的方法，将使用寿命和维护频率相当的材料、构件归于同一模板，以保证产品在使用寿命期内便于拆卸、维修，使用寿命终结后便于回收、再利用，达到节约成本、减少污染、保护环境的目的。图1-34是德国设计师康士坦丁·葛切奇(Konstantin Grcic)于2016年设计的布吕特椅，它由金属材料框架和织物软垫与靠背三个模块构成，既有坚固稳定的构造与舒适的坐感，又便于软垫和靠背模块的拆洗或更换。再循环是指在选择家具用材料时以低能耗、低消耗、高回收为标准，如果所选材料无法进行回收再利用，也要将其对环境的污染指标降到最低。

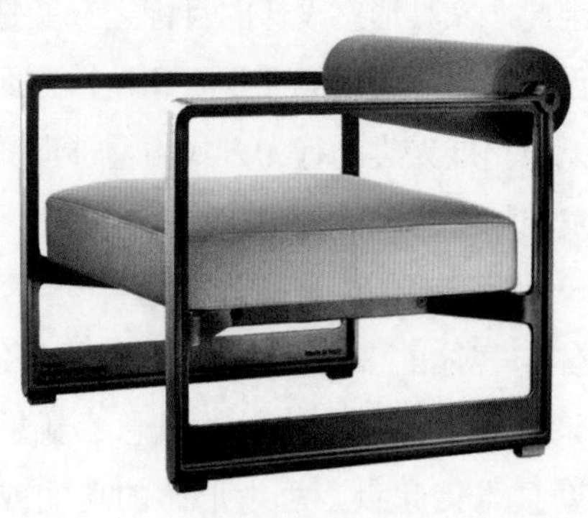

图1-34 模块化设计的布吕特椅/设计：康士坦丁·葛切奇

### 五、经济性原则

家具形态设计的经济性原则是指以最低的费用获得最佳的综合效果，即在使产品得到最优良的设计、实现最佳功能的同时，所涉及的各方面成本总量最小。家具形态设计的经济性原则具有两个方面的含义：一是保证企业利润的最大化；二是产品的性价比要高，符合普通消费者物美价廉、物有所值的消费观念。这两者看似矛盾，实则是设计价值的充分体现，要求在设计过程中充分考虑与产品性价比相关联的三个方面的因素：一是注重新材料、新工艺的应用，最大限度地适应产品生产过程与管理过程的智能化、数字化，以便提高生产效率、降低成本。二是应用价值优化原理，通过设计实现在功能不变或功能增加的同时降低成本，在价格不变的前提下增加功能，使产品的性价比最大化、最优化。三是根据消费观念和价值观念的变化，选择产品适宜的材料，降低资源和能源的消耗。总之，经济性将直接影响产品在市场上的竞争力：实用不经济，不具有市场竞争力；经济不实用，也不能很好地发挥产品的物质功能或综合价值。

## 第四节 家具形态设计的演变

在人类的一般审美活动中，物体形态通过视觉先于其物质功能直接引起人们的心理感受。尽管美观度差的形态并不妨碍物体物质功能的表达，但却无法使人产生愉悦感。由此滋生了人类研究产品形态美的行为，这种行为从人类早期潜意识的原始模仿形态到刻意的政教合一的形态观和模仿自然的形态观，经历了漫长的演变过程。当人类步入现代社会之后，物质文明和精神文明呈双驱互促之势，不断推动多元化并存的现代社会的进步与繁荣，与人类社会相伴步入现代的哲学、建筑、艺术、设计等诸领域，也进入了一个史无前例的快速发展时期。具体来说，家具形态设计经历了以下演变过程。

### 一、原始模仿形态

人类早期各种用具的选型，由于当时生产力低下以及人类对事物认识的粗浅，用具的形态的选择只以简单的功能目的为依据，还没有提升到装饰与审美的层次，如石斧、陶器等。

### 二、政教合一的形态观

人类进入封建社会后，统治者为了巩固统治地位，通过宗教蒙蔽民众。西方中世纪时期，统治者把政教合一的封建权力架构体系演绎到极致，帝王既是国家的主宰，又是教会的领袖，代表着上帝的意志，人类的活动内容、建筑、器物等均服务于宗教和皇权。在这1000多年的时间里，家具的形态与当时的建筑和其他器物一样，完全以基督教的政教思想为中心，其形态语义在

于推崇神权的至高无上，期望令人产生惊奇和神秘的情感，服务宗教的精神内涵，加持统治阶层的地位。图1-35是西班牙哥特式风格的阿拉贡王国马丁一世(King Martin I of Aragon)的王座椅，其形态上繁茂的哥特式装饰图案既诠释了基督教教义与皇权的庄重、雄伟、稳固和永恒的威仪，又刻画出了豪华精美的外观形式。

图1-35　王座椅/哥特式风格/政教合一的形态观

## 三、模仿自然的形态观

模仿自然形态是人类觉醒审美意识后，开始刻意地模仿自然界中具有生命力和生长感的形态而进行重新创造的形态。自然界中绝大多数形态是物质本身为了生存、发展，与自然力量相抗衡而形成的。人们从中得到启发，进而模仿、创造出更适合人类自己的形态。例如，植物的生长、发芽，花朵的含苞、开放都表现出旺盛的生命力，给人类带来蓬勃向上的生机；动物的运动所表现出的力量、速度等，使人们从中得到美和实用性的启发，从而设计和创造出比自然形态更优美、更实用的人为形态。

人类模仿自然进行家具形态设计盛行于西方传统家具，运用的方法可归纳为三类：一是家具整体形态上模仿自然界中的植物、动物、山川等的整体或局部；二是家具局部构件形态模仿自然界中的植物、动物、山川等的整体或局部；三是在家具主要构件表面采用绘画、雕刻、镶嵌等方式，以自然界中的植物、动物、寓言故事、宗教故事等为题材进行装饰。图1-36是巴洛克风格的边桌，其腿脚模仿了自然界中的莨苕叶、贝壳、“C”形涡旋纹，以自由、多变、夸张的形态彰显了宏伟、生动、热情、奔放的浪漫主义艺术效果。

在模仿自然形态的家具形态设计中，家具的形态一般不会完全脱离自然形态的雏形，人们可以直观地联想到其所模仿的自然形态原型。这样的产品在给人们带来亲切、自然、朴素的情感的同时，也难免存在产品物质功能与形态之间的矛盾。

图1-36　边桌/巴洛克风格/模仿自然的形态观

## 四、功能至上的形态观

始于19世纪中叶的工业革命使西方世界在工业、商业和政治等方面都发生了根本性变化，以机器取代人力，以大规模机械化生产取代传统的个体工场手工生产，为家具及其他各类产品的设计与制作带来了革命性的变化，逐渐催生了符合机械化大批量生产的现代家具设计思想与设计目的。

19世纪中叶，迈克尔·索纳特(Michael Thonet)应用实木弯曲技术研究设计出了一系列曲木椅，其中以图1-37所示的14号椅(也称维也纳椅)最具代表性，它依靠优雅自如的曲线以及轻快纤巧的形态，形成良好的比例关系和视觉效果，是工业革命的直接成果，也是工业革命后第一件具有现代功能与体现现代设计思想的家具产品。随后，许多设计先驱历经了半个多世纪的探索与实践，直到1919年包豪斯设计学院成立，才建立起独立的工业设计学科及其理论体系，明确了产品生产方式由传统的手工生产到机械化大批量生产，产品内涵由纯艺术到艺术与技术相结合，产品形态由曲线到直线，产品设计定位由装饰优先到功能第一，产品构成由个性化到标准化、系列化的现代产品设计与生产体系；尽管产品形态均发生了颠覆性的变革，但究其本质，仍可归纳为“极简主义”或“功能主义”。

功能主义设计观以“功能第一，形式第二，功能决定形式”为基本原则，以机械化生产为基础，以崇尚“机器美学”为时尚，极力追求适合机器生产的简洁化、秩序型的产品形态，以及机器本身所体现出来的理性和逻辑性的标准化模式，颠覆性地变革了家具的传统形态，形成了一种新型的、功能至上的现代家具设计观，即以功能为设计的基本出发点，形成技术与艺术、功能与形式的统一。这要求家具设计抛弃传统的重装饰及形式的观念，转而关注家具本身应具有的功能，并极力寻求通过新技术、新材料、新工艺来实现其功能的方法。家具也由此摆脱了传统形态的桎梏，形成了以简单的几何形体为基础，强调直线、空间、比例、体量等要素，以肌理和色彩为装饰元素的现代风格家具形态。图1-38是法国设计师勒·柯布西耶(Le Corbusier)于1928年设计的LC1扶手椅(也称巴斯库兰椅)，其以简洁、秩序、理性的几何形态来体现机械美学观，突出椅子“坐”的功能，真实地体现了现代家具功能至上的形态观，被称为现代家具设计的标志性产品之一。

图1-37 14号椅/现代风格/功能至上的形态观/设计：迈克尔·索纳特

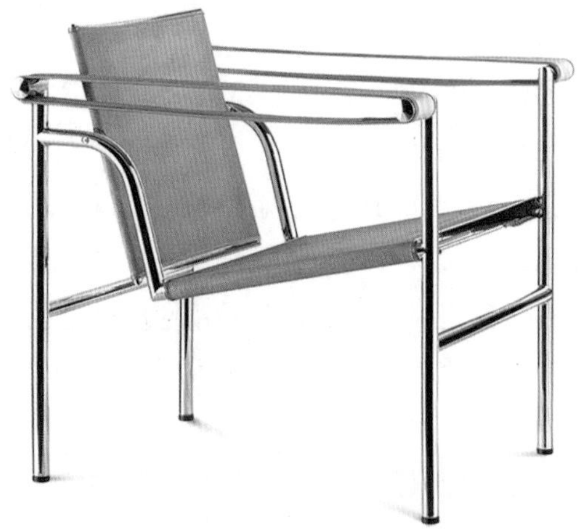

图1-38 LC1扶手椅/现代风格/功能至上的形态观/设计：勒·柯布西耶

随着科技的发展，为满足标准化、批量化生产的要求，功能至上的现代家具形态同时在构造和构件方面进行了变革，舍弃了传统的榫卯连接形式，开始采用钉接、胶接、焊接，并形成日臻完整、完美的五金件连接的构造体系，以家具构件及其单体为基数的模数化构成体系。

## 五、注重人机关系的形态观

功能至上的形态观源于适应机械生产的本质，缺乏对产品功能的科学化、精准化研究，虽然为现代产品形态带来了颠覆性的变化，但也因过分强调几何构图，忽视了产品形态设计的地域性、民族性和历史文脉而导致千人一面的“国际式形态”，并逐渐受到诟病。因此，如何根据人类的生理与心理特征，结合不同区域的习俗，科学、客观、精准地定义人类工具的功能与行为之间的协调关系，人类与环境之间的和谐关系，让人类能够在便捷的条件下工作或生活，就显得尤为迫切。由此而产生了一门新兴学科——人类工效学。其一般的含义即以人的生理、心理特性为依据，应用系统工程的观点，分析研究人与产品、人与环境及产品与环境之间的关联关系，为设计操作简便、省力、安全、舒适，“人—机—环境”之间的配合达到最佳状态的工效系统提供理论和方法的学科，同时标志着产品形态设计由功能至上的形态观阶段进化到注重人机关系的形态观阶段。

易用、舒适，凭直觉即可引导使用的产品能满足用户的基本生理要求，而建立在人机关系原理上设计合理的产品形态，既可以满足用户的功能需求，又具有安全性、舒适性、易用性和识别性。特别是对于舒适性和易用性要求突出的家具而言，注重人机关系的形态设计观是科学化、规范化、量化产品舒适性和易用性的基础。在设计实践中，家具形态的舒适性设计可以依据人体测量学数据，客观、量化地界定坐具类、床类、柜类、桌类、台类、架类等家具的功能尺寸与功能形态；参照人体坐姿、卧姿、立姿等不同行为方式的测量数据，恰当地选用支撑部位的材料及软硬度；参照人类色彩心理反应方面的实验数据配搭产品颜色，形成不同消费群的色彩定位。图1-39所示为符合人类工效学原理的办公椅靠背形态。

另外，家具形态的易用性也是其功能的一个重要方面。一般而言，易用性会因其功能的复杂程度、使用者的认知能力与经验等因素的不同而呈现一定的差异；功能越简单，使用者认知就越方便，易用性也越好；使用者的认知能力越强，经验越丰富，则易用性越好。易用性设计的重点在于依据人体测量数据和人类行为过程与不同功能的家具之间关联关系方面的研究成果，科学合理地进行家具功能分类设计，减少由功能的复杂程度和使用者背景的不同所形成的易用性差异，让产品能够符合普通使用者的习惯与需求，减轻使用和记忆负担，提升使用过程中的满意度。

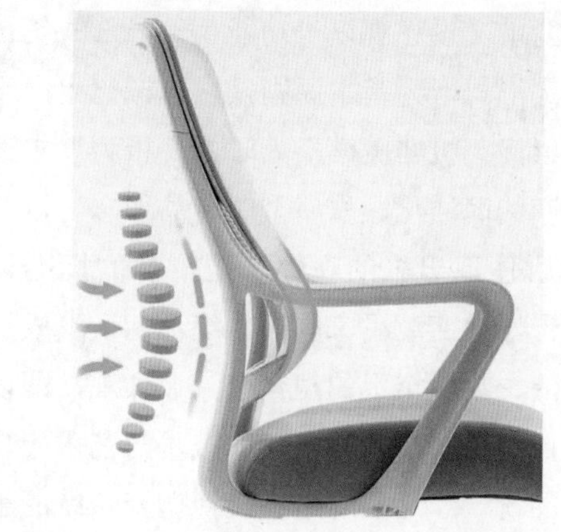

图1-39　符合人体工效学原理的办公椅靠背形态/注重人机关系的形态观

总之，从功能至上的产品形态观到注重人机关系的产品形态观，不是一个阶段的终结，而是对前一个阶段的优化、完善、升级，是使形态设计更为理性，走向科学化、系统性、多学科综合交叉融合的新台阶，在整个现代设计学科的发展过程中具有里程碑式的意义。

## 六、突出情感需求的形态观

无论是功能至上的产品形态观，还是注重人机关系的产品形态观，在设计过程中均有一个突出的不足，即不够重视使用者的心理需求，缺乏设计师和使用者之间的沟通环节，以设计师的主观臆断为主导，不能全面、充分地体现使用者对于产品的情感心理需求。而情感化设计理念旨在让设计以某种方式去刺激使用者通过产品的功能、某些操作行为或者产品本身的某种气质，产生情绪上的唤醒和认同，最终使使用者对产品产生某种认知，并在心目中形成独特的定位[9]。基于心理学的相关理论，产品形态的情感化设计一般从本能层次、行为层次、反思层次展开(图1-40)。

家具产品的本能层次即其外观形式，设计时通过点、线、面、体、色彩、质感与肌理等造型元素构成独特的个性化形态来表达产品的不同审美内涵及价值取向，以产品的情感输出契合使用者的情感需求，使使用者从心理上认同产品的情感价值。行为层次即家具功能与人类行为方式之间的关系，以功能的舒适性、易用性和趣味性等内涵服务于使用者，不断向使用者引导科学、健康、高效、便捷的行为方式。反思层次即家具带给使用者的自我形象的心理满足、勾起文化记忆的惊喜等内涵，在产品与使用者之间搭建起情感的纽带，培养使用者对产品品牌的认知与忠诚度。总之，基于情感化设计的形态观充分体现了“以人为本”的设计思想，以市场为导向，以消费者的生理与心理需求为设计基础，把“设计—消费—市场—生产”有机结合在一起，并通过设计融入家具形态的灵魂与内涵，将家具形态的物质品质和精神境界推向圆满，以满足家具情感消费的需求。

综上所述，家具形态虽然历经了由传统到现代的漫长演变过程，但其功能始终居于主体地位，统领着演变的进程与方向。无论是早期的依附政教思想、模仿自然的形态观，还是现代的功能至上、注重人机关系、突出情感需求的形态观以及未来的人性化设计观、可持续设计观以及智慧型产品设计观，其中心均为产品功能。科学、客观地完善产品功能，不断推进功能与人居环境和谐共存，满足现代时尚观的消费需求，将是家具形态设计中一个长期的、呈渐进式发展的课题。

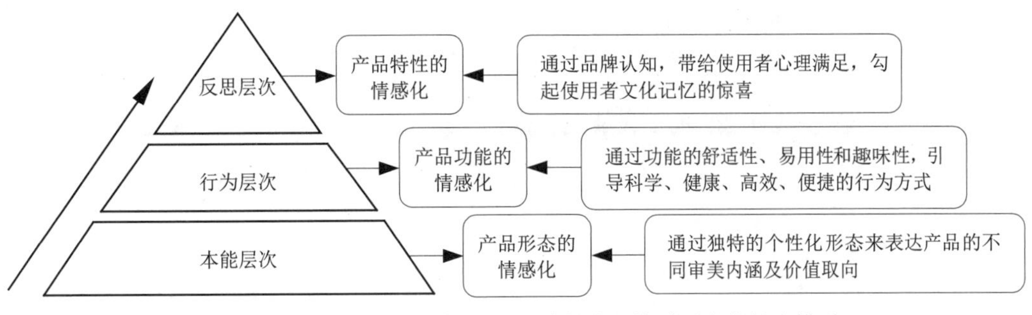


图1-40 基于唐·诺曼情感化三层次的家具情感需求的基本模型

# 第五节 家具形态设计的发展方向

在从传统走向现代的过程中，中国家具形态设计没有经历西方工业革命初期近100年的思辨与碰撞，而是简单地引进了西方早期功能至上的形态设计观及其家具形态，在感悟这种简洁、新颖的几何形家具的过程中，形成了中国特色的人机关系体系，随后中国追而至上，与西方发达国家的设计界共话家具情感化形态设计观的内涵，并不断推动中国家具产业现代化，直至成为世界家具产业和出口大国。未来，中国有望在坚持可持续设计战略、人性化设计日臻完善、智慧概念引领时尚、守正创新延续文脉等方面向世界设计界贡献中国人的哲学思想与当代智慧结晶。

## 一、坚持可持续设计策略

环境与自然资源是人类的生存之本，但环境与自然资源是有限的，人类的索取也应该是有度的。广义的可持续设计是一种旨在构建人与环境和谐发展的可持续性解决方案的设计活动，其均衡地考虑环境与人类社会经济、文化、价值观等问题。可持续设计追求的目标是节约资源、预防污染、保持环境、维持生态系统健康可持续发展，以支撑长期的、有活力的经济系统。可持续设计包含自然属性、社会属性、经济属性和科技属性。自然属性是指寻求一种最佳的生态系统，以支持生态的完整性和人类愿望的实现，使人类的生存环境得以持续；社会属性是指在不超过维持生态系统涵容能力的情况下，改善人类的生活质量(或品质)；经济属性是指在保持自然资源的质量和其所提供的服务的前提下，使经济发展的净利益增加至最大限度；科技属性是指人类的经济活动转向更清洁、更有效的技术，尽可能减少能源和其他自然资源的消耗，建立极少产生废料和污染物的工艺与技术系统。具体到现代家具形态设计过程中，一般从以下几个方面践行可持续设计策略；一是材料选用方面，在满足功能需求的条件下依据简洁的形态减少材料的使用量，尽可能选用短周期或可再生的环保材料；二是生产过程方面，降低生产能耗，减少加工余料和废料，降低或减少有害物质排放；三是构造设计方面，便于回收循环利用，延长产品生命周期，包装简单，搬运方便，等等(图1-41)。

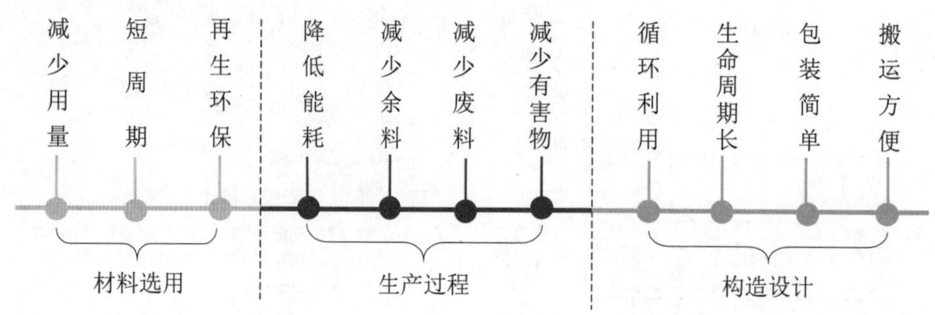


图1-41　家具可持续设计的基本内容简图

图1-42是一种以瓦楞纸为材料制作的纸质长凳，具有包装简便、搬运方便、不占空间、绿色环保、价廉物美等特点，受到年轻消费者的追捧。

图1-42 纸质长凳/可持续设计产品示例/设计：刘江华

## 二、人性化设计理念日臻完善

人性化设计理念的内涵是指以人的本质需求为最终目标的设计思想，其核心是“以人为本”，即在产品设计过程中，把人作为设计的核心，不单纯考虑产品的功能，更多地注重使用者能享受到产品所带来的物理层次的关怀、心理层次的关怀、人群细分的关怀、社会层次的关怀等。

根据上述人性化设计理念的内涵，家具形态为使用者带来的物理层次的关怀既要体现符合人类工效学原理的基本功能，还要满足其履行功能过程中所附属的便捷、高效或健康等要素。而心理层次的关怀是指家具形态带给使用者感官愉悦等情感享受，其不像物理层次的关怀那么直观、唯一，使用者会因为民族习性、文化背景、性别、年龄等的不同，对某一家具形态的心理认知存在较大的差异。人群细分的关怀是指正常使用群体之外有生理或心理健康缺陷的少数人群的需求，根据其健康缺陷的不同进行需求分析，通过家具形态的不同最大限度地消除由健康原因造成的使用障碍。社会层次的关怀主要是指产品形态设计应受人类社会与自然环境之间的和谐共存关系的制约，属于可持续设计理念的部分内涵。

## 三、智慧型产品引领时尚

智慧是自然生命体所独有的一种通过对人文和自然的感知、想象、理解、分析、判断、记忆、模拟、升华，进行高级创造性活动的综合思维能力。由智慧含义衍生的智慧型产品，其主要内容既包括大数据、云计算、人工智能和深度学习等相关技术支撑的概念，又包括交互设计、体验设计、可持续设计、服务设计等相关人文释义的概念。

智慧型家具的设计可以通过把其整体功能系统分成若干子系统，而后依据物与物、人与物、物与环境乃至人与人之间的构成关系，尝试解决不同子系统中功能要素之间的协调关系，以使产品整体功能达到最佳状态。智慧型家具的功能系统一般由四个核心子系统构成，即应用层、网络层、控制层和感知层。其中每个核心子系统又由相对应的产品要素组成，各个产品要素之间既相互独立，又相辅相成，由此构成一个基本完整的智慧型产品功能系统。可见，智慧型家具形态设计的关键在于根据产品的属性类别合理地划分各功能系统的子系统，然后应用交互设计、体验设计、服务设计等理念进行设计释义，从而形成完善的智慧型产品方案。智慧型家具既可为现代家具形态设计的创新发展提供原动力，又符合技术与艺术融合发展的新思路、新方向，同时契合当代智慧型主题的时尚观念[10]。图1-43为智慧型升降桌，可以智慧感知使用者的身高、办公时间的长短，并进行桌面高度调整、休息提醒；还可以根据使用者个人习惯与喜好，用于营造环境氛围或休闲娱乐等。

图1-43　智慧型升降桌/智慧型产品示例

## 四、守正创新，再现辉煌

中华文明源远流长，博大精深，它既是中华民族独特的精神标志，又是当代中国文化的根基和创新的宝藏。在历史长河中，中华民族跌宕起伏、历经磨难，既有秦、汉、唐的强大，宋、明的辉煌，也经历过民族危亡、国土沦丧的屈辱，但中华民族却以百折不挠的民族韧性，使灿烂的中华文化生生不息、薪火相传。中国家具作为中华文明的构建者和见证者，伴随着勤劳、朴实的中国人民从远古走向现代，从简陋走向辉煌，形成明代家具形态的简练、淳朴、优美、圆润、柔婉、典雅、空灵、清新之美，清代家具形态的浑厚、凝重、挺拔、坚实、华贵、庄重之美，既彰显了中华民族伟大的创造力和优秀的历史文化，又为我国现代家具提供了“守正创新”的设计方向。

在家具形态设计中，守正创新即意味着要以中华民族的优秀文脉为核心、为宗旨，进行形态的创新突破，使文脉与创新相辅相成，继承与发展，呈现出变与不变、原则性与创造性的辩证统一。走出古典图纹、经典符号的思维误区，以开放包容的思维理念，把中华民族的优秀文脉通过功能、材料、构造、形态等途径融入现代家具形态，形成与全球现代家具形制对标的现代中式家具形态。图1-44是著名华人设计师卢志荣设计的ONAR圆柜，采用了中国水墨画特有的“散点透视”的构图方式，随着柜门的旋转，柜子显露出其内部不同的内容，观物取景，构图多变，既现代时尚，又蕴含丰富多样的中国传统哲学思想与文化精髓。可见，只有逐渐沉淀出蕴含中华民族文脉的现代家具形制，才能实现中国现代家具文化体系的复兴，再创中国家具的辉煌。

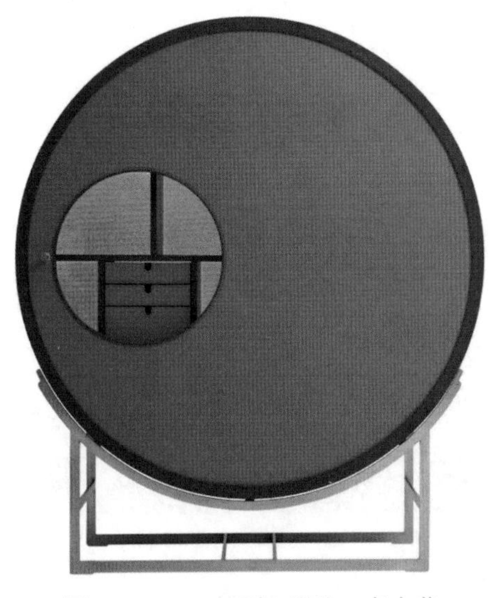

图1-44 ONAR圆柜/设计：卢志荣

现代中式家具精品赏析

## 思政要点与设计实践

1. 结合改革开放40多年的发展与变化，综合思考中国家具形态的演变与发展方向。
2. 简述家具的含义与类型。
3. 简述形态的含义、形成与类型。
4. 简述家具形态的特征与设计原则。
5. 简述家具形态设计的演变历程。

## 参考文献

[1] 杨晓英. 中国艺术哲学在现代家具设计中的运用[J]. 工业设计，2020(8)：149-150.

[2] 夏颖翀，戚玥尔，徐乐. 家具设计：形态、结构与功能[M]. 北京：中国建筑工业出版社，2019：16-19.

[3] 唐开军. 家具装饰图案与风格[M]. 2版. 北京：中国建筑工业出版社，2009：194-197.

[4] 翁春萌，艾险峰. 产品形态设计[M]. 北京：北京大学出版社，2016：3-7.

[5] 尚淼. 产品形态设计[M]. 武汉：武汉大学出版社，2010：2-7.

[6] 左铁峰. 产品形态“美”的创设研究[J]. 山东工艺美术学院学报，2019(5)：12-16.

[7] 左铁峰. 产品形态“美”的认知与架构剖析[J]. 长春大学学报，2020，30(3)：96-99.

[8] 胡英辉. 基于绿色设计理念的家具设计研究[J]. 包装工程，2020，41(10)：345-347.

[9] 张蒙蒙. 产品设计中情感化设计的研究[J]. 西部皮革，2021，43(14)：23-24.

[10] 唐开军，彭翔. 家具智能化体系分析[J]. 家具与室内装饰，2015(4)：11-13.

| 第二章 |

# 家具形态构成元素的语义与应用

家具形态构成设计作为一种创造性的活动，是指把不同的形态要素，通过某种原则和方法合理地组合在一起，呈现为人们认知的某种现实产品形态，并通过点、线、面、体、色彩、肌理等有形的视觉元素及其语义向用户展现其自身的“形”和“态”，即由家具自身的视觉元素与用户形成的心理感受共同构成了产品的形态。可见，家具的形态设计就是设计师以点、线、面、体、色彩、肌理等元素为基础，通过一定的形态特点向用户全面系统地传达某种设计思想与理念，以满足人们的使用功能和美观性需求。本章主要叙述点、线、面、体四个基本的形态构成元素的语义与应用，色彩、肌理两个元素见第五章“家具形态设计创新途径”中的相关内容。

# 第一节　点的语义与应用

点是基本的形态元素之一，也是产品形态构成中的重要元素，位置正确的点往往会起到画龙点睛的作用，令人感到兴奋愉快。可见，点虽小，却具有很强的美学表现力。

## 一、点的概念与形状

点在本质上是最简洁的形，是形态构成的基本元素，是设计的基本语言。点有概念上的点和实际存在的点之分。概念上的点，即几何学中的点，只有位置，没有大小和面积，存在于意识之中，无法进行视觉表现。在产品形态构成中，点必须有其实际存在的可见形象，是形态设计中最基础的元素和最小单位，是一种具有一定大小、面积、形状、浓淡、方向的具体视觉实体。点的大小具有空间位置的视觉相对性，没有上下、左右的连接性与方向性；点的大小不能超过作为视觉单位“点”的限度，超过一定的限度，就会失去点的性质而成为面。例如，图2-1(a)中的圆点置于图2-1(b)中则不再称其为点，应该视其为面。

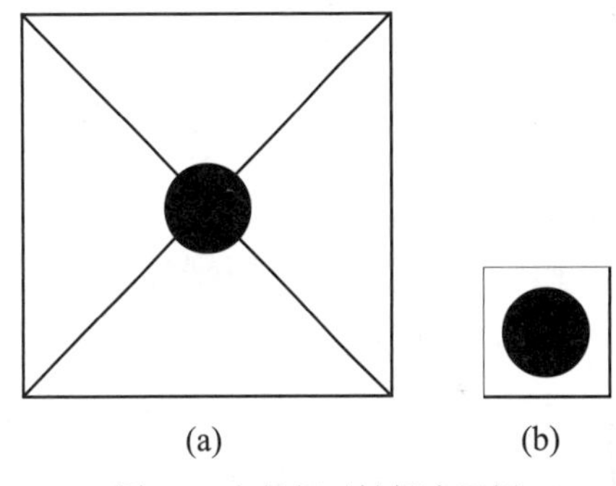


图2-1　点的相对性概念示例

## 二、点的类别

在产品形态设计中，点的形状没有严格的限制，其形状的多样性也带来了分类的复杂性。根据不同形状，点可以分为圆形、三角形、菱形、星形、正方形、长方形、椭圆形、半圆形、半球形、几何线形、尖锐形、方圆形及其他不规则形等。根据不同属性，点可分为功能点、装饰点。其中功能点是指点元素在产品形态中承载某种使用功能；装饰点是指点元素在产品形态表面通过点阵排列，仅起到美化装饰的作用。根据点相对于产品形态基础表面的高度，点可以分为凸点、凹点、等面点。凸点是面或线向外伸展的角端，不受其他部位的遮挡，是明确直露的点，具有集中的力感，存在向外强劲扩张、伸展的趋势；凹点是面或线向内收缩的角的尽处，呈收缩状，有一定的纵深感，易受形体其他部位的遮挡，不易触及，有一种距离感，给人以含蓄、柔和的印象；而等面点则平淡感较强。根据点表达的清晰度不同，点可分为清晰的点和模糊的点。其中，清晰的点棱角分明，角尖固有面积小，具有锐利、精确、细致的感觉；模糊的点去掉了最突出的角尖部分，具有钝缓、柔和的感觉。点的分类简图如图2-2所示。

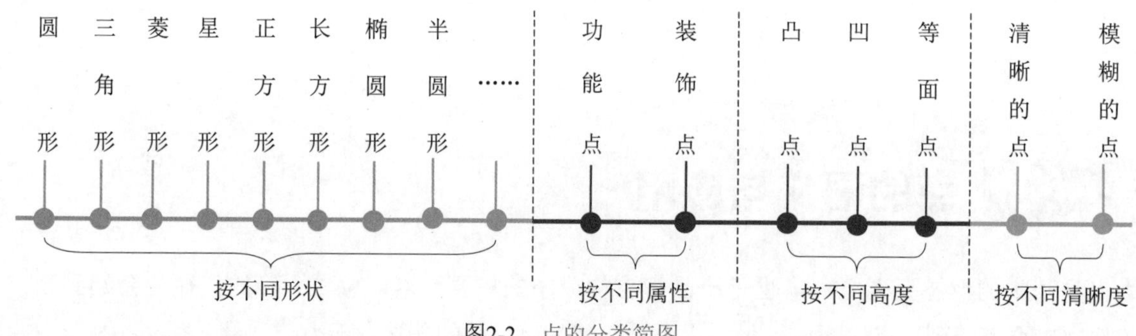


图2-2　点的分类简图

## 三、点的视觉释义

点具有高度视觉集中的效果，在产品形态中突出某一点的对比效果，可起到引导视线集中于此点的强调作用，形成突出的美学表现力。

### 1. 单点的视觉效果

单点具有单纯、集中等视觉释义。任何一个单点都可以成为视觉中心，也是力的中心。单独的点本身没有上下、左右的连续性和指向性，而有趋心性。当一个画面中只有一个点时，人们的视线就会不自觉地集中在此点上，形成中心效应[1]。

单点在画面上的位置不同，形成的视觉效果也不同。单点居中时，视觉集中，此时的画面具有安定、严肃、停滞、单调的情感特征[图2-3(a)]。单点偏上，具有垂直的动感和动势，也有头重脚轻的不稳定感[图2-3(b)]。单点偏下，重心下移，画面的安定感强，但易被忽略[图2-3(c)]。单点位于一边时，点距周边的距离失去平衡，画面产生倾斜感[图2-3(d)]。单点位于画面三分之二偏上、偏一边时，即黄金分割位置，形成的画面效果最佳[图2-3(e)]。

### 2. 两点的视觉效果

两点，也称双点，平衡的两点在形态上可以产生对称、均衡的效果。同一空间内，相同大小、有一定距离的两个点之间会产生相互的作用力，产生连线效果[图2-3(f)]。同一空间内，大小不等、有一定距离的两点，会使视线产生由大到小、由近到远的空间感、秩序感[图2-3(g)]。

### 3. 三点的视觉效果

不在同一条直线上的三点，会使视觉受到消极线的暗示，会使人产生虚形三角形的联想，又因三角形的稳定性，故画面有稳定感[图2-3(h)]。三个大、中、小依次排列成一条直线的点，会使人产生由小到大的方向感，易使人的视线停留在大的点上[图2-3(i)]。三个相同大小的点排列成一条线时，会使人的视线最终停留在中间的点上，画面有稳定感[图2-3(j)]。

### 4. 多点的视觉效果

密集性多点能产生面的效应[图2-3(k)]。多点大小不同、错落相间，可产生运动感和空间感[图2-3(l)]。等距多点组合，产生严肃、静态感[图2-3(m)]。大小不同的多点组合，可构成前后层次感[图2-3(n)]。点大而疏时，画面显得干净、清爽；点小而密时，画面显得细腻；多重点聚集，产生纹理的视觉特征[图2-3(o)]。

总之，点的不同排列、组合在人的视觉上会产生不同的感受与心理反应，传达不同的视觉信息，在产品形态构成中形成和谐、对称、均衡、运动等不同的情感释义。

(a) 单点居中，安定、严肃、停滞、单调感，具有聚中效应

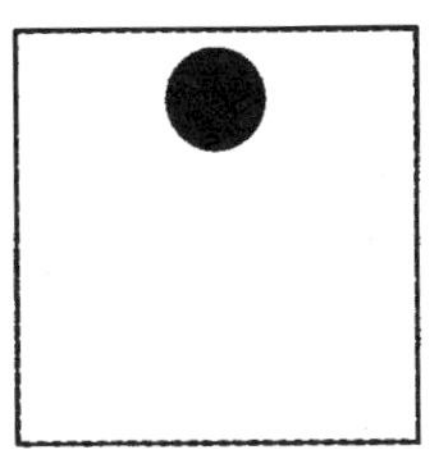
(b) 单点偏上，垂直的动感、动势，头重脚轻的不稳定感

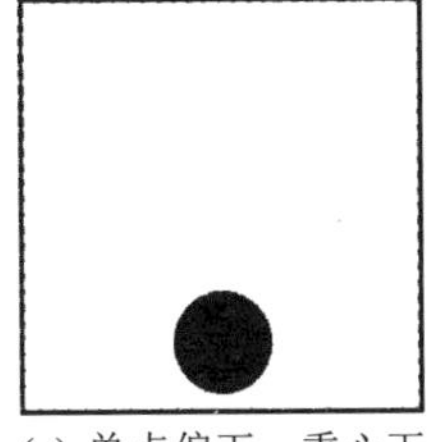
(c) 单点偏下，重心下移，稳定、安定、不突出

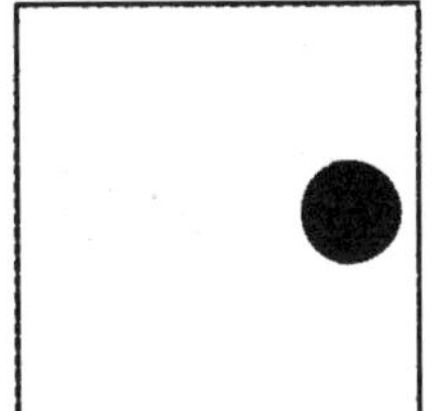
(d) 单点在一边，距离失衡、倾斜、不安定感

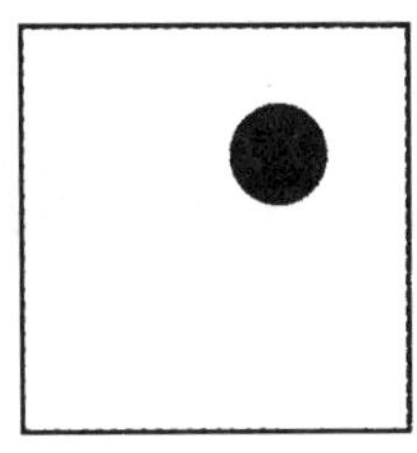
(e) 单点在一边、偏上，居于黄金分割位置，效果最佳

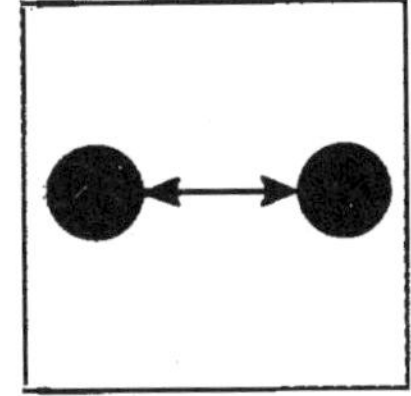
(f) 水平两点，成线，对称，均衡感

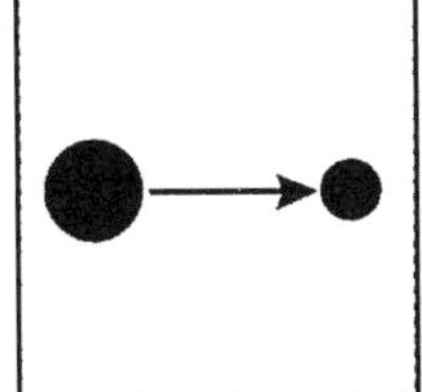
(g) 大小不等的两点，由大到小的秩序感、层次感

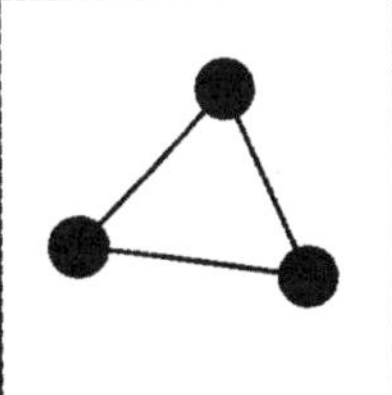
(h) 不在一条线上的三点，虚面感、稳定感

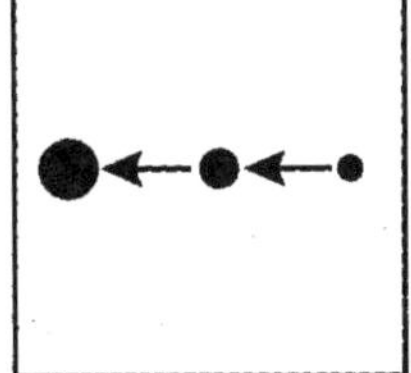
(i) 一条线上大小渐变的三点，由小到大的方向感

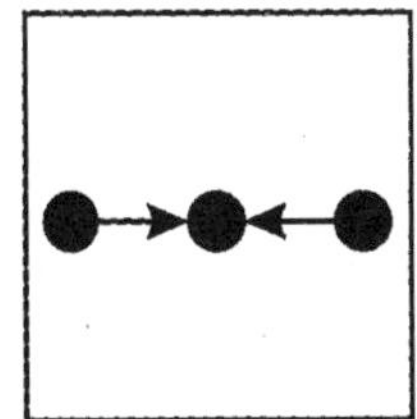
(j) 一条线上同样大小的三点，中间点突出，稳定感

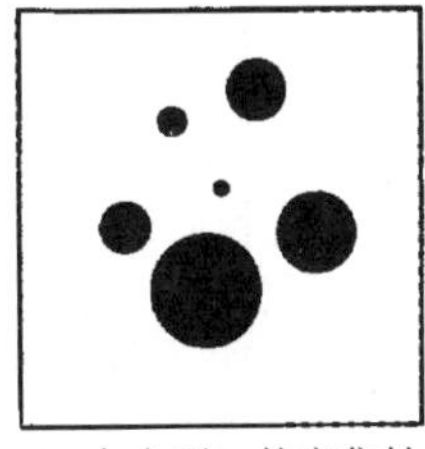
(k) 大小不一的密集性多点，产生面的效应

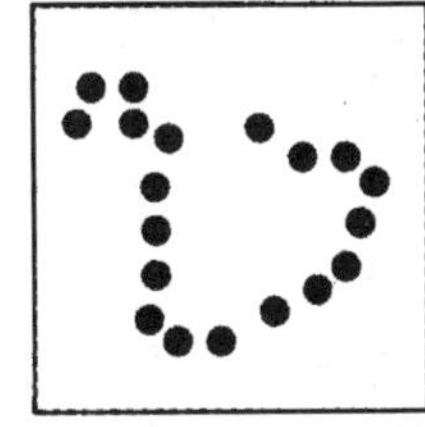
(l) 错落相间的密集性多点，产生运动感、空间感

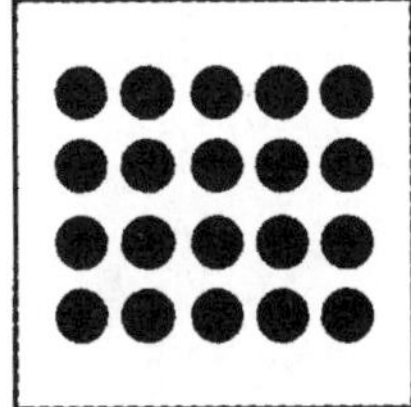
(m) 等距多点组合，产生严肃、静态感

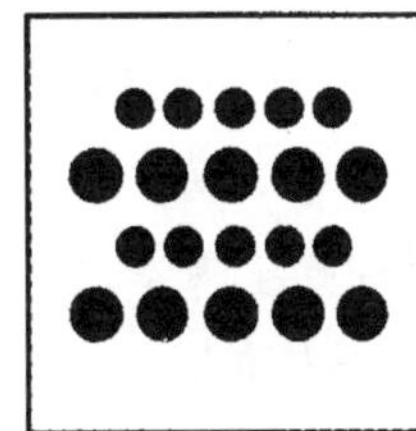
(n) 大小不同的多点组合，产生前后层次感

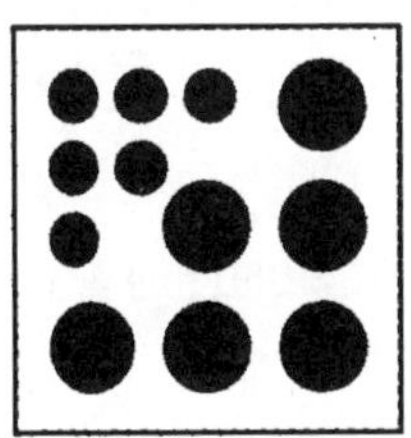
(o) 点大而疏、小而密组合，产生纹理层次感

图2-3 点的视觉释义

## 四、点在家具形态构成中的应用

在家具形态构成元素中，尽管点是其中最基础的元素、最小的单位，但点元素却因其特有的多样性、相对性、向心性等视觉特征，在产品形态构成中起着画龙点睛的作用，以不可替代的地位引导产品整体形态的简洁和内涵的和谐统一、丰富多样。

### 1. 点的来源与属性

在家具形态构成中，点源自三个方面：一是线的端点或交叉必然构成点，如榫头等接合处；二是相对较小的线段或球、块状功能构件被认为是最典型的点，如拉手、垫脚、锁头等；三是为增强装饰效果人为设计或保留材料纹理的点。因此，家具形态构成中的点是以某种形态和体积或形状和量感的形式存在的。根据设计意图和点在产品形态构成中的不同功能属性，可把家具形态构成中的点归纳为功能性点和装饰性点两大属性类别。

总之，家具材料的多样性，产品形态的个性化等特征也为点元素在家具形态构成中提供了相对广泛的来源渠道和多样化的应用途径。图2-4

是家具形态构成中点元素的功能属性与类别归纳示例简图。

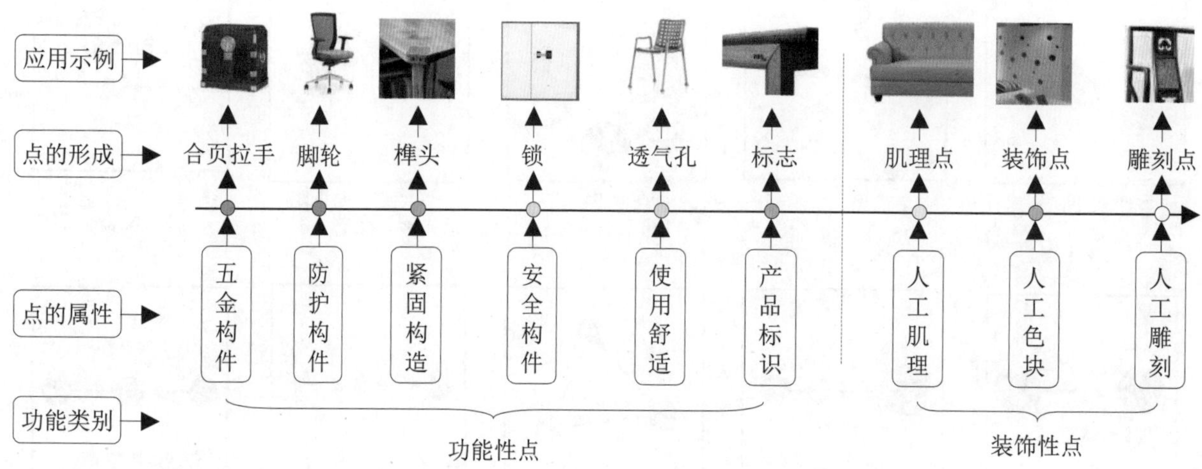


图2-4 家具形态构成中点元素的功能属性与类别归纳示例简图

### 2. 功能性点

在产品形态构成中，点元素承载某种使用功能时，即为功能性点。功能性点设计的原则是在满足使用功能的同时，形成最佳的审美效果。家具形态中常见的功能性点主要有以下几种：一是活动构件的连接件(五金构件)，如门或抽屉的拉手、外露的门合页等。图2-5是明式亮格柜，它利用人们对黄铜的价值认同，通过突出黄铜拉手、门合页与锁头，在形成接合构造的同时，也强化了产品的价值感与装饰性。二是接地防护类构件，如脚垫、滑轮等。三是紧固接合部位构造节点，如榫卯接合、紧固五金连接件等。图2-6是通过外露的榫卯接合节点和五金连接件展示产品形态构成中巧妙的构造美和精湛的工艺美。四是安全构件，如玻璃门的磁吸或碰珠、门或抽屉锁头。五是易用性构造，如透气孔、孔洞等既增强了产品的使用舒适性，又减轻了产品的质量，方便搬移。例如，图2-7所示的云朵椅，其形态上的功能性孔洞点既为搬动产品提供了方便，又强化了产品云朵般形态的飘逸感。六是产品标识点，如产品形态表面上二维(平面)或三维(立体)形式的品牌标志、品名、型号等增强了产品识别性的点元素。

图2-5 明式亮格柜/黄铜五金件

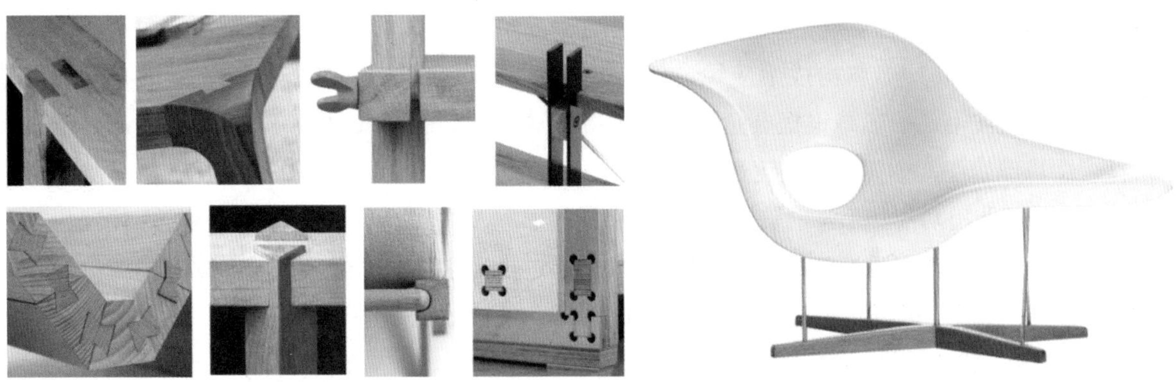

图2-6　构造和工艺细节/功能性点　　图2-7　云朵椅/易用性构造点/设计：伊姆斯夫妇

### 3. 装饰性点

通过人工设计的点阵排列或材料的节子、树瘤等天然纹理，改变产品形态中过于呆板、简单的表面，起到装饰美化产品表面作用的点，即称为装饰性点。装饰性点有助于通过产品传达设计意图，运用形式美法则构成美观的产品形态。家具形态中常见的装饰性点主要有以下几种：一是肌理点。肌理是由材料表面的组织构造所形成的纹理，这种纹理可以是天然的，也可以是通过人为加工而产生的某些表面效果，可以是凸形的、凹形的或镂空的。家具形态中天然的肌理点主要来源于天然材料的瑕疵点，如木材的节子、树瘤等；人工肌理点主要有模仿天然肌理的不规则图纹和设计加工的规则图纹两类。图2-8中衣柜门上的人工肌理点装饰使呆板的柜门变得活泼、时尚，既增加了产品形态的美观性，又从整体上提升了产品的品质和档次，提高了产品的市场竞争力。二是色块点，即在主体部件中采用点状色块或配搭不同材料的形式，通过色彩的不同，形成点缀性装饰效果，如儿童衣柜门板上的点缀装饰，一些构件上配搭黄铜、不锈钢等金属装饰等。三是传统家具中局部的雕刻或镶嵌装饰等。图2-9是黄铜色块、局部雕刻点缀装饰的明式交椅。

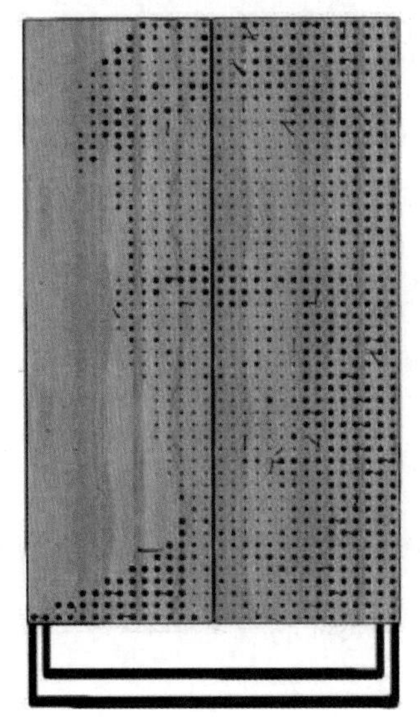

图2-8　衣柜/肌理点图纹装饰

图2-9　明式交椅/黄铜色块、局部雕刻点缀装饰

点元素在家具形态构成中的应用案例赏析

#### 4. 点元素应用效果评判

尽管点元素在家具形态构成中应用广泛，但在具体设计实践中，一般是根据点元素的点缀性、收缩性、虚线性、虚面性、适度性等视觉特征，完善产品的使用功能和形态的美观性的。

(1) 点缀性。其本意泛指对事物加以衬托或装饰，使原有事物更加美好。产品形态设计中的点缀性特指运用点的灵活性和多样性特征，使产品在满足使用功能的同时极大地丰富形态的视觉效果，增加产品的美观性。在家具形态构成中，在保证整体效果的前提下，一般应用点的不同形状、颜色、位置、大小等形成点缀性，打破产品设计中原有的固定的和单调的模式，从产品形态、层次关系、色彩关系等方面丰富产品形态构成的整体视觉效果。

(2) 收缩性。点元素的形态在视觉上具有把边沿引向中心的向心力，特别是较大形态中的点，对视觉具有很强的吸引力，把视觉向点集中，即点元素的收缩性。点元素的收缩性在家具形态构成中应用比较广泛，主要有以下几个方面：一是形成视觉上的冲击力，能够使产品形态更加突出自身的特点，达到引起关注的目的，如商标一般居于产品中比较醒目的位置，主要装饰均居于产品的视觉中心等。二是协调产品形态中的线、面、体元素，形成最优化的产品整体构造与形态，如脚垫等构件端部的保护性处理。三是通过点元素的收缩性突破产品固有的或单一的模式，使产品更具活力，如儿童家具中常用的点缀性装饰。

(3) 虚线性和虚面性。点的有规律移动和组合可在视觉上产生强烈的动感和律动感，具有虚线和虚面的视觉效果。而在家具形态构成中，应用虚线和虚面形成的某种规律和秩序美往往比实线和实面更具有表现力，如办公椅靠背的网纹布，既利用了虚线和虚面呈现出动感与律动感的效果，形成有规律、有节奏的整体美，又以低廉的成本形成了多样化的特殊肌理，并弱化了产品的体量感，强化了产品的使用功能。

(4) 适度性。适度性即在应用点元素的点缀性、收缩性、虚线性与虚面性等视觉特征时应该恰如其分、适可而止。尽管点元素具有增强视觉效果、画龙点睛的作用，但过多、过滥应用会形成相反的效果。

## 第二节 线的语义与应用

线也是产品形态设计基本的元素之一，是一切形态的基本构成单位。产品形态设计之初一般都是以线为基础展开的，对各种线进行创造、组织和协调是产品形态设计的主要过程之一。

### 一、线的概念

在几何学的定义中，线是点移动的轨迹，具有长度、方向和位置，而没有宽度和厚度，也是一个抽象的空间概念。而作为形态构成元素的线，在设计实践中一般会根据需要赋予其相应的宽度或粗细、浓淡、位置、长度和方向。

在形态构成中，通常把长与宽之比相差悬殊者称为线，即线在人们的视觉中有一定的基本比例，超越这个范围就不视其为线，而应为面。例如，宽阔的高速公路、河流等相对于大地只能称为线。

## 二、线的类别

常用的线形分类是根据几何学的定义，按线的形态不同将线分为直线和曲线两大类，其中直线包括水平线、垂直线、倾斜线。曲线又有几何曲线和自由曲线之分。其中几何曲线包括螺旋线、圆锥曲线(如圆、椭圆、抛物线、双曲线等)、渐开线、摆线、双曲线，自由曲线包括有规律曲线(比例曲线、波纹曲线等)、无规律曲线(C曲线、S曲线、涡旋线、回转曲线)、徒手自由曲线等。另外，线根据在产品形态构成中的作用和位置不同，可分为轮廓线、分型线、构造线、截面线等。根据实体产品中的不同属性，线还可分为线形构件、轮廓线、转折线、分割线、装饰线等。线的分类简图如图2-10所示。

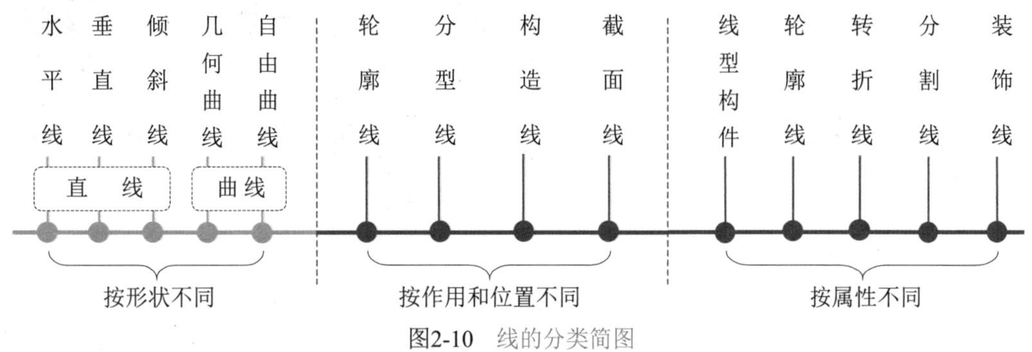


图2-10　线的分类简图

## 三、线的视错觉

错觉是人们观察物体时，由于物体受到形、光、色的干扰，加上人们的生理、心理原因而误认物象，会产生与实际不符的判断性的视觉误差。线的视错觉是知觉的一种特殊形式，是人在特定的条件下对线的扭曲性知觉，也就是把实际存在的线扭曲地感知为与实际不完全相符的线。线的视错觉主要有以下几种形式。

### 1. 线端头附加物影响长短

几条等长的水平直线，在线的两端加上斜线，斜线与直线所形成的角度不同，便会产生不等长的错觉效果。图2-11中，线段长度为A=B=C，但感觉线段长度A＞B＞C。

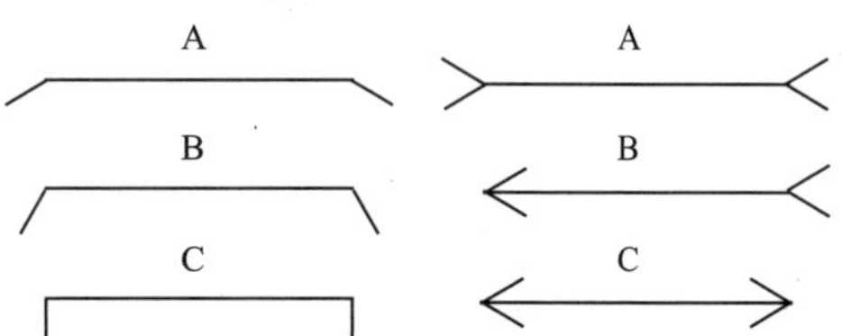


图2-11　线段附加物的不同形成的长度错觉

### 2. 横线比竖线显得短

等长的两条直线，将其中的一条进行90°垂直，垂直方向的直线感觉要长一些；而较之被分割成两段的水平线，分割点越接近其中心点，则感觉越短。图2-12中，线段A=B=C，但感觉线段A＞B＞C。

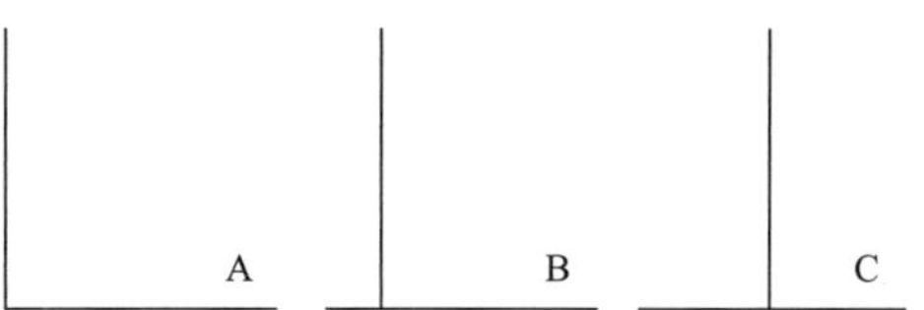


图2-12　横竖线及其位置的不同形成的长度错觉

### 3. 位移错觉

一条斜向的直线被两条平行线断开，则会产生不在一条直线上的错觉。在图2-13(a)中，斜向的直线与两条平行线交叉角越小，视错觉感越强；在图2-13(b)中，平行线之间的距离越大，视错觉感越强。

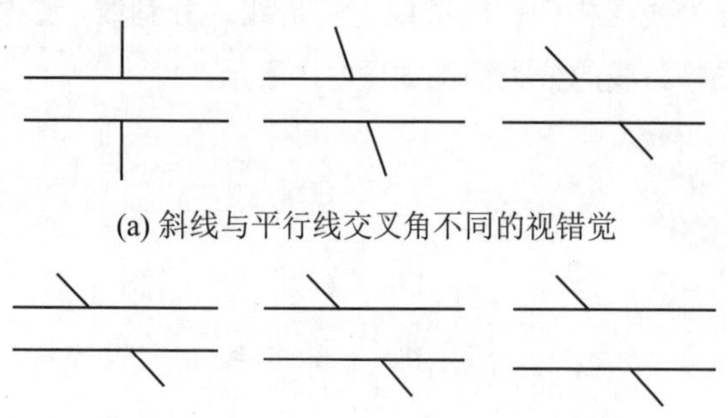

(a) 斜线与平行线交叉角不同的视错觉

(b) 斜线与不同距离的平行线之间的视错觉

图2-13 斜向的直线被两条平行线断开产生的视错觉

### 4. “黑灵”错觉

两条平行直线受周围斜线角度的影响而产生视错觉，使平行直线呈现曲线的感觉，如图2-14所示。

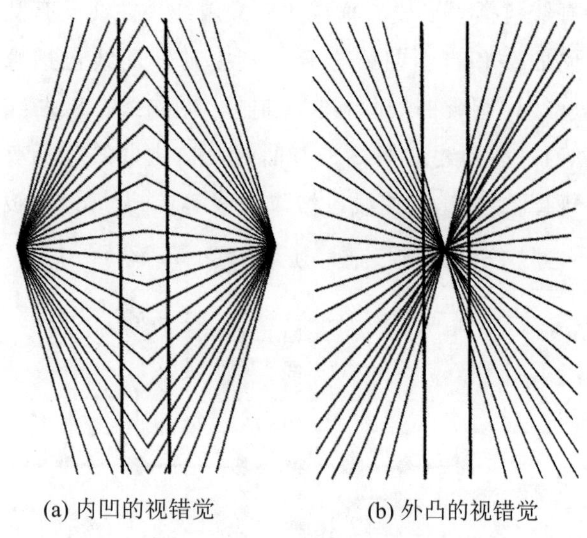

(a) 内凹的视错觉　　(b) 外凸的视错觉

图2-14 两条平行直线受周围斜线角度的影响而产生视错觉

## 四、线的情感特征

线以其丰富的表现形式装扮着自然，装帧着艺术，表达着情感，存在于自然和人类的工作与生活中。在产品形态构成元素中，线是比点更为活跃、表达能力更强、变化更丰富的元素。在产品形态设计中，线的曲直、转折多变不仅体现了一种律动，也表达了某种精神内涵，体现或传达了某种鲜明的情感。表2-1归纳了产品形态构成中常用线形的情感特征与应用示例。

表2-1 产品形态构成中常用线形的情感特征与应用示例

| 类别 | 名称 | 线形图例 | 情感特征 | 家具形态中的应用示例 |
|---|---|---|---|---|
| 直线 | 水平线 | | 明快、简洁、流畅、安详、稳定、庄重、永久、宽阔、延展、静止 | 水平线构成的床头屏 |
| | 垂直线 | | 庄重、严肃、挺拔、刚直、修长、上升、进取、高尚、雄伟、力量 | 竖背椅/设计：C.R.麦金托什 |

(续表)

| 类别 | 名称 | 线形图例 | 情感特征 | 家具形态中的应用示例 |
|---|---|---|---|---|
| 直线 | 倾斜线 | | 运动、活跃、向上、飞跃、动感、前冲、延伸、倾倒、危险 | 椅子1号/设计：康士坦丁 |
| 曲线 | 几何曲线 | | 柔软、圆润、丰满、明快、高尚、理智、流畅、含蓄、对称、华丽 | 实木弯曲椅子 |
| | 自由曲线 | | 优雅、柔和、弹性、奔放、自由、流畅、活泼、愉快、柔美 | Sissi餐椅/设计：卢多维卡和R.帕洛姆巴 |

## 五、线在家具形态构成中的应用

线是家具形态设计中最具表现力的元素。家具形态构成中的轮廓线、转折线、分割线、装饰线等线的曲直、粗细、长短不同，数量和位置上的差异，维度上的变化，在现代设计美学法则的统筹下，形成了形态多样、内涵丰富的家具形式。

### 1. 线的形成与属性

在家具形态构成中，线元素与点元素相似，根据不同属性，线可分为功能性线和装饰性线。功能性线不仅是产品构造中必不可少的元素，也是设计过程中美观性构思的主要对象，通过巧妙的设计构思，既满足了功能的需要，又凸显了其形式美，这也是产品形态构成中功能性线应用的最佳境界。家具形态中的线不是抽象的，而是依据产品的功能、形态、材料呈现为多样化的实体，或是产品的线状功能性构件与外形轮廓线，或是面与面之间的交线(转折线)，或是面上的分割线，也可以是产品形态表面纯粹的装饰性线元素。丰富多样的线形造就了多样化的产品形态，并呈现出不同的性格特征和情感。图2-15是家具形态构成中线元素的功能属性与类别归纳示例简图。

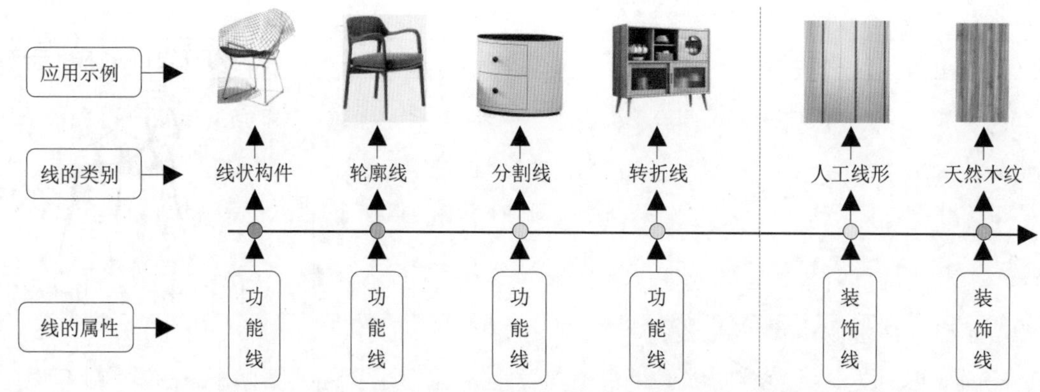


图2-15　家具形态构成中线元素的属性与类别归纳示例简图

## 2. 线状功能构件

线状功能构件泛指家具形态中所有呈线条状的构造性构件，如腿脚、连接档等。线状功能构件是家具形成功能的必然存在，以木材、金属、竹藤等材料为主。在保证产品物理、力学性能的前提下，线状功能构件设计的关键是形态的美观性，根据所用材料的固有特征和工艺性能，形成具有新颖性与个性化的线形，以便在视觉审美上赋予产品新的生命活力。但是，无论线状功能构件以何种方式出现，其最终都将以多变的形态、别具一格的特点，主导产品的气质、内涵与个性。图2-16是CONDE HOUSE公司“劈裂”系列木质家具中的衣帽架，运用精湛的实木弯曲工艺技术，另辟蹊径地对橡木进行劈裂、弯曲，形成仿生树木的形态。产品以曲直相间相融的线形、浑然天成的形态、完美的艺术美感，诠释了现代实木家具的全新视觉体验。

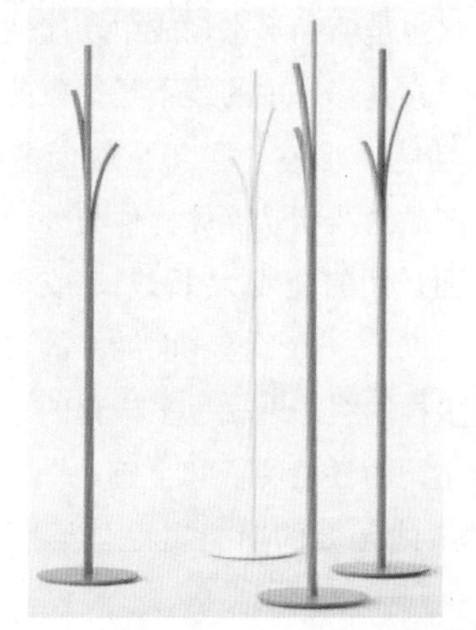

图2-16　“劈裂”衣帽架/线状功能构件示例/设计：佐藤大

## 3. 轮廓线

轮廓线又称外部线条，指物体中个体、群体的外边沿界线，也是物体相互之间的分界线。在构成设计中，开放的线称为线条，闭合的线则称为轮廓线，如圆弧线和圆形。当轮廓线处于二维平面中时即称为形；当轮廓线处于三维空间中，其长、宽、高三个方向的最外边沿线就形成了体的轮廓线。家具形态的轮廓线反映了产品形态的基本面貌，不同产品因形状不同而形成不同的轮廓线，并具有以下两个方面的共性特征：

一是符号化。每件家具的外形轮廓可以不同，即使是同一件产品，角度不同，形成的轮廓形状也不尽相同；但其向人们传递的识别性符号信息及其功能含义是清晰的、稳定的。例如，一件坐具产品，无论是设计方案还是产品实体，当其形态信息通过视觉传递给人们后，人们很快就会通过意识转译出坐具的符号及其功能，并形成喜好与否的个人主观评价。

二是美观性。产品通过外形轮廓的长、宽、高及其比例关系等外观形态信息，结合其构成材料、构造等客观因素，向人们传递产品美观与否的信息。人们一般会根据个人的喜好，选择最具特点、最具表现力的轮廓形态的产品。

### 4. 分割线

分割线是指在产品形态设计中，对整体形态进行有效的划分而形成各个部分的分界线。就家具而言，为了体现产品功能，方便成型和拆装，需要对产品整体进行分拆，实现产品的功能性、美观性、工艺性等的完美结合。家具形态中分割线的构成如下：

一是功能性分割线。在家具设计过程中，核心是功能设计。产品的功能是由不同的功能部件或功能模块相互作用形成的，而相互作用的界面即在产品表面形成分割线。例如，柜类家具的门与门、门与抽屉、抽屉与抽屉、门或抽屉与柜体部件之间，可以根据设计意图形成宽窄不同、平面或凹凸状的分割线(图2-17)。设计中处理功能性分割线时一般应在保证使用功能的便利性和技术可行性的前提下，重点保证分割后产品的形态美。

二是工艺性分割线。绝大部分家具是由不同的构件和不同的工艺拆分组装而成的，分割线既要保证产品接合强度、刚度、稳定性等力学性能的要求，又要保证工艺过程、装配过程的便利性。例如，传统家具中圈椅的扶手一般采用五段弧线形构件接长而成，其楔钉榫接合线即属于工艺性分割线；板状实木构件的拼宽或指形接长中的接合线亦属于工艺性分割线。

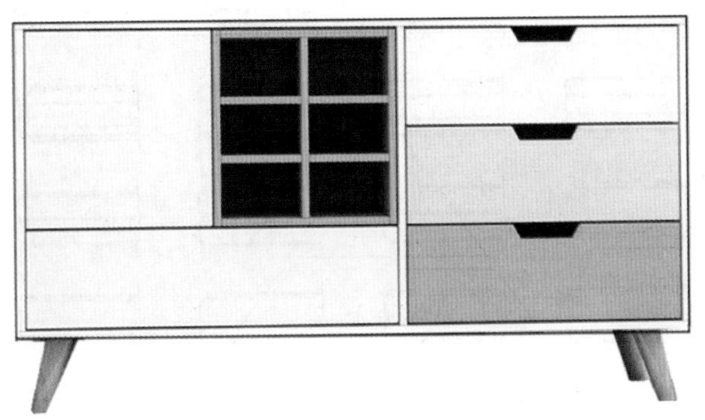

图2-17 餐具柜/功能性分割线示例

三是装饰性分割线。装饰性分割线是指产品形态面上为满足美观性需求而人为设计的分割线。装饰性分割线不具有产品实体分割线的特征，其看似是为了丰富产品表面形态随性而为的设计，实则是设计表现的一种手段。然而，在实际设计活动中，一般把装饰性分割线上升到一种形态构成的综合方法的高度，其包含着对产品功能、构造、成型工艺、装配、审美等多方面因素的综合思考。在家具形态中，装饰性分割线主要用于柜门等相对较大而显得呆板的面，改变表面节奏，使其变得更加生动、美观。装饰性分割线虽然一般不会改变面的起伏，但却可以(或与色彩一起)塑造新的面感或新的体感[2]。总之，合理的分割设计不仅具有实用性，还对产品的形态美具有不可忽略的装饰作用，是调整产品整体与局部之间的关系，形成产品形态和谐美的有效方法。

### 5. 转折线

产品形态主体及各个构件形体因变化所形成的面与面相交或面转折时所呈现的线，称为交线或转折线。转折线是形体上最显著、最明确的线。当两部分形体表面相交成一定角度时形成转折线，若相交角度等于180°，则形成一个完整的面；若相交角度小于180°，则形成凸线，亦称阳线；若相交角度大于180°，则形成凹线，亦称阴线；与雕刻图纹中的阴线和阳线的概念相似。阳线凸起、隆起于形体表面，也就是几何学里棱线的概念，具有向外伸展、扩充的视觉效果和明确、坚实的特征。阴线凹入形体表面，向内收缩后退，较少地作用于人的视觉，使人感到疏远。

在家具形态设计中，阳线与阴线的处理有硬线和柔线之分，硬线呈现为一条比较细的线，比较清晰、僵硬。柔线一般是面呈圆弧形相交而形成的一条模糊的线，比较含蓄、柔和。设计时，常利用转折线的凹或凸、硬或柔，结合边沿线组合形成复杂的构件边沿线形，体现产品的工艺性，提高产品的价值感和美观性。图2-18是在桌面边沿采用钻石切割面的组合形式，构成起伏相间的桌面板边沿线形，简洁时尚。

图2-18 桌面边沿线形/钻石切割面组合构成

### 6. 装饰线

在家具形态设计中，装饰线根据来源不同，分为人工装饰线和天然装饰线两种。其中，人工装饰线既包括上述装饰性分割线中的内容，又可拓展到“线脚”的概念；天然装饰线是指利用材料的天然纹理对形态面进行的装饰，往往以浑然天成的偶然性装饰效果突破产品形态面的呆板感，形成天然质朴的趣味性与节奏感，美化、协调产品的形态。

线脚是家具形态中一类装饰性工艺线的俗称，特指板件的边沿或线形构件的截面形式，与上述转折线有相同之处，但也有差别。其相同之处在于两者均在面的转折处以凸线或凹线(也称阳线或阴线)的形式呈现。而两者的不同之处有以下几个方面：一是属性不同，转折线是功能构件不可或缺的附属元素，而线脚则是指对转折线的二次加工，以便提升转折线的美观效果，仅具有装饰性；二是处置范围不同，转折线特指面的转折处的棱线，而线脚一般会沿棱线向两个侧面形成过渡性延伸，意在线形装饰与产品整体及其构件形态的和谐自然；三是传达的文化内涵不同，转折线偏向现代性寓意，而线脚含有传统工艺的文化性价值。

线脚常见于实木家具，主要分为两类：一类是板件边沿线脚(图2-19)，另一类是线形构件线脚[3]，即线形构件截面形式(图2-20)。图2-21是四面边打洼(凹线或称阴线)方凳，相对于平直面的腿脚，打洼线脚的应用极大地提升了产品的美观性与价值感。

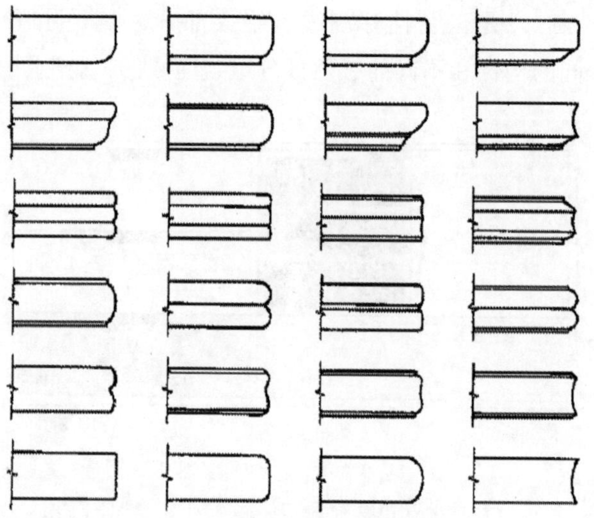

图2-19 常见木质板件边沿线脚截面形式

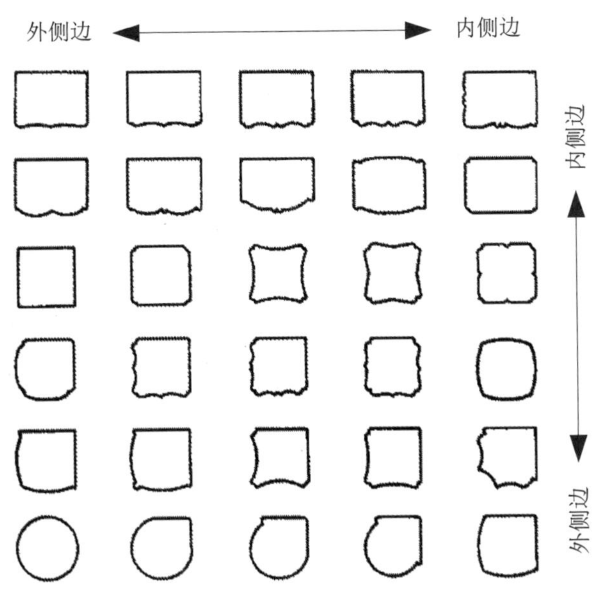

图2-20 常见实木线形构件线脚(截面形式)

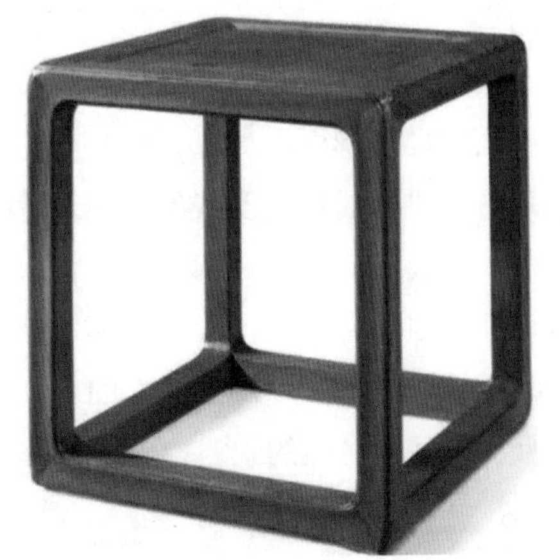
图2-21 方凳/四面边打洼(凹线)

### 7. 线元素应用效果评判

线元素在产品形态中应用的合理与否，一般从线形的情感特征是否契合设计定位、是否能与产品形态有机地融为一体两个方面来评判。

(1) 情感特征契合设计定位。不同线形只有与相宜的产品内涵相融洽才能完美地释放其情感特征。在实际设计活动中，首先应客观、正确地解析产品的设计定位，特别是其中的风格定位；然后才能选择应用相应的线形进行设计构思和表达。例如，图2-22是奥地利设计师迈克尔·索耐特(Michael Thonet)利用蒸汽加热实木弯曲技术设计的摇椅，其优雅的自由曲线与椅子提供的逍遥自在的休闲功能融为一体，形成舒适轻盈、内涵与外延互融互通的休闲椅形态，可谓家具形态中情感特征契合功能设计定位的典范。一般而言，现代风格的家具形态多以直线和几何曲线为主；西方古典家具多以自由曲线为主；而中国古典家具多以直线为主，以装饰性曲线为辅。

(2) 整体性原则。人们在日常使用、观察家具时，首先感受到的是产品形态的整体，一般不会刻意从产品中剥离出点元素或线元素。可见，产品中线元素的完美设计应用是实现各类线与形体和谐相融，形成浑然一体效果的基础。例如，椅子的腿、拉档、座面、靠背、扶手等不同部位应该采用相似或相同特征的线元素，形成自然的视觉整体；否则很难保持视觉的一致性，也很难将其视为一个整体。

总之，在产品形态设计中，线是表达构思、创造形态的主要元素，也是传递不同情感、与市场沟通的渠道之一，理解线元素，可以更好地利用线元素服务于家具的形态设计。

线元素在家具形态构成中的应用案例赏析

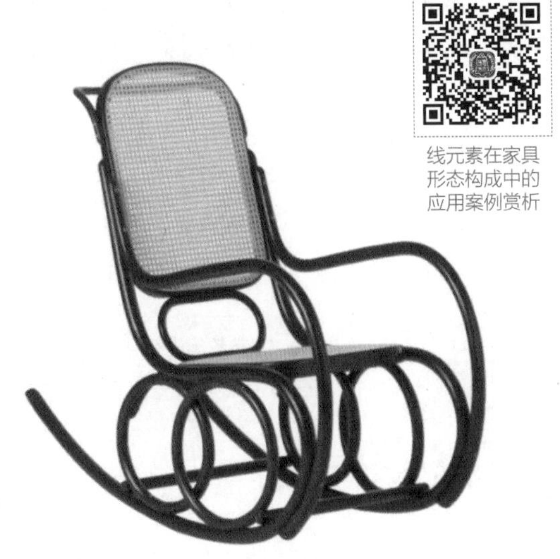
图2-22 摇椅/设计：迈克尔·索耐特

# 第三节 面的语义与应用

面体现了充实、厚重、稳定的视觉效果，是产品形态功能中重要的基本构成元素之一。

## 一、面的概念

在几何学中，面的概念是指线以某种规律运动后的轨迹，不同的线以不同的规律运动，如平移、回转、波动等会形成如平面、回转面、曲面等既无厚度又无边界的不同的面。而在产品形态构成中，面不仅有厚度，而且有大小，并且把由轮廓线包围且比点感觉更大，比线感觉更宽的形称为面。由此可见，点、线、面之间没有绝对的界限，点扩大即为面，线加宽也可成为面，线旋转、移动、摆动等均可成为面。

## 二、面的类别

面根据空间属性不同，可分为平面和曲面两类。其中，平面很容易理解，而曲面则是指由直线或曲线移动形成的三维空间，主要有球面、圆柱面、圆锥面、圆弧面等。面根据外轮廓线形状不同，可分为直线形面和曲线形面。面根据内部填充效果，可分为实面和虚面。实面内部有实体物质填充，具有充实的体量感；而虚面有多种类型，常见的有封闭线所形成的中空形面、开放线所形成的线集群形面、点聚集形成的形面等。另外，各种面在形态构成中均表现为不同的形，根据形的属性不同，可分为几何形、有机形和不规则形。其中，几何形是指以几何学的方法构成的直线形面和曲线形面，如正方形、长方形、梯形、三角形、平行四边形及其他正多边形等直线形面和曲线形面的圆形、椭圆形；有机形是指有生命体特征的自然、丰满、圆润的形；不规则形是指轮廓不规则的偶然性形面。面的分类简图如图2-23所示。后续对面的叙述中，一般将其统称为形。

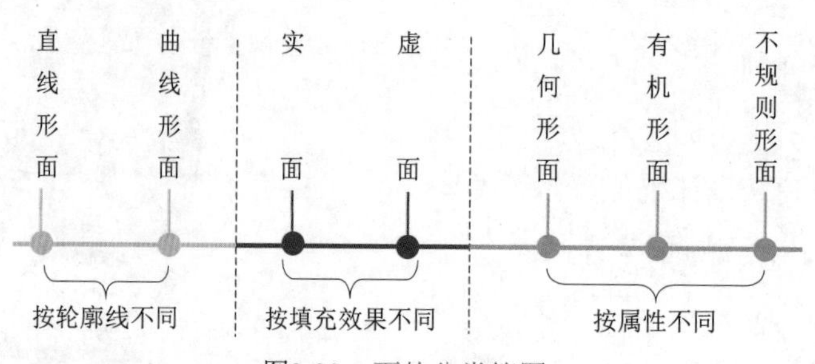


图2-23 面的分类简图

## 三、形的视错觉

形的视错觉是指受形、色、光、方向、位置及人的心理、经验等因素的影响，人对于同样大小的面积或高度产生不同的错觉现象，以形的面积错觉最为常见。在产品形态设计中，可以根据不同情况，对各类视错觉进行矫正或利用，现分述如下。

### 1. 明度影响面积大小

形的明度越高面积越显大，这是由光渗作用造成的。同样大小的形，如果背景明亮就显得小些；反之，背景深暗时会显得大些。人会感觉图2-24(a)中的圆形小于图2-24(b)中的圆形。

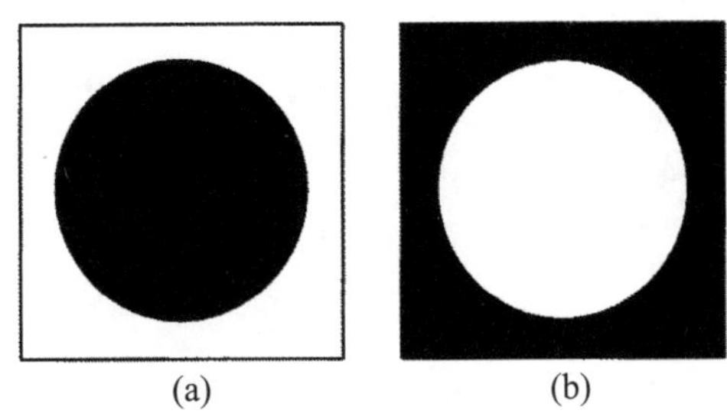

(a) (b)

图2-24 明度影响面积大小

### 2. 附加物影响面积大小

同样大小的图形，在大小不同的附加物的影响和干扰下，会使人产生面积大小不同的错觉，周围形象大的形面会使人感觉小于周围形象小的形面。人会感觉图2-25(a)中的倒三角形大于图2-25(b)中的倒三角形。

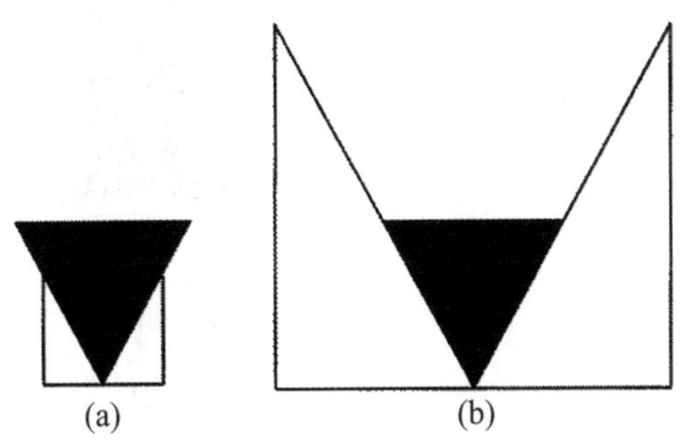

(a) (b)

图2-25 附加物影响面积大小

### 3. 环绕物影响面积大小

受环绕图形或线条、色彩等要素的对比关系影响，人对同样面积的图形会产生大小不同的错觉。图2-26所示为著名的爱宾豪斯错觉，图中两个位于中心的圆形是同等大小的，然而被6个小圆形包围的圆形显然让人觉得比被6个大圆形包围的圆形大一些。

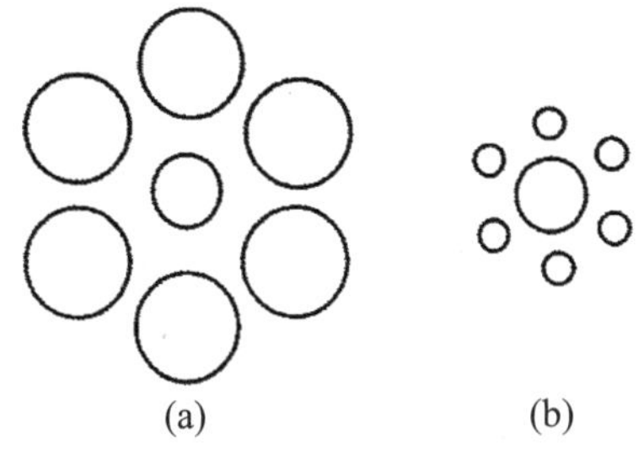

(a) (b)

图2-26 爱宾豪斯错觉(环饶物影响面积大小)

### 4. 方向影响面积大小

同样大小的图形，方向的改变会使人产生其面积有所不同的视错觉。图2-27(a)中是正立放置的正方形和矩形，图2-27(b)中是倾斜放置的正方形和倾倒放置的矩形，人会感觉图2-27(a)中的正方形和矩形面积比图2-27(b)中的小。

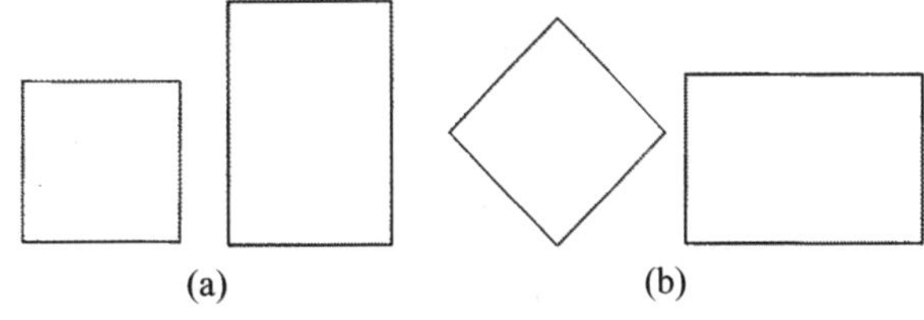

(a) (b)

图2-27 方向影响面积大小

### 5. 形状影响面积大小

在图2-28中，四个几何形的面积相等，但给人的感觉是：三角形的面积最大，圆形的面积最小。这种错觉在形态设计中可用于使面积显得大而又不增加材料，使面积相同而又符合小巧的效果。

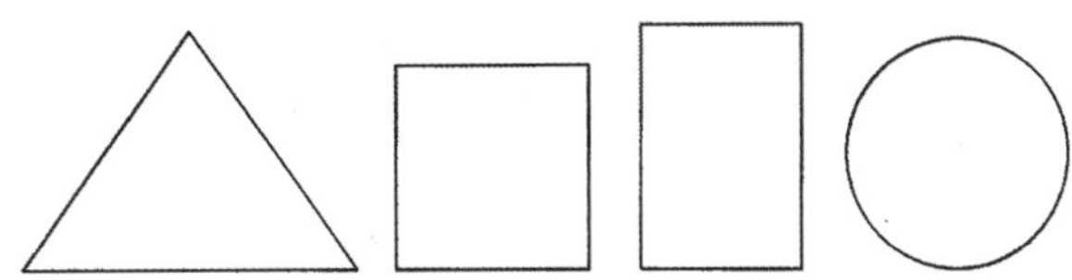

图2-28 形状影响面积大小

### 6. 分割错觉

图形会因分割而使人产生与实际大小不等的错觉现象。图2-29(a)为未分割的正方形，图2-29(b)用横线分割而使正方形呈扁形，这是因为横向分割造成视线向两侧扩张。图2-29(c)为竖线纵向分割后的正方形，使人产生垂直方向拉伸的错觉，这是由于纵向分割使视线上、下扩张产生了增长感。

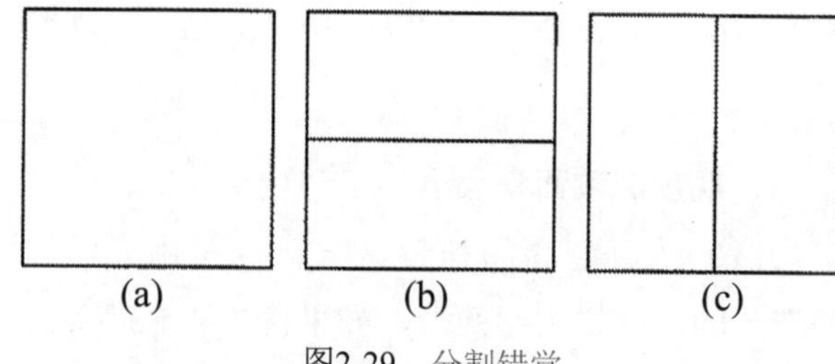

图2-29　分割错觉

## 四、形的情感特征

一般认为形的情感特征主要是由形成形的直线或曲线的情感特征衍生而成的，并因此赋予产品不同的形态特征。正如线具有多样化的情感特征，形的情感特征也十分丰富多样，特别是形的轮廓(形状)及其内部质感等直接决定了形的情感内涵。表2-2归纳了家具形态构成中常用形的情感特征与应用示例。

表2-2　家具形态构成中常用形的情感特征与应用示例

| 类别 | 名称 | 形的图例 | 情感特征 | 产品应用示例 |
|---|---|---|---|---|
| 几何形 | 正方形 | | 明确、严肃、单纯、安定、庄重、规矩、端正、整齐、呆板 | 方凳 |
| | 矩形 | | 水平方向：稳定、规矩、庄重、呆板。垂直方向：挺拔、崇高、庄严 | 屏风/设计：焚几家具 |
| | 梯形 | | 生动、含蓄、稳定、轻巧、动感、活跃 | 屏风/设计：平仄家具 |
| | 三角形 | | 正三角形：扎实、稳定、坚定、锐利。倒三角形：倾倒、运动、活跃、轻巧、危险 | 咖啡桌/设计：野口勇 |

(续表)

| 类别 | 名称 | 形的图例 | 情感特征 | 产品应用示例 |
|---|---|---|---|---|
| 几何形 | 其他正多边形 | | 生动、多样、明确、安定、规矩、稳定、端正 | 多边形会议桌 |
| | 圆形 | | 圆润、饱满、肯定、统一、规范、理性、呆板 | 圆形餐桌 |
| | 椭圆形 | | 安详、明快、圆润、饱满、柔和、单纯、亲切 | 茶几/设计：明合文吉 |
| | 曲直线组合形 | | 稳定、优雅、活泼、轻快、亲切、柔和 | 弧形办公桌 |
| 非几何形 | 有机形 | | 自然、活泼、优雅、奔放、散漫、无序、繁杂 | 茶几 |
| | 不规则形 | | 自然、纯朴、自由、活泼、优美、散漫、无序、杂乱 | 屏风/设计：杨明洁 |

## 五、形在家具形态构成中的应用

一般而言，家具中的形多数是基于功能的需求而存在的。在设计实践中，形可以通过不同的材料、不同的构成形态、不同的色彩等体现产品的内涵特征(或轻盈时尚，或笨重呆板)，并在满足功能需求的同时，形成形态多样的家具形式。

### 1. 形的属性

家具中的形是具有一定厚度的板状体，会给人以呆板笨重感，这与活泼、轻快、优雅等形态设计的审美目标相悖。因此，在进行家具形态设计时，若非功能的需要，一般会尽量避免使用形构件。可见，家具中的形构件是基于功能的需求而存在的，即形构件仅具有功能属性。在此可将家具形态中的功能性形细分为支承形、工作形、收纳形、凭倚形、防尘形、支撑形等(图2-30)。其中，支承形是指支承人体或物体的形面，如坐具的座面或靠背、床面、电视柜顶板等；工作形是指辅助人们某类工作或生活行为的形面，一般具有与人体尺度相适宜的高度，如工作台面、书写桌或办公桌面等；收纳形是指展示陈列或收置的形面，如装饰柜与衣柜的隔板、抽屉底板等；凭倚形是指人们日常行为过程中接触的竖直类形面，如床头板、梳妆镜等；防尘形是指柜类收纳空间的围合面，可以是实形不透明的形面，也可以是透明或半透明的形面，如书柜、文件柜、装饰柜、衣柜的旁板与门板等；支撑形是指家具保持正常功能姿态所需的面形构件，一般与地面接触，如衣帽架的底座。

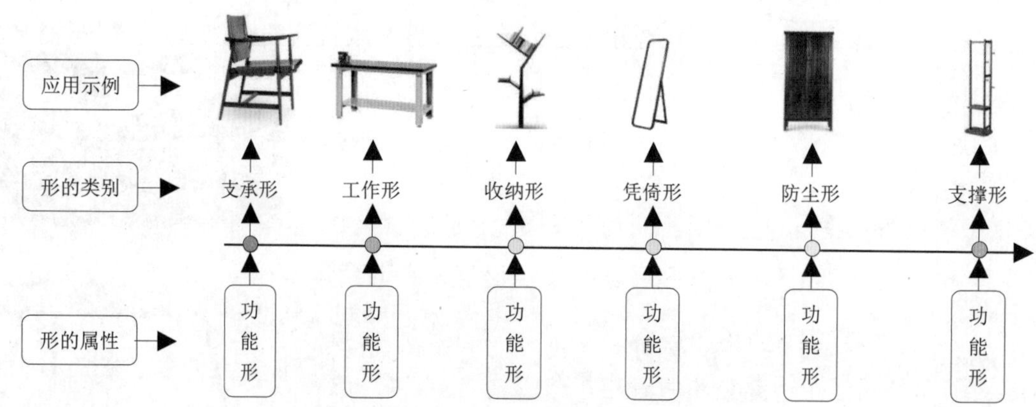


图2-30　家具形态构成中形的属性归纳示例简图

### 2. 实形的应用

所谓实形是指完全封闭的、有明确形状的平面实形或曲面实形，如台桌类的台面、柜类的板状构件、椅子的面状靠背等。可见，实形的轮廓清晰，有较强的领域感和分量，塑造的主体较为稳定、坚实。平面实形具有平整、理性、简洁等特征，由平面实形构成的家具形态理性、简洁、整齐，如大衣柜、写字台、床头柜等，但同时会产生单调、乏味、呆板的审美缺陷。因此，在由平面实形构成的家具形态中，应该注意应用具有点缀或分割作用的点、线及图纹装饰，使形变得生动活泼。

曲面实形具有起伏、柔和、动感的特征，给人以圆润、柔美感。曲面实形的圆润形态能体现动感、活泼、轻巧等审美情感。所以，在进行家具形态设计时，若非受功能的制约，应尽量采用曲面实形。特别是曲面的有机形态，更能够增强产品形态的亲切感，现代工艺技术也较容易实现。图2-31是著名设计师乔治·尼尔森(George Nelson)于1955年设计的椰子椅，其椰子壳局部的曲面实形与镀铬线状金属构件组合，成就了形态新颖、现代、时尚，功能科学、合理、舒适的现代经典休闲椅产品。

图2-31 椰子椅/实形应用示例/设计：乔治·尼尔森

### 3. 虚形的应用

虚形的形成可以是点或线的排列，也可以是点或线的围绕，点或线越密集则形的表象越接近实形。虚形并非由实体封闭构造，所呈现出的整体形状较为模糊，塑造的主题较为活泼、生动。虚形包括平面虚形和曲面虚形。虚形在家具中的应用由来已久，如我国传统家具中的架子床、罗汉床的透雕围板；虚形在现代家具中也是较为常见的，如办公椅靠背的网纹布、塑料座椅中的点状透气孔等。图2-32是俄罗斯设计师D.贝尔金(Dmitry Belkin)和N.希波夫(Nikita Shipov)2021年红点设计概念奖家具类的获奖作品——蝉椅系统，产品形态为基于蝉翼图案的人工智能算法生成的独特的椅子靠背曲面虚形。

形元素在家具形态构成中的应用案例赏析

图2-32 蝉椅系统/虚形应用示例/设计：D.贝尔金和N.希波夫

### 4. 组合应用

形组合是家具形态构成中常见的应用方式。以形为主体元素的常见组合应用形式有形与形组合、形与点组合、形与直线组合、形与曲线组合、形与体组合。其中形与体组合的内容留在下一节“体的语义与应用”中叙述，这里仅介绍形与形组合、形与线组合。

(1) 形与形组合。前面已经叙述过以形为主体构成的家具具有单调、乏味、呆板的形态效果，所以在设计构思时，首先思考的是如何尽量避免形与形的组合形式出现。若遇到因受制于功能需求而不可避免的情况，如一些柜类产品，可通过产品正面门板、抽屉面板的配置所形成的比例关系、虚实对比以及在其表面应用点元素或线元素进行装饰等设计手法，增强其形态的美观效果。然后思考如何通过设计手法改变形的单调感，丰富其内涵或寓意。图2-33是意大利设计师S.法雷尔(Sergio Fahrer)于2022年设计的DC3凳子，DC3是一种低翼双引擎单翼飞机，DC3凳子模仿其机翼构造形态，应用数控技术铣削胶合木质层积材形成类似于有机曲线的独特细节与图纹，形成具有雕塑般的美感特征，从而破除形与形组合的负面效果。

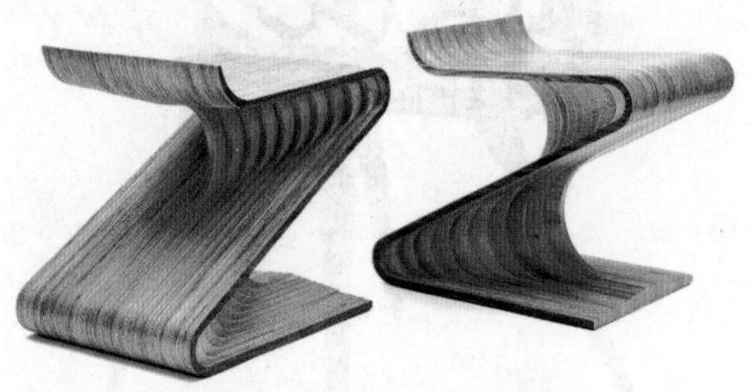

图2-33　DC3凳子/形与形组合/设计：S.法雷尔

(2) 形与线组合。形与线组合方式存在四个基本变量，即平面形、曲面形、直线、曲线，并由此形成平面形与直线、平面形与曲线、曲面形与直线、曲面形与曲线四种组合方式。根据面和线元素的类别，还可以对上述四种组合方式进一步延伸和细化。尽管平面形与直线组合构成的家具形态在上述四种组合方式中较难形成突出的美观性效果，但因产品形态简洁、工艺便捷、成本较低等优势，也是现实生活中最为常见的家具形态。曲面形与曲线的组合方式虽然比较容易形成产品形态的个性化审美特征，但因产品置于同一功能空间中统一性配套难度大，考虑到成本高等因素，设计时应该谨慎应用。图2-34是意大利佛罗伦萨E-ggs工作室于2016年设计的树叶酒吧凳，座面模仿树叶形态模压胶合而成，将曲面、曲线、直线自然地融为一体，形态优美、朴素、自然，别具一格。

图2-34　树叶酒吧凳/形与线组合/设计：E-ggs工作室

# 第四节　体的语义与应用

在产品形态构成元素中，体有别于点、线、面，既是抽象的几何概念，又是客观世界中真实存在、占据一定三维空间的实体，且较之点、线、面等构成元素有更丰富的空间表现力，并且无论产品形体的复杂程度如何，均可以被分解为简单的基本几何体，即基本几何体是形态设计构成的基本单元。

## 一、体的概念

体也存在几何学概念的体和形态构成中现实存在的体之分。几何学概念的体是指通过面的移动、堆积、旋转而构成的三维空间内的抽象概念，常见的有正方体、长方体、圆锥体、圆柱体、棱锥体、棱柱体、圆环体等。形态构成中的体有实体与虚体之分。实体可以理解为面具有了一个厚度、空间被某种材料填充、有一定体量的实形体；而虚体则是相对实体而言，它是指通过点、线、面的合围而形成一定独立空间的虚形体，并在产品形态构成中有广泛的应用。

## 二、体的类别

体的综合分类也是多维度的，一般根据体的轮廓线形态、体的构成形态和体的虚实关系等进行分类(图2-35)。

根据轮廓线形的不同，体可分为直线形体和曲线形体。其中，直线形体包括规则直线形体(如正方体、长方体、棱锥体、棱柱体等)和不规则直线形体(由直线构成的自由形体)，曲线形体包括规则曲线形体(如圆球体、圆柱体、圆锥体、圆环体等)和不规则曲线形体(由曲线构成的自由形体)。

根据产品构成形态的不同，体可分为点状体、线状体、面状体、块状体。点状体是以点的形态在空间所产生的视觉凝聚的形体，占据少量的空间，形成玲珑、活泼的独特效果。线状体是以线的排列、交织在空间所形成的形体，占据的虚空间比较显著，并形成穿透性的感觉；线状体具有轻量感、挺拔感、柔软感等情感特征。面状体是以面的形态在空间所形成的形体，有分离空间或虚，或实，或开，或关的局限效果；面状体具有轻薄感、平整感、充实感等情感特征。块状体是以长、宽、高三维的形态在空间中构成的完整封闭的立体，有显著的空间区域和较强的体量感，给人以结实、浑厚的感觉。根据拓扑关系原理，线状体、面状体、块状体之间通过自身的叠加或递减可以实现相互转换(图2-36)，且这种转换关系与柜类家具的构成有相通之处。

另外，在产品形态构成中，体还可以根据虚实关系分为实体和虚体。在家具中，实体可以理解为由实形面围合没有任何通透面的形体，如衣柜、商场储物柜等；而虚体则是由实形面或虚形面围合，至少有一个以上通透面或半通透面(如玻璃、塑料等透明材料)的形体，如没有门或玻璃门的陈列柜或置物架、书架等。

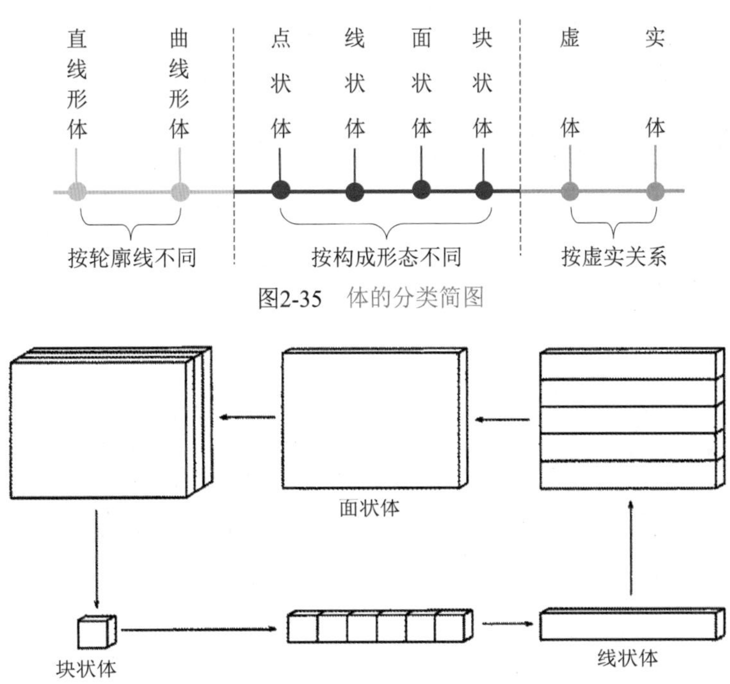


图2-35　体的分类简图



图2-36　块状体、线状体、面状体之间转换拓扑关系示意图

## 三、体的情感特征

产品形态构成设计不同于纯粹的艺术活动，规范的产品形态既要适合于工业化生产，又要符合功能性需求，更应该契合消费者对现代产品形态情感特征的需求；而产品的形态情感特征源自点、线、面、体等基本构成元素的情感特征。体的情感特征主要取决于体的量感效果，即体客观存在的体积和分量以及体在视觉上给人的心理感受。体量大使人感到形体突出，产生力量感和重量感；体量小则使人感到小巧玲珑，形成亲近感。实体使人有稳定、结实之感，虚体则具有轻巧、活泼感[4]。表2-3归纳了家具形态构成中常用体的情感特征与应用示例。

表2-3　家具形态构成中常用体的情感特征与应用示例

| 名称 | 体的图例 | 情感特征 | 产品应用示例 |
|---|---|---|---|
| 长方体或正方体 | | 整齐、明快、简洁、庄严、理性、稳定 | 床头柜 |
| 棱柱体 | | 挺拔、修长、庄重、刚直、向上、高尚 | 洽谈桌 |
| 圆柱体 | | 丰富、柔和、亲切、雅致、圆润、向上 | 圆柱体桌 |
| 圆锥体 | | 圆润、丰满、柔和、时尚、华丽、奢侈 | 圆锥体桌 |
| 棱锥体 | | 安定、向上、稳重、坚实、丰富、个性 | 棱锥体桌 |

(续表)

| 名称 | 体的图例 | 情感特征 | 产品应用示例 |
| --- | --- | --- | --- |
| 球体 | | 充实、安定、圆润、丰满、活泼、动感 | 休闲椅/设计：艾洛·阿尼奥 |
| 有机体 | | 自由、自然、活泼、优雅、生命、无序 | 休闲椅/设计：幕拉·普雷他 |

## 四、体在家具形态构成中的应用

体是家具形态中常用的构成元素，也是形成家具功能，特别是家具收纳功能的必备单元。在家具形态中，既有单一体的构成，又有体与体、体与线、体与面之间的各种组合构成，它们形成了姿态各异、满足不同功能需求的家具形态。

### 1. 单一体的构成

面对单一体，一般采用减少、增加或弯曲的方式形成产品的形态和功能。

(1) 减少。减少即根据需要，对体采用切割或分解的处理方式，形成所需要的家具形态和功能(图2-37)。

(2) 增加。增加是相对于减少而言的一种方法，在形态表现上可以认为是组合，在体量上则表现为增加，即通过积聚的方式创造出新形态(图2-38)。

(3) 弯曲。弯曲指通过对规则形体弯曲的方式创造出所需要的家具新形态和功能(图2-39)。

图2-37　香锭椅/减少/设计：艾洛·阿尼奥

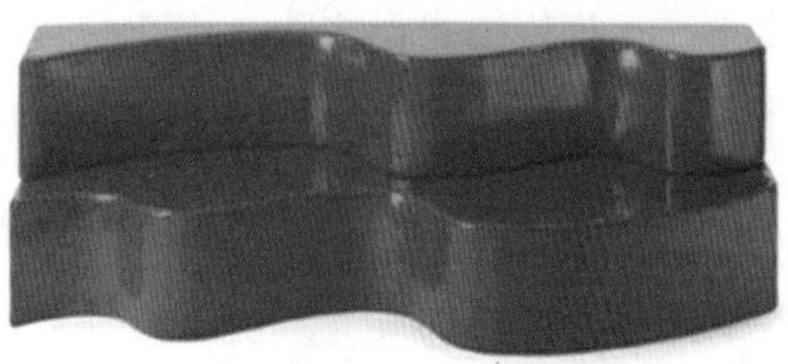

图2-38　沙发/增加/设计：阿基佐姆工作室

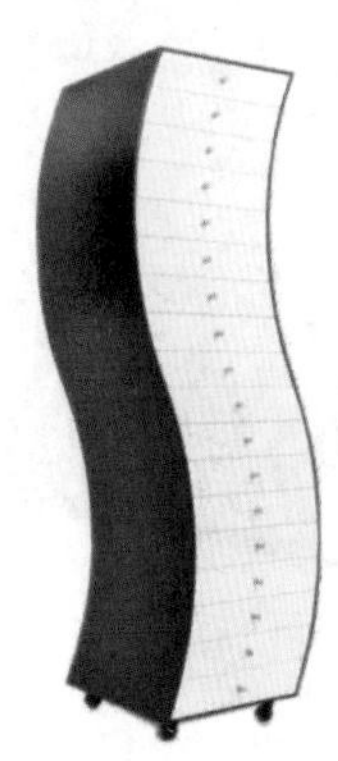

图2-39　抽屉柜/弯曲/设计：仓俣史郎

### 2. 体与体的组合应用

体与体的组合指两个以上的形体间的组合构成。家具中体与体之间的组合构成方式取决于产品构造、搬运、功能、设计定位等因素，没有定量的要求或规定，但在构成过程中，要遵循立体构成的基本原理和产品功能的适宜性原则。产品中体与体之间的组合方式可归纳为表2-4的六种基本形式。

表2-4　产品中体与体之间的基本组合方式

| 组合关系 | 示例 | 简述 | 组合关系 | 示例 | 简述 |
| --- | --- | --- | --- | --- | --- |
| 并列 | | 仅体相互间侧面接触组合，没有互为依存的进一步关系 | 嵌入 | | 一个体的一部分嵌入另一个体的内部，具有交叉组合的性质 |
| 堆叠 | | 一个形体垂直方向置于另一个形体之上，具有承受的性质 | 覆盖 | | 一个形体围束在另一个形体的外层，具有约束的性质 |
| 附加 | | 一个从属形体悬挂于另一个形体侧面，具有主从依附的性质 | 贯穿 | | 一个形体从另一个形体内部穿过，具有穿透的性质 |

家具形态构成中体与体之间较常见的组合方式是表2-4中的并列和堆叠两种形式，主要用于柜类产品的组合或分割。单纯的由实体组合而成的柜类产品会显得单调、沉闷、呆板。图2-40的榉木柜，采用阶梯式收缩堆叠的组合形式，并在柜子正面应用点状虚线和凸线装饰，以期突破柜体的单调、沉闷、呆板感。而全由虚体组合而成的柜子会产生单薄、轻挑感(图2-41)。因此在家具形态设计中，虚体与实体相间是形成柜类家具形态美的最佳组合形式，通过虚实对比，既能体现柜体形态的灵活、轻巧，又不失稳重(图2-42)。

图2-40　榉木柜/堆叠组合/设计：E.J.维默尔

图2-41　展示柜/虚体构成

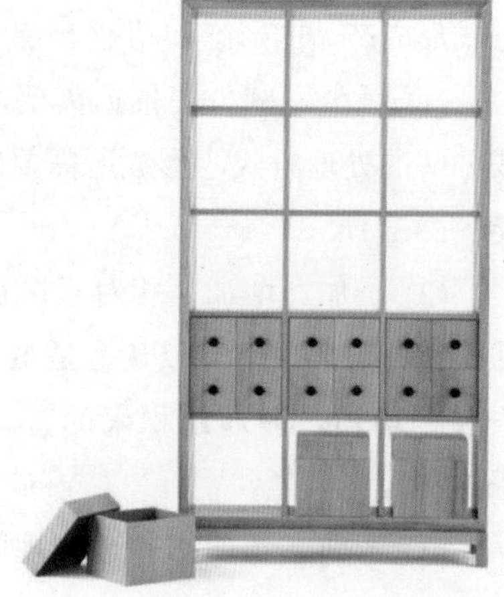

图2-42　置物柜/实体+虚体构成

### 3. 体与线的组合应用

在家具形态构成中，体元素因主导产品的功能而存在，当其与点、线、面及其他元素之间进行组合构成时，应该以体为主进行设计构思。因此，在体与线的组合构成中，体是主变量，包括直线形体和曲线形体；线是辅助变量，一方面保证形体衍生的产品功能，另一方面协助形成产品的美观形态。另外，不同类别的形体与线形构件组合，形成的产品情感特征也不尽相同。直线形体与直线形构件组合构成的产品形态简洁、干练(图2-43)，而曲线形体与曲线形构件组合构成的产品形态优雅、圆润、活泼、轻柔。

图2-43 衣架/实体+直线/设计：U⁺家家居

### 4. 体与面的组合应用

在家具形态构成元素中，形体和形面在某种程度上属于产品形态美的负面元素，是应该尽量避免应用或少用的元素，这既有产品成本控制方面的制约，也有元素自身审美活跃度方面的因素。因此，形体和形面可以说是产品形态构成美观性的惰性元素，当二者组合时，一般需要采用突破常规的超前设计手法使产品形成较好的形态美。图2-44是兰博基尼家居于2021年推出的餐桌新品，产品把圆柱体、多面体、圆形面等元素与产品构件大胆、巧妙地融为一体，延续了兰博基尼跑车豪华、奢侈、高贵的品牌文化。

图2-44 圆餐桌/实体+圆形面/设计：兰博基尼家居

### 5. 体的复合组合应用

体元素在家具形态构成中的应用案例赏析

体的复合组合应用是指体与点、线、面元素中的两个或三个元素同时应用于某件家具中的构成形式。体的复合组合构成的最佳方式是应产品功能的需要而自然形成，如拉手、垫脚等功能性五金件等；若为提升产品的装饰效果而刻意追加某种元素则略显下乘，易形成繁杂的形态效果。

总之，在任何一件家具形态中，点、线、面、体等基本元素的应用都不是孤立存在的，或因功能的需要，或因美观性的需要，或因工艺、构造、成本等的制约，使各构成元素相互之间产生关联性和相互作用，协调有序地形成产品的形态。

## 思政要点与设计实践

1. 归纳分析中国传统家具形态中点、线、面、体的语义特征。

2. 完成点元素在家具中的应用练习5例以上，其中功能性点3例以上，装饰性点2例以上。

3. 完成线元素在家具中的应用练习5例以上，包括水平线、竖直线、斜线、几何曲线、自由曲线等。

4. 完成面元素在家具中的应用练习5例以上，包括平面形+点、平面形+直线、平面形+曲线、曲面形+直线、曲面形+曲线等。

5. 完成体元素在家具中的应用练习5例以上，包括直线或曲线体之间的相互组合、直线或曲线体+各类面、直线或曲线体+各类线等。

## 参考文献

[1]李西运，于心亭. 产品设计形态[M]. 北京：中国轻工业出版社，2019.

[2]贺莲花，刘红杰，柯善军. 线元素在产品形态设计中的应用[J]. 包装工程，2012，33(18)：92-95.

[3]王世襄. 明式家具研究[M]. 北京：生活•读书•新知三联书店，2010.

[4]黄穗，汪利. 浅析几何学与产品造型设计之关系[J]. 艺术与设计(理论)，2011，2(1)：192-194.

## | 第三章 |

# 家具形态构成的美学法则

通常而言，产品的美观性包括两个方面的内涵：一是产品外在感性形态所呈现的美，即常说的形态美；二是产品内在构造的和谐、理性、秩序的美，即产品的技术美。产品的形态美是指构成产品形态的点、线、面、体、色彩、质感与肌理等元素及其相互间的组合关系所呈现的审美特性，是外在的、客观的、易感知的美观形态，因而生动、具体，并具有广泛的可理解性和可传播性。产品的技术美则是通过材料特性、构造关系、工艺技术等多方面的内在因素所呈现的审美特性，具有一定的抽象性，一般不易被人感知。尽管产品美观性是其功能美、形态美、技术美、工艺美、材料美等的有机融合，但在人们的审美活动中，形态美往往先于其内涵作用于视觉并直接引起心理感受，形成形态美观与否的主观评价。

产品设计中的形态构成的美学法则是指人们在造物活动中，以人的生理、心理及精神需求为基础，经过不断探索、提炼、概括、归纳、总结，沉淀出统一与变化、对称与均衡、比例与尺度、稳定与轻巧、主从与重点等普遍、公认的形态美的基本规律。其既是评价产品形态美观与否的主要理论依据，也是谋求产品形态美观性的基本手段。因此，研究和掌握产品形态构成的美学法则，能更好地提高设计师自身的审美鉴赏能力、产品形态美的创造能力，以便设计出功能与形态和谐统一并具有美观性的产品。

# 第一节 统一与变化

统一与变化是自然界和社会发展中客观的、辩证存在的根本规律。统一是一种秩序的表现，是结果，是目标，也是静态的、相对的、稳定的；变化是过程，是方法，是动态的、绝对的。然而，在人类生活的空间与时间内，一切事物都在按照某种统一规律，条理分明、井然有序地发生着变化。人类生存的本能促使人们去感知、掌控统一与变化的过程与规律，以便可以随着人们的要求进行事物的统一或变化，由此逐渐形成了事物和谐的本质属性，反映在人们的意识中，即形成了支配人们的一切创造活动美的基本准则，也是各种艺术与设计创作最普遍的法则。

基于产品均由点、线、面、体、色彩、质感与肌理等元素组合构成的特性，产品的形态美也必然有赖于设计的巧妙构思，把繁杂的多样(变化)转化为高度的统一，使各部分之间形成既有区别又有其内在联系，形成统一中有变化，变化中有统一，统一和变化完美融合的有机体。产品形态设计中的统一集中体现为设计方案的简洁、整体感强、易于辨识，而变化则是产品形态设计细节的丰富、多样。这就需要综合运用理性思维和感性思维，处理好统一和变化的关系，形成局部与整体之间的统一、协调、生动、活泼等特征[1]。

## 一、统一

统一是指性质相像或类似的事物并置在一起，形成某种一致的或具有一致趋势的感觉，是有秩序的表现。在产品形态设计中，统一化的处理一是可有效地增加产品形态的条理性，体现出秩序、和谐、整体的美感；二是可以去乱、治杂，有利于产品的标准化、通用化、系列化。但若过分统一，会使产品形态显得刻板、单调，缺乏艺术的视觉张力，从而削弱产品形态的美观性。因此，应根据产品形态构成元素的内在联系和产品形态的整体特征，张弛有度地进行产品形态的统一化处理，做到统一中求变化，变化中有统一。

就家具而言，功能的不同导致了产品在形态、材料、构造等方面的多样性，因此，在设计构思时必须依据某种规律进行统一化处理，就是有意识地将产品不同范畴的功能和形态构成诸要素有机地统一在一个相对完整、简洁的整体中，避免产品形态的繁杂或凌乱，即为家具形态构成中的统一。在家具形态设计实践中，一般从产品的风格特征、线、形、色彩、图纹等方面进行形态的统一化处理。

### 1. 风格特征的统一

家具的风格由两个方面构成：一是家具形态与功能相统一所呈现的特点；二是设计师个人设计观念与设计表现手法相统一而形成的艺术区别系统，并因此形成家具独特的、有别于其他产品的内涵与形态。在产品形态中，风格特征的统一具体表现在点、线、面、体、色彩、质感与肌理等构成元素的形式、体量，图纹的形成方式、应用部位与象征性等方面；而风格特征的统一性要求主要体现在产品所处的功能空间中，家具与空间环境、不同家具相互之间风格特征的一致性等方面。图3-1是平仄家具中的茶台、椅子，产品之间通过形态、色彩、构件线形等元素的相似性形成不同产品之间风格特征的统一。

图3-1 斗拱三色茶台、椅子/风格特征的统一/设计：平仄家具

### 2. 线的协调

家具产品中的线形构件、分割线、转折线、装饰线等均应统一在某种秩序或规则之内，形成规范、整洁的美感。在设计实践中，一般采用直线和曲线互为主辅配搭的形式实现线的协调，即以直线为主或以曲线为主形成产品的形态。当主体线形确定后，产品的形态内涵与特征也随着线形的情感特征初具雏形。例如，以水平线为主体构成的产品具有稳定、庄重、明快、简洁的特征，以垂直线为主体构成的产品具有挺拔、修长、刚直、严肃的特征(图3-2)，以几何曲线为主体构成的产品具有圆润、丰满、明快、流畅的特征等。

图3-2 山形屏风/突出垂直线/设计：平仄家具

### 3. 形的相似

秉承着形随线走的原则，若产品形态中的线是协调的，则由线构成的形也应该是相似的，即构成家具产品形态的各构件具有相似或相同的形状。此时对家具形态特征影响较大的因素主要有三个：一是形面和构件端部的圆角大小。若圆角大，则产品形态趋于圆润、柔美；若圆角小，则产品形态趋于僵硬、呆板。二是产品若由木材、竹材、石材等天然材料构成，材料的天然纹理、装饰线长度方向应与构件的长度方向一致(图3-3)。三是产品形态表面的肌理或点缀性装饰图纹应该与产品的形态特征内涵一致。

图3-3 小衣柜/装饰线、木纹线与形的协调

#### 4. 色彩的和谐

色彩的和谐建立在产品风格特征、线、形、图纹等统一的基础上。当产品形态采用单一色彩或黑、白、灰、金、银无色彩配搭组合时，一般不存在色彩配搭冲突；若采用彩色配搭组合时，应该注意考虑色相与明度的相近配搭，形成和谐的彩色组合。图3-4是由纤细的、轻巧的管状金属与柔软、宽大的织物软体构成的休闲椅，和谐的色彩、优雅的形态带给产品漂浮、飞翔般的情感体验。

图3-4 休闲椅/色彩的和谐

## 二、变化

变化本意是指事物在形态或本质上产生新的状况。作为产品形态构成法则之一，变化指在进行形式构图时，除了统一性之外，还应该具有多样性。在设计实践中，统一是一切形态构成的主旨，掌握相应的原则和规律后不难实现；而变化则是实现产品形态构成多样化、美观化的重要方法，其实现途径不仅与产品类别、功能、用材等因素有关，更取决于设计师的职业素养。在家具形态设计中，一般采用对比与韵律两种设计表现手法形成产品形态的变化。

#### 1. 对比

对比是把具有明显差异、矛盾或对立的双方集中在一个完整的艺术统一体中，形成相辅相成的比照和呼应关系的表现手法，以便突出被表现事物的本质特征，加强设计对象的艺术效果和美观性。家具因功能、形态等方面的不同，其形态构成中的对比应用也不尽相同，但总体上可归纳为如下几个方面：

(1) 线与线的对比。在家具形态构成中，线是其中最生动、最活跃的元素。产品构件的形状与粗细不同，可以产生线的方向以及线的曲与直、粗与细、长与短、虚与实等的对比；另外，还存在线的水平与垂直、端正与倾斜、高与低等方位的对比，并因此形成不同的产品情感特征。图3-5为酒吧椅，其实木弯曲一体化的圆环线形的靠背扶手、实木模压胶合弯曲一体化的曲面座面靠背板以及实木弯曲一体化的曲直线椅腿，形成水平线与斜线、直线与曲线、线与曲面之间的对比，并可以通过不透明涂饰形成不同的色彩系列，既简洁实用，又方便放置。

图3-5 酒吧椅/线与线、形的对比/设计：A.古弗勒

(2) 线与形的对比。在家具形态构成中，线与形的组合构成方式主要有直线与直线形面、直线与曲线形面、曲线与直线形面、曲线与曲线形面四类。其中能形成明显对比效果的构成形式有直线与曲线形面、曲线与直线形面两类。例如，图3-6中的大理石圆桌，桌腿的圆柱状断面既与圆形桌面形成统一的效果，又以桌腿的直线形构件与桌面的曲面形形成对比，再加上石材与木材的材质对比，构成了简洁、优美、时尚的现代产品形态。试想若将其中的圆柱形腿换成方形柱腿，所构成产品的美观性又将如何？

图3-6　大理石圆桌/线与形的对比/设计：P.利索尼

(3) 形与形的对比。形与形的对比可分为两类：一类是相同拓扑关系的形之间的对比，形成如形的大与小、虚与实等的对比关系，一般以小的形衬托大的形，以虚的形衬托实的形进行对比构成。另一类是不同拓扑关系的形之间的对比，形成如直线形与曲线形之间的对比关系。例如，图3-7中的靠背椅，尽管实木靠背与编织座面具有相同的拓扑关系，即均为矩形，但却通过形的大小、虚实、软硬等的不同产生了对比，产生形态变化的效果。

图3-7　靠背椅/形与形的对比/设计：杰克布·托

(4) 线与体的对比。当线与体同处于某件家具产品中时，一般以体为产品的功能主体，线为腿脚、拉手等辅助性功能构件，或面与体表面的分割线、装饰线、轮廓线。其中的线形因受形态构成统一性原则的制约，一般与体的拓扑关系一致或相近(图3-8)。而其对比关系的形成主要源于产品整体重心的高低，即随着线形支撑腿高度的增加，产品重心也增高，线与体的对比性增强，产品的稳定性减弱，灵动感增强；反之，线与体的对比性减弱，产品的稳定性增强，但却趋于呆板、笨重。例如，图3-9所示的餐边柜是由光滑的线形金属腿与胡桃木柜体构成的，纤细的线形腿衬托着优雅的带推拉门柜体，整体形态看似一枝盛放的花朵与花径，相得益彰，浑然一体。

图3-8　装饰柜/线与体的对比

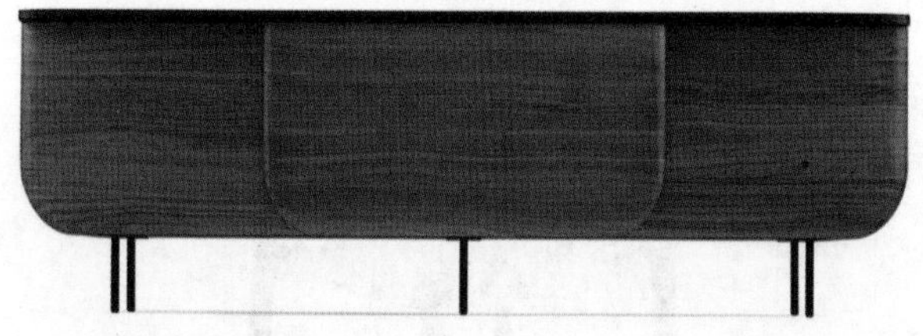

图3-9　餐边柜/线与体的对比/设计：森杰奥斯比克斯

(5) 形与体的对比。家具产品中的形与体均属于主体功能型构件，但其功能属性各不相同，形一般以支撑或支承功能为主，而体一般以收纳功能为主。当形与体共处一体时，往往由形形成产品的主体功能，由体形成辅助功能，如柜体支撑的书写桌、箱体支撑的餐桌等均以桌面形成产品的主体功能，支撑体仅实现辅助性收纳功能。良好形与体的对比关系主要体现在形面幅面尺寸与体的规格之间差异的适度处理上，体的规格越大，产品越稳定，收纳功能也越强，但产品也越呆板、笨重；反之，体的规格越小，产品越轻巧、灵动，但产品的稳定性与收纳功能越弱。另外，若产品中存在两个以上的多体，应该尽量变换体之间的拓扑关系，使体的形态之间形成对比。例如，在图3-10所示的餐桌中，在矩形的桌面与圆柱体和长方体支撑之间形成对比的同时，圆柱体与长方体还形成了拓扑关系、体量、质感、色彩方面的对比。

图3-10　餐桌/形与体的对比

(6) 体与体的对比。体与体的对比主要应用在柜类家具的形态构成中，常利用形体之间的虚与实、厚与薄、大与小、轻与重等对比方法来增强形体的视觉效果，丰富体量构成的空间感。其中，虚与实是指虚体与实体之间的组合构成，通过正面透明或通透的虚体，给人以轻巧和通透感，正面为门或抽屉面等的实体，给人以厚实、沉重和封闭感。厚与薄是指不同厚度体之间的组合构成，一般是产品的底部厚，上部薄，以错落有致、凹凸不平的形态形成稳重、轻巧、灵活的视觉效果。大与小是指产品组合构成中不同大小形体之间大小差异的对比，一般底部的形体较大，上部的形体较小，基本功能的形体较大，辅助功能的形体较小，采用较小的形体衬托较大的形体，以便突出重点(图3-11)。

图3-11　客厅柜/体与体的对比

(7) 材质的对比。家具设计中，材质的对比主要表现为华丽与朴实、沉重与轻盈、粗糙与细腻、坚硬与柔软、有纹理与无纹理、有光泽与无光泽、天然与人造等。材质的对比一般不会改变产品的形态，但可以强化产品的感染力，丰富人们的心理感受。例如，在图3-12中，玄关台由大理石台面、皮革覆面与亮光金属封边的支撑件构成，通过多样化的材质组合，形成既和谐统一，又富于对比变化的简洁、时尚、奢华的产品形态美。

(8) 色彩的对比。在家具形态构成中，应该充分利用色彩的纯与浊、明与暗、鲜与晦、冷与暖、轻与重、远与近等对比关系来丰富产品的形态与内涵，赋予产品新颖、悦目、明朗、优美的视觉效果。

图3-12　玄关台/材质的对比

图3-13　明式架子床/连续的韵律

### 2. 韵律

韵律是一种周期性的、可被人的知觉器官所感知的律动进行有组织的变化或有规律的重复。在家具形态构成中，韵律是获得节奏统一与变化的视觉效果的重要设计元素之一，通过韵律使产品形态产生一种奇妙的情趣或意境，激发和丰富人们的想象力，并引起人们视觉上的快感。家具形态构成中常见的韵律形式主要有连续的韵律、渐变的韵律、起伏的韵律、交错的韵律四种。

(1) 连续的韵律指在产品形态构成中，由点、线、面、体、色彩、质感与肌理等形态构成元素中的一种或几种按某种规律连续重复地排列产生的韵律。自然界中的许多事物都是有规律、有变化地重复再现的，如竹节、蜂巢等。连续的韵律是产品形态中比较简单和古老的形式美法则，家具形态中常见的同一规格抽屉面板的拼置或缀置排列，形成整齐的秩序感、节奏感，即连续的韵律。图3-13是连续的韵律在明式架子床上的应用示例。

(2) 渐变的韵律指在产品形态中，形态构成元素在重复出现的过程中呈现出某种有组织、有规律递增、递减、渐强、渐弱等变化时所产生的韵律。其渐变是多方面的，可以是大小、间隔、方向、高低、宽窄、位置、形象、色彩、明暗等的渐变，形成生动活泼的动感效果，相对于连续的韵律更具活力。图3-14是渐变的韵律在孔雀椅靠背上的应用示例。

图3-14　孔雀椅/渐变的韵律/设计：汉斯・J. 维格纳

(3) 起伏的韵律指在产品形态构成中，形态构成元素按某种规律呈起伏形态，时而增加，时而减少，有如波浪起伏的变化所形成的韵律。起伏的韵律具有强烈的动感效果，产品形态表现比较活泼、灵动，设计感强；但也会因产品形态中起伏的变化而增加生产成本。图3-15是起伏的韵律在椅子扶手、靠背上的应用示例。

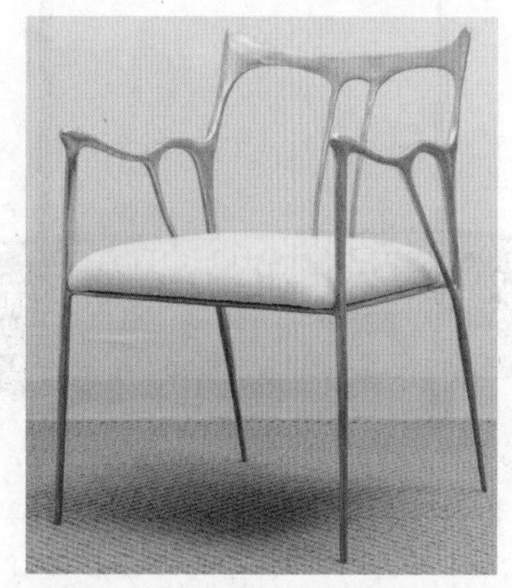

图3-15 扶手椅/起伏的韵律

(4) 交错的韵律指在产品形态中，形态构成元素按某种规律进行交织、穿插组合，一隐一显形成的韵律，如藤、竹、草、绳等编织面等。交错的韵律具有富于变化、生动和谐的突出特征，多用于形状、线条、方向、位置、色调、肌理等的变化，以便形成醒目的视觉效果。图3-16体现出凳子座面上由羊毛编织形成的交错的韵律。

图3-16 羊毛编织凳/交错的韵律/设计：吉罗内斯

总之，在产品形态设计中，处理统一与变化这一对立关系时，一般坚持以统一为主，以变化为辅，在统一中求变化，在变化中有统一的设计原则，以便在最终的设计方案中既能保持整体形态的一致性，又有相应的变化，形成和谐自然的产品形态美。

## 第二节 对称与均衡

世间万物均呈现为某种相对稳定的形态，并以自身特有的主观或客观因素蕴含着对称与均衡的关系，形成某种特定的形式美感。对称与均衡既是人们最朴素的审美规范和各类美学原理的基础，又是产品形态构成的基本形式和美观性原则，更是形态创意设计师赋予产品稳定、安静、祥和特征的基本手法。因此，作为具有一定体量和不同材料构成的家具，必须处理好其形态构成中对称与均衡的关系。

### 一、对称

对称是指物体或图形在某种变换条件下，其相同部分之间有规律重复的现象，即在一定变换条件下的不变现象。对称是一种普遍存在的形式美，是保持物体外观量感均衡，达成形式上均等、稳定的一种美学法则。对称无处不在，自然界都遵循着这一法则。

#### 1. 对称的类别

对称的表现形式主要有轴对称、中心对称和旋转对称三种。

(1) 轴对称。物体或图形沿着某一条直线对折后，直线两侧的部分完全重合时即为轴对称，也称镜面对称；若直线两旁的部分不完全重合，但具有较高的相似度，则称为不完全轴对称，或称为非镜面对称。常见的轴对称图形有等腰三角形、正方形、等边三角形、等腰梯形、圆形和正多边形等。家具形态中较为常见的多为左右形式的完全或不完全轴对称。

(2) 中心对称。在平面内，把物体或图形绕着某个点旋转180°，如果旋转后的物体或图形能与原来的物体或图形重合，即为中心对称。常见的中心对称图形有线段、矩形、菱形、正方形、平行四边形、圆形、有偶数条边的正多边形等。家具形态中较为常见的中心对称多为柜类产品正立面的形式。

(3) 旋转对称。把一个物体或图形绕着一条通过某点$O$的轴线旋转$\alpha(0°<\alpha<360°)$角度后，得到与初始物体或图形完全重合的新物体或图形，即为旋转对称，其中$O$为旋转对称中心，$\alpha$为旋转对称的旋转角。常见的旋转对称图形有：线段、正多边形、平行四边形、圆等。家具产品形态中较为常见的旋转对称的旋转角度多为120°或90°。

### 2. 对称的情感特征

尽管对称的形式仅有轴对称、中心对称和旋转对称三种，但当其应用于产品形态构成中时，形态构成形式的多样化特征形成了以对称形式为基础的多样化产品形态。对称在从自然存在的形态衍化为人类造物形态的基本准则的过程中，也赋予其更加广泛的内容与更加深刻的内涵。表3-1归纳了产品形态构成中不同对称形式的情感特征与应用示例。

表3-1　产品形态构成中不同对称形式的情感特征与应用示例

| 类别 | 对称原理示例 | 情感特征 | 家具应用示例 | 适用产品范围 |
|---|---|---|---|---|
| 轴对称 |  | 庄重、肃穆、秩序、稳定、和谐 | 椅子/左右轴对称/设计：爱乐斯公司 | 适用于各类家具产品形态 |
| 中心对称 |  | 动感、灵活、生机、理性、变化 | 斗柜/正面抽屉中心对称 | 适用于柜类家具正面 |
| 旋转对称 |  | 绚丽、动感、灵巧、生机、变化 | 凳/120°旋转对称/设计：侯正光 | 适用于凳类、台桌类、架类等家具形态 |

## 二、均衡

均衡是以支点为重心，保持同形或异形双方力的平衡的一种形式。均衡是自然界中一切静止物体均遵循的基本力学原则，它不依赖于形体的对称，而是取决于物体中各因素的巧妙配搭。均衡在给人以安定、平稳的同时，还具有一种生动、活泼的美感，也是比对称更富变化与自由的产品形态构成的重要技法之一。

### 1. 对称与均衡的关系

尽管对称与均衡的概念不同，但它们却具有内在的同一性：均为自然界存在的客观规律，也是人造物形态构成的基础和形式美法则，主要作用是使形态具有稳定、庄严的气质，在一定程度上具有相关性或相似性。然而，作为人造物形态的重要表现手法，二者既有关联也有区别。其区别在于以下三点：

一是参照基准不同。对称是指物体或图形相对于其中的某一个点、平面或直线而言，是否形成形态的对称关系，建立在形态基础之上；均衡是指物体或图形仅相对于其中的某一个点而言，是否形成体量的平等关系，建立在体量基础之上，且这种体量可以是物理重量，也可以是色彩、材质等心理体量。

二是逻辑关系不同。对称的物体或图形一定是均衡的；反之，在均衡的类别中，除等量、等形的物体或图形均衡形式外，其余的均衡形式均是非对称的。可见，均衡不仅包含了对称，更是对称的衍变、拓展的结果。

三是评判标准不同。对称不仅是物体或图形视觉上的对等，也是客观、精确、理性、量化数据的结果；而均衡则仅仅是物体或图形在人们视觉上的反映和心理感受，具有相对的主观性和抽象性特征。

人类造物活动的经验表明，纯粹意义上的对称因太过规范，带给物体或图形的是安静、呆板的形态效果。于是人们探寻通过均衡形成物体或图形的灵活、生动，通过色彩的冷暖、轻重、明暗，材质的粗糙、软硬、轻重等调节形态的均衡内容，以便使形态在保持活泼、生动的效果时，也符合对称性原则或趋于对称。

### 2. 均衡的类型及其情感特征

均衡的类型较对称要复杂，分类方式也更多样。根据物体或图形的运动与否，均衡可分为静态均衡与动态均衡。其中，静态均衡也称对称均衡，即在相对静止的状态下取得的对称形式；动态均衡也称不对称均衡，即不同质量、体量之间形成的平衡。根据杠杆形式的不同，平衡可分为平杆式均衡和斜杆式均衡。根据物体或图形的几何特征不同，均衡可分为直线状均衡和非直线状均衡。根据物体或图形之间的形态关系不同可分为大小、多少、明暗、繁简等均衡。

家具形态构成中的均衡关系综合体现在静态、平均、体量、形式等关键因素上，并因此形成产品形态的等形等量均衡(也称对称均衡)、等形不等量均衡、等量不等形均衡和不等形不等量均衡四种形式。表3-2是家具形态构成中均衡的类别、情感特征与应用示例。

表3-2　家具形态构成中均衡的类别、情感特征与应用示例

| 均衡类别 | 均衡原理示例 | 情感特征 | 家具产品应用示例 | 适用产品范围 |
|---|---|---|---|---|
| 等形等量 |  | 庄重、肃穆、秩序、稳定、平衡 | 模块化沙发/等形等量/设计：卢卡·尼凯托 | 适用于各类家具形态 |
| 等形不等量 |  | 动感、灵活、秩序、理性、稳定 | 长条凳/等形不等量 | 适用于柜类、桌类、架类等家具形态 |
| 等量不等形 |  | 动感、灵活、有序、变化、稳定 | 扶手椅/等量不等形/设计：彼得·夏尔 | 适用于坐具类、桌类、架类等家具形态 |
| 不等形不等量 |  | 生动、活泼、轻快、灵巧、有序 | 沙发/不等形不等量 | 适用于坐具类、桌类、架类等家具形态 |

## 三、对称与均衡的应用

在家具形态构成中，往往是以产品外观形态为主变量组合使用对称和均衡法则，形成形态主导对称、局部辅助均衡和形态主导均衡、局部辅助对称两种组合应用形式。

### 1. 形态主对称、局部辅均衡

形态主对称、局部辅均衡即产品外观形态总体采用对称、局部采用均衡形式。这种组合形式有助于保证产品总体形态的稳定、肃穆、庄重，特别是对于部分受制于功能需求而决定其总体形态必须对称的产品，可以在产品局部的分割、色彩配置或其他装饰布局中应用均衡法则，破除或缓解总体形态的对称形成的单调、呆板感。图3-17是意大利著名的后现代主义设计师A.门迪尼(Alessandro Mendini)于1976年设计的普鲁斯特扶手椅，对传统、古典的洛可可风格椅子采用局部色彩均衡分割的装饰，赋予其文脉传承的新形态。

图3-17　普鲁斯特扶手椅/形态对称、局部均衡/设计：A.门迪尼

### 2. 形态主均衡、局部辅对称

形态主均衡、局部辅对称即产品外观形态总体采用均衡、局部采用对称形式。这种组合形式为创意设计提供了更加广泛的可能性，可以充分发挥均衡的特征，形成产品有序、动态的形态美，赋予产品形态更丰富的趣味与变化；再通过局部对称的应用，形成产品形态动中有静、静中寓动、行动感人的艺术效果。图3-18是奥地利设计师汉斯·荷伦(Hans Hollein)于1981年设计的玛丽莲沙发，其灵活、动感而又均衡的外观形态与有序、理性的局部对称形成了别具一格的产品形态美。

总之，在家具产品设计实践中，应该结合设计目标和具体产品，进行综合考虑，灵活运用对称与均衡法则，形成活泼有序、灵巧稳重的产品形态美感。

图3-18　玛丽莲沙发/形态主均衡、局部辅对称/设计：汉斯·荷伦

# 第三节　比例与尺度

自从古希腊人发现黄金分割比例以来，比例关系就逐渐引起人们的重视，并被认为是美学的最佳尺度关系，被广泛引入造物活动。现代审美观认为，凡形态完美的物体必定有其和谐的比例和正确的尺度，这既是其功能的要求，也是构成产品形态美基本且重要的原则。

## 一、比例

大约在公元前5世纪，古希腊数学家、哲学家毕达哥拉斯(Pythagoras)就提出了“美是和谐与比例”“万物皆数”的美学原理，认为自然是根据数而成型的，数的要素是所有事物的要素。他坚持用数学的方法来研究事物，并因此诞生了黄金分割比例，影响了古今世人的审美观。

### 1. 比例概述

比例是指数量之间的对比关系，或指某种物体在整体中所占的分量，更是形态设计及其视图制作中的一般规定术语，即指图形与其实物相应要素的线性尺寸之比，用于反映总体的构成或构造形式。在现实世界中，比例是一切形态的固有特征，只要有外形、大小或质量的物体，就必然存在着自身各部分的大小、长短、高低在度量上的比例关系。因此，比例不仅关系到形态，更是事物生存或存在的内在均衡与稳定的根本性条件，遍布于自然界中的动物、植物、昆虫及各类人造物品中[2]。

具体到家具形态设计领域，比例包括三层含义：一是形态整体轮廓长、宽、高之间的比例关系，二是形态整体与局部或局部与局部之间的比例关系，三是形态整体与周围环境对比物之间形成的比例关系。

### 2. 比例法则

人们通过在长期的造物过程中的观察与总结，发现有些数比关系具有良好的视觉认知效果，并经过不断地探索与应用，逐渐形成了一系列良好比例的审美度量关系，即比例法则。

(1) 黄金分割比例与黄金矩形。黄金分割比例是指将任一长度的线段$AB$分成长、短两段，使其分割后的长线段$AC$与原直线段长度之比等于分割后的短线段$BC$与长线段$AC$之比，即$AC:AB=CB:AC$，且其比值为一固定值1.618或0.618(图3-19)。

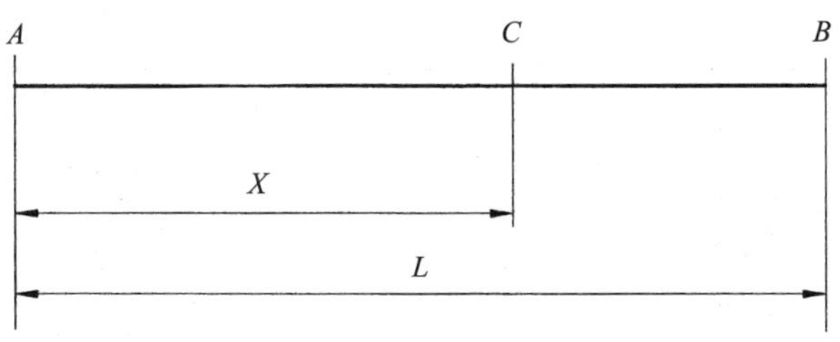


图3-19　线段的黄金比例分割示意图

用具有黄金分割比例关系的两组线段构成的矩形称为黄金比矩形。求取黄金比矩形一般可以在正方形的基础上作图[图3-20(a)]。黄金比矩形具有一个共性特征，即在每一个黄金比矩形中均包含着一个正方形和一个缩小了的黄金比矩形[图3-20(b)]，而这一个黄金比矩形又包含了一个小正方形和一个更小的黄金比矩形，这样依次循环可以分割出无穷多个黄金比矩形，直到无法再分，从而形成一个动态平衡的制约格局[图3-20(c)]。

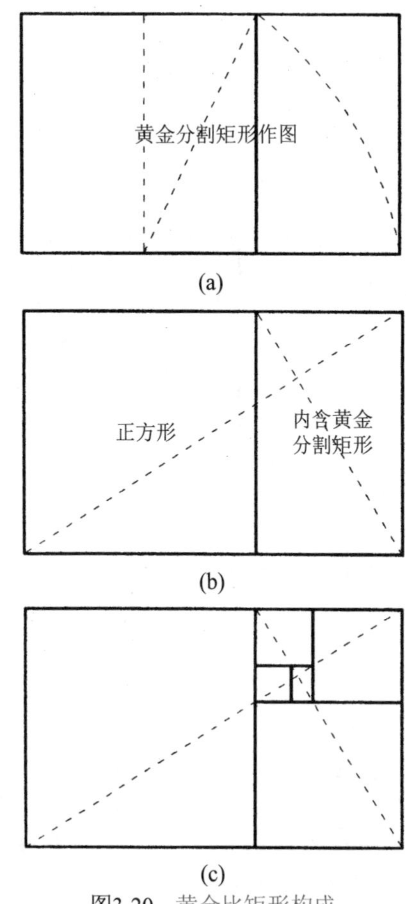


图3-20　黄金比矩形构成

(2) 均方根比例分割与均方根矩形。均方根比例又称平方根比例或根号比例，比例关系是$1:\sqrt{2}$，$1:\sqrt{3}$，$1:\sqrt{4}$，$1:\sqrt{5}$，…，是一组很有实用意义的比例关系。用具有均方根比例分割关系的两组线段构成的矩形称为均方根矩形。

均方根矩形的作图方法建立在正方形的基础上，根据作图方式不同分为外接作图法、内接作图法、对角线法。外接作图法如图3-21(a)所示，正方形的边长为1，其对角线长为$\sqrt{2}$，将$\sqrt{2}$作为矩形的边长，即可构成均方根为$\sqrt{2}$的矩形，以此类推，可作出持续的$\sqrt{3}$，$\sqrt{4}$，$\sqrt{5}$，…的矩形。内接作图法如图3-21(b)所示，先作一边长为1的正方形，以其边长为半径在其内画圆弧，与对角线交于一点，过交点作与底边平行的线，则得$1/\sqrt{2}$的矩形，以此方式依次作图即可得到$1/\sqrt{3}$，$1/\sqrt{4}$，$1/\sqrt{5}$，…的矩形。对角线作图法如图3-21(c)所示，先作一正方形，以其对角线为一长边，正方形的边长为短边，构成$\sqrt{2}$矩形，以同样的方式依次作图可画出一系列均方根矩形。

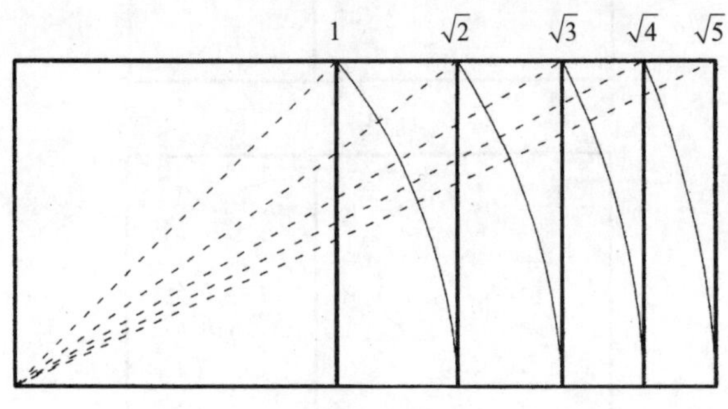


(a) 外接作图法



(b) 内接作图法

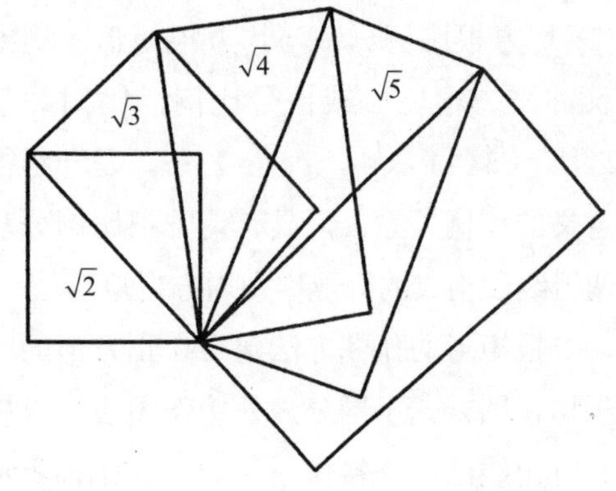


(c) 对角线作图法

图3-21　均方根矩形作图法

(3) 整数比例矩形。整数比例矩形是以正方形为基本单元而构成的不同比例矩形。按正方形的毗边组合自然形成一种外形比例为1∶2，1∶3，…，1∶$n$的长方形。整数比例矩形是均方根比例中的特例，如1∶2=1∶$\sqrt{4}$，1∶3=1∶$\sqrt{9}$。这种比例具有明快、匀称的美感，工艺适宜性好，适用于现代化大批量生产的要求，因此在现代工业化产品形态构成中广泛使用。在家具形态构成中，整数比例矩形多用于柜类产品分割设计，但大于1∶3的比例因易产生不稳定感，应用较少。图3-22是整数比及其在图形中的应用示例。

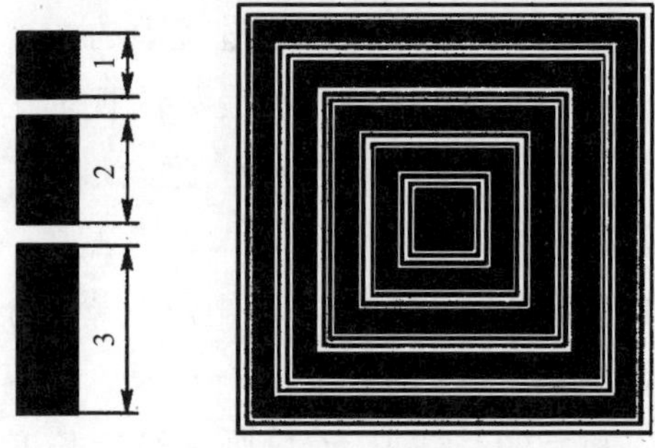


图3-22　整数比及其在图形中的应用示例

(4) 等差数列比矩形。设$L$为单位长度，$S$为常数，按$L$，$L+S$，$L+2S$，…，$L+nS$递增下去，可形成任一相邻差值均为$S$的等差数列，由此形成的矩形即为等差数列比矩形。其中常用的等差数列为3∶5∶7，1∶6∶11，其也被认为是比较美的等差数列比，具有较强的韵律美感。图3-23是等差数列比及其在图形中的应用示例。

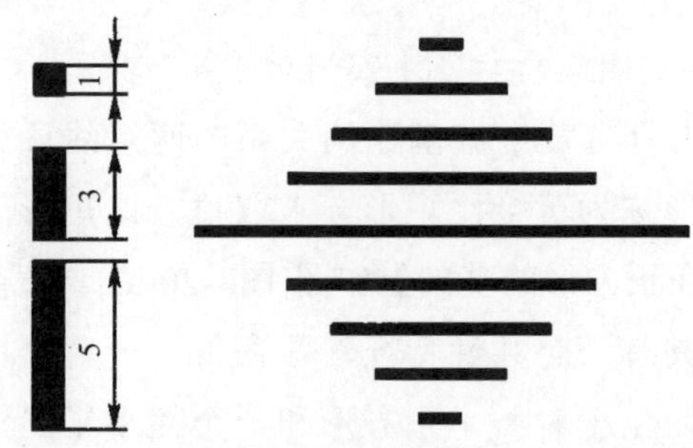


图3-23　等差数列比及其在图形中的应用示例

(5) 等比数列比矩形。设$L$为单位长度，以$r$为公比依次乘下去，可得等比数列：$L$，$Lr$，$Lr^2$，$Lr^3$，…，其各相邻之比相等的数列，由此形成的矩形即为等比数列矩形。尽管等比数列具有强烈的韵律感，但因差值太大，缺乏和谐性，故产品形态构成中不常用。

### 3. 家具形态比例的影响因素

前述的各类比例法则既是一般产品形态美的基本比例法则，又是产品设计实践中形成其总体轮廓或局部构件外形的长、宽、高之间比例关系的理论依据。但具体到家具形态比例时，还要协调产品的功能、材料以及产品所处空间环境等因素与比例之间的关系，形成既符合使用功能需求，又具有良好比例关系和时代审美特征的家具形态。

(1) 功能因素。家具的使用功能是通过相应的尺寸来保证的，由此形成了基于产品功能的比例关系。有时即便是同类产品，由于功能对象的不同也有不同的比例。家具形态的这种尺度间的关系是人们在生产、生活过程中逐渐形成的认知习惯，并由产品的功能比例转化为形态美的比例。

(2) 材料与工艺技术因素。材料、构造、工艺是家具实体化、形成比例关系的物质基础，不同材料由于自身的固有特征，当用于家具时，会形成与产品力学性能相匹配的构件尺寸以及与之对应的比例关系、视觉效果和情感特征。例如，当把一件轻巧、灵动的实木椅子的材料改变为金属材料而不改变其构件尺寸时，就会给人以笨重、呆板感。因此，人们平常所见的金属材料家具的构件尺寸相对于实木产品要小，比例关系也会更显纤细。

(3) 环境与人为因素。同样规格的家具产品，由于所处的空间环境不同，其体量关系也会不同。适用于居室空间的家具，置于大空间办公室中会显得空旷，这时就需要根据空间关系改变家具形态轮廓的比例关系，增大产品的体量感。另外，有时为了利用家具满足特殊场合或营造特殊氛围的需要，也会有意地采用夸张的手法，相对扩大产品的尺寸和比例。例如，大公司总裁的办公桌宽度尺寸可达3000mm及以上，以彰显公司的事业稳定和个人的权威。特别典型的是古代中外帝王的御座等家具，一般都会采用特殊的比例关系，以渲染某种政教思想或皇权至高无上的威仪。

(4) 地域与民族习俗。不同地区、不同民族的生活环境和习惯也造成了家具的不同比例。例如，日韩使用的榻榻米、中国北方的炕桌保留了古代席地而坐的习惯，在形式上比较低矮，具有十分特殊的比例。

### 4. 比例法则在家具形态构成中的应用案例

古今中外，人们一直孜孜不倦地运用比例和数理关系来探索与完善造物形态的视觉效果。西方学者很早就开始用几何学的方法对名画进行解析，并运用数理方法进行构图；东方学者自20世纪中期开始，也采用解析法研究自古希腊以来的西方、东方传统及现代美术和建筑作品中的比例应用原理。中国虽然在系统性地展开比例理论研究方面的起步较晚，但是在比例的应用上却不逊色于西方，从汉唐时期的建筑到明清时期的园林亭台无不蕴含着优雅的比例之美。

【案例3-1】明代圈椅形态构成的比例美

比例优美既是明代家具的形态特征，又是后世定义明式家具的风格特征之一。早在宋、明时期的中国，人们在设计制作家具时就非常注重其整体形态上的良好比例关系，以及整体与局部、局部与局部之间严密的比例协调，把家具的外形比例、尺度与其使用功能紧密联系在一起，力求达到形式与功能的和谐统一。其中最具代表性的就是圈椅。如图3-24所示，圈椅上圆下方的设计源自中国传统的“天圆地方”“法天象地”的哲学思想，其和谐的比例、起伏的线条体现出一种独特的美感[3]。

(a) 明代圈椅

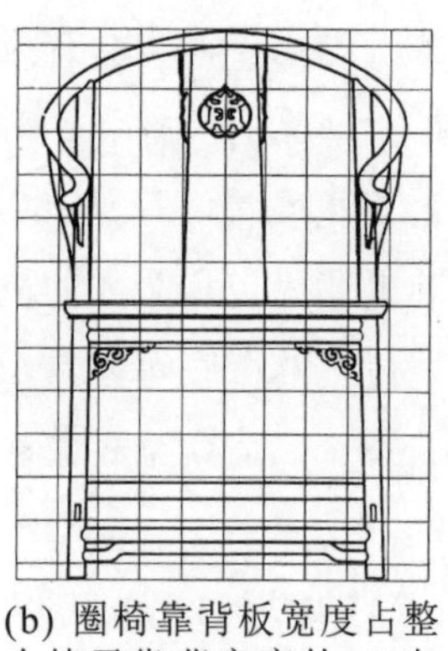

(b) 圈椅靠背板宽度占整个椅子靠背宽度的1/3左右，其宽高比为1∶3

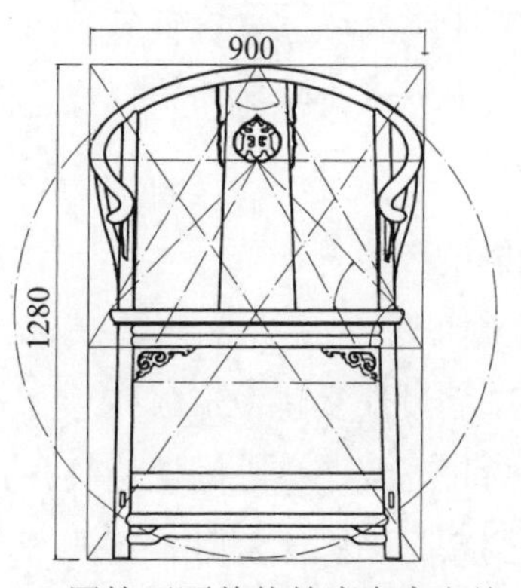


(c) 圈椅正面整体轮廓高宽之比为1280∶900≈1.422，接近于$\sqrt{2}$；腿呈上小下大约1°的收分体势(尺寸单位：mm)

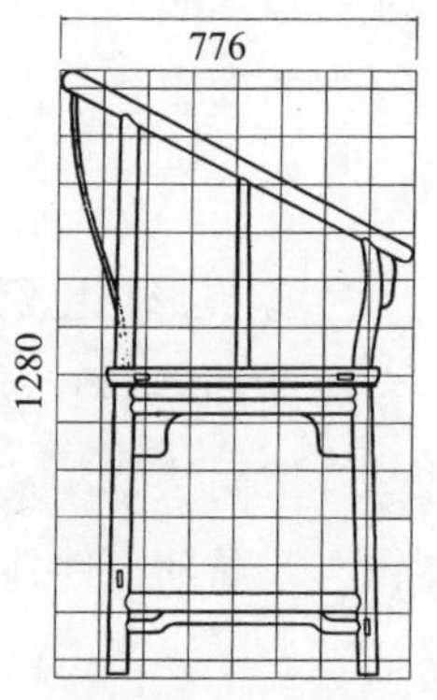


(d) 圈椅侧面整体高宽比为1280∶776≈1.66，接近黄金比分割矩形(尺寸单位：mm)

图3-24　明代圈椅/家具形态比例美案例解析

【案例3-2】巴塞罗那椅形态构成的比例美

巴塞罗那椅被誉为20世纪最经典的椅子，它是德国建筑师密斯·凡·德罗(Mies Van der Rohe)和莉莉·雷奇(Lily Reich)在巴塞罗那世博会上为了欢迎西班牙国王与王后而设计的一款椅子，与其所设计的德国馆恰到好处地融为一体，弧形交叉状的不锈钢构架是它的典型特征。巴塞罗那椅除了完美的构成形式和良好的功能外，还十分注重人体工学，考虑到了人的情感需求，体现了对人性的关怀。无论是外观设计、材料选择，还是制造工艺，它都是现代座椅设计的经典之作。其在构成形态上以弧形表现了对材料弹性的利用，非常优美又功能化。两块长方形皮垫组成座面及靠背，且靠背和前腿的基本曲线是一段优美的圆弧，后腿则是两段圆弧相切而成，整体上以简单的正方形单元格为基本单元，精心谱写了一曲比例优美和谐的交响乐(图3-25)。

(a) 巴塞罗那椅/设计：密斯·凡·德罗、莉莉·雷奇

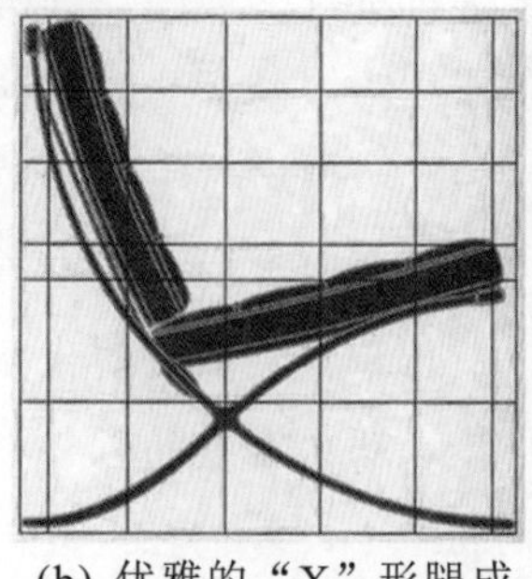

(b) 优雅的“X”形腿成为巴塞罗那椅永恒的标志

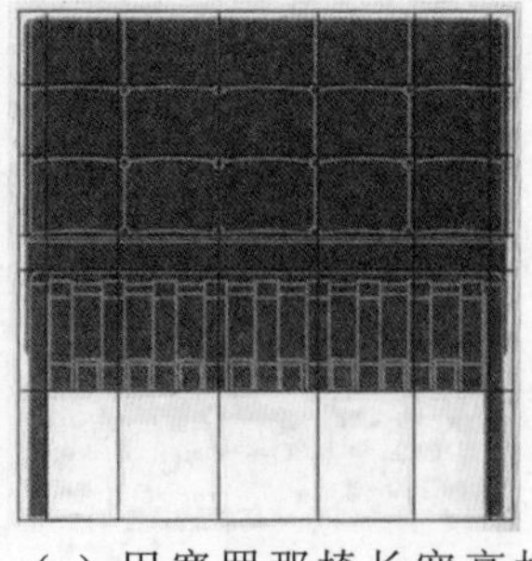

(c) 巴塞罗那椅长宽高相等，均为780mm，椅子的中心即为一个正方体的中心

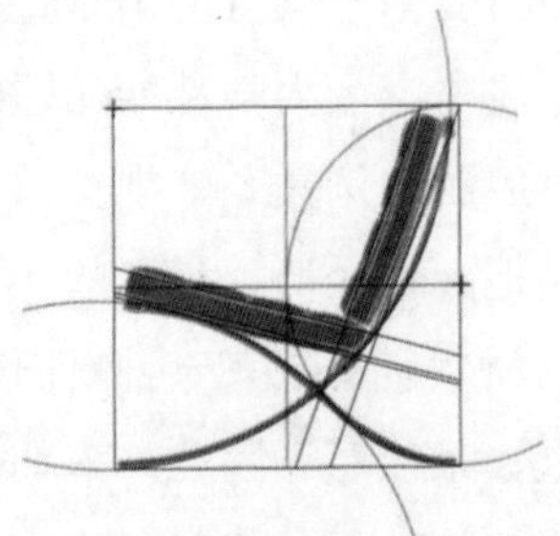

(d) 靠背、前腿、座面支撑曲线圆弧半径相等

图3-25　巴塞罗那椅/家具形态比例美案例解析

【案例3-3】布鲁诺椅形态构成的比例美

图3-26中的布鲁诺椅(Bruno Chair)构造非常简单，其主体构架连同扶手采用钢条形成一个框架，而座面与靠背所组成的另一个框架与主体构架结合，线条简洁、形式优雅，现代感强，充分演绎了现代设计理论的哲学精髓，每个部位都体现了精美的比例形式。扶手和腿脚处是优美的圆弧，其正立面和侧立面可分解为和谐的黄金比分割矩形。

(a) 布鲁诺椅/设计：密斯·凡·德罗

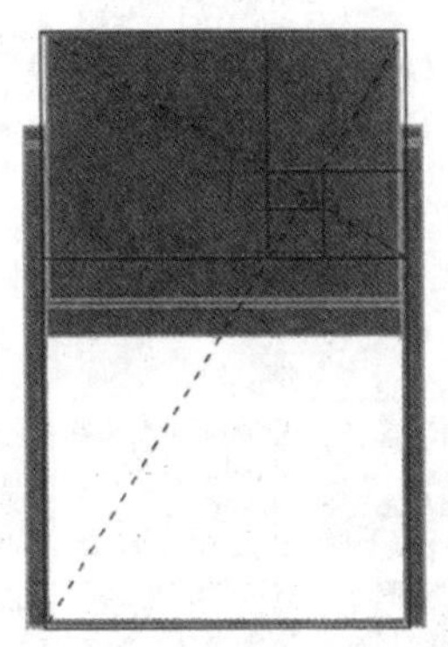

(b) 正面黄金比矩形构成形式

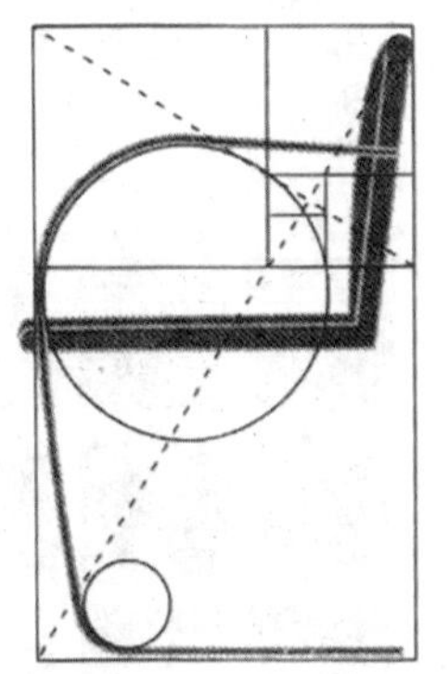

(c) 侧面黄金比矩形构成形式

图3-26　布鲁诺椅/家具形态比例美案例解析

【案例3-4】分割构成的比例美

柜类家具产品的形态美主要体现在其依据功能和比例法则的要求，应用柜门、抽屉等功能构件实现的正面分割上。理论上最为理想的分割构成比例当然是黄金比分割矩形，图3-27是用于理论研究的勒·柯布西耶(Le Corbusier)根据黄金比分割的各种矩形，或者采用均方根中的$\sqrt{2}$、$\sqrt{3}$比分割矩形。而在实际设计实践中，因受产品功能的制约，人们会有意识、有选择地加以应用甚至突破比例法则，不能纯粹为了产品的形态美而拼凑尺寸和比例，从而失去产品的使用价值。柜类家具产品中较为常见的比例分割形式有等分分割、整数比例分割、等差数列分割等。图3-28是现代书柜，应用明亮、高贵的黄色点缀于灰、白的主色调之中，并与不同比例分割的形态融为一体，呈现出现代、时尚的形态美。

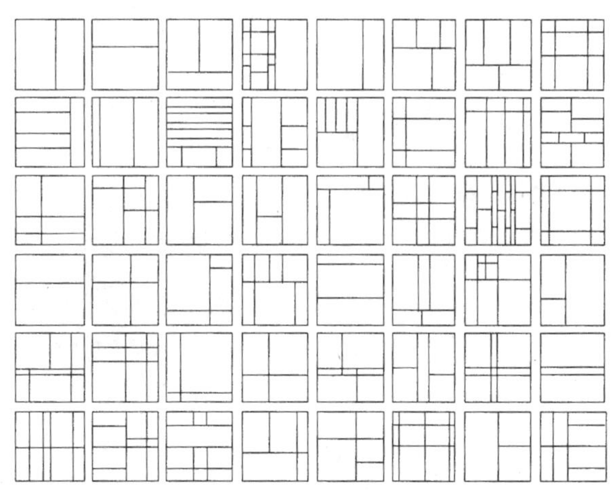

图3-27　勒·柯布西耶根据黄金比分割的各种矩形

综上所述，比例是家具形态构成的基本法则之一，其中数的比率为形态构成中形和分割提供了理性的科学依据，但在实际应用时，还应以使用功能为前提，结合材料、构造和所处空间环境做全面的分析，通过感性认识和直观表现，直接反映客观存在的形态美学法则与规律，从而不断地创造出形态美的比例关系。

图3-28　书柜/正面比例分割案例解析

## 二、尺度

家具形态设计中，不仅有比例法则，还有尺度要求。比例优美的产品形态只有建立在良好的尺度之上才具有实用意义，尺度设计的合理与否直接影响使用者的身心健康和工作效率与质量。因此，有必要从人类工效学的基本原理出发，对不同功能类别的家具形态尺度进行分析和研究，以便寻求更合理的设计方案。

### 1. 尺度概述

一般情况下，人们倾向于将物品大小与人体进行比较，当物品与人体具有良好尺度关系时则被认为是正常的、标准的；若比正常标准大会使人感到畏惧；若比正常标准小则会使人具有从属感。因此，尺度是指产品形态与人在使用过程中要求的尺寸关系，以及两者相比较所形成的印象，是一种通过度量值(尺寸)来表示或说明质(尺度感或情感特征)的重要设计参数。可见尺度是产品形态设计中最基本的人机关系问题，也是人类工效学最早研究的问题。

在家具形态设计中，尺度主要是指人体尺寸与产品形态尺寸之间的协调关系，并将人体尺寸作为度量标准，形成产品的适宜设计尺寸。不同尺寸的产品形态会形成整体与局部、局部与局部、家具存储空间与存储物品、外形规格与空间环境及其他陈设品相衬托时所具有的一种大小印象，即尺度感。尺度感不仅以形态的大与小、厚重与轻薄等物理实体衍生出相关的含义，还与产品的类别、材料、构造等因素相关，是一种具有主观性、经验性的设计评判因子。设计时，为了获得良好的尺度感，设计师除了从功能要求出发确定产品形态合理的尺寸外，还要从审美要求出发，调整产品在特定环境中的尺度，以获得产品与人、物及空间环境的协调。

### 2. 比例与尺度的关系

在家具形态中，比例反映的是其整体轮廓、整体与局部、局部与局部、整体与空间环境之间的大小关系，与产品的具体尺寸无关。尺度是指产品整体和局部的大小以及空间环境与人之间相适应的程度，是人与产品之间精准详细的比较与度量关系。

在设计实践中，比例和尺度问题应该综合、统一地协调，但一般会根据功能要求优先确定合理的产品尺度，然后在此基础上进行比例关系的优化。例如，在办公家具设计中，通过分析可知，坐姿是人们办公行为过程的主要姿态，与坐姿相关的主要家具有办公椅、会议椅、写字台、电脑桌、办公桌等，设计时应优先考虑这些家具的尺寸与人处于办公坐姿时的尺度协调；其次才是配套的其他家具，如文件柜(架)等的尺度，控制其与办公坐姿时的人有着相适宜的尺度(图3-29)。

图3-29　办公家具/比例、尺度、尺寸的协调

另外，家具设计还应该特别注重比例与尺度在小型功能构件中的应用。例如，直接与使用者手接触的门拉手、扶手等小型功能构件，设计时应严格地以人类工效学为依据，不论产品的形态、大小、功能如何，它们的绝对尺寸都是相对固定的。大衣柜虽然大，床头柜虽然小，但其拉手尺寸必须以适应人手尺寸为标准设计，以便于操作，绝对不能因为比例关系就特意放大或缩小拉手尺寸，影响产品的正常使用。特别是产品中的尺度与尺寸也是完全不同的概念。其中，尺寸是指产品三维空间的长、宽、高的物理数据，是指产品形态占用的实际物理空间。

总之，比例与尺度是相辅相成的，良好的比例一般是以尺度与尺寸为基础的，而合理的尺度感往往也是通过各部分的比例关系呈现出来的。设计中，单纯考虑比例而忽略形态尺度，会造成产品尺度失真，甚至影响产品的正常使用，即使比例良好也不显其美。如果只重视产品尺度而不去推敲比例关系，同样不能产生产品形态之美。

# 第四节 稳定与轻巧

凡是形态美的产品，都具有稳定与轻巧的特性。一方面，产品的使用功能要求产品稳定、安全；另一方面，产品的视觉效果与审美需求又要求产品生动、轻巧。因此，就需要设计师了解稳定与轻巧的基本原理，并巧妙、自然地将其融入产品形态构成。

## 一、稳定

稳定是指物体上下之间的轻重关系。稳定的基本条件是：物体重心必须在物体的支撑面以内，其重心越低，越接近支撑面的中心部位，其稳定性就越好。在产品形态构成中，具有稳定感的产品形态能给人以安全、可靠、轻松的美感，而不稳定的产品形态则给人以摆动、倾倒、危险、紧张、不安全感。

产品形态构成中的稳定一般表现在物理稳定和视觉稳定两个方面。其中，物理稳定是指按产品实际质量的重心符合稳定条件所达到的稳定。视觉稳定是以产品形态的外部体量关系来衡量它是否满足视觉上的稳定。物理稳定是产品必须具备的基本特征，在实际应用中可根据具体的产品形态，有针对性地通过构造与力学的设计计算完成，属于工程技术的范畴。而视觉稳定则属于艺术设计与美学的范畴，需要采用设计创造的方法实现。

## 二、轻巧

轻巧也是指物体上下之间的轻重关系，即在满足产品形态物理稳定的条件下，采用设计创造的方法，或者是在稳定的外观上赋予产品以活泼的处理方法，使产品给人以轻盈、灵巧的美感。在产品形态构成中，轻巧也具有物理轻巧和视觉轻巧两个方面。其中，物理轻巧是指通过产品的构造设计和材料选择，形成产品在重量上的轻盈或使产品真正的下重上轻。视觉轻巧则是指产品形态外部的体量关系让人看起来是否轻巧。

## 三、稳定与轻巧的关系

稳定与轻巧类似于统一与变化，是一个问题两个方面的一对矛盾统一体，在产品形态构成中互为补充、辩证统一。只求稳定而无轻巧感的产品形态会显得过于平稳冷静；而轻巧感过于突出、稳定感弱的产品形态则显得轻浮动摇，缺乏分量感和安全感。因此，在产品形态构成中，要正确处理好稳定与轻巧之间的关系，使产品形态既稳重大方，满足物理稳定的要求，又具有轻巧、灵活、亲切、运动、开放的美学特征。

## 四、稳定与轻巧的应用

稳定与轻巧在产品形态构成中的最佳效果是和谐共融：既是符合产品功能需求的稳定的形态，又具有轻巧、灵活的美观性。家具稳定与轻巧的形态可以通过以下几个方面的因素实现[4]。

### 1. 物体重心

重心是物体稳定与否的关键因素。通常，重心较高的物体给人以轻巧感，但是重心过高，物体将失去稳定性；而重心较低的物体则给人以稳定感，但是重心过低，物体又将失去轻巧感[图3-30(a)、图3-30(b)]。设计中检查产品形态的稳定与轻巧感处置是否得当的方法是：通过形态轮廓对角边线形成交点，若交点位于轮廓高度的1/3～2/3处，则说明其稳定与轻巧感处置得当；若交点低于轮廓高度的1/3，则说明其重心偏高而不稳定；若交点高于轮廓高度的2/3，则说明其重心偏低而过于稳定，缺乏轻巧感[图3-30(c)～图3-30(e)]。另外，同样大小的两个物体，竖放时因重心升高，同时接地面积减少而更具有轻巧感，横放时因重心降低，同时接地面积增加而更具有稳定感[图3-30(f)、图3-30(g)]。

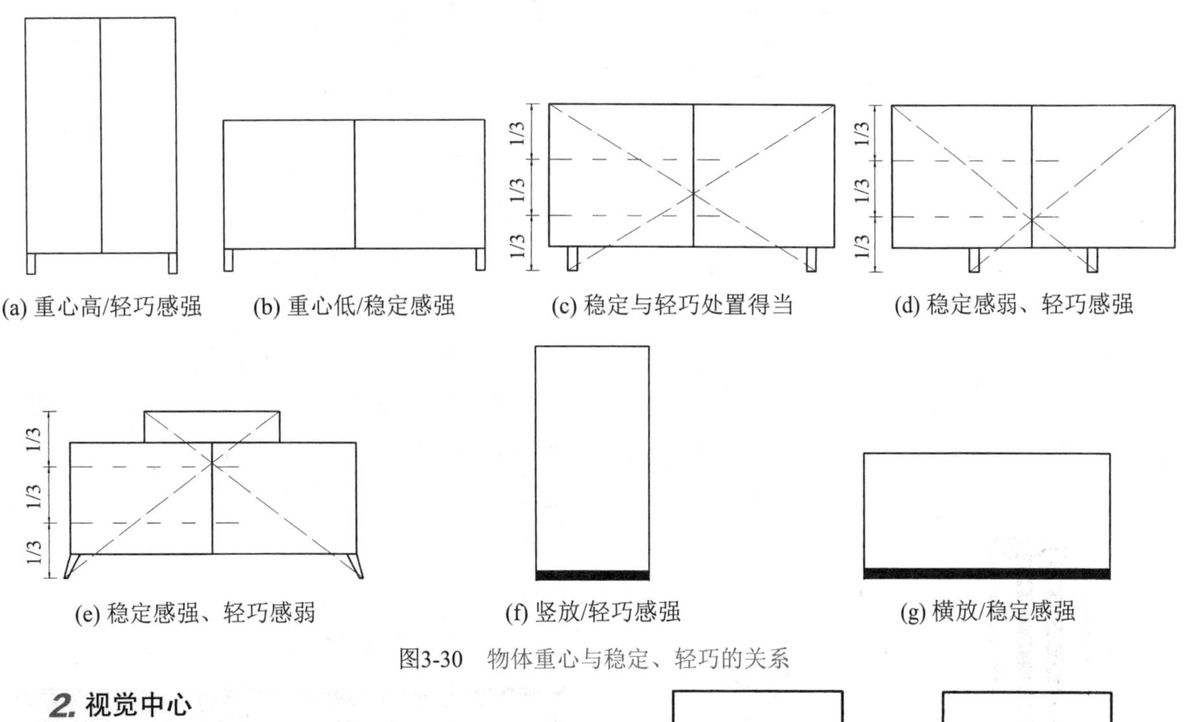


图3-30　物体重心与稳定、轻巧的关系

### 2. 视觉中心

一般产品会有一个视觉中心，即产品的重点部位或是有较强视觉吸引力的部位。视觉中心在水平方向上一般居于中间部位；而在竖直方向上，视觉中心偏向产品的下部，可增加稳定感，若视觉中心偏向产品的上部，可增加轻巧感。视觉中心在竖直方向的最佳高度居于黄金比例分割短线分割点部位。(图 3-31)

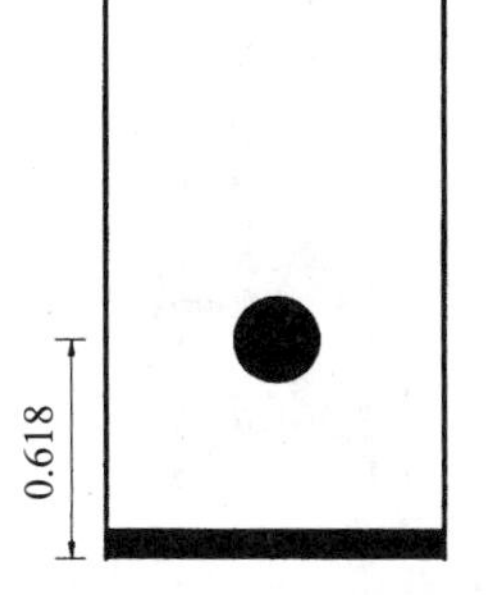


(a) 视觉中心低/稳定感强

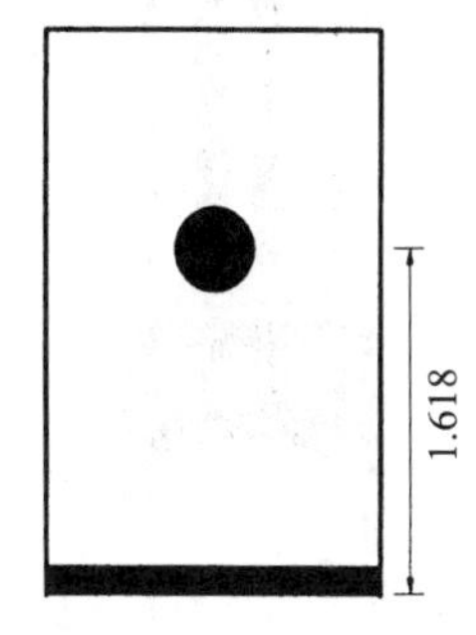


(b) 视觉中心高/轻巧感强

图3-31　视觉中心与稳定、轻巧的关系

### 3. 接地面积

接地面积大的形态具有较强的稳定感，接地面积小的形态则具有较强的轻巧感。所以在设计时，对于重心较高的物体，由于其本身具有较好的轻巧感，综合考虑实际稳定和视觉稳定的需要，接地面积在设计上可略大一些；而重心较低的产品，由于其本身具有一定的稳定性，接触面积就不易设计得过大，否则会产生视觉上的笨重感，应将接地面积适当缩小或架空，这样才有轻巧感。接地面积与稳定、轻巧的关系如图3-32所示。

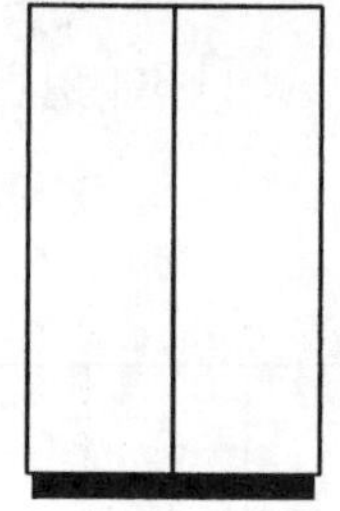

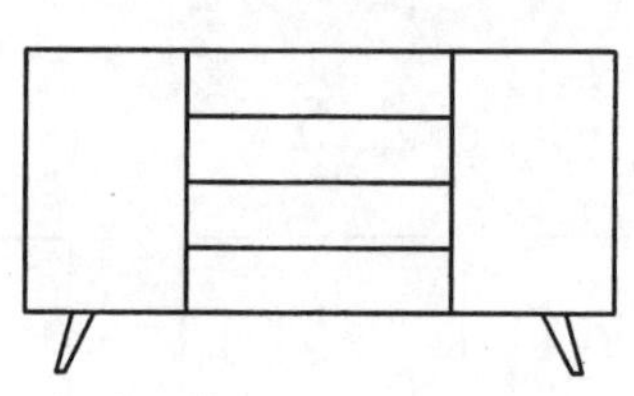

(a) 接地面积小/轻巧感强　(b) 接地面积大/稳定感强

图3-32　接地面积与稳定、轻巧的关系

### 4. 体量关系

尺寸大的、高的，或是开放式的体量具有轻巧的效果；而尺寸小的、矮的、封闭式的体量，或是由上而下体量逐渐增加的形体，易产生稳定的效果。体量与稳定、轻巧的关系如图3-33所示。

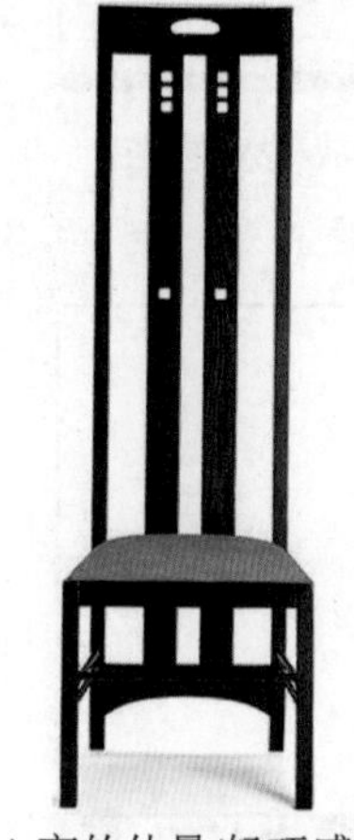

(a) 高的体量/轻巧感强　(b) 矮的体量/稳定感强

图3-33　体量与稳定、轻巧的关系/设计：C.R.麦金托什

### 5. 构成形式

设计时，应尽可能使产品形态上小下大，或是由上而下逐渐增大，以便增强产品的稳定感；尽可能地采用对称或均衡形态，以便增强其视觉稳定感。构成形式与稳定轻巧的关系如图3-34所示。

(a) 上小下大/稳定感强　(b) 上大下小/轻巧感强

图3-34　构成形式与稳定、轻巧的关系

### 6. 色彩分布

色彩的明度、纯度高时感觉色彩体量轻、小，明度、纯度低时感觉色彩体量重、大；另外，黄、橙、红等暖色系给人轻巧感，蓝、蓝绿、蓝紫等冷色系给人厚重感。因此，当低明度、冷色系的色彩装饰在产品上部时，会增加上部的视觉体量，强化轻巧感；而若装饰在产品下部时，会增加下部的视觉体量，带来稳定感。而高明度、暖色系的色彩，其结果恰好相反。色彩分布与稳定、轻巧的关系如图3-35所示。

(a) 冷色在下、暖色在上/稳定感强　(b) 冷色在上、暖色在下/轻巧感强

图3-35　色彩分布与稳定、轻巧的关系

### 7. 材料质地

人们的视觉对材料的质感特征已经形成了习惯性经验，不同的材料会产生不同的视觉体量感：粗糙、无光泽、色彩暗淡的材料有较大的量感，具有稳定感；反光强烈、细腻的材料有较小的量感，具有轻巧感。金属材料具有稳定感，非金属材料具有轻巧感。同时，金属、石材等密度较大的材料有着概念上的重体量感，在应用时应特别注意形态轻巧感的设计；而密度较小的木材、塑料、有机玻璃等材料，设计时应注意稳定感的设计。图3-36(a)是德国包豪斯时期的家具设计大师马塞尔·布劳耶(Marcel Breuer)于1928年设计的钢管悬臂椅，镂空的藤编座面与靠背与高亮光悬空钢管支架配搭，相得益彰，尽显简洁、灵动、现代、时尚的产品形态。如果把座面与靠背改为实木板材，虽然强化了产品的稳定感，但会给人以粗笨感[图3-36(b)]。

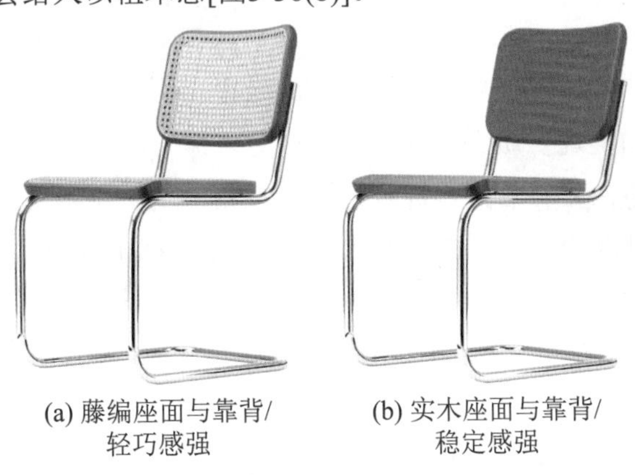

(a) 藤编座面与靠背/轻巧感强　　(b) 实木座面与靠背/稳定感强

图3-36　材料质地与稳定、轻巧的关系

### 8. 线与形的应用

在家具形态构成中，往往要根据功能的需要，应用色彩、材质、线或形面等对产品形态进行分割，在产品形态表面形成分割线、装饰线等。合理地运用这些线形，可突出形态的稳定或轻巧。若是强调水平方向的直线或曲线，可增加形体稳定的视觉效果；若是强调斜线或竖直线，特别是方向向外的斜线，可获得轻巧的视觉效果，有时具有动感的曲线也能增加形体的轻巧感。线与形及其方向与稳定、轻巧的关系如图3-37所示。

(a) 水平线/稳定感强

(b) 竖直线/轻巧感强

图3-37　线与形及其方向与稳定、轻巧的关系

# 第五节 主从与重点

在产品形态中，主体部分起决定作用，从属部分辅助主体起烘托作用，主与从相互衬托，融为一体，并形成以主体为中心的产品形态，构成设计的重点。一般而言，产品的重点取决于其使用功能和形态构成，设计时应结合具体的产品分析其重点。重点不明确、主次不清晰的产品形态缺乏鲜明的主题和生动活泼的审美感染力，给人以烦琐、杂乱之感。因此，在进行产品设计时，应该注意处理好产品形态的主从关系，突出产品的重点。

## 一、主从

主，即主体，在产品形态构成中，特指起着控制产品形态整体、统一全局作用的部分。从，即宾体或辅体，指在产品形态构成中起着从属、烘托主体作用的部分。因此，产品形态中的主从是指形态构成的主次协调或主宾协调，即其中的主要部分与次要部分、主体构成与辅助构成之间形成相生相应、相辅相成的协调统一关系。

在产品形态构成中，主从相互依存，没有从也无所谓主。因此，无论是形态元素的应用、形体的组织，还是体量的分布、空间的安排、色彩的配置、质感的处理等，都要做到主次分明，有主有从，既相互对比、衬托，又相互呼应，融为一体，以便获得完整统一的效果。可见，对主从的处理实质上也是在变化中寻求统一的一种重要方法，只有恰当地处理主从关系，突出主体，才能秩序井然，形成整体，增加产品形态的美感。

## 二、重点

重点是指产品形态构成中，通过构件形成点、线、面的位置、大小、方向、形状、色彩，吸引着人们的视觉集中的部位，即产品的视觉中心。视觉中心既是产品形态构成中的重点部位，又是决定产品功能和构造等的关键部位或主体部位。在产品形态构成中，产品的视觉中心，主体部分、关键部位等必须突出，即突出重点。若没有重点，则显得平淡；没有一般，也不能强调和突出重点。

在产品形态构成中，对重点的处理主要采用的是对重点部位进行重点表现的方法，使之成为视觉中心，增强艺术感染力，突出产品的功能特点。重点处理与主从关系相同或相似，也是产品形态构成中从统一中寻求变化的一种重要方法。突出重点，可以打破单调、平淡的形态，丰富形态类别，但过多的重点会使产品表现出凌乱感，分散人们的注意力，反而会淡化重点。

## 三、主从与重点的应用

主从与重点既然是产品形态美的主要构成法则之一，那么在产品形态构成过程中设计师就应该以简练的方法或途径突出产品的重点，形成主从关系协调的形态效果。

### 1. 线与形的相互衬托

线与形的相互衬托是产品形态构成中常用的方法之一，如果应用得当，可以很好地突出产品的功能特点，丰富形态，增强形态的美观性。惯用的手法有：以水平线或形衬托竖直线或形[图3-38(a)]，以直线或直线形衬托曲线或曲线形[图3-39(a)]，以简单线或形衬托复杂线或形，以静态线或形衬托动态线或形等；反之亦可，但效果略显逊色[图3-38(b)、图3-39(b)]。在应用形体和线形对比衬托主体时，既要遵循主从有别的原则，形成视觉中心，突出重点，又要保持各部分之间的相互依托关系，只有形成有机互融的形态整体，才能取得完整统一的效果。

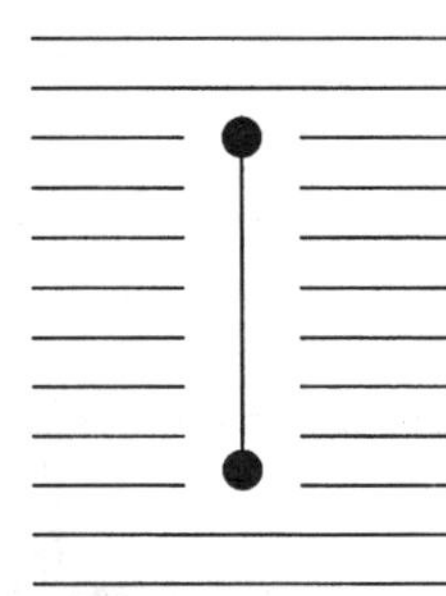

(a) 两端带点的直线在异向线中被凸显

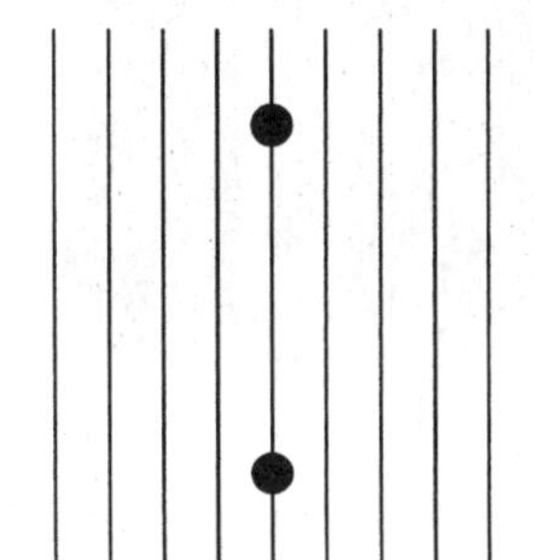

(b) 两端带点的直线在同向线中被吞没

图3-38　直线异向衬托形式原理示意

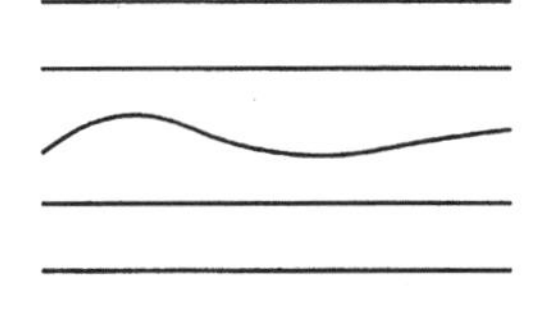

(a) 直线衬托曲线形式原理示意

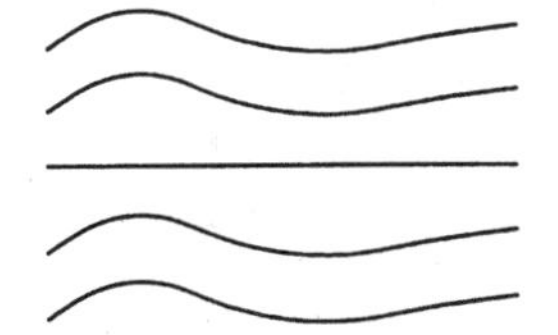

(b) 曲线衬托直线形式原理示意

图3-39　直线、曲线相互衬托形式原理示意

### 2. 材质的相互衬托

在产品形态构成中，利用材料不同质地的对比与衬托有时能起到事半功倍的效果，可使形态主体更为集中，重点更为突出。常用的方法有：利用柔软的衬托坚硬的，则坚硬的质地更显坚实厚重，柔软的质地更显轻盈柔和；利用非金属材料衬托金属材料，则金属材料更显深沉稳重，非金属材料更显轻巧朴素；粗糙的衬托细腻的，则粗糙面更显粗犷有力，细腻面更显轻盈华丽；朴素的衬托现代时尚的；等等。如果处理得当，还可以同时取得色彩对比与衬托的效果。图3-40是木材模压胶合弯曲与藤编座面组合构成的圆凳，粗糙的藤编与相对光亮的木材既形成对比，又相互衬托，形成朴素、自然，协调统一的圆凳形态。

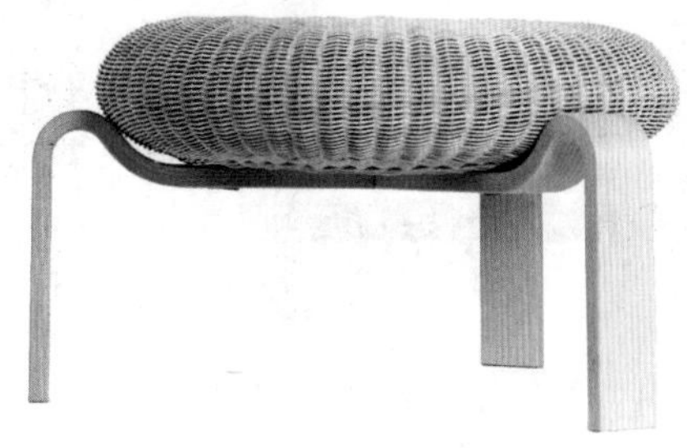

图3-40　圆凳/材质相互衬托

### 3. 色彩的相互衬托

应用色彩的对比与衬托突出主体，可以使主体更加鲜明、生动，增强产品形态活泼、灵巧的美感。常用的方法有在深色的主色调上配置一块淡色，在暖色的主色调上配置一块冷色，在低纯度的主色调上配置一块高纯度的色等，以便形成引人注目的效果。图3-41是安德列亚·布兰茨(Andrea Branzi)设计的经典款后现代家具“吻椅”，产品大胆地应用了色彩的组合对比，靠背的形态模拟人的嘴唇，并形成材质软硬的对比，椅子四只脚上的小球和鲜艳的唇形靠背在冷色系的衬托下更加凸显了产品的鲜艳明亮、可爱幽默以及饱含的无限热情。

### 4. 表面装饰工艺的相互衬托

新颖、特殊的表面装饰工艺或不同工艺之间巧妙的组合效果具有让人惊奇、感到神秘的工艺美，比一般传统的表面装饰工艺更具吸引力。常用的方法有：喷漆衬托电镀、抛光衬托雕刻、研磨衬托抛光等。新颖、特殊的表面装饰工艺的概念是相对的，具有很强的时效性，当其广泛普及之后就褪去了新颖性与特殊性而成为普通的表面装饰工艺，因此，设计师要不断引入最新的表面装饰工艺，或通过现有工艺之间的组合构思，形成新颖与特殊的效果。

### 5. 呼应

呼应是指在产品形态的不同部位采用同一形态构成元素而使其相互之间取得一致性的处理方法。设计中，通常在产品形态的某个方位的上下、左右、前后的对应部位，用相同或相似的点、线、面、体、色彩、质感与肌理等形态构成元素进行呼应处理，以便取得不同部位之间相互衬托关系的一致性，形成心理和视觉上的相互关联和位置上的相互照应，取得形态整体的和谐、均衡、统一的效果。呼应也可用于成套产品、系列产品，将品牌文化与产品关联在一起(图3-42)。

总之，主从与重点是家具产品形态设计应该遵循的美学法则之一。家具产品的形态美既要表现得主从分明，又要相互对比与衬托、相互呼应，融为一体，获得重点突出、视觉中心集中、完整统一的形态效果。

图3-41 “吻椅”/色彩的相互衬托/设计：安德列亚·布兰茨

图3-42 现代中式装饰柜/上下、左右形态的呼应关系

## 思政要点与设计实践

1.举例说明中国传统美学思想在现代中式产品形态美中的应用。

2.结合统一与变化的概念，画出统一的家具形态方案草图4例，变化的家具形态方案草图12例。

3.结合对称与均衡的概念，画出对称的家具形态方案草图3例，均衡的家具形态方案草图4例。

4.各举一个案例分析中国古典或现代家具形态的比例关系，画出3例柜类家具正面分割的形式草图。

5.结合稳定与轻巧的概念，画出稳定与轻巧在家具形态中的应用方案草图8例。

6.结合主从与重点的概念，画出主从与重点在家具形态中的应用方案草图6例。

## 参考文献

[1] 薛澄岐，斐文开，钱志峰，等. 工业设计基础[M]. 3版. 南京：东南大学出版社，2018：11-26.

[2] 梁晶. 比例与尺度在汽车造型中的应用研究[D]. 南京：南京林业大学，2011.

[3] 黄凯旗，罗建举. 21例明式家具造型的比例网格[J]. 西北林学院学报，2010，25(1)：146-148，190.

[4] 毛斌，王鹤，张金诚. 产品形态设计 [M]. 北京：电子工业出版社，2020：36-43.

# 第四章

# 家具形态创新思维与设计方法

纵观人类社会的发展进程，从远古时期简陋的手工造物到现代社会的各个领域，都离不开创新思维与创新方法的渗透与促进。如今，人类对创新思维、创新结果的重视、追捧、依赖超越了历史上任何一个时代；在未来，创新将会在人类社会的各个方面发挥更大的作用。对于创新设计从业者而言，其工作的本质就是通过创新为设计对象注入新的生命力。可见，创新既是设计的目的，又是设计的手段，更是设计的核心所在。那么如何创新呢？前人已经总结出了一套成熟的创新思维方式与创新设计方法，这也是创新设计领域每个从业者需要掌握的必备技能。

# 第一节 创新思维概述

人们一般会认为创新设计从灵感产生到设计的形成往往是一种只可意会，不可言传的神奇现象，是一种偶然性的产物，有时犹如百爪挠心，百思不得其解；有时灵光一闪，突如其来；有时昙花一现，稍纵即逝。其实不然，如果设计师注重培养自己的创新思维方式，就会发现创新设计是有迹可循的，每当面对不同的设计对象时，就会准确地找到问题的关键和本质，以丰富的想象力应用创新思维解决问题，再辅以设计语言特有的表达方式和构图技巧，即可形成具有深刻内涵和卓越艺术性的、完美统一的产品形态。

## 一、创新与创新思维

创新是指以现有的思维模式、现有的知识和物质，在特定的环境中提出有别于常规或常人思路的见解，以此为导向，本着理想化需要或满足社会需求的目的而改进或创造新的事物、方法、元素、路径、环境，并能获得一定有益效果的行为。一件产品的创新，单从结果来看就是生产一种新的产品，但其过程却涵盖了与产品相关的各个方面：首先要进行包括产品功能、形态、构造、材料等要素在内的创新设计，其次是产品制造过程中的工艺创新、市场开拓创新、管理制度创新等。为了便于说明问题，本章将创新述及的对象聚焦在产品创新领域。

创新思维是指人们以新异独特的方式解决问题的思维过程。创新思维不仅要揭示客观事物的本质及其内在联系，而且要在此基础上形成新颖、独特且具有一定社会价值或市场效益的成果。创新思维既是人类创造能力的核心成分和思维的最高形式，也是人类思维能力的最高体现和文明意识发展水平的标志[1]。

## 二、创新思维的特征

创新思维既具有一般思维活动的规律，又有不同于一般思维的独特之处。综合而言，创新思维的特征主要表现在创造性、灵活性和多向性三个方面。

### 1. 创造性

创造是指在一个已有问题上提出新的解决办法，有了新的尝试和新的结果，或是对人们司空见惯的事物提出疑问，发表新的创见。创造性是创新思维的核心，要求人们在思考解决问题时突破传统思维模式的束缚，挑战那些默认的假设、陈腐的观点和固化的模式，打破传统与常规，开辟新颖、独特、客观、科学的新思路，发现问题之间的新联系、新规律。

### 2. 灵活性

灵活性在于面对问题时决不钻牛角尖儿，思考问题的角度随着条件的变化而转变，及时纠正方向，摆脱思维定式的消极影响，减少时间和精力的浪费，同时去寻找新的解决方向。当人们善于变通与转化所思考的问题之后，就可能产生新的灵感，问题也就迎刃而解了。另外，创新思维的灵活性还表现为不被思维定式所束缚住，不以旧有经验为铁定的真理，在实践中以解决问题为目标，尝试一切可行的方法；思维的跳跃性强，能很快地从一个事物联想到另外一个事物。

### 3. 多向性

创新思维的多向性特征表现为对于同一个问题有时候要想到尽可能多的与之相关的事物，提出不同方向的设想，形成不同的解决方案。特别是对于概念创新的思考，更要敢于从一个事物转向另一个与之相距甚远的事物，以更加灵活、广阔的思维提出标新立异的观点，寻求更佳的问题解决方式[2]。

## 三、创新思维的过程

创新思维的过程是一个酝酿创意和灵感的过程。一般而言，当人们面对问题时，创新思维相对于习惯思维有着更为复杂的心理活动过程，并遵循独特的思维程序和规律。根据创新思维的心理活动过程，创新思维过程可划分为定义问题阶段、酝酿阶段、顿悟阶段、验证阶段。图4-1是创新思维过程的基本流程示意图。

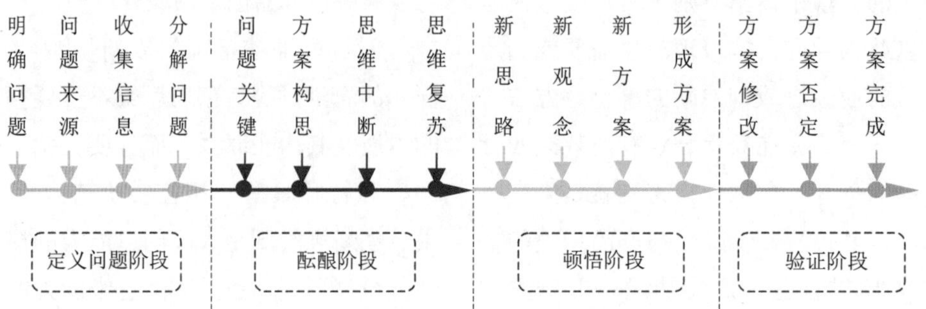


图4-1 创新思维过程的基本流程示意图

### 1. 定义问题阶段

创新思维是从发现问题、提出问题开始的。可见，问题意识是创新思维的关键，首先要明确问题来自哪里，是什么问题，然后着手围绕问题做充分的准备，包括必要的事实和资料的收集，必需的知识和经验的储备，技术和设备的筹集以及其他条件的提供，等等。同时，必须对前人在同一问题上所积累的经验有所了解，对前人在该问题中尚未解决的部分做深入的分析。这样既可以避免重复前人的劳动，帮助自己从旧问题中发现新问题，从前人的经验中获得有益的启示，又可以使自己站在新的起点从事创新工作。

### 2. 酝酿阶段

酝酿阶段要对前一阶段所获得的各种资料和事实进行消化吸收，从而明确问题的关键所在，并提出解决问题的各种假设和方案。此时，有些问题虽然经过反复思考、酝酿，仍未圆满解决，思维常常出现中断、思考不下去的现象。这些问题仍会不时地出现在人们的头脑中，甚至转化为潜意识，为后面的顿悟阶段埋下伏笔。许多人在这一阶段常常表现为狂热和如痴如醉，令常人难以理解。这个阶段可能是短暂的，也可能是漫长的，有时甚至延续很多年。创新者的观念仿佛是在“冬眠”，等待着“复苏”“醒悟”。

### 3. 顿悟阶段

顿悟阶段也叫豁朗阶段，是指经过酝酿阶段对问题的长期思考，在头脑中闪现出新思想、新观念和新形象，使问题得到顺利解决的过程。在这一阶段，创新者大有豁然开朗的感觉，头脑似乎从“踏破铁鞋无觅处”的困境中摆脱出来，有一种“得来全不费工夫”的感觉。这一心理现象也称为灵感或顿悟。灵感或顿悟的来临往往是突然的、不期而至的，许多创新或发明过程都有类似的现象。

### 4. 验证阶段

思路豁然贯通之后，所得到的解决问题的构想和方案还必须在理论和实践上进行反复论证和检验，验证其可行性。经过验证后，有时方案得到确认，有时方案得到改进，又或是完全被否定，再回到酝酿阶段。总之，在验证阶段，创新方案需要经过无数次的择优汰劣，才能使创新结果日臻完美。

## 第二节　创新思维的形式

创新思维不是单一的思维形式，而是以各种智力与非智力因素为基础，在创造活动中表现出来的具有独创性的，产生新成果的高级、复杂的思维活动，是整个创新活动过程的核心，也是人类思维的高级阶段。创新思维是抽象思维、形象思维、直觉思维、灵感思维、发散思维、收敛思维、正向思维、逆向思维、联想思维、立体思维等多种思维形式的协调统一、高效综合应用、反复辩证发展的过程。图4-2是创新思维的主要形式归纳简图。

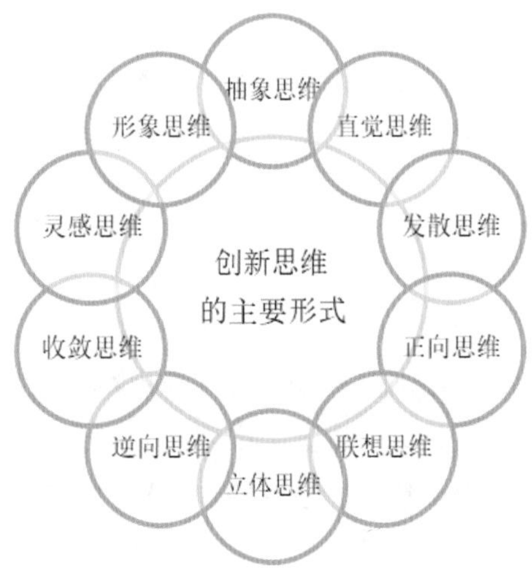


图4-2　创新思维的主要形式归纳简图

### 一、抽象思维

抽象思维又称逻辑思维，是指用抽象语言进行判断、推理并得出结论的思维活动。抽象思维是相对于具象思维而言的，将认识过程中反映事物共同属性和本质特征的概念作为基本思维活动，在概念的基础上进行判断、推理等思维形式，对客观现实进行间接的、概括的反映的过程。

例如，人们在日常交流中用语言描述家具产品时用的“现代家具”“中式家具”等词汇，不自觉地用到了抽象思维：“现代”“中式”分别对应的是不同家具风格，其背后是对这类风格的所有家具进行归类。由此可以看出，抽象思维具有忽略次要矛盾，突出主要矛盾，提取事物中某种本质的特征，化繁为简，寻找事物的一般规律、一般模式，用于预测和解释现实。

## 二、形象思维

形象思维主要是指用直观形象和表象解决问题的思维，其特点是具有形象性、完整性和跳跃性。形象思维的基本单位是表象，是用表象来进行分析、综合、抽象、概括的过程。当某人利用已有的表象解决问题，或借助表象进行联想、想象，通过抽象概括构成一个新形象的思维过程就是形象思维。

图4-3所示的豆袋椅可谓形象思维创新的典范，意大利设计师皮耶罗·加蒂(Piero Gatti)根据人们日常用储物袋子的直观形象，把聚苯乙烯塑料颗粒装入袋中，制成可坐、可躺且能随意调整姿态的椅子，彻底颠覆了传统座具的形式。

可见，抽象思维和形象思维的本质区别在于思维过程所使用的基本单元不同，抽象思维的基本单元是概念，而形象思维的基本单元是感性形象。仿生学的原理就是建立在形象思维的基础之上的。

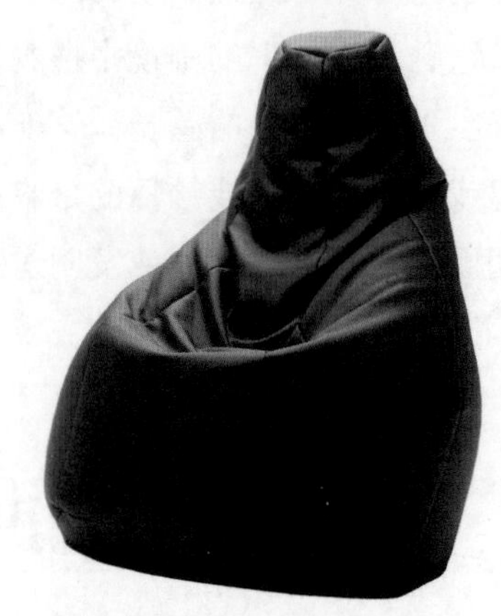

图4-3　豆袋椅/形象思维创新案例/设计：皮耶罗·加蒂

## 三、直觉思维

直觉思维是凭借已有知识和经验对事物直接领悟的思维活动，是依靠直接的判断解决问题的能力。通俗地讲，直觉思维就是面对一个事物时一瞬间的直观感受，没有经过分析、推理就得出了自己的观点与结论。直觉思维具有直接性、自发性、偶然性、敏捷性、预见性等特征。

据统计，在现实生活中，人们75%以上的行为和选择往往都是直觉思维的产物。设计中的直觉思维一般表现为设计师在创新构思过程中能迅速、敏锐地感受和捕捉到具有审美价值的形象，再上升到典型形象的思维过程。

## 四、灵感思维

灵感思维也称顿悟思维，是指面对长期思考而未解决的问题，因受到某种意外的启发忽然得到解决的思维过程。灵感思维具有突发性、瞬时性、跳跃性、偶然性、独创性、多向性等特征。灵感思维是创新思维重要的形式之一，灵感的出现无论是在时间上还是在空间上都具有不确定性，但灵感产生的条件却是相对确定的，它依赖知识的长期积累、智力水平的提高、和谐的外部环境、长时间的探索和思考。

图4-4是德国设计师马塞尔·布劳耶1925年设计的世界上第一把钢管椅(瓦西里椅)。如何把当时的新型钢管材料用于家具中，马赛尔·布

劳耶百思不得其解，偶然的机会他从自己的阿得勒牌(Adler)自行车把手上获得灵感，采用钢管弯曲、焊接工艺技术，并与皮革或帆布结合，以其简洁的形态演绎了现代家具功能至上的形态美学观，被誉为现代家具设计的标志性产品。

图4-4　瓦西里椅/灵感思维创新案例/设计：马塞尔·布劳耶

## 五、发散思维

发散思维又称辐射思维、放射思维、扩散思维或求异思维，是指从一个目标出发，沿着不同的途径去思考、探求多种答案的思维。发散思维不受现有知识和传统观念的局限与束缚，可以沿着不同方向多角度、多层次去思考、探索问题的解决方案，具有流畅性、变通性、独特性、多感官性等特征。

发散思维在创新思维中居于核心地位，创新设计的过程大多数是发散思维的过程。例如，设计一个置物架的产品方案命题，风格为现代，材料为实木，构造方式为DIY(do it yourself，自己动手做)，用户为青年白领阶层。那么，不同的设计师，或同一设计师不同的思考方向，则会构思出很多符合上述命题要求的置物架形态，这也是创新设计中发散思维的魅力所在。

## 六、收敛思维

收敛思维又称集中思维、求同思维或定向思维，是以某一问题为中心，根据众多现象、线索、信息，向着问题的一个方向思考，根据已经有的经验、知识或发散思维中针对问题的办法，得出最好的结论或最佳的解决方案的思维形式。收敛思维具有集中性、程序性、比较性、求实性、最佳性等特征。

弗兰克·盖里(Frank Gehry)是以使用非同寻常的材料而闻名的设计师。他偶然发现用来做建筑模型的瓦楞纸板堆起来之后很有弹性，并且不容易损坏，就思考着如何用瓦楞纸板制作坐具。弗兰克·盖里通过不断运用发散思维和收敛思维的方式构思产品的形态、构造、工艺技术等，最终确定采用把整捆瓦楞纸堆叠后再黏合加固的形式，坐感也很舒适(图4-5)。由此将看似脆弱的瓦楞纸运用切割技术，形成S形单椅和凳，成功地将常见的纸板材料带入了新的美学维度。

图4-5　瓦楞纸板坐具/收敛思维创新案例/设计：弗兰克·盖里

## 七、正向思维

正向思维是指按常规思路，以时间发展的自然过程、事物的常见特征、一般趋势为目标的思维方式，是一种从已知到未知提示事物本质的思维形式。简而言之，正向思维就是由条件推解结论的过程，具有在时间维度与方向上保持一致，随着时间不断推进，符合事物的自然发展和人类认识事物的规律等特征。

设计活动中的产品改良设计就属于典型的正向思维创新形式，在设计前期已经界定设计的性质是改良、迭代、升级，所以与产品及设计相关联的材料、构造、形态、功能、风格、市场等要素基本上是既定的，只需按照时间计划完成设计即可。

## 八、逆向思维

逆向思维，也称反向思维或求异思维，是对司空见惯的似乎已成定论的事物或观点反过来思考的一种思维方式。逆向思维在各种领域和生活中都有适用性，形式多样，有性质上两极对立的转换，如软硬、高低等；位置上的互换、颠倒，如上下、左右等。无论哪种方式，只要是从一个面想到与之对立的另一个面，就是逆向思维。综合而言，逆向思维具有普遍性、批判性、新颖性等特征。

例如，木材中的节子等天然的材料缺陷，在设计选用材料时是应该避免的，但如果在家具形态设计中运用逆向思维，通过设计构思利用好这些天然缺陷，甚至人为模仿这些缺陷，形成特殊的肌理形态，就会顺其自然地成就产品的自然、朴素之美。图4-6是托盘面板中利用天然缺陷形成的肌理美。

逆向思维与正向思维都属于逻辑思维，所不同的是，逆向思维是由结论反推所要应用的条件，再倒推回去找到结论的过程，与正向思维的推解方向相反。

图4-6 托盘面板/利用天然缺陷形成的肌理美/逆向思维创新案例

## 九、联想思维

联想思维是一种把已经掌握的知识与某种思维对象联系起来，从其相关性中得到启发，从而获得创新性设计的思维形式，是从一个概念联想到其他相关概念，或者从一个事物联想到有关的其他事物的心理活动。联想思维具有连续性、形象性、概括性等特征。

在设计构思过程中，应用联想思维可以在熟悉的已知领域建立联系；也可以从已知领域开始，扩展到未知领域，以获得新的发现。联想思维在产品形态设计中的主要表现形式有：通过形与形的联想，表达新的寓意和功能；通过意与意的联想，表达新的事物形态；通过形与意的组合联想，形成形意共融；通过有意识与无意识的联想，产生新奇、有趣、巧妙、智慧的形态；通过不同环境、事件、情境之间的组合联想，挖掘出新观念、新思路。另外，联想思维也是一种古老、传统的创新思维方法，古今中外的先贤更是深得其中的精髓，将其应用于造物活动中。图4-7是清代中期的福寿纹扶手椅，通过蝙蝠(福)和“寿”字的形与意的组合联想，赋予产品形意共融的吉祥寓意。

图4-7　福寿纹扶手椅/联想思维创新/清代中期

### 十、立体思维

立体思维也称整体思维、空间思维，是指在时空四维中，对认识对象进行多角度、多方位、多层次、多学科、多手段的考察、研究，力图真实地反映认识对象的整体以及和其周围事物构成的立体画面的思维形式。立体思维具有层次性、多维性、联系性、系统性、立体性、具体性、开放性、多元性等特征。

综上所述，尽管介绍了各种创新思维形式，但具体设计应用时并不是将某种创新思维形式进行对号入座式硬性套入即可很好地完成设计构思，而是要根据具体的设计项目情况，复合性地应用某一种或几种创新思维形式。另外，需要清晰地认识到创新思维形式只是设计师思考问题的某种方式，而不是解决设计构思过程中出现的问题的具体方法。

## 第三节　家具形态创新设计的方法

家具形态创新设计是建立在产品功能、构造、材料、工艺等整体概念基础之上的，以市场为导向，受到消费需求和使用环境等诸多因素制约的一种创造性行为，整个过程以产品形态设计构思为龙头，贯穿产品生产、营销的全过程。因此，家具形态创新设计要求设计师有相当的创新思维能力，以创新设计方法为工具，跳出既有的产品束缚，创造出具有相对独立、个性鲜明的产品。其中，设计师的创新思维能力是决定产品创新程度的基础，而设计师所掌握的创新设计方法及其运用的熟练程度则有助于解决创新设计过程中的设计定位、设计审美判断等方面的问题。

## 一、设问法

产品形态创新思维活动始于发现问题并寻求解决问题的方法和过程。因此，所发现问题的深度在一定程度上决定了创新结果的新颖程度，所提问题涉及的不同领域或范围引导着人们的创新思路，提出问题的方式决定了人们创新能力发挥的程度。而设问法就是指导人们在创新活动过程中围绕原有产品提出各种问题，通过提问发现原有产品在设计、制造、营销等环节中的不足之处，找出应该改进的点。只有通过科学的方法，有序地提出一些具体的问题，才能缩小创新的范围、突出创新的关键所在。设问法正是基于此形成的一类创新设计方法，以提问的形式来启发人们系统地思考创新设计的思路。设问法中最为经典的是奥斯本检核表法，另外还有较为常用的5W2H分析法、信息交合法、系统提问法、逆向追问法等。下面主要介绍前三种方法。

### 1. 奥斯本检核表法

奥斯本检核表法是以该方法的发明者美国创造学家亚历克斯·F. 奥斯本(Alex Faickney Osborn)的名字命名的，该方法的核心在于引导人们在创新设计之初对照九个方面的问题进行思考，以便启迪创新思路，开拓思维想象的空间，促进新设想、新方案的产生。奥斯本检核表法由于设问形式的表达能使作答者处于较为自然、轻松的状态，给人们的启发较大，特别适用于尚不确定的、试探性的内容。

(1) 奥斯本检核表。奥斯本检核表法的核心是在考虑问题时将多数人常用的智慧或办法收集在一起，制成奥斯本检核表，对每个项目逐一进行检查，以避免遗漏要点。奥斯本检核表的具体形式如表4-1所示。

表4-1　奥斯本检核表的具体形式

| 序号 | 检核项目 | 说　明 | 新设想名称 | 新设想概述 |
|---|---|---|---|---|
| 1 | 能否转化 | 现有产品有无其他功用？现有产品稍加改动有无其他用途？ | | |
| 2 | 能否引申 | 有无与现有产品同类的其他产品？是否可以从现有产品中引申出其他产品？是否可用其他产品模仿此产品？ | | |
| 3 | 能否变动 | 能否对现有产品进行某些改变，如改变颜色、构造、形态、制造工艺等？改变后会有何结果？ | | |
| 4 | 能否放大 | 现有产品能否放大？放大后能否改变其性能？能否附加一些其他功能？可否高一些、长一些、厚一些？ | | |
| 5 | 能否缩小 | 现有产品能否缩小、压缩、浓缩、降低、变矮、变轻、变薄、变短？可否微型化？ | | |
| 6 | 能否替代 | 有无其他产品可以全部替代或部分替代现有产品？是否可以改用其他材料、构造、工艺？ | | |
| 7 | 能否转换 | 现有产品构件可否更换？可否改变装配顺序、设置方法、调整内部构造、改变因果关系？ | | |
| 8 | 能否颠倒 | 现有产品可否颠倒使用？正反颠倒、上下颠倒、左右颠倒会有何影响？可否满足设计要求？ | | |
| 9 | 能否组合 | 能否改变现有产品的组合关系？如何组合更好？可否采用整体组合、零部件组合、功能组合、材料组合、原理组合等？ | | |

(2) 奥斯本检核表法的应用步骤。利用上述奥斯本检核表既可以针对某种产品从九个方面提问，也可以只从一个方面层层发问，启发设计师提出问题和思考问题，使其思路沿着正向、侧向、逆向发散开来，得到许多新的设想方案。然后在分析各种方案的基础上，加上设计的约束条件，从中优选出一种或多种方案，安排实施，即可以开发出新产品来。奥斯本检核表法的具体实施步骤如下：

第一步：明确问题。根据创新对象明确需要解决的问题。

第二步：检核讨论。根据需要解决的问题，参照奥斯本检核表列出问题，运用丰富的想象力，强制性地逐个检核讨论，并记录新创意。最好能够在第一次检核后隔一段时间再进行重复检核，以便能够产生更多、更好的创意。

第三步：筛选评估。对新设想进行筛选，将有价值和创新性的设想筛选出来。

需要注意的是，在使用奥斯本检核表法时，可以由单人进行检核，也可以由多人组成小组一起进行检核。在由多人组成小组进行检核时，应该注意借鉴后面将要介绍的头脑风暴法的一些原则，先产生创意，再进行评价，把评价放在创意的产生过程结束后，这样效果将会更为明显。

【案例4-1】奥斯本检核表法的应用案例

在此以北欧挪威的Stokke公司的多功能婴童座椅为例说明奥斯本检核表法的应用。针对传统的婴儿、儿童座椅市场，应用奥斯本检核表进行创新分析，如表4-2所示。

根据表4-2奥斯本检核表中的创新分析，采用座面、脚踏、靠背、靠背基座、椅腿共计五种构件构成图4-8(a)所示的Stokke公司的Steps多功能婴童座椅，再配以安全带辅助配件，可用作初生婴儿的摇椅、6个月～3岁婴童的餐椅、3岁以后儿童时期的座椅[图4-8(b)]。

表4-2 Stokke公司的多功能婴童座椅奥斯本检核表

| 序号 | 检核项目 | 新设想名称 | 新设想概述 |
|---|---|---|---|
| 1 | 能否转化 | 多功能婴童座椅 | 可坐、喂食、攀爬玩耍 |
| 2 | 能否引申 | 可调整座面高度 | 仿汽车安全带束缚婴童，仿梯子攀爬玩耍 |
| 3 | 能否变动 | 可以部分变动 | 可调整座面高低，调整围栏、餐盘颜色，调整坐垫、束缚带颜色与材料，供消费者选择 |
| 4 | 能否放大 | 简易阅读桌椅 | 放大后设置活动翻板，可改为成人阅读、书写的简易座椅 |
| 5 | 能否缩小 | 智力玩具 | 缩小为模型规格大小，改为组装式婴童智力类玩具 |
| 6 | 能否替代 | 塑料或金属支撑架 | 可将实木支撑架改为塑料或金属支撑架 |
| 7 | 能否转换 | 简易梯子 | 金属支撑架可作为家庭简易梯子 |
| 8 | 能否颠倒 | 否 | |
| 9 | 能否组合 | 汽车婴童座椅 | 可将座位部分与汽车座组合，形成简易的汽车儿童椅 |

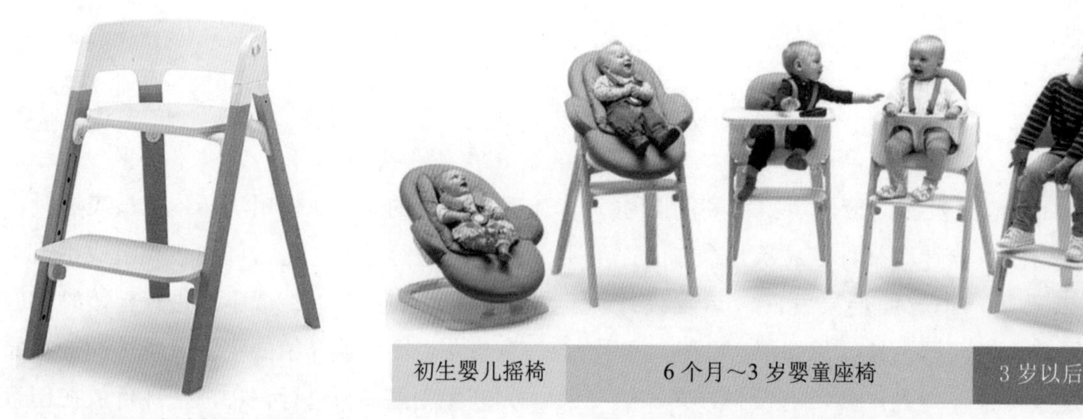


(a) STEPS多功能婴童座椅　　(b) STEPS多功能婴童座椅使用过程

图4-8　奥斯本检核表法在STEPS多功能婴童座椅创新设计中的应用示例

### 2. 5W2H 分析法

提出问题的方式除了奥斯本检核表法之外，另一种应用比较广泛的方法就是5W2H分析法。5W2H分析法又叫七问分析法，由第二次世界大战时期美国陆军兵器修理部首创。发明者用5个以w开头的英语单词(who, what, why, where, when)和两个以h开头的英语单词(how to, how much)进行设问，发现问题及其解决的线索，寻找创新思路，进行设计构思，形成创新。

(1) 5W2H分析法的内涵。提出疑问、发现问题固然重要，但如何对问题进行深度分解决定了解决问题的效果。因此，在应用5W2H分析法时不能仅停留在问题的表象，而是要根据不同项目的具体情况，有针对性地对相应的问题进行深层次的挖掘，抽丝剥茧，直至问题的核心。表4-3是5W2H分析法的层次和具体内容。

表4-3　5W2H分析法的层次和具体内容

| 5W2H | 第一层次 | 第二层次 | 第三层次 | 第四层次 | 结论 |
|---|---|---|---|---|---|
| what | 什么事项 | 为什么做这件事情 | 有更合适的事情吗 | 为什么是最合适的事情 | 确定事项 |
| why | 什么原因 | 为什么是这个原因 | 有更合适的原因吗 | 为什么是最合适的原因 | 确定原因 |
| who | 是谁 | 为什么是他 | 有更合适的人吗 | 为什么是最合适的人 | 确定人选 |
| when | 什么时候 | 为什么是这个时间 | 有更合适的时间吗 | 为什么是最合适的时间 | 确定时间 |
| where | 什么地点 | 为什么是这个地点 | 有更合适的地点吗 | 为什么是最合适的地点 | 确定地点 |
| how to do | 如何去做 | 为什么这样做 | 有更合适的做法吗 | 为什么是最合适的做法 | 确定方法 |
| how much | 各项指标是多少 | 为什么是这么多 | 有更合适的指标吗 | 为什么是最合适的指标 | 确定指标 |

(2) 5W2H分析法的应用过程。5W2H分析法既是一种思考方法，也是一种创新技法，是对选定的项目、工序或操作等均从原因(何因、why)、对象(何事、what)、地点(何地、where)、时间(何时、when)、人员(何人、who)、方法(何法，how to do)、指标(多少、how much)等角度按层次提出问题，进行思考。这种看似简单的问题和思考办法可使思考的内容深化、科学化。

5W2H分析法一般有以下四个步骤：

第一步：根据5W2H分析法中的7个要素对现行的工作、产品或初步发现的问题进行分析。

第二步：找出关键点及目前还不能解决的问题及其原因。

第三步：对照上述问题，寻找可能的解决办法。

第四步：再次确认这一解决办法的合理性。

【案例4-2】5W2H分析法的应用案例

在此以一款便携式钓鱼户外休闲椅为例说明5W2H分析法在产品创新设计中的应用。随着户外休闲的广普化，结合户外休闲便捷式坐具的现状，形成应用5W2H分析法开发便携式钓鱼椅的创新分析过程(表4-4)。

根据表4-4中应用5W2H分析法的各项参数，采用牛津布、钢管折叠构造，创新设计出无须安装，收纳自如，节省空间的便携式钓鱼户外休闲椅新产品(图4-9)。

表4-4　应用5W2H分析法开发便捷式钓鱼椅的创新分析过程

| 5W2H | 第一层次 | 第二层次 | 第三层次 | 第四层次 | 结论 |
|---|---|---|---|---|---|
| what(事项) | 开发钓鱼椅产品 | 拓展公司业务 | 没有 | 综合分析公司和市场现状后得出结论 | 开发钓鱼椅产品 |
| why(原因) | 提升公司营收值 | 其他产品市场份额已经稳定，很难有新的增幅 | 没有 | 新产品可以快速提升公司营业额 | 增加公司营业额 |
| who(用户) | 垂钓、休闲爱好者 | 消费群量大 | 没有 | 垂钓、休闲是一项十分普及的户外活动 | 垂钓、休闲爱好者 |
| when(时间) | 春季推向市场 | 春季是垂钓、户外休闲的旺季 | 没有 | 既迎合了市场，又与公司年度计划一致 | 春季上市 |
| where(地点) | 面向南方城镇 | 垂钓、户外休闲更流行 | 没有 | 南方气候较北方更适合垂钓和户外休闲 | 南方城镇 |
| how to do (关键定位) | 折叠构造，线上销售 | 便于携带、运输，适合线上销售 | 没有 | 线上购物已成为习惯 | 线上销售 |
| how much (产品参数) | 材质：钢管+牛津布。颜色：多样。承重：120kg以上。重量：1.1kg。规格：$\phi$115mm×590mm | 综合设计、科学计算的结果 | 有，重量、规格越小越好 | 材料、力学强度综合评判的最佳结果 | 确定前述指标 |

综上所述，在5W2H分析法的应用过程中，七种要素的作用并不是完全等同的。就why之外的其他六个要素而言，它们只是在各自所代表的方面对提示考虑问题的思路有一定的帮助作用，而why这一要素则在所有的领域都会以它本身固有的“怀疑一切”的特质引发新的思考。why要素除它本身外，还可以被用来对每一要素领域内所提出问题的回答再提一个why，从而抓住每一个答案背后所隐含的假设与证据，深化对问题的把握程度。

(a) 产品使用形态　(b) 产品折叠形态　(c)产品携带形态

图4-9　便携式钓鱼户外休闲椅/5W2H分析法在创新设计中的应用示例

### 3. 信息交合法

信息交合法是由中国创造学研究学者许国泰于1983年提出的，具体做法是：先把若干种信息排列在各自的线性轴标上，然后进行信息间的交合，形成“信息反应场”；每一轴标上的各种信息依次与另一轴标上的各种信息交合后，在“信息反应场”产生新的组合信息。

(1) 信息交合法的要点。信息交合法，又称要素标的发明法、魔球法或信息反应场法，是一种在信息交合中进行创新的思维方法。使用信息交合法时，创新者首先把有关物体的总体信息分解为若干个要素，然后把该物体与人类各种行为活动相关的用途进行要素分解，形成要素标的，并将它们标注在具有共同原点的信息标线上。不同类别的信息标线之间即为“信息反应场”。某轴不同标线上的信息要素标的与另一轴上的信息要素标的交合即可产生一种新的创意[3]。

(2) 信息交合法的原理。信息交合法由两个公理、三个定理构成。

① 公理。

公理一：不同信息的交合，可以产生新信息。

公理二：不同联系的交合，可以产生新联系。

② 定理。

定理一：心理世界的构想即为人脑中勾勒的映像，由信息和联系组成，意即不同信息、相同联系产生构象。例如，轮子与喇叭是两种不同的信息，但交合在一起组装在汽车上，轮子可以行走，喇叭可以发出声音，表示警告。

定理二：新信息、新联系在相互作用中产生，意即相同信息、不相同联系产生构象。例如，同样是灯，有的可吊，有的可挂，有的可随身携带(手电筒)。

定理三：具体的信息和联系均有区域性，也就是有特定的范畴和相对区域与界限，意即不同信息、不相同联系产生构象。例如，独轮车和碗碟本无必然的联系，但杂技演员将它们联系在一起，表演出精彩的节目。

(3) 信息交合法的三原则。信息交合法作为一种科学实用的创新方法，其运用不是随心所欲、瞎拼乱凑的，而是遵循一定的原则。

① 整体分解原则。整体分解原则即把对象及其相关条件整体加以分解，按序列形成信息类别。

② 信息交合原则。信息交合原则即各轴线上的每个信息要素标的逐一与另一轴线上的各个信息要素标的相交合。

③ 结晶筛选原则。结晶筛选原则即通过对方案的筛选，找出更好的方案。如果研究的是新产品开发问题，那么，在筛选时应注意新产品的实用性、经济性、工艺性、市场可接受性等。

(4) 信息交合法的应用。尽管信息交合法的创意推演过程嬉戏益智、受众广泛，但在使用过程中要想获得理想的“信息反应场”创意成果，还存在许多必然性和偶然性的变数，应根据具体情况灵活应用。目前，比较常用的信息交合法有成对列举交合法、二元坐标交合法、立体交合法三种类型，现通过具体案例加以说明。

【案例4-3】成对列举交合法应用案例

成对列举交合法适用于单信息标的之间的交合，既可以用于定向交合，也可以用于随机交合。当明确创新意图后，列举出所需的各种关联信息，然后两两交合，强制联想产生新的信息。图4-10是成对列举交合法在家具创新设计中的应用示例。在应用过程中，先列举出有关产品的信息标的，如床、沙发、桌子、衣柜、镜子、电视、台灯等；然后竖向排列形成一条信息标线；再从竖向的信息标的处引出两条信息射线，形成两两相交的许多交点；最后分析并延伸构思这些交点，列出可能的有效组合信息，如沙发床、沙发桌、组合柜、穿衣柜、电视柜、电视灯、台灯、床头灯、沙发边柜、床头柜、镜桌等。

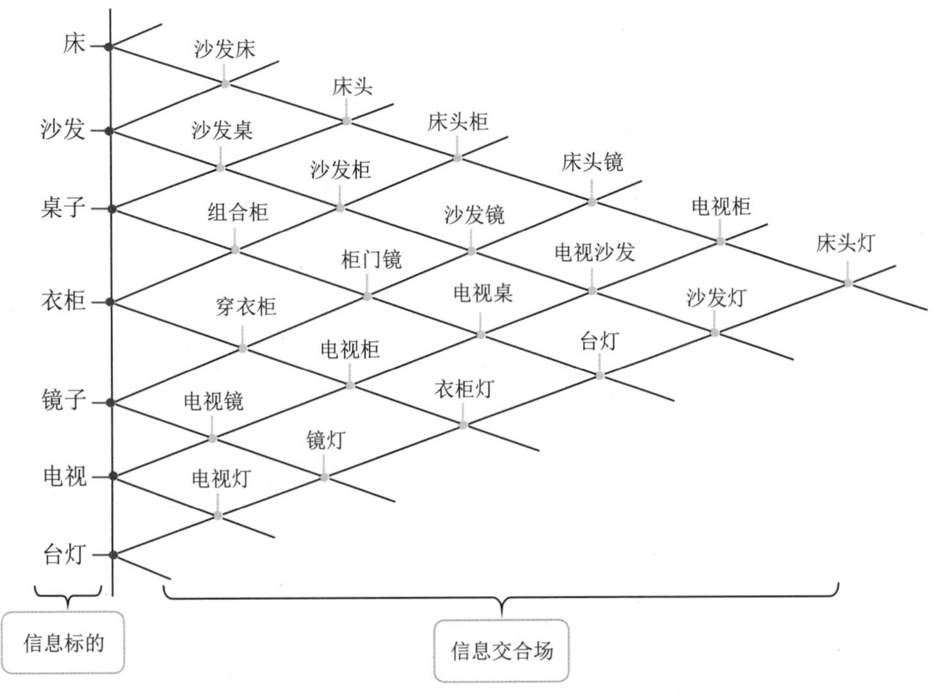


图4-10 成对列举交合法在家具产品创新设计中的应用示例

【案例4-4】二元坐标交合法应用案例

二元坐标交合法就是建立平面二元直角坐标系，把不同的信息标的元素分别列在二元坐标的轴线上，按序轮番进行两两组合，然后选出有意义的组合物的创新方法。二元坐标交合法的操作过程如下。

第一步：列出用于交合的信息标的元素，所列元素的范围要广，不能局限在某一专业领域，应包括名词、形容词等有关产品特性的词汇以及1/2左右的非商品元素和非人造元素。另外，还应加入一些新材料、新产品等，以得到新颖的设想。

第二步：使$X$、$Y$两坐标线上的各元素彼此相交，得到若干个相交点。

第三步：进行相交判断，并将相交判断的结果按图4-11的标记符号画在相交点处，相交时可以互换两个相交元素的位置。

第四步：从二元坐标图中摘取有意义的相交结果。

第五步：对有意义的相交结果进行可行性分析，从中找出适用性项目。

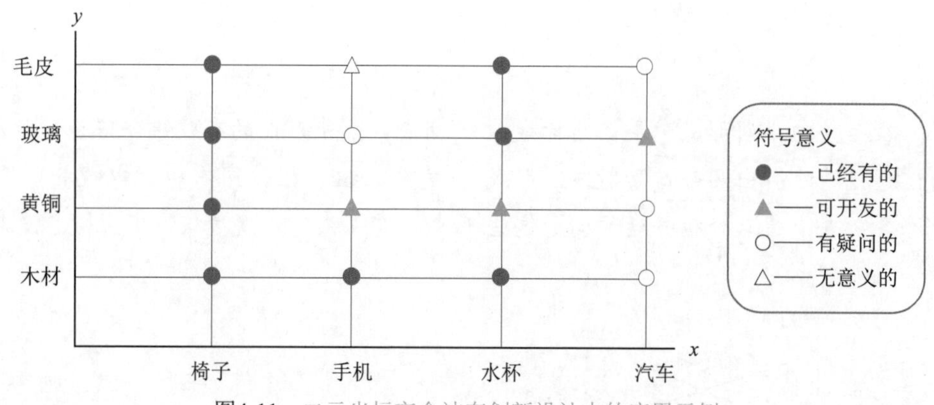


图4-11　二元坐标交合法在创新设计中的应用示例

【案例4-5】立体交合法应用案例

立体交合法是指在确立一个问题点后以此为中心，分别拉出许多不同方向的变量坐标，而每一变量坐标又可以不断分解设置下去，然后用线线相交或面面相交的办法，寻找新创意的创造技法。图4-12是以餐桌为例说明立体交合法的应用步骤。

第一步：确定立体信息场的原点。

第二步：根据餐桌的材料类别、风格类别、桌面形状、支撑形式、色彩类别、构造类别的需要画出6条坐标线。

第三步：在各对应的信息坐标线上注明有关信息标的。

第四步：以一个坐标线上的信息标的为“母本”，另一个坐标线上的信息标的为“父本”，彼此相交后即产生新信息，从这些新信息中可以发现餐桌的某些有价值的创新设想。然后，根据市场需要和生产条件，可以连续地开发、设计、制造出不同方案的餐桌新产品。

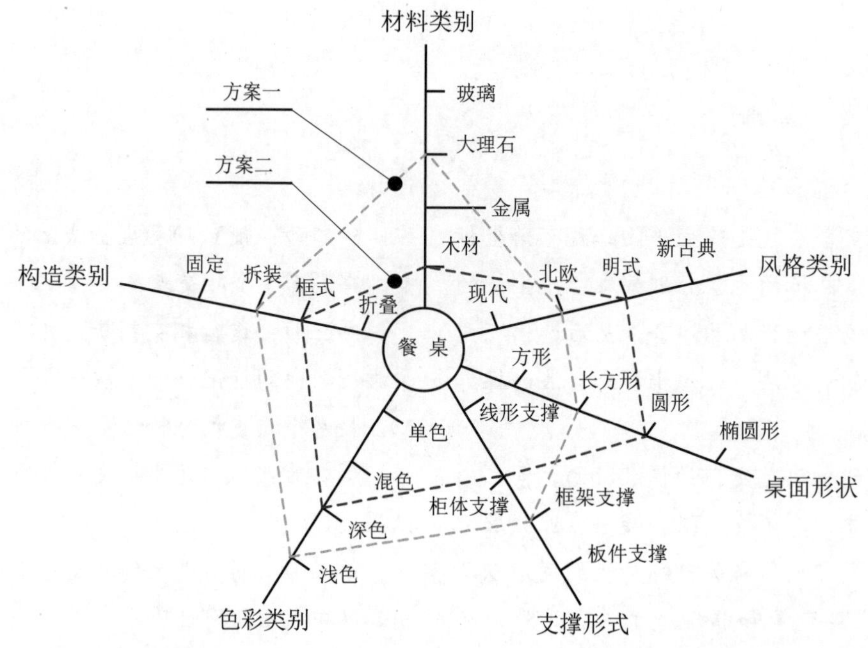


图4-12　立体坐标交合法在餐桌创新设计中的应用示例

图4-12通过立体坐标交合法形成的餐桌设计创意主题可用文字叙述如下。

方案一：北欧风格—长方形桌面—框架支撑—浅色—拆装构造—大理石桌面。

方案二：明式风格—圆形桌面—柜体支撑—深色—框式构造—实木桌面。

## 二、头脑风暴法

头脑风暴法是一种激发群体智慧的方法，在技术革新、管理程序及社会问题的处理、预测、规划设计等领域得到了广泛应用。

### 1. 头脑风暴法的含义

头脑风暴法又称智力激励法、BS法、自由思考法，是由美国创造学家亚历克斯·F. 奥斯本于1953年发明的一种激发性思维方法。头脑风暴法是一种通过会议形式，让所有参加者在自由愉快、畅所欲言的气氛中，通过相互之间的信息交流，每个人毫无顾忌地提出自己的各种想法，让各种思想的火花自由碰撞，引起思维共振，产生组合效应，从而产生创造性思维的定性研究方法。

头脑风暴法的理论基础来源于群体动力学。群体动力学认为，在群体活动中，群体成员的行为具有自我激发和互相激发的特性。当群体中的一员提出一种设想时，激发的不只是这个成员本身的想象力，其他成员的想象力也会受到激发，这是一个连锁反应的过程。在群体活动中，群体中的成员为了获取其他成员的尊敬而进行的竞争，如果得到很好的利用，将会激发更多、更好的创意。

头脑风暴法背后隐含着这样一个假设：在大量的创意中，好的、可以付诸应用的只是少数。同时，只有在一定数量的前提下，才能保证在一次头脑风暴法的应用中产生好的创意，即创意的质量要由一定的数量来保证。要判断一次会议是不是应用头脑风暴法，就要看在会议过程中创意的产生与评价阶段是不是分开进行的。也就是说，头脑风暴法的本质特征是推迟评价阶段的进行。

### 2. 头脑风暴法的基本原则

为了使头脑风暴法取得良好的效果，参与的每一位成员在应用过程中应当遵循以下几条原则：

(1) 自由畅想原则。在头脑风暴会议中，参与者提出的意见越新颖越离奇，则效果越好。奇异的想法不一定切合实际，但却可以激发想象，突破传统思维模式；意见本身不一定有价值，但却会激发有价值的设想。

(2) 延迟批判原则。在头脑风暴会议中，参与者应集中精力去提出设想，而放弃对设想的批判。批判会使参与者的心理安全、心理自由无法保证，破坏良好的气氛，也会中断创意之间互相激发的连锁反应过程。

(3) 以量求质原则。在头脑风暴会议中，提出设想的数量和设想的质量之间存在着某种正相关关系：意见越多，产生好意见的可能性越大，这是获得高质量创造性设想的条件。

(4) 综合改善原则。参与者除了提出本人的设想以外，还被要求提出改进他人设想的建议，将几个人的设想综合起来，形成新的设想。评价别人的设想不是批判，而是找出他人意见中的可取之处，并在此基础上进行改善、综合，形成更合理、更实用的意见。

### 3. 头脑风暴法的实施步骤

头脑风暴法一般从确定议题、确定参会人员、会前准备、头脑风暴、评价与发展五个方面实施，如图4-13所示。在具体运用时，可根据情况灵活掌握，每次会议时长以45分钟左右为宜，最长不超过1个小时。

图4-13　头脑风暴法的实施步骤示意图

【案例4-6】头脑风暴法应用案例

在此以智慧型办公桌的功能系统为例进行头脑风暴，邀请5名参会人员，分别为产品创意设计师3人，市场营销人员1名，大型企业高管1人(潜在用户)。当主持人介绍完项目议题后，由上述5人小组进行为时40分钟的头脑风暴，经汇总、评判、完善后，形成图4-14所示的智慧型办公桌功能创新系统图。

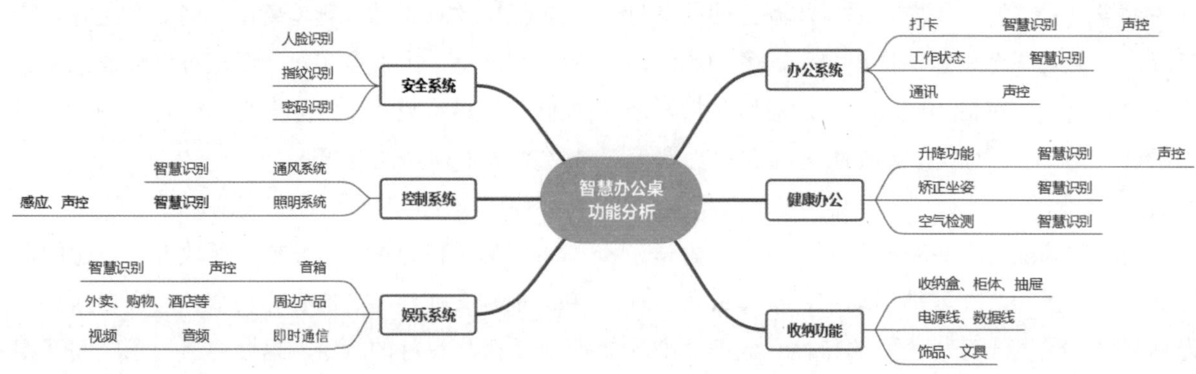


图4-14　智慧型办公桌功能创新系统图/头脑风暴法

总之，头脑风暴法虽然也适用于个体思考问题的过程，但它最为普遍的应用形式是小组活动。而恰当的小组成员数量和成员构成对于头脑风暴法的成功也是非常重要的。在小组成员的构成上，组织者有必要挑选以创意设计人员为主，以市场营销人员、企业技术人员、潜在用户等为辅的不同专业、行业领域的成员参加。

## 三、思维导图法

思维导图(the mind map)法是由被誉为“记忆力之父”的英国人东尼·博赞(Tony Buzan)发明的，并于20世纪80年代引入中国。思维导图法最初是用来帮助学习困难学生克服学习障碍的，但后来主要被工商界(特别是企业培训领域)用来提升个人及组织的学习效能及创新思维能力。

### 1. 思维导图法的含义

思维导图，又称心智导图，是用放射状图形

记录创意，同时结合了逻辑思维、发散思维和图形化思维的创新思维工具。思维导图运用图文并重的技巧，把各级主题的关系用相互隶属与相关的层级图表现出来，在主题关键词与图像、颜色等之间建立记忆联结，形成如树枝般伸展的分支构造，不仅美观简洁，而且逻辑关系清晰，加上图案和色彩的应用，可以帮助记忆，刺激联想，是简单、高效的实用性创新思维工具。

在产品设计中利用思维导图法更有利于创新的联想，使思维更加活跃，拓展思维的宽度和延伸思维的深度。通过绘制思维导图，逐级将人们创新的思路、解决问题的途径等有序地表达出来，以主题为中心，有组织、有层次地放射和相互关联地展现，充分将思维逻辑进行有效整合，最终呈现出适合大脑发散性思维的自然表达过程。轻松愉悦的状态能更有效地提升思维建构能力、激发创新能力，能更好地完成设计[4]。

### 2. 思维导图法的特点

(1) 发散性。每一个思维导图总是从一个中心主题开始的，每个词或者图像自身又会成为下一个子中心，组合起来便形成一种从中心向四周辐射的无穷分支链的形式。而这种从中心向外无限扩展的放射状思考方式也是人类大脑的运作方式。

(2) 联想性。当一个主题确定下来之后，由该点引发的与其相关的联想也由此产生，就像一把钥匙，瞬间打开了大脑中千万个信息存储空间。这种通过关联关系联想不断形成的新思路、新想法极大地提高了人们的创新思维能力。

(3) 条理性。相对于传统线性笔记，思维导图利用本身所具备的逻辑归纳特点，可以帮助人们从材料中找出重点，选择并提炼关键词，进行全面的逻辑梳理与归纳，锻炼人们的归纳思维能力，形成清晰的条理。

(4) 整体性。尽管思维导图是在二维的纸面上画出来的，但它可以代表一个多维的现实，包含空间、时空和色彩。

### 3. 思维导图的绘制步骤

第一步：将白纸横放，在白纸中央用图像表达问题的核心。中央图像越有趣越能令大脑兴奋。

第二步：从中央图像向四周拓展，绘制一级分支，并在分支线条上使用适当的关键词。画分支时通常从时钟钟面2点钟的位置开始。关键词可以是文字，也可以是图像。

第三步：从一级分支向四周围拓展绘制二级分支，保证分支线条与上一层级的线条末端衔接，同样可以在分支线条上使用关键词。以此类推，逐层展开。

第四步：给思维导图的线条增加颜色。上色的目的是突出重点，呈现层次，加深记忆。

第五步：根据需要，对思维导图的内容使用连线、箭头、图像、符号、代号、边界等进行修饰和整理，形成个人风格，帮助理解记忆。

第六步：研究思维导图，从中探寻关键词相互间的关联关系，并提出解决方案。在此基础上，根据需要修改思维导图或重新组织绘制一个新的思维导图。

【案例4-7】思维导图法应用案例

思维导图是设计师分析问题的绝佳手段，在使用过程中应不受限制地将大脑所能想到的所有内容按条理分类记录下来，然后讨论、分析，形成最终方案。

下面以婴儿护理台的创新设计为例，说明思维导图法在家具产品创新设计中的应用(图4-15)。根据设计目标，可以将设计任务分解为材质、功能、形态、色彩、结构五个一级分支进行联想、发散思维，再形成二级分支联想、发散思维，三级分支联想、发散思维等，并将其逐一列出。在这个过程中，设计者不但了解了婴儿护理台，而且整理了思路，为接下来的设计工作指引了明确的方向。图4-16是婴儿护理台创新设计效果呈现。可见，思维导图法其实就是对头脑风暴法的一种物化方法。同样，通过思维导图法也可以发掘惊人的创造力。

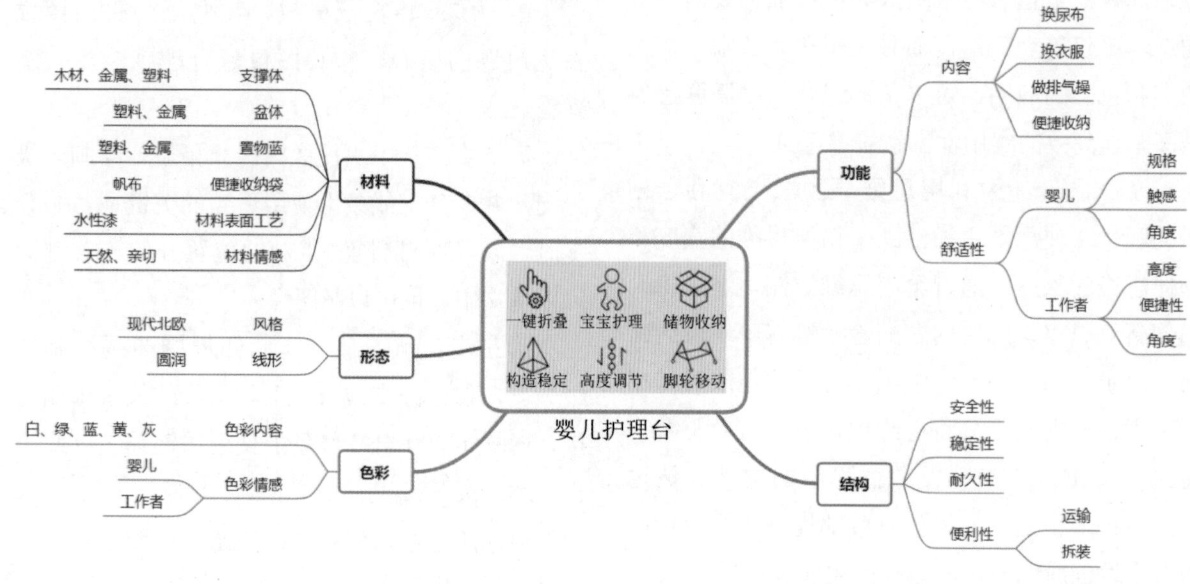


图4-15　思维导图法在婴儿护理台创新设计中的应用示例

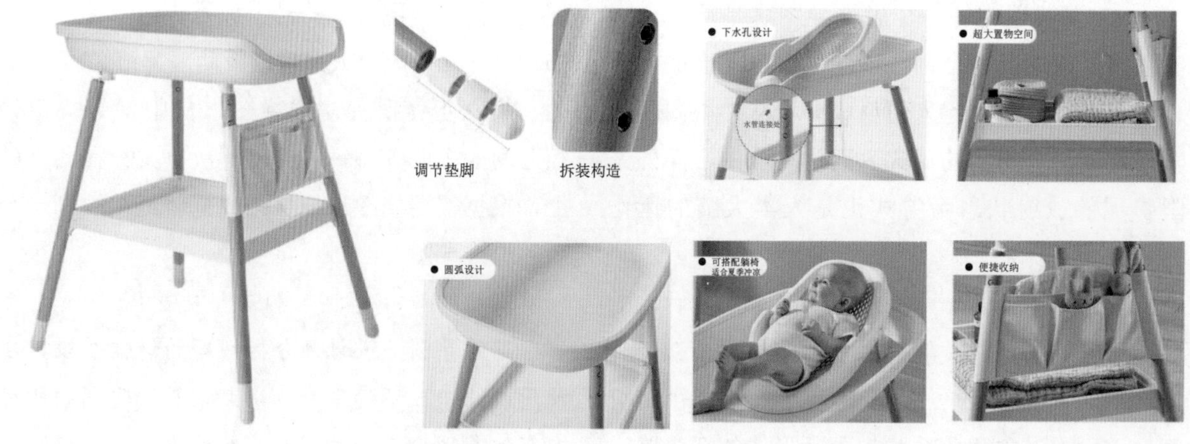


图4-16　婴儿护理台创新设计效果呈现

## 四、列举法

列举法是一种借助对某一具体事物的属性、优点、缺点等特定对象，从逻辑上进行分析并将其本质内容全面罗列出来，再针对罗列的项目逐一提出改进的方法。该方法应用分解、系统分析原理，通过创造性发问将创新思维过程系统化、程序化，特别适用于新产品开发、旧产品迭代升级等创新设计活动。根据所列举的对象不同，列举法可分为属性列举法、缺点列举法、希望点列举法和成对列举法。

### 1. 属性列举法

属性列举法也称特征列举法，是一种通过列举、分析特征，应用类比、移植、替代、抽象的手法变换属性特征获得创新的方法。

属性列举法的实施主要有三个步骤：第一步是将创新对象的特征或属性全部列出来，把整体分解成部分，每个部分的功能如何、特性怎样、与整体的关系如何等都要分类列出来。第二步是从名词特征、形容特征、动词特征三个方面进行特性列举。其中，名词特征包括产品的整体、部分、材料、制造方法等名词；形容词特性包括产品的性质、状态、颜色、形状、大小、薄厚、轻重、感觉等方面的内容，动词特征主要是指产品的功能、作用等。第三步是在各项目下用可替代的各种属性进行置换，引出具有独立性的方案。这一步的关键是力求详尽地分析每一特征，提出问题，找到缺陷，然后尝试从材料、构造、功能等方面加以改造。

在上述应用属性列举法的过程中，所界定的问题越小，对事物的属性分析越详细越好。因为，如果问题界定得过于宽泛，将难以对创新点进行必要的集中思考和解决，结果将很难产生具有创意的解决方案。

【案例4-8】属性列举法应用案例

在此以一款智能升降桌创新开发过程为例，说明属性列举法在产品创新设计中的应用。

第一步：确定研究对象。针对传统的普通阅读桌，列举其各类属性。

第二步：进行各项属性变换分析，寻找创新点。例如，将原来的固定高度桌面变换为可升降高度桌面，将普通插座变换为包含USB和Type-C接口的集成插座，将普通锁变换为儿童安全锁，等等。

第三步：根据步骤二中的变换内容进行创新方案思考，并形成图4-17中的方案一、方案二、方案三，综合比较分析后，认为方案一的构思比较贴合设计目标。

第四步：根据方案一的构思内容展开方案设计，形成图4-18所示的智能升降桌。

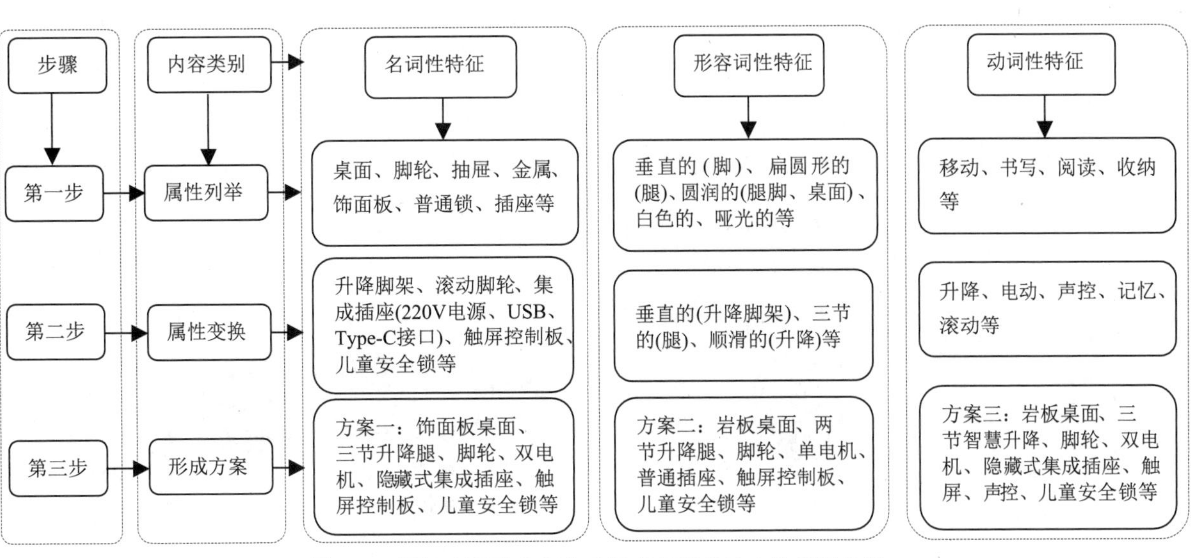

图4-17 属性列举法在智能升降桌创新设计中的应用示例

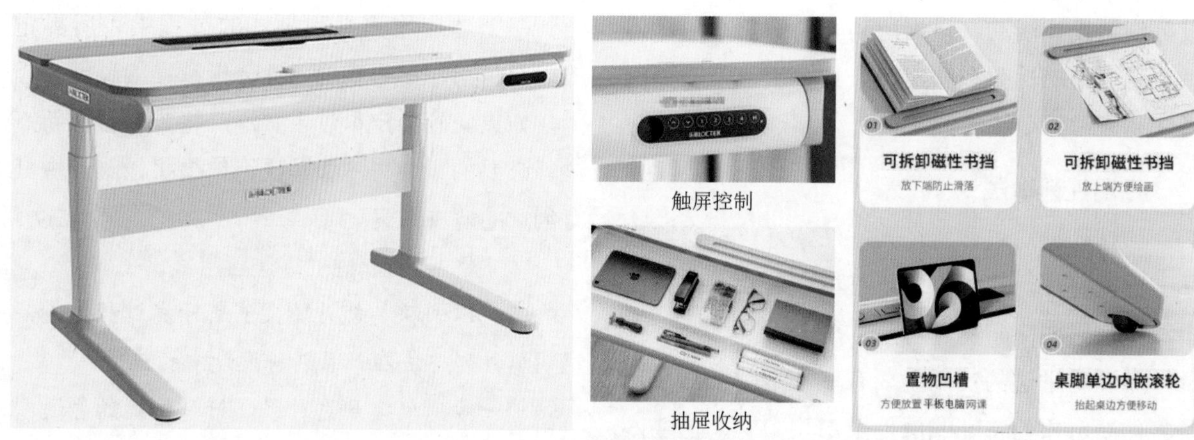


图4-18　智能升降桌创新设计效果呈现

### 2. 缺点列举法

缺点列举法是把对事物认识的焦点集中在发现它们的缺陷上，通过对它们缺点的一一列举，对缺点进行定性分析，或对缺点进行适当有效的利用，或对缺点提出改进方案进行创新的方法。在寻找和列举事物缺点时，应尽可能地使思维扩散，然后利用收敛思维对各种创新方案的可行性进行论证，从中选出最优方案。

缺点列举法与属性列举法相比，其独特之处主要体现为聚焦范围不同。缺点列举法是直接从社会需要的功能、审美、经济等角度出发研究对象的缺陷，提出改进方案，聚焦范围集中，显得简单易行；而属性列举法因列出的特性很多，聚焦范围大，逐个分析需要更多的时间。

缺点列举法的实施主要有四个步骤：第一步是应用发散思维寻找产品存在的缺点，并将缺点一一列举出来。第二步是对列举出来的缺点进行分析并归纳为两类：一类是可以适当利用的缺点，另一类是必须改进和克服的缺点；过程中尽量列举出各种缺点，越详尽越好，特别是产品的功能、形态、构造、材料、工艺、成本等方面的缺点。第三步是设想和探讨利用或克服缺点的方案。第四步是选出最优方案。在缺点列举法的实施过程中，个人可以独立进行，也可以召开5～10人参加的缺点列举会。

【案例4-9】缺点列举法应用案例

在此仍以一款智能升降桌创新开发过程为例，说明缺点列举法在产品创新设计中的应用。

第一步：确定研究对象——普通的阅读桌或书写桌；由3名创意设计师、1名工程师、1名经销商、1名普通消费者共6人召开阅读桌的缺点列举会，应用发散思维寻找其存在的缺点。

第二步：列举出现有阅读桌的各种缺点，越详尽越好；将上述缺点记录在小卡片上，并按类别编上号码或用项目符号表示，如图4-19所示。

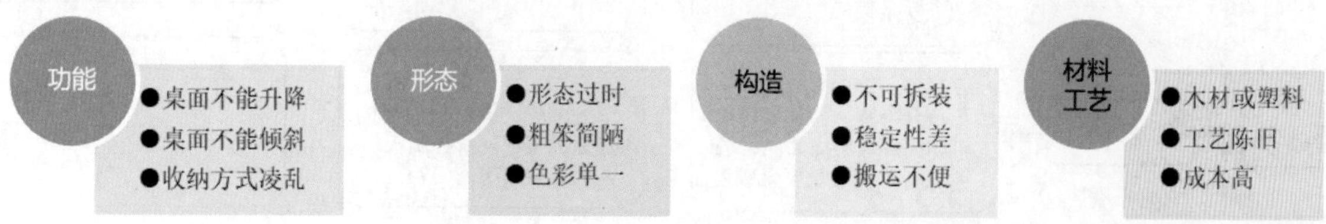


图4-19　现有阅读桌缺点列举分析简图

第三步：针对上述列出的缺点，逐一探讨克服缺点的设想方案，并形成图4-20所示的阅读桌缺点创新设想分析简图。

第四步：通过对不同设想方案的分析、优化，即可形成图4-18所示的智能升降桌创新设计方案。

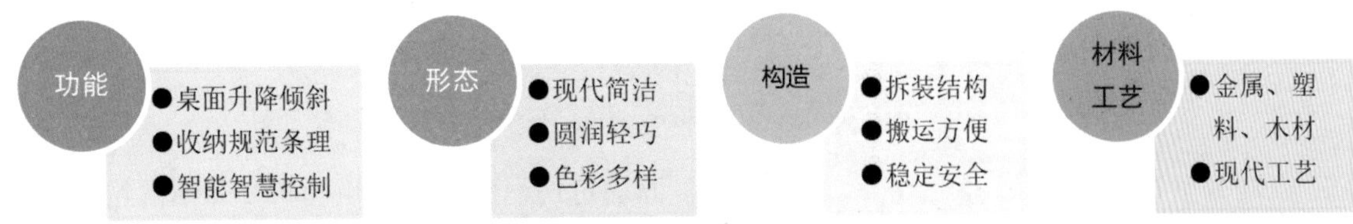


图4-20　阅读桌缺点创新设想分析简图

实际上，人们日常生活中的每一件家具产品都可以找到一些缺点，只要充分重视这些缺点，并将此作为创新设计的起点，就可能会为企业带来良好的经济效益。缺点列举法的优点在于，以具体的实物为参照，比较容易寻找介入点；其缺点在于，创新设计者往往会受到已经存在事物的某些特征的束缚，其思维受限。在对原有产品性能的完善上，缺点列举法是一种很具有针对性的方法，但是如果开发全新的产品，单纯依靠缺点列举法是难以做好的。

### 3. 希望点列举法

希望点列举法就是根据提出来的种种希望，经过归纳，根据所提出的希望达到的目的，进行创新设计的方法。希望点列举法不同于缺点列举法：后者是围绕现有产品的缺点提出各种改进设想，这种设想一般不会离开产品的原型，是一种适用于产品迭代升级的创新设计方法；而希望点列举法则是以创新者的主观意愿为主提出各种新的设想，它可以不受原有产品的束缚，是一种积极、主动的创新设计方法。

希望点列举法的实施主要有四个步骤：第一步是确定对象和目标；第二步是尽可能多地激发和收集参加人员的希望，参加人员可以是专业人员，也可以是面向特定范围的潜在消费者；第三步是归纳分析希望，形成主要的“希望点”；第四步是以“希望点”为依据，进行产品创新设计，以满足人们的希望。其中的关键是科学合理地提取“希望点”。

【案例4-10】希望点列举法应用案例

在此仍以一款智能升降桌创新开发过程为例，说明希望点列举法在产品创新设计中的应用。

第一步：确定研究对象——一种新的阅读、书写桌。

第二步：由专业设计人员和潜在消费者共同参与，以问卷调查的方式激发、收集对未来新型阅读、书写桌的各类希望。

第三步：组成由3名创意设计师、1名构造工程师、1名销售经理、1名青年消费者组成的6人小组，对收集的希望进行归纳分析，从功能、构造、形态、材料等方面列举出主要的“希望点”，如图4-21所示。

第四步：根据上述归纳出的“希望点”进行阅读桌的创新设计，即可形成图4-18所示的智能升降桌创新设计方案。

综上所述，在希望点列举法的实施过程中，对“希望点”的追求可以在一定程度上突破已有资源和条件的限制，进行跨界融合思考，以便实现产品的突破性创新，在市场竞争中取得巨大成功。

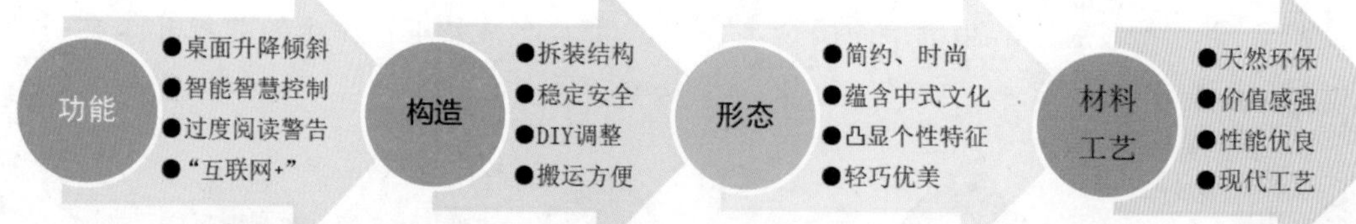


图4-21 阅读桌希望点列举分析简图

### 4. 成对列举法

成对列举法是一种特殊形式的属性列举法，是指同时列出两个物体的属性，在列举的基础上进行两物体诸属性间的各种组合，从而获得创新设想的方法。人们在日常生活中可以看到许多创新往往是由若干现有事物的功能巧妙组合而成的，如带日历、通话器、位置信息的儿童手表，可坐可卧的两用沙发，集各种功能于一体的智能手机等。成对列举法既利用了属性列举法务求全面的特性，又汲取了后面将要介绍的组合法易于破除框框限制、产生新奇想法的优点，因而更能启发思路，产生独特的创意。

成对列举法的实施主要有四个步骤：第一步是确定两个事物为研究对象；第二步是分别列出两个事物的属性；第三步是将两个事物的属性逐一进行强制组合，并思考这种组合的意义；第四步是分析、筛选可行的组合，形成新的设想[5]。成对列举法的思考模型如图4-22所示。

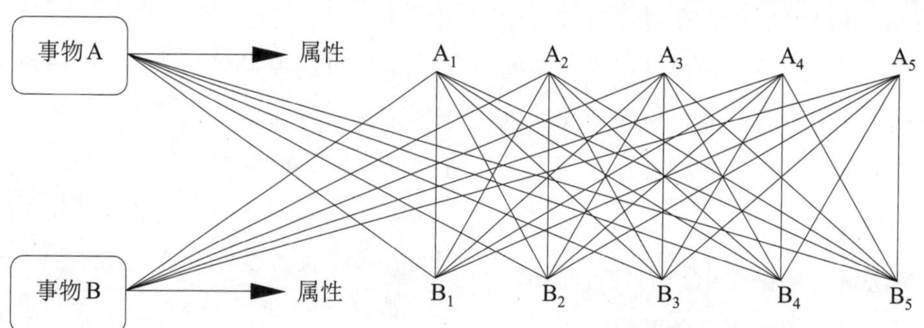


图4-22 成对列举法的思考模型

从思考模型中可以看出，成对列举法是同时列出两个事物的属性，并在列举的基础上进行事物属性间的各种组合，从而获得创新设想的方法，是单向有限发散性思维。

【案例4-11】成对列举法应用案例

在此以仿生人体家具的创新开发过程为例，说明成对列举法在家具创新设计中的应用。

第一步：确定研究对象为人体和家具。

第二步：列举出人体的形状属性，如$A_1$手的形状、$A_2$嘴的形状、$A_3$耳朵的形状、$A_4$头的形状……

列举出家具的形状属性，如$B_1$床、$B_2$沙发、$B_3$椅子、$B_4$桌子……

第三步：配对，将A系列中的$A_1$与B系列中的$B_1$，$B_2$，$B_3$，$B_4$，…依次组合，可得出手形的床、手形的沙发、手形的椅子、手形的桌子等组合，以次类推，可形成大量新的各种家具功能与形态设想。

第四步：分析、筛选可行的组合，最终形成新的设想——唇形沙发、手掌形休闲椅、月牙形桌子等新产品构想，形成别致新颖的仿生人体家具形态。

## 五、类比法

类比法就是通过对两个事物之间某些方面的相同或相似之处进行比较分析，从而推断出这两个事物在某些方面的相同或相似的方法。人们通过对各种不同事物进行类比，不断产生新颖的创新设想。经典的类比法创新思维过程分为两个阶段：一是将两个事物进行比较；二是在比较的基础上进行推理，即把其中某个事物的有关知识或结论推移到另一个事物中去。常用的类比法有直接类比法、拟人类比法、象征类比法、幻想类比法、因果类比法等。

### 1. 直接类比法

直接类比法是指针对研究对象，从自然现象中或人类社会已有的发明成果中寻找与创新对象的外形、构造、功能等相似的事物、技巧、原理等进行比较，从中得到启发与联想，提出解决问题的思想、方法、原理等，进而完成创新的方法。

大自然的神奇无处不在，但这需要人们具备很强的观察能力、丰富的经验与知识，去发现、去观察、去应用；一双善于发现的眼睛可以帮助人们从自然界和生活中寻找有用的属性，并将其应用于更广泛的领域，为人类带来更大的价值。

### 2. 拟人类比法

拟人类比法也称感情移入法或角色扮演法，即把创新事物对象或者某个因素人格化，假设自己是该事物或因素，并由此开始，设身处地进行设想和创新的方法。

在创新家具形态时，拟人类比法是一种吸引用户关注、建立情感联系的有效设计手段，既能形成产品与用户之间积极、正面的互动，又能在某种程度上激发用户对产品的情感诉求，引起情感共鸣。例如，图4-23为砂型铸铝玻璃面桌，设计师应用拟人类比法将自身代入产品，以“如果我是桌子，我该长成什么样”的灵魂拷问为中心，进行自我生长，形成自我完善、完美的产品形态。

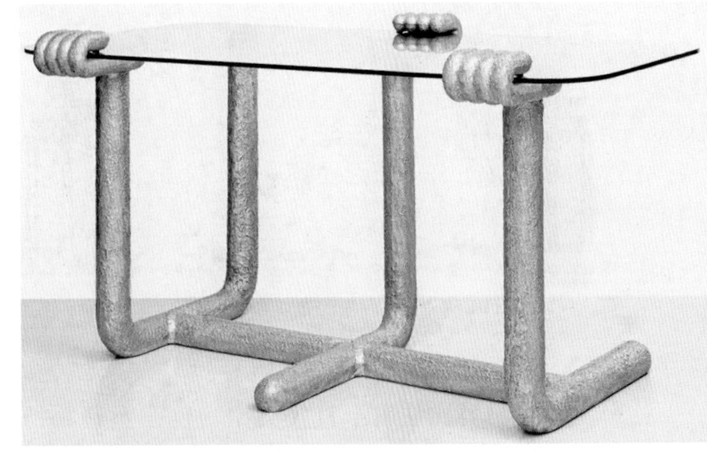

图4-23 砂型铸铝玻璃面桌/拟人类比法/设计：李夏敏

### 3. 象征类比法

象征类比法是指借助具体事物形象或象征符号来比喻某种抽象概念或思想感情的类比方法。象征类比法是直接感知、针对需要解决的问题，用某种概括、抽象的形象、符号来表达或反映问题的本质，使问题的关键显现并简化，以方便提出解决问题的方案。在家具形态设计中，有时通过赋予设计对象一定的象征性，使其具有独特的“民族文化，或坚实、宏伟、庄严，或轻柔、圆润、细腻”等风格特征或蕴含特定的含义，即人们可以根据自己的需要通过产品具体构造、形态、色彩、肌理、图纹等来表现某种象征的意义。图4-24是采用现代金属材料透雕梅兰竹菊图案的中式屏风，借助梅兰竹菊在中国的传统象征意义，反映产品和用户坚忍、高尚的品质与内涵。

图4-24　梅兰竹菊图案的屏风/象征类比法

### 4. 幻想类比法

幻想类比法属于直接类比，仅在童话、神话、传说、民间故事、科学幻想等领域寻找类比物，由此产生新的思考问题的角度。在创新设计中，借用科学幻想、神话传说中的大胆想象来启发思维，在许多时候会取得意想不到的效果。但幻想类比法只是应用幻想激发想象力的一个工具，并不是马上要实现的目标。

### 5. 因果类比法

因果类比法是根据已经掌握的事物的因果关系与正在接受研究改进事物的因果关系之间的相同或相似之处，去寻求创新思路的一种类比方法。例如，根据发泡剂可以使合成树脂充满无数小孔，从而使这种泡沫塑料具有良好的隔热和隔音性能，人们尝试在水泥中加入发泡剂，结果形成了具有隔热与隔音性能的气泡混凝土。

## 六、组合法

### 1. 组合法的类别

组合法就是把原来互不相关的，或者是相关性不强的，或者是相关关系没有被人们认识到的两种或两种以上的产品、原理、技术、工艺、材料、方法、功能等的一部分或全部进行适当叠加和组合，用以创造出全新的产品、工艺、方法、材料、功能等的创新方法。通过组合产生新的创新设计方法，已被实践证明是行之有效的方法之一。现实世界中，组合现象也十分普遍，小到儿童积木、儿童家具，大到高速列车、太空飞船的完善与发展过程，几乎都有组合的烙印。尽管组合现象无处不在，组合的类型多种多样，但常用的组合类型主要有同类组合、异类组合、主体附加组合、重组组合、综合组合等类别。

(1) 同类组合。同类组合也称同物组合，就是将若干相同的事物进行自组，如家具中常见的组合沙发、组合柜等。在同类组合中，参与组合的对象与组合之前相对比，只是通过事物数量的变化增加新事物的功能，其性质、构造没有发生根本变化。同类组合的模式为$a+a+\cdots=N$。其中，简单的事物可以自组，复杂的事物也可以自组。

可见，同类组合是在保持事物原有功能或原有意义的前提下，通过数量的增加弥补功能的不足或求取新的功能和意义，简单实用，将其应用于家具形态创新设计中，往往会产生意想不到的效果。

(2) 异类组合。异类组合是指将两种或两种以上不同的事物、想法或观念进行组合，产生有价值的新整体。异类组合的模式为$a+b+\cdots=N$。例如，家具中的沙发和床都是客观存在的独立产品，将二者组合后，形成沙发床。

异类组合具有三个方面的特点：一是被组合的事物来自不同的方面或领域，相互之间无明显的主次关系；二是在组合过程中，参与组合的事物在意义、原理、构造、成分、功能等方面可以互补和相互渗透，产生1＋1＞2的价值，整体变化也显著；三是异类组合实质上是一种异类求同，因此创新性较强。

(3) 主体附加组合。主体附加组合又称添加法、模块组合法，是指以某一特定的事物为主体，通过补充、置换或插入新的事物而得到新的有价值的整体。例如，把餐桌的支撑部位设置为简易的柜体或抽屉，即增加了餐桌的收纳功能；在床头屏上部设置简易的架体或在床面下设置箱体抽屉，即增加了床的陈列功能或收纳功能。

在主体附加组合中，主体事物的性能基本不变，附加物只是对主体起补充、完善或充分利用主体功能的作用。附加物可以是已有事物，也可以是主体事物的附加物，组合方式简单易行，只要附加物选择得当，即可产生巨大的效益。

(4) 重组组合。重组组合是指将同一个事物按不同层次分解为原来的事物或组合，然后以新的方式重新组合起来。重组组合只改变事物内部各组成部分之间的相互位置，从而优化事物的性能。因为是在同一事物上实施的，重组组合一般不增加事物的新内容。

在家具创新设计中，人们经常利用重组组合原理形成不同类型的新产品。例如，由20多种基本板块组成的板式家具，通过不同的组合，能拼装出数百种不同款式的家具形式，使用者不仅可以随意改变家具的式样，还可以根据自己的审美观念改变室内的布局。

(5) 综合组合。综合组合是对大量先进事物、想法、观念等实行融合并用，形成新的、有价值的整体。综合组合是各类组合的集大成者，是一种更高层次的组合，具有系统性、完整性、全面性和严密性的特点。例如，现代中式家具的一个重要意旨是对几千年来不同时期的中国文化因素进行复杂的融合、汇通而形成现代、简约、时尚的家具形态创新。这种通过文化综合而实现的文化创新，既能满足文化上的多样性与丰富性要求，又能实现中华文化主体的精神价值凝聚与传承，便于实现中国现代家具文化体系的全面复兴。

### 2. 组合法的原理

综上所述，组合法原理本质上是系统化，具体表现在以下三个方面：一是从系统的思想上来看，组合法就是把两个或多个系统按照一定的原则进行组合，形成新系统的过程，在统一的整体目标下，其中的各个组成元素能够协调、有机地进行组合，并在某些方面相互作用。二是产生的新系统具有新的特征或效果，系统的功能总和必须大于系统内各组成单元的单独功能之和。三是系统具有不同的属性或状态，即在应用组合法进行创新活动时，人们需要从各个不同的方面或角度进行系统的分析和评价。

## 思政要点与设计实践

1. 综合思考中国传统造物观对现代创新设计的影响。

2. 以某一家具的创新设计构思过程为例，理解和熟悉创新思维过程。

3. 将10种思维形式和课堂学员各分为4～5组，每组根据所分配的思维形式讨论列举其在家具产品创新构思中的应用2～3例，30分钟后各组派代表汇总发言。

4. 把本章中叙述的六类创新设计方法分别布置给不同的学生，要求每个学生以家具为例模拟完成某一种创新设计方法的应用过程，并准备5分钟的课堂讨论发言。

## 参考文献

[1] 王亚东，赵亮，于海勇. 创造性思维与创新方法[M]. 北京：清华大学出版社，2018.

[2] 王微. 创新思维在产品设计中的运用[J]. 广东蚕业，2018，52(12)：140-141.

[3] 张崇荣. 系统构思法之一的信息交合法——在构思、设计中的应用与探讨[J]. 针织工业，1994(5)：51-53.

[4] 杨猛，王一涵. 关于思维导图在产品设计中的应用[J]. 智库时代，2018(43)：176，179.

[5] 刘晓宏，郑逸婕.成对列举法在产品设计中的应用与改进[J]. 包装工程，2014，35(12)：75-79.

| 第五章 |

# 家具形态设计的创新途径

家具形态是其功能、外观、构造、内涵等基本要素的外在表征，是传递产品信息的关键要素。家具形态设计创新是指基于既有的思维模式与准则、客观条件，形成有别于常规或现状的新型产品形态。家具形态设计创新的本质是突破，即突破思维定式，突破常规戒律；核心是创新，即以社会现状和市场为导向，创新家具的功能、材料、构造、表面处理工艺，形成令人耳目一新的时尚效果，或者融合现代科学技术，创新家具的内容和性能，服务于人们新的行为方式。

根据家具功能、材料、构造、形态四大构成要素，结合产品CMF(C代表色彩，M代表材料，F代表表面处理工艺)的基本概念以及家具的内涵，本章主要从家具的功能、色彩、材料、表面处理工艺、构造、风格、概念、仿生等方面展开家具形态设计创新途径的叙述。

# 第一节 基于功能的形态创新

人类造物之初是为了将人的某种目的或需求转换成某一具体的物理形态，以“用”为核心，即以使用功能为核心。随着社会的发展、物质财富的逐渐丰富，人类才萌发了器物形态美的愿望并付诸实践，逐渐沉淀出了器物使用功能与审美功能并存的双重属性。现代社会分工的细化，生产工具、设备的多样化也相对固化了产品功能与形态语义之间的对应关系，形成现代产品功能与形态美的内在规律。

## 一、功能概念与类别

人们在日常生活中接触的各种事物几乎都具备这样或那样的功能，如衣服具有遮体保暖功能，电具有照明、驱动工具设备的功能等，并且不同事物都有其独特的功能对象、目的和结果。可见，功能在一定语境下，结合一定的对象、行为和目的才能准确描述，并因此形成了不同的功能类别。

### 1. 产品功能的概念

产品功能是产品能够满足人们某种需求的属性，是产品存在的根本目的和价值。实际上，产品功能是指产品通过各个构件实现的一个限定目标，同时是一个隐性设计元素。相对于产品的形态、材料、构造、色彩与肌理等，功能则是一个抽象的概念，只有在使用过程中才能体现出来。因此，产品功能既有整体性目标限定，又有局部目标限定，这样才能保证设计时恰当地把握局部，并由此实现设计对象的整体功能，保证基本功能和辅助功能的层次性，满足用户使用需求[1]。可见，功能是实现产品价值的基础，既是用户的基本要求，又是产品所具有的形态、色彩和质地的表象载体。

### 2. 产品功能类别

产品功能的类别根据产品的实际使用场合、功能主题不同，存在较多的分类方式。按功能的主次顺序，产品功能可分为基本功能和辅助功能。基本功能是产品存在的必然条件，辅助功能是实现基本功能的辅助条件，可在设计过程中添加或删减。例如，餐桌的基本功能是服务于进餐，功能主体是桌面；但也可以在桌面下设计简易的抽屉或柜体，形成辅助性收纳功能。按功能的复杂程度不同，产品功能可分为单一功能和多功能，如多功能沙发通过简单操作变换，可实现坐与卧两种功能。按功能的适用性质不同，产品功能可分为实用功能和审美功能。实用功能包括产品的适用性、可靠性和安全性等，审美功能是指产品形态的形式美及其内涵。按用户实际需求不同，产品功能可分为必要功能和冗余功能。必要功能为用户所接受；冗余功能既增加产品成本，又不为用户所接受，其多见于设计师对用户需求了解不够，仅凭主观意识或过度追求功能的产品。按消费需求的满意度不同，产品功能可分为不足功能与过剩功能等。图5-1是家具常见功能分类简图。

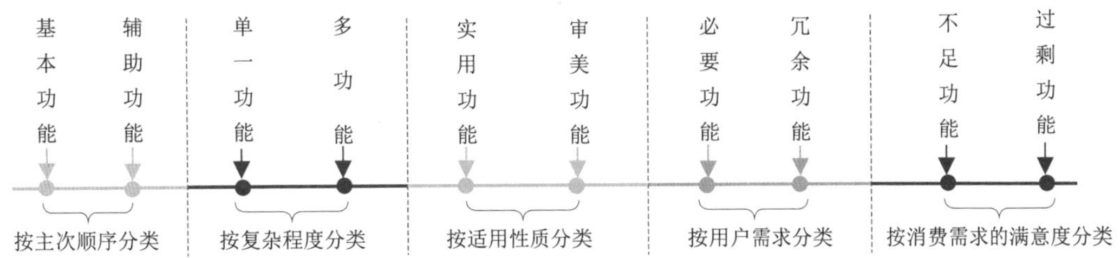


图5-1　家具常见功能分类简图

## 二、功能形态构成解析

家具通过支撑或承载、凭倚、收纳的方式体现其服务于人们日常行为方式的基本功能特性，并由此形成了家具功能形态的构成体系，其中以家具与人、家具的标准化、家具的力学性能、家具的美观性等较为关键。

### 1. 基于人类工效学的功能形态构成

人类工效学是一门研究人与系统中其他各种元素相互作用，应用各种理论、法则、数据及各种方法和手段，揭示如何使人健康、安全、舒适及系统运行最优化的科学。任何家具均以家具与人或家具与物的关联关系而体现其使用功能。尽管不同类别的家具与人或物之间的关联关系有疏密之分，但却遵循人类工效学的原理。

(1) 适应人体姿势的功能形态。在悠久的历史长河中，人类进化出坐姿、卧姿和立姿三种最佳的生活起居或工作行为的姿势，并演化出与不同姿势相适应的家具雏形，传承至今，已成为特定的符号化、大众化共识共知的功能形态，如坐姿对应于凳、椅、沙发、书写(办公或工作)桌，卧姿对应于床、躺椅，立姿对应于柜类、架类或部分工作台等。表5-1简要归纳了人体姿势与家具功能形态之间的关系。从古至今，人类不断探索各类家具的整体或局部功能形态与人体姿势的适宜关系。特别是随着20世纪中叶人类工效学理论的建立与应用，一系列科学、客观的量化指标也为家具功能形态的合理设计奠定了基础。

表5-1　人体姿势与家具功能形态之间的关系

| 人体姿势 | 相关家具与图示 | 基本功能形态 | 功能属性 |
|---|---|---|---|
| 坐姿 | 凳子　椅子　沙发　台桌　几类 | 座面：水平面形态 | 支撑功能 |
| | | 靠背与扶手：曲面(线)形态 | 凭倚功能 |
| | | 台桌与几类：水平面形态 | |
| 卧姿 | 床　躺椅 | 床面水平面形态，躺椅曲面形态 | 支撑功能 |
| | | 床头：竖直平(曲)面形态。躺椅扶手：直(曲)线形态 | 凭倚功能 |
| 立姿 | 高柜　矮柜　工作台　架类 | 高柜：内部三维空间 | 收纳功能 |
| | | 矮柜：内部三维空间、顶面水平面形态 | 收纳、承载功能 |
| | | 工作台、架：水平面形态，线或面形构件 | 凭倚功能 |

在进行功能形态构成设计时，应充分利用人类工效学提供的人体各部分的尺寸、体重、体表面积、比重、重心以及人体各部分在活动时的相互关系和可及范围等人体构造特征参数，以及人体各部分的出力或受力大小、活动范围、动作速度、动作频率、重心变化、动作习惯等人体机能特征参数，分析人的视觉、听觉、触觉、嗅觉等感受器官的机能特性，分析人在各种行为时的生理变化、能量消耗、疲劳机理以及人对各种行为负荷的适应能力，探求人在行为过程中的心理影响因素及其对人的行为效率的影响等，使得人体姿势与家具功能形态之间的关系达到最优。

(2) 适应人体尺寸的功能形态。根据人体行为姿势构成的只是家具功能形态的雏形，在设计实践中，则需要赋予具体的尺寸值以标定实体的物理形态。其中的尺寸值来源于人类工效学中的人体尺寸测量值；科学合理的功能形态尺寸定位，以适合人体不同行为姿势的尺寸需求为准则。不同类别的家具，仅与其功能范围内的人体尺寸测量值相关联，如坐具的座高、座深、座宽值主要与人体下肢尺寸相关，床的长度、宽度值主要与人体身高、肩宽尺寸及睡眠过程相关，而书写桌、餐桌的长、宽、高值主要与人体座高、上肢尺寸相关。现结合中华人民共和国国家标准《家具桌、椅、凳类主要尺寸》(GB/T 3326—2016)和《家具床类主要尺寸》(GB/T 3328—2016)分述如下。

① 座高与桌高。座高是指座面中轴线前部最高点至地面的距离，这个高度决定了坐具的舒适程度，适宜的座高值为400~440mm。表5-2是常见的靠背椅、扶手椅、折叠椅形态构成的最佳功能尺寸。桌高是指桌子作业面距离地面的距离，适宜的桌高值为680~760mm。人们在日常工作、学习、用餐等比较规范的行为过程中需要有坐具和桌类家具协助配合，此时座高和桌高之间的配合高度差以250~320mm为宜，桌下应有高度大于580mm、宽度大于520mm的容膝空间，以保证人们行为过程中的舒适性和便利性(图5-2)。

表5-2　靠背椅、扶手椅、折叠椅形态构成的最佳功能尺寸 (单位：mm)

| 类别 | 名称 | | | | | | |
|---|---|---|---|---|---|---|---|
| | $B_3$ 座前宽 | $B_2$ 扶手内宽 | $T_1$ 座深 | $H_2$ 扶手高 | $L_2$ 背长 | $\alpha$ 座倾角 | $\beta$ 背斜角 |
| 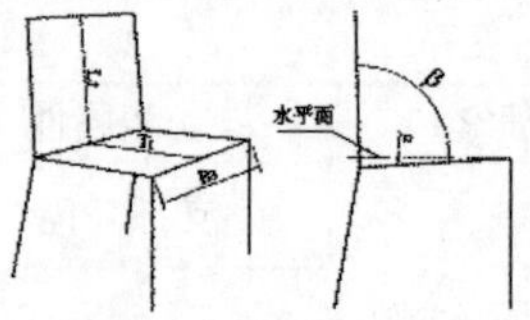 靠背椅 | ≥400 | — | 340～460 | — | ≥350 | 1°～4° | 95°～100° |
| 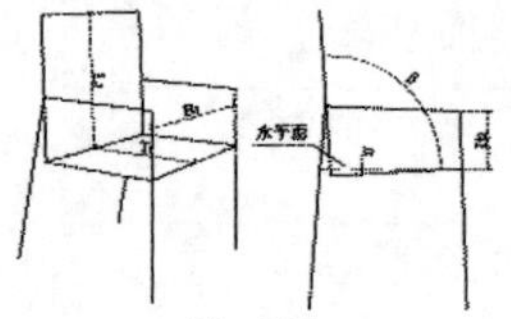 扶手椅 | — | ≥480 (沙发≥600) | 400～480 | 200～250 | | | |
| 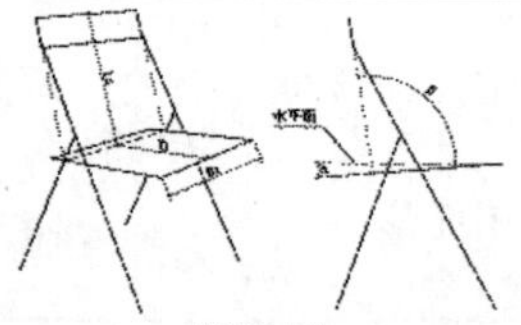 折叠椅 | 340～420 | — | 340～440 | — | | 3°～5° | 100°～110° |

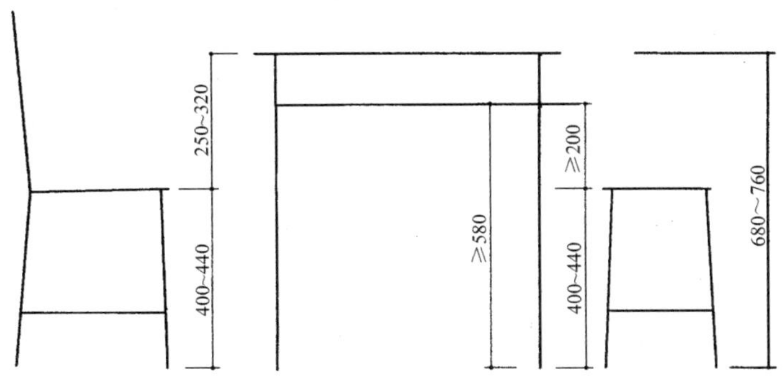

图5-2 座高与桌高数据参考示意图(尺寸单位：mm)

人体坐姿不同，座高、座面倾角、靠背斜角与桌面高度值之间的关系也随之发生变化，人体处于挺直坐姿状态，座高值增大、座面倾角与靠背斜角小时，相应的作业桌面的高度也相应增加；此时一般对应的家具有凳子、餐椅、办公椅、课桌椅、书写椅和写字(办公)桌、电脑桌、餐桌等；反之，当人体处于后仰坐姿状态，座高值减小、座面倾角与靠背斜角增大时，作业桌面高度也相应减小，而此时一般对应的家具有休闲椅、沙发、躺椅、脚凳和茶几等。图5-3是座高、靠背斜角与桌高之间的关联参数值[2]。

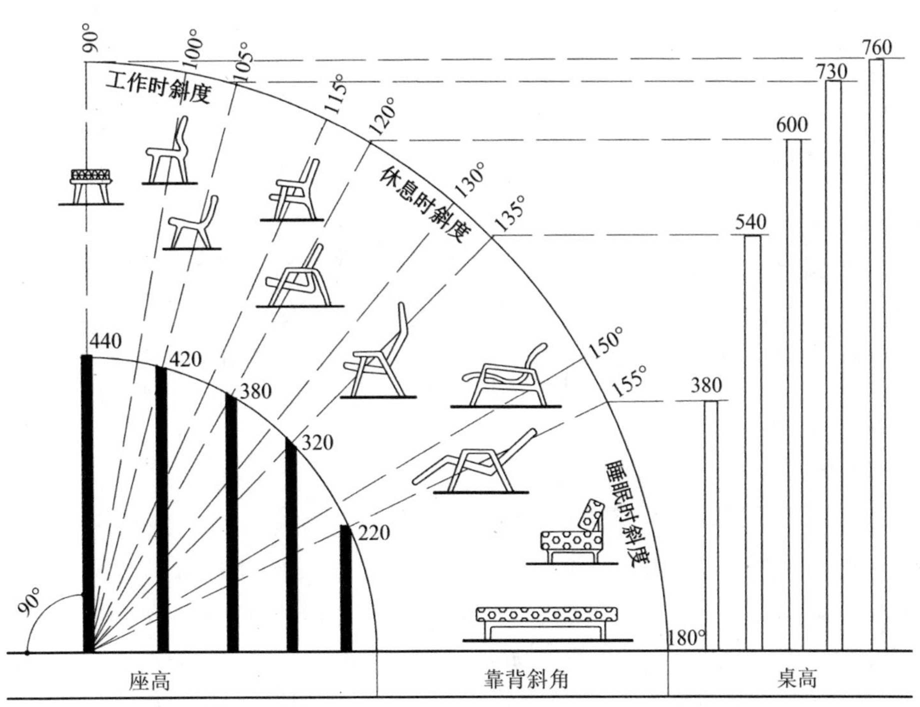

图5-3 座高、靠背斜角与桌高之间的关联参数值(尺寸单位：mm)

② 作业面尺寸范围。作业面是桌类、床类等家具的基本功能面，一般呈水平状长方形。人们对桌面的利用一般有两种模式：一是坐姿作业模式，二是立姿作业模式。无论是坐姿还是立姿，其作业尺寸范围均以人体手臂的活动范围最佳，并以此作为确定写字(办公)桌、餐桌等桌

类家具桌面尺寸的依据(图5-4)。一般常用双侧柜写字桌桌面尺寸为(1200～2400)mm(宽)×(600～1200)mm(深)，单侧柜写字桌桌面尺寸为(900～1500)mm(宽)×(500～750)mm(深)。长方形餐桌桌面尺寸为(1200～1800)mm(长)×(850～1100)mm(宽)，圆形餐桌桌面直径为750～1900mm。床类家具有单人床和双人床之分，其中单人床的床铺面尺寸为(1900～2220)mm(长)×(700～1200)mm(宽)，双人床的床铺面尺寸为(1900～2220)mm(长)×(1350～2220)mm(宽)。

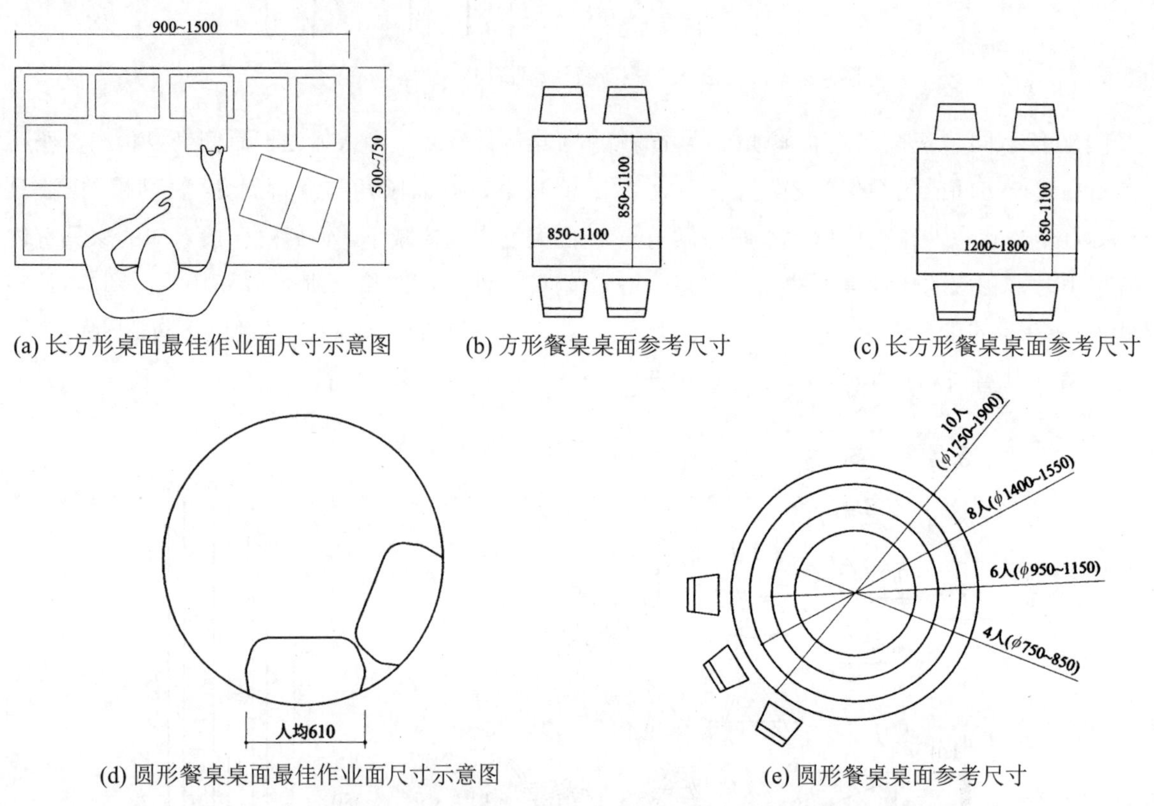


(a) 长方形桌面最佳作业面尺寸示意图　(b) 方形餐桌桌面参考尺寸　(c) 长方形餐桌桌面参考尺寸

(d) 圆形餐桌桌面最佳作业面尺寸示意图　(e) 圆形餐桌桌面参考尺寸

图5-4　台桌类作业面尺寸范围示意图(尺寸单位：mm)

(3) 适应物体特性与尺寸的功能形态。柜类家具主要以三维的内部空间收纳人们日常行为过程中使用的各类器具或物品，如衣物、电器、饰品、书籍、餐具、食品、家政工具、杂物等，也是人类立姿时使用的家具。不同空间环境，如办公室、商业空间、居室等的功能属性差异导致不同空间环境中所用器具或物品的形态特征与规格等不同，并因此反映到承载或收纳这些器具或物品的柜类家具的功能形态上，要求柜类家具的功能形态适应所承载或收纳物品的特性，并且在空间尺寸上相对于所承载或收纳的物品应具有广泛的包容性。

但是，在实际生活中很难做到一柜多用，设计时应根据空间环境的不同，按照就近收纳的原则进行分区处置。这就需要设计师针对不同功能空间中的物品进行分类归纳，形成与物品特性和尺寸规格相适宜的收纳功能形态。对于居室环境而言，若从入室开始分析可能存在的各个收纳系统，依次可分为玄关收纳系统、客厅收纳系统、厨房收纳系统、储藏室收纳系统、阳台收纳系统、书房收纳系统、次卧收纳系统、主卧收纳系统等，并形成如图5-5所示的居室收纳系统示意图。从图5-5可知，居室中常用的柜类家具有玄关柜(鞋柜)、阳台或储藏间储藏柜、橱柜、客厅装饰柜、餐具柜、书柜、衣柜等。在此以常见的大衣柜为例，通过对其所收纳各类衣物的形态、规格、收纳方式等的分析，形成分类放置、存取方便的分区型大衣柜功能形态(图5-6)。

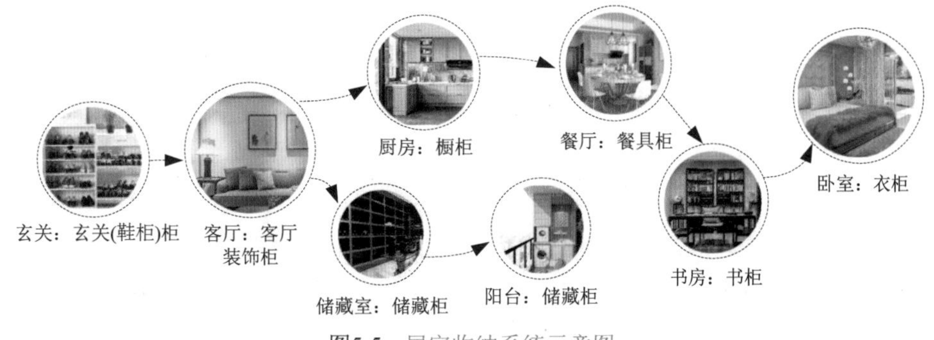


图5-5 居室收纳系统示意图

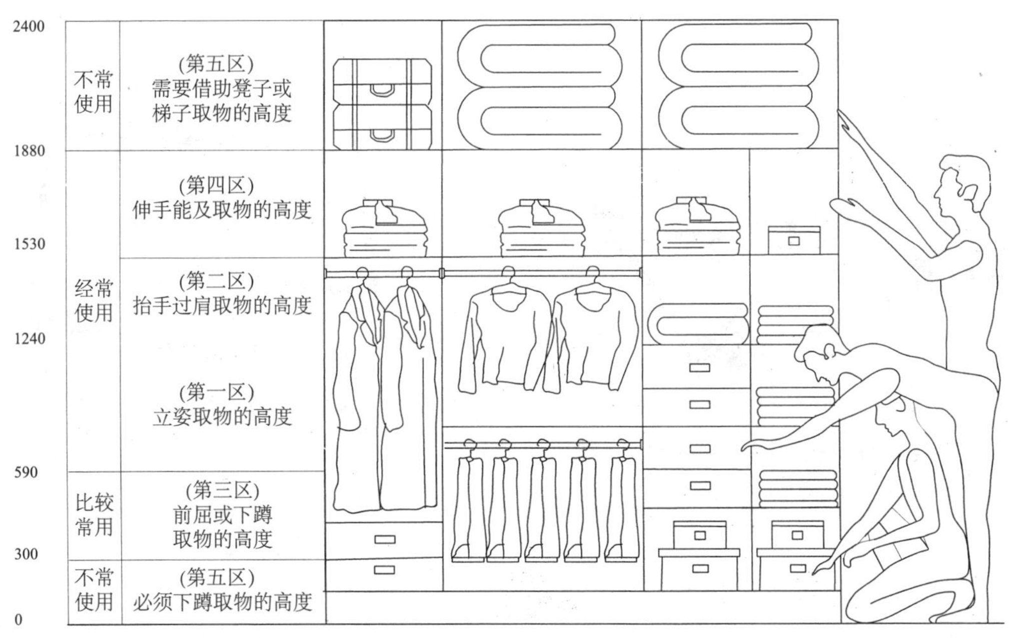


图5-6 大衣柜收纳空间尺寸划分与功能形态示意图(尺寸单位：mm)

### 2. 标准化的功能形态

标准化是指为了在一定范围内获得最佳秩序，对现实问题或潜在问题从技术层面组织起来，形成一个相互适应、密切配合的有机整体。为保证生产过程有条不紊地进行、节约自然资源、提高生产效率、降低生产成本、保证产品质量，就需要根据中国的技术现状和经济水准及自然条件，对各种产品在质量、性能、品种、规格等方面制定出恰当的、相互适应的技术规范。而产品设计标准化则是指在一定时期内，面向通用产品，采用共性条件，制定统一的标准和模式，开展的适用范围比较广泛的设计，适用于技术上成熟、经济上合理、市场容量充裕的产品设计。

一般采用简化、统一化、系列化、通用化、

组合化、模块化等方法实现家具设计标准化，形成以产品为中心的下列标准化内容：一是产品形态构成的零部件标准化，充分发挥现代生产技术与设备的优势，形成高效率、低成本、高品质的产品。二是对产品新功能认同的普遍性，即产品的功能创新应该具有积极的前瞻性和导向性，形成引导人们的行为方式、顺应社会主流意识的产品功能形态。三是产品运输与售后服务流程标准化，为消费者提供高质量的售后服务。四是契合时代性的主流审美潮流，不同时代、不同地域的审美潮流具有共识性特征，往往也是消费者追逐的目标方向，图5-7为目前在中国传统文化价值回归的语境下，市场流行的现代中式家具风格。

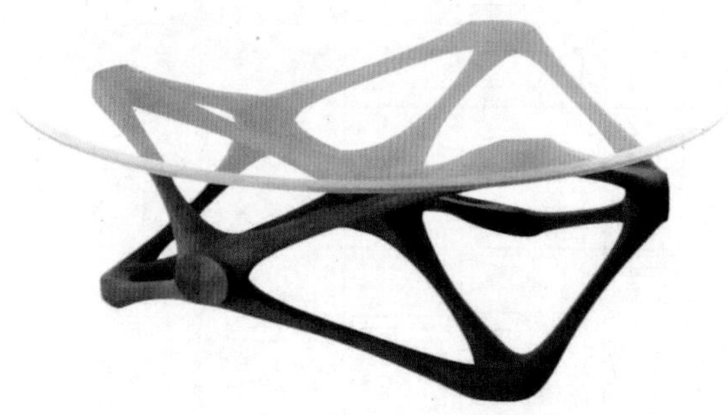

图5-7　蝴蝶几/现代中式家具/设计：陈大瑞

总之，标准化的功能形态便于快速建立产品以人为中心的设计思想，方便用户理解产品、掌握产品、使用产品，并在生产与管理过程中高效快捷地进行不同产品之间的协调与配套，充分利用材料与资源，为市场提供物美价廉的产品。因此，家具功能形态的设计要始终体现标准化的理念与思维，并形成标准化的产品形态。

### 3. 基于力学强度的功能形态

力学强度是家具使用过程中安全性方面的一个重要指标，是指家具整体或局部构件抵抗可能引起劈裂、凹陷、扭曲、倾斜等任何外力的性能；还有家具在使用过程中一直保持其固有形态的性能，即稳定性。所以在确定家具的功能尺寸时，还应分析不同家具使用过程中恒载荷和活载荷情况，不能为了追求美的比例关系或使用功能方面的要求而损害其强度，更不能为了节省材料和降低成本而减小各零部件的规格，使产品的安全性没有保证。例如，图5-8中的金属椅子的构件没有采用常见的圆钢而采用扁钢，通过巧妙的形态设计构思和构造创新，不仅规避了钢材的沉重感，突出了产品的纤细形态，还保证了足够的力学强度，充分演绎了现代材料与传统文化融合形成时尚与奢华产品的设计思路。

图5-8　局椅/设计：自在工坊

因此，在设计中，基于形态的需求，有时会相对于常用尺寸特意放大或缩小产品构件的尺寸规格，以便形成粗壮或纤细的产品形态特征。当设计师采用缩小尺寸规格的方法增强产品设计感时，应当特别注重由此带来的力学强度问题。另外，同一产品若采用不同的材料，材料特性的不同会引起力学强度的变化。对于新开发的产品，一般应由专业的质量检测机构进行严格的物理性能检测、化学性能检测、力学性能检测，并出具检测报告，以确定各项指标合格。

### 4. 基于形式美的功能形态

形式美的功能形态不仅能够优化家具的使用功能，而且能使家具的形态更符合用户的生理和心理需求，从而使人产生和谐之美的视觉感受。因此，在进行家具功能形态设计时，在充分满足产品服务于人的行为需求所要求的尺寸的同时，还要充分重视家具功能形态的美观性，以多样性的设计思维不断地进行产品功能形态创新。

综合分析现代产品形态美构成法则的应用可知，大多数优秀的功能形态多聚焦于统一、变化和比例三个法则。因此，在进行相同或相似家具功能的设计时，可以通过材质的对比、形态构成元素的对比、色彩的对比等变化因素形成新的功能形态；或调整产品形态构成中整体与局部、局部与局部之间的比例关系，以改变产品的形态特征，达到创新的目的。这也是形态创新设计的常用手法。

## 三、家具形态功能美

消费者选择每一件产品的直接目的就是“用”。人们清洁卫生时，会选择吸尘器、扫把等工具；人们休闲或进餐时，会选择沙发、椅子、餐桌等家具。使用者通过视觉、听觉、嗅觉、味觉、触觉等感觉器官会对家具的功能形成一种综合评判，且评判的结果具有客观性与普遍认同性，不因人的意志而发生改变或转移，也是外界事物与人发生交互作用的一种通道，即产品功能美。

功能是家具形态美的物质基础，而形态美对家具功能的高效发挥具有正面意义和正向价值，是一种具有实效性与对应性的美，也是家具功能发挥功效的“加持器”。一般而言，家具的功能美存在于人们使用家具功能时产生的令人愉悦的过程之中，既使家具功能获得精神方面的拓展与外延价值，又使家具在发挥功能的过程中嬗变为一种审美活动。这种审美活动既包括人对需求得到满足时所产生的理智愉悦反应，又涵盖了视觉、触觉等感官引发的情感心理回馈。另外，产品功能与形态之间还存在着密切的映射与对应关系，家具形态是其功能发挥效用的物质基础与实施保障，家具功能则构成了其形态存在的内涵依据和价值导向，也为其形态美的创新设计提供了可实施的目标与方向。具体而言，把家具功能美的主要内容可归纳为以下几个方面[3]：

一是以家具功能的合规律性创新设计满足其形态美的需求。因为，家具功能是建立在特定科学、技术及经验与常识的基础之上的，其客观规律性必然要求与家具形态的合规律性相对应。例如，椅子的靠背、桌子的桌面、床的床面等，其功能属性限定其形态具有一定的规律性。

二是家具若干子功能按照一定逻辑关系协调组合形成多样化的便捷美。协调、有序、适宜的子功能是家具整体功能高效发挥的保证，也是家具功能和形态多样化、条理化、人性化的体现。例如，大衣柜的挂衣、放叠，小件内衣分类收纳等子功能之间的设置与组合，既方便收纳分类，又与衣柜内部空间合理匹配，形成功能形态的便捷美。

三是以家具功能的合目的性创新设计实现产品形态的美。家具功能的合目的性是以其合规律性为前提的，建立在子功能协调、多样的基础之上，主要表现为家具功能发挥效应的便捷性、容错性与个性化等，其中个性化是家具功能合目的性的核心要点。与之相对应的家具形态，则着重指向形态的形状、色彩、质感、数量、位置等映射性的宜人设计，也是对功能合规律性和子功能便捷性的调整、深化与完善，是实现由合规律的理性美向合目的的感性美的转化与提升。

## 四、功能设定

功能设定即常说的功能设计和架构，是家具形态设计定位的重要组成部分。功能设定是指通过对消费者、生产者、售后反馈的调研整理，抽取其中的基本需求和关键需求予以描述和界定，从而构成产品的功能系统与功能本质。设定后的功能系统可以分别折射到产品相应的构件、材料、工艺、使用方法上，并由此定位每个构件在产品整个功能系统中的位置和关系[4]。功能设定有助于明确设计目标，准确定位产品设计方向，协调产品功能架构，保证设计方案的完整性与先进性。

在产品开发、设计活动中，功能设定环节并没有统一的模式，多由设计团队或设计师根据具体项目、具体情况灵活掌握。图5-9列出了功能设定的一般流程。

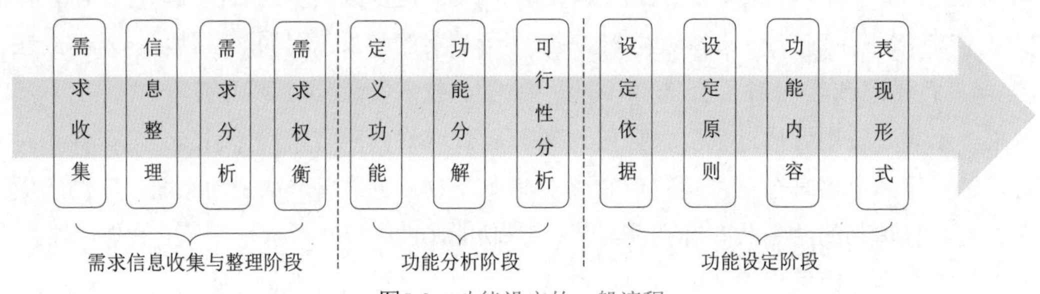


图5-9　功能设定的一般流程

### 1. 需求信息收集与整理阶段

功能需求是家具形态设计的本质和核心要素，因此，在进行功能设定时，首先要了解用户的需求，并将需求作为家具功能形态设计的出发点、立足点，主导设计过程。需求信息收集的方法很多，常用的有调查问卷法、访谈法、现场调研法等，实际应用可根据设计项目的具体情况选取相应的方法。

如何从大量的需求信息中提取与功能形态设计相关的信息，直接考验设计师发现问题与解决问题的智慧和能力，需要设计师面对繁杂的调查统计数据时，具有去伪存真、辨别各种需求的合理性与客观性、正确设定方向的能力，以及应用科学的分析方法或模型筛选用户需求、设定功能优先等级、建立需求与功能特征之间关系的能力。

### 2. 功能分析阶段

当完成需求信息收集与整理阶段的工作，提炼出用户的关键需求信息后，即可进入功能分析阶段，对功能进行定义、分解及可行性分析，设计相应的功能形态方案来满足用户的需求。

(1) 定义功能。定义功能即采用文字或图文的形式描述如何解决问题和满足需求，并形成产品功能概念，主要包括决定整个产品存在意义和目的的整体功能定义，以及决定产品各个子功能存在意义与目的的子功能定义两个方面的内容，多以层次性的抽象词汇概括产品整体或构件的行为，并对其效用加以区别分和限定，以便关联到产品的行为和功能。在定义功能时，一般遵循简练明确，以产品整体功能为中心，有利于引导设计和易于激发创意等原则。例如，对大衣柜进行如下功能定义：收纳衣物、挂置收纳、叠置收纳等。

(2) 功能分解。功能分解即把功能从家具及其构件中抽象出来，形成与构件相关联的功能明细，即把家具的总功能分解为不同的层次、目的具体且明确的各个分功能模块，便于细化家具的构造体系或形成新的功能需求解决方案，让设计师系统、完整地进行项目设计。功能分解可采用树状功能架构图表示，其也称为功能树或功能系统图。在实际应用中，首先确定家具的整体功能，功能树即起始于家具的整体功能。其次，把整体功能逐级分解为多个子功能，形成如图5-10所示的功能系统原理模型图。图中顶层的$F_0$是家具的整体功能，符合用户的直接要求和家具最终实现目标，其他的均为设计功能，由设计者构思、规划、设计，是实现整体功能的直接或间接子功能。其中，家具的整体功能是必须保证的功能，而设计功能是可以改变的功能。最后，根据家具构成的逻辑关系，模拟组成多个家具功能形态方案，并从中选取最佳可行的方案。

(3) 可行性分析。家具功能的可行与否受到技术、材料、市场、成本等多方面因素的制约。其中，技术因素是家具功能可行性的重要指标，在功能设定中，应该摒弃现有技术不能实现的功能，把构思的重点放在成本与价格因素适当，现有技术设备能够胜任生产需求的功能上。

在进行家具功能分解时，一般依据美学法则或构造原理将整体功能分解为各个子功能。当家具不涉及复杂构造时，可直接依据美学法则进行分解；如果家具构造和原理较复杂，尽量以各功能机构或构件为单元进行合理分解。图5-11是大衣柜功能分解示意图，共分解出挂式收纳、叠式收纳、分类收纳、换季收纳、消毒除菌五个子功能模块。如果把这五个子功能模块按上下、左右不同位置关系在大衣柜空间内排列组合，可得出多种组合方案，除去不合理的方案后，即可保留几种比较合理的功能方案。

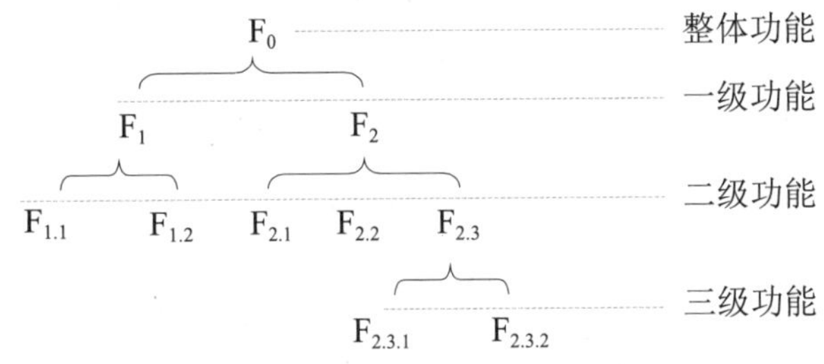


图5-10　功能系统原理模型图

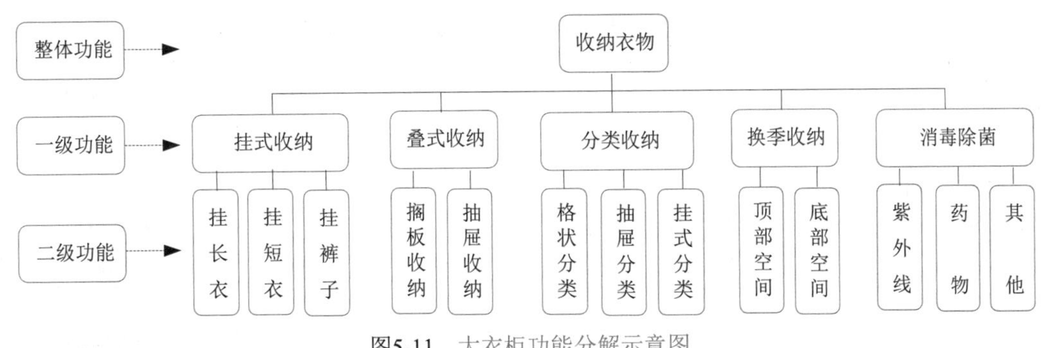


图5-11　大衣柜功能分解示意图

### 3. 功能设定阶段

家具的功能设定阶段即利用需求信息收集与整理阶段和功能分析阶段的结果，实施整个功能设计的过程。

(1) 功能设定依据。尽管需求分析、功能分析的结果是功能设定的重要依据，但设计师利用创新思维方法激发设计灵感，或参考现有产品和同类产品的功能，进行设计构思，设定整体功能或各项子功能，也是功能设定依据的一个重要方面。

(2) 功能设定原则。功能设定原则主要有以下几条：一是功能设定应与产品定位和用户需求一致；二是各子功能应与整体功能的设定协调一致；三是功能设定应能够量化，且功能设定完整、明确。总之，功能设定要明晰各功能之间的关系，明确功能设计的重点或卖点，以便设计师分配好设计精力。

(3) 功能内容。功能内容即产品能够完成的具体工作，是产品存在的必要因素。如果说功能分析阶段是明确产品功能的属性，那么功能内容则是进一步明确功能的品质与容量、适用范围、容错程度等，既是前述工作的目的和结果，又是形态设计的基础。

(4) 功能表现形式。功能表现形式即对包括需求信息收集与整理阶段、功能分析阶段在内的功能设定全过程的视觉呈现形式。一般采用文字描述、图形形式、图文并茂的形式等，没有固定的格式；但应以条理清晰，表达准确简练，通俗易懂，符合设计类的专业表述方式为基本要求。

## 五、功能创新的目标与特征

家具以实现某种功能而存在，并通过功能满足用户需求。然而，随着社会的发展和科学的进步，用户的需求也发生变化，并因此不断产生新的功能需求。可见，只有在进行家具形态创新设计时，将功能创新置于先导地位，才能在激烈的市场竞争中，通过功能的先进性、差异化从同类产品中脱颖而出，对标目标用户。这就需要设计师在进行家具功能创新设计过程中突破产品旧有功能的束缚，形成功能主导形态、形态依附功能的良性思维方式，从本质上理解功能创新的目标与功能创新特征的问题。

### 1. 功能创新目标

功能创新目标即功能创新定位。如果把满足市场需求作为功能的总体目标，则产品功能应该具备新颖性、实用性、技术性等方面的创新目标定位。

(1) 新颖性。功能的新颖性包括两个方面的含义：一是全新的功能，即通过调查分析发现用户的潜在需求点，形成从无到有的产品功能，解决一直存在的问题，或者科学地引导用户某种新的行为方式，图5-12为人类工效学矫姿跪座椅，它具有阅读或书写过程中防驼背、防近视、减缓疲劳、防颈椎脊椎病变等新功能。二是旧有功能的优化。在人们的传统认知中，家具很多功能看似一成不变，而实际上随着时代的发展，在材料、构造、功能原理与适用性等方面均在悄然发生变化着。例如，现代的沙发比早期的更加舒适宜人，现代的床比早期的更加有助于睡眠等，这些都是旧有功能优化的结果。

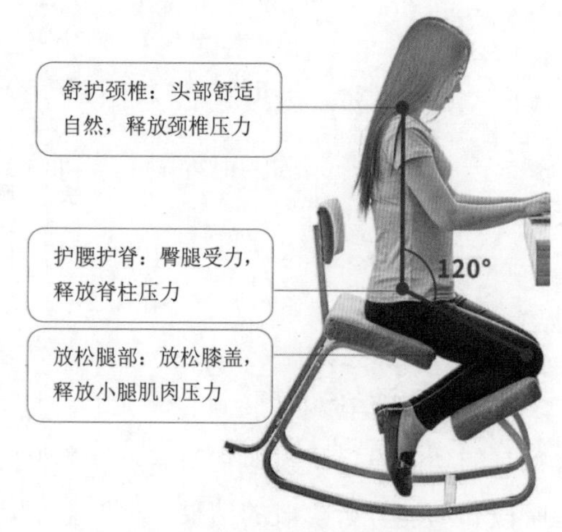


图5-12　矫姿跪座椅/功能新颖/设计：彼得·奥普斯维克

(2) 实用性。功能是家具的价值核心，功能的存在就是为了解决需求，应实用而生。功能的实用性体现在以易用性为中心的高性价比、高附加值等方面。现代家具功能至上的设计原则决定了产品外观形式简洁、明快，摒除表面虚饰，既适应工业化大批量生产，又满足功能的实用性需求。

(3) 技术性。实现家具功能的集成需要一定的技术支撑与保障，这体现为家具生产过程中工艺技术的先进性以及家具使用过程中功能呈现的时代性与时尚性；在实现当前功能的制造过程中，其技术能支持产品的批量生产。例如，图5-13是以时尚智能上水加热技术为核心的电茶炉。

图5-13 智能上水加热电茶炉/功能时尚

### 2. 功能创新特征

功能创新是对现有的不合理事物的扬弃，革除过时的内容，确立新事物。相对于旧有的功能，功能创新具有突破性、超前性、动态性、价值性、适度性等特征。

(1) 突破性。创新是对旧有事物的改变或革新，其本质在于突破，即要突破常规戒律、固有的行为习惯、旧有的条条框框,突破已有的经验、思维定式，用新的思维或思路、新的方法去解决问题，从而获得新的设计方案、新的产品功能。

(2) 超前性。创新作为一种突破行为，与人们现有的认知相比，具有超前性。这是一种能预测用户潜在功能需求的超前，并将未来的某种可能性变成现实产品，逐步引导人们形成一种新的行为方式，从不完善、不成熟到日臻完善。

(3) 动态性。创新活动不是一劳永逸、一蹴而就的，而是需要不断地、持续地创新，以便满足社会发展变化所带来的新需求。另外，创新产品也是有生命周期的，在由新变旧的过程中，需要有不断的创新行为进行补充、继承和发展，形成良性的动态循环。

(4) 价值性。家具功能创新是一种有目的的造物活动，这种目的可以是符合人们的实际需求，有效地解决人们的问题，提高人们的行为效率或行为的便利性、条理性、美观性等，也可以是从创新活动中获得经济效益及其他收益，这些都是创新活动的价值所在。

(5) 适度性。功能的适度性是指产品的功能设定恰当，既不多也不少，适度地满足用户的需求。但功能适度是动态的，会随着需求的变化而进行动态调整。功能的适度性还有助于控制产品成本，降低功能的操作难度，形成简洁明快的产品形式。

## 六、功能创新的途径

社会发展和科技进步既丰富了人们的物质财富与精神生活，又改变了人们旧有的思维方式与行为习惯，现代、时尚、便捷、舒适、雅致的生活方式已成为当前社会的主流趋势，人们对未来充满想象和希望，对超前型概念产品充满期待和向往，这些均为产品功能创新提供了优越的条件和充分的市场前景。一般而言，实现家具的功能创新主要有以下几个方面的途径。

### 1. 功能原理创新

功能原理创新一般从产品的功能需求出发，通过构造与工艺技术分析寻找全新原理的功能突破，引导一种全新的工作或生活方式。功能原理创新难度大，且具有一定的偶然性。首先要把复杂的整体功能关系进行科学合理的分析、分解、抽象，并形成相应的功能模块；其次，寻求能满足各功能模块原理的解决方案。在表现形式上，常用简图、示意图或流程图的形式来表达各功能模块内部及其相互之间的整体逻辑关系，并逐级分解为各功能模块的分项逻辑关系，而后根据分项逻辑关系进入常规的构造、形态、材料、功能等方面的设计构思。图5-14是智慧型茶室设计方案功能系统示意图，图5-15是该智慧型茶室设计方案功能系统交互原理图。

图5-14　智慧型茶室设计方案功能系统示意图/功能原理创新/设计：余柏庆

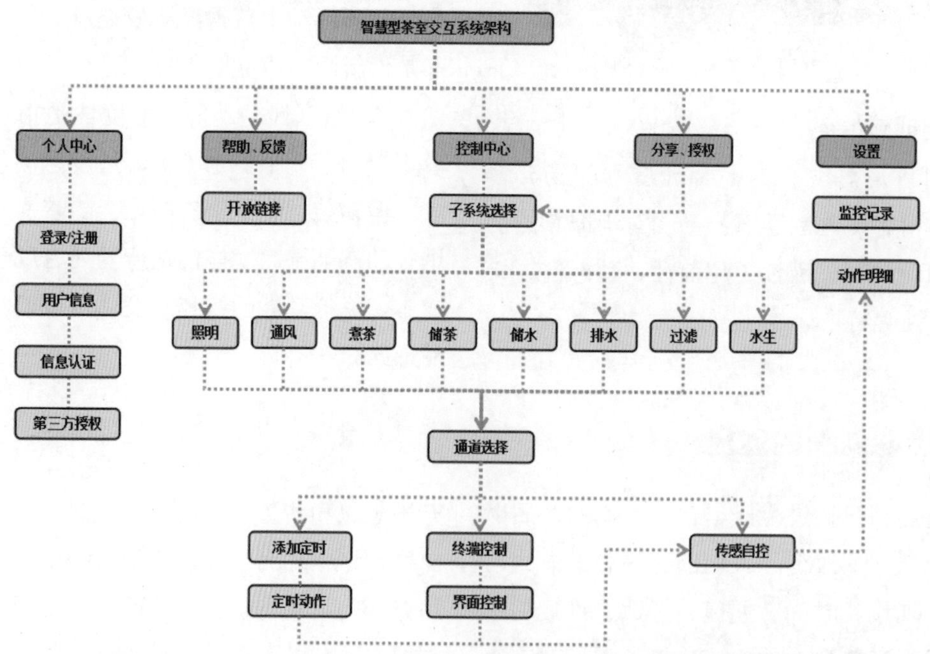


图5-15　智慧型茶室设计方案功能系统交互原理图/功能原理创新/设计：余柏庆

### 2. 功能改进创新

功能改进创新是指在产品现有功能的基础上，对功能进行改进或增加原来没有的功能，以便更好地满足用户需求，这也是延续产品生命力、增加产品销量、开拓产品市场及促进产品迭代升级的有效方法。功能改进创新属于家具设计的常规工作之一，一般从产品的构造、尺度、材料等方面进行。

功能改进创新作为家具功能创新设计中的常见形式，特别适用于可变构造类产品，便于实现产品功能的转换或便携，如折叠凳椅或沙发床等。图5-16是设计师麦克·马克(Mike Mak)和某家居品牌合作推出的一款折叠凳，其巧妙利用纸质材料的特征，采用折叠构造，形成可折叠、可随身携带，像书一样厚，像纸一样轻的折叠凳；使用时像普通书一样打开后，在上面放一个圆形垫子即可，承重可高达1100kg，是家庭小息，外出旅行、野炊的便捷用具。

图5-16 折叠凳/功能改进创新/设计：麦克·马克

### 3. 功能组合创新

功能组合创新是指对已有的多种成熟技术或者已经存在的家具，通过适当组合其功能而形成新的产品，以便实现家具功能的多样化，可以满足用户更多的需求或不同的使用场景。功能组合创新主要有同类功能组合创新、相关功能组合创新、异类功能组合创新三种类型。

(1) 同类功能组合创新。同类功能组合创新的基本原理是在保持产品原有基本功能的前提下，通过增加不同数量的辅助功能来弥补原功能的不足，是一种常见的功能组合创新方式。例如，图5-17所示的可伸缩组合茶几通过两组功能相近的茶几，形成可以伸长或缩短的组合方式，既能满足大小不同场地的需求，又能增加物品分类收纳等功能。

图5-17 可伸缩组合茶几/同类功能组合创新

(2) 相关功能组合创新。相关功能组合创新是指组合在一起的几种功能不尽相同，但它们之间有一定的相关性。例如，图5-18所示的书写椅集坐与简易的书写功能于一体，类似的家具还有带简易架类的组合电脑桌、带简易书写功能的组合书架等。

图5-18 书写椅/相关功能组合创新

(3) 异类功能组合创新。异类功能组合创新指两种或者两种以上不同领域的技术或功能的产品组合。例如图5-19所示的带照明灯的衣柜，其把光电技术和衣柜组合，可在存取衣物时照明。

图5-19　带照明灯的衣柜/异类功能组合创新

**4. 技术整合创新**

将不同领域或行业中先进的、时尚的技术进行整合，应用于家具功能创新，既可实现家具功能的便利性，形成具有前卫性的商业化产品，又能体现产品的时代性特征。目前，人类社会已进入智能化、智慧型时代，智慧城市、智慧出行、智慧产品等已经进入人们日常生活与工作。这也是当前或今后一段时期内家具进行技术整合应用、功能创新的主流方向。

总之，功能创新设计要求设计师善于从人们的日常行为中分析、提炼、总结，突破传统的思维模式，形成观念创新，并将关注的重点放在当前和未来的产品功能趋势以及功能转移与行业变化的方向或趋势上，依托行业，紧跟科技前沿，综合融合时尚技术成果，挖掘用户潜在需求，不断开发具有新功能的产品。

## 第二节　基于色彩的形态创新

色彩是光刺激眼睛再传递到大脑的视觉中枢而产生的一种感觉[5]。在产品形态视觉基本元素中，色彩对人的视觉器官刺激是最为明确的第一视觉元素，是使用者感知产品存在和产品特征的主要媒介，直接影响着使用者对产品的兴趣。在新兴的CMF设计知识体系中，色彩先于材料、表面处理工艺，处于上位。建立在家具色彩基础上的形态设计主要包括产品形态的色彩基本概念、分类、情感特征、配搭原则与方法等内容，以期通过色彩弥补产品物理形态上的不足，加强产品功能的表达，使产品更加完美。

### 一、色彩的基本概念、分类与命名

色彩是人的视觉对光的生理与心理的综合效应，是人们辨识姹紫嫣红的大千世界的主要途径。美丽的色彩设计可以使人们的心情愉悦，获得美的享受。可见，产品形态的色彩设计不仅是美学问题，还涉及光学、化学、生理学、心理学、材料学、社会学等相关学科，渗透于人类生活的各个领域。现实生活中，人们通过视觉接触到的色彩可分为色光和色料两大类。

### 1. 色光

色的本质是光，色光即有色彩的光。人们日常见到的色是物体对于各种色光反射或吸收的选择能力的表现，并非物体本身具有的颜色；人们常见的白光通过三棱镜可分解为红、橙、黄、绿、蓝、靛、紫的光谱。1802年英国物理学家托马斯·杨根据人眼的生理特征，提出了色光理论，发现了色光三原色为红(red)、绿(green)、蓝(blue)，即RGB色彩模式(图5-20)。在色光三原色体系中，不同原色光的混合规律为红光+绿光=黄光，绿光+蓝光=青光，蓝光+红光=品红光，红光+绿光+蓝光=白光。

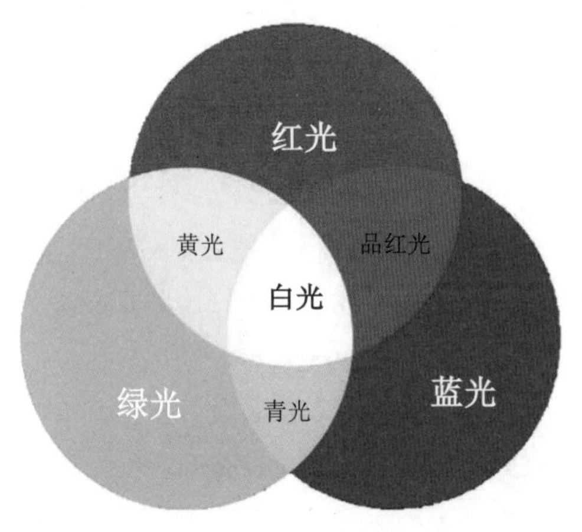


图5-20 色光三原色/RGB色彩模式

### 2. 色料

色料是以自然界中各种有机物或无机物为原料研磨而成的染色剂，大致可分为天然色料和人造色料两大类。天然色料的原料主要取自自然界，绝大部分是自然界本身存在的色彩，且种类相对较少。在人工染色剂发展之前，天然色料稀有、珍贵，一度是财富与地位的象征；随着社会文明的发展，还被赋予了宗教、艺术、政治等方面的含义。人造色料是指通过人工加工所得到的颜色，广泛用于现代社会中的颜料、染料、油漆、水彩、水粉等领域。如图5-21所示，色料的三原色为红(品红)、黄(柠檬黄)、蓝(青蓝)，即CMYK模式，C代表青色(cyan)，M代表品红色(magent)，Y代表黄色(yellow)，K代表黑色(black)。

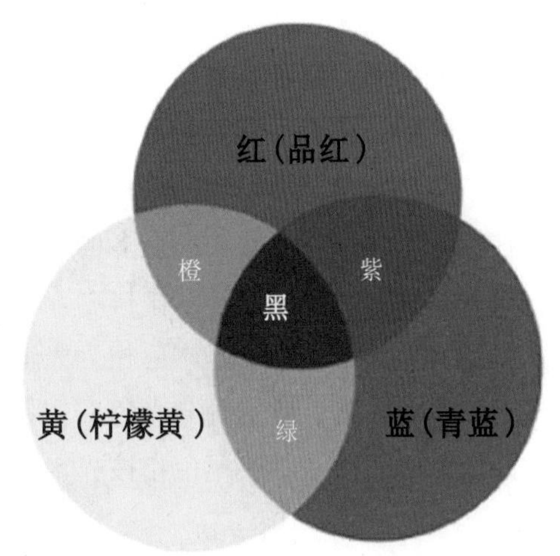


图5-21 色料三原色/CMYK模式

### 3. 色彩命名

色彩命名的种类和方法很多，有一般性描述和主观性描述的命名方式。一般性描述通常采用明度或纯度上的对比与变化赋予色彩名称，即通过某种实际存在的色彩与人们熟悉的记忆中的物象色彩或直接或间接地相对比，如红色有枣红、酒红、玫瑰红、樱桃红、铁锈红等，蓝色有天蓝、海蓝、翠蓝、湖蓝、宝蓝等。这样的命名比较直观形象，且具有很强的文化关联和诗意；但也比较有限，不能准确描述同一种色彩明度和纯度的变化带来的不同效果，所以科学的色彩命名方式应该是“色彩名+色彩值”，如红色在RGB色彩模式中的准确表述为“红色(255,0,0)”，绿色在RGB色彩模式中的准确表述为“绿色(0,255,0)”，蓝色在RGB色彩模式中的准确表述为“蓝色(0,0,255)”。

## 二、色彩的基本特性

色彩的色相、明度、纯度是色彩构成的基本要素。人们平常对任何一种色彩的感知都是基于这三种要素的综合效果。

### 1. 色相

色相又称色别、色性，是指各种色彩的相貌和彼此间的区别，或者说色相就是色彩的名称，如红、橙、黄分别是一种色相的名称。颜色千变万化、种类繁多，因此有必要在众多的色彩中挑选出有限的几种基本色彩进行组织排序，便于应用。常见的代表色彩的六个基本色相为光谱中的红、橙、黄、绿、蓝、紫六种分光色。在各色中间加插一两个中间色，其头尾色相按光谱顺序为红、橙红、橙、黄橙、黄、黄绿、绿、蓝绿、蓝、蓝紫、紫，在红和紫中再加个中间色红紫，可制出十二基本色相环(图5-22)。如果进一步找出中间色，便可得到二十四色相环。在色相环中，各色相按不同角度排列，十二色相环每一色相间的角度为30°，二十四色相环每一色相间的角度为15°。

在日常交流中，人们一般用最直观的色相来描述家具或其他产品的色彩，即产品外表占据最大面积的颜色，如淡黄色的椅子、棕色的柜子，但其中的拉手、垫脚或其他局部可能是其他颜色。

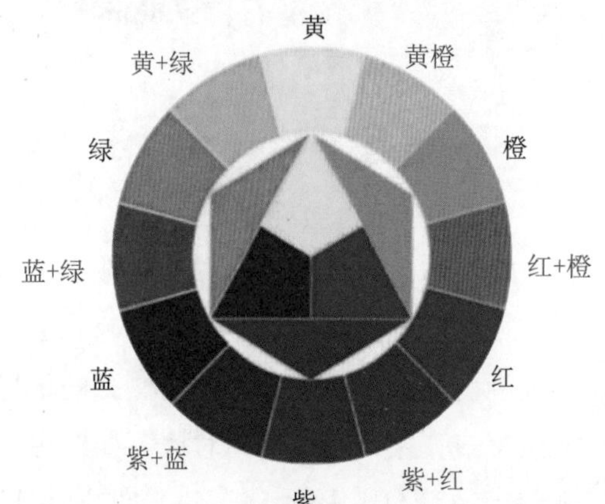


- 最外圈的色环，按纯光谱顺序排列而成
- 次外一圈三色是间色：橙、绿、紫
- 中心部分是三原色：红、黄、蓝
- 各色之间呈直线对应的就是互补色关系

图5-22　十二基本色相环/CMYK模式

### 2. 明度

明度又称色度，是指色彩的深浅程度或明暗程度。它有两方面的含义：一是指不同色彩相比较的明暗程度，二是指各种色彩本身的明暗程度。色彩的明度越大，颜色看起来越亮；色彩的明度越小，颜色看起来就越暗。例如，红、橙、黄、绿、蓝、紫中，黄色明度最高，红、绿次之，蓝、紫更低。明度对比是配色层次化的有效手段，利用明度对比可以充分表现色彩的层次感、立体感和空间关系。在实际应用中，明度还与产品材料表面不同肌理的粗糙度、不同光线的环境等因素密切相关。

### 3. 纯度

纯度也叫色度、彩度或饱和度，是指色彩的鲜艳程度，即某一色彩中所含彩色成分的多少。鲜艳的色彩纯度高，发暗的色彩纯度低；不加黑、白、灰的纯度高，反之纯度低；距离光谱色越近的色，纯度越高，反之纯度低。

#### 4. 原色

原色也称第一次色，即能混合调和出其他一切色的原色，CMYK模式中以红、黄、蓝为原色，RGB色彩模式中以红、绿、蓝为原色。

#### 5. 间色

间色也称第二次色，即由两原色混合而成。CMYK模式中的间色是橙、绿、紫三种色彩，即红＋黄=橙色，黄＋蓝=绿色，红＋蓝=紫色。RGB色彩模式中的间色是黄、青、品红三种色彩，即红＋绿=黄，绿＋蓝=青，红＋蓝=品红。

#### 6. 复色

复色也称第三次色，两间色相加或是原色与灰色混合即成复色。CMYK模式中的复色为橙＋绿=橙绿，橙＋紫=橙紫，紫＋绿=紫绿。

#### 7. 补色

补色也称互补色、余色，三原色中的原色与其他两原色混合成的间色即互为补色，如CMYK模式中的红色与黄色、蓝色混合成的间色——绿色即互为补色，也就是说红色是绿色的补色，绿色也是红色的补色，黄色与紫色、蓝色与橙色也互为补色关系。一般来说，补色必然是对比色，但对比色不一定是补色，如黑白是明度上的对比关系，但不是补色。

#### 8. 无彩色

无彩色是指黑、白、灰、金、银等不带颜色的色彩。无彩色系列可以和任何颜色配搭而不起冲突，被称为万能调和色，属于专色系列。除此之外的色彩统称有彩色。

### 三、色彩的情感特征

天地形成之初，色彩便客观存在于自然界，只是一种物理现象，在人类原始阶段，色彩的作用仅停留于视觉上，本身并不具有思想和情感；随着人类的发展、种族的分化、文化的进步，色彩才逐渐被赋予了不同的情感。色彩的情感特征是指不同波长色彩的光信息作用于人的视觉器官，通过视觉神经传入大脑后，经过思维，与以往的记忆及经验产生联想，从而形成一系列的色彩心理反应，即时产生的某种情感或思想。相对于家具而言，色彩的情感特征涵盖了家具的色彩、外形、规格、图纹、肌理等多种信息，还包括色彩的冷暖、软硬、收缩、膨胀等特性，既有色彩物质的属性，也是人的生理和心理综合反应的结果。设计师只有掌握不同色彩的性格特征和情感语义，才能有效地趋利避害，更好地应用色彩，形成好的形态效果。色彩的情感特征主要包括色彩的固有情感、联想情感和象征情感[6]。

#### 1. 固有情感

色彩的固有情感是指色彩给人以心理上的直观感受，一般包括色彩的冰冷与温暖、轻盈与沉重、柔软与坚硬、前进与后退、膨胀与收缩、华丽与朴素、明快与忧郁、兴奋与沉静以及舒适与疲劳等。色彩使人产生这些情感，与色彩的色相、明度 、纯度等固有特征有关，因此也称为色彩的固有情感。图5-23是色彩固有情感简明图示。

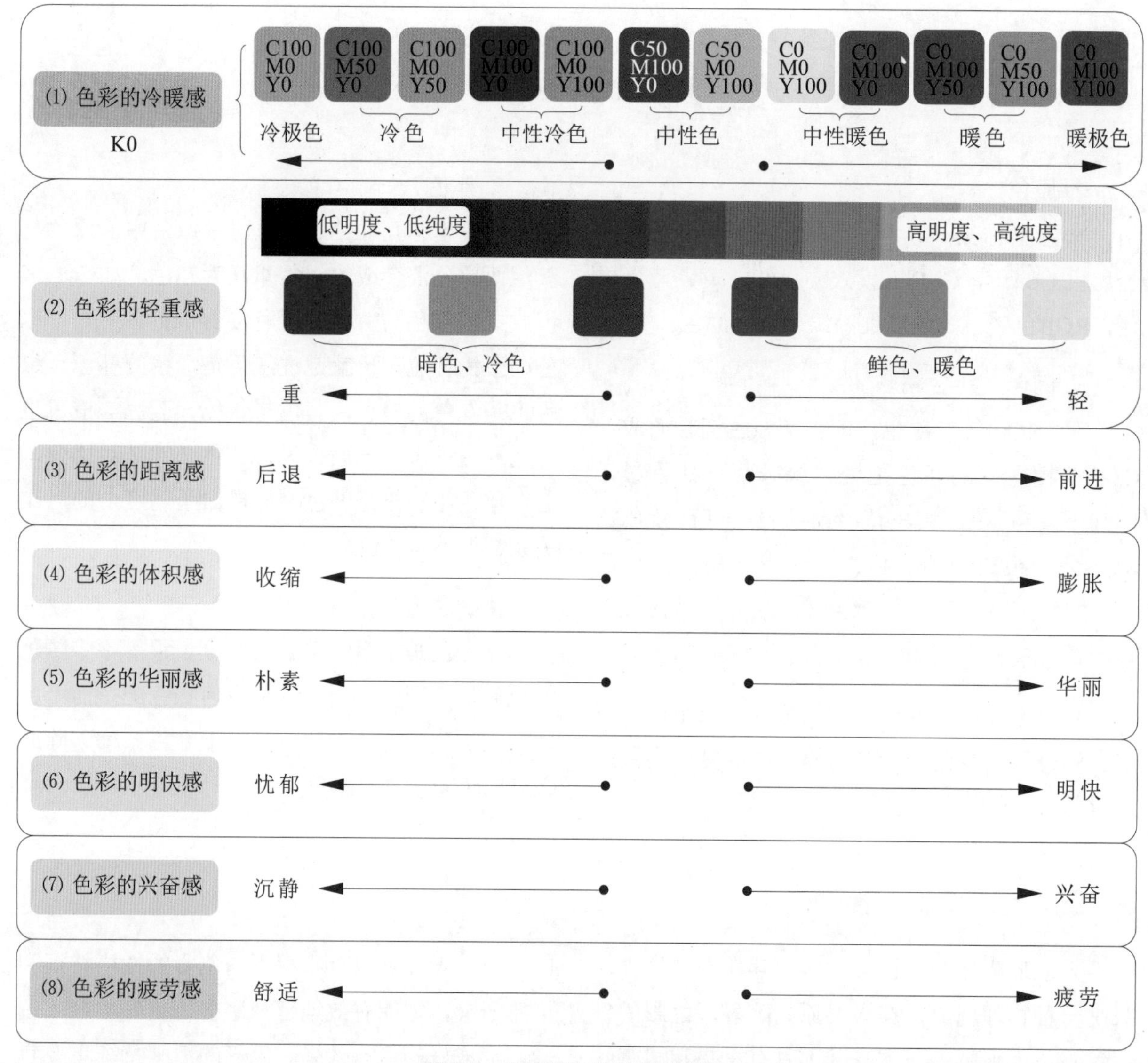

图5-23　色彩固有情感简明图示

### 2. 联想情感

联想情感是指当人们看到某一色彩后，会联想到自然界或生活中的某些事物。色彩本身只是一种物理和视觉现象，甚至不属于我们常规认识中的物质范畴。色彩之所以会对人们产生心理和生理作用，一方面在于色彩本身对于人们视觉的刺激；另一方面在于当人们看到色彩时常常会联想起与该颜色相关联的事物，如白色——白云与雪地，蓝色——蓝天与大海，黄色——黄金与皇权，橙色——秋季与晚霞，红色——血液与太阳等，进而产生相应的情绪和情感变化，即形成色彩的联想情感。

### 3. 象征情感

象征情感是指当人们看到某一色彩后，会联想到高贵、理智等抽象概念。色彩本身可以给人某种概念性的认知。因基于不同社会、宗教心理与目的，人们赋予不同色彩某一特定的内涵，成为色彩的象征。不同色彩在人类的不同区域文化的不同历史阶段用以表示某种特定的内容，久而久之，这种色彩就逐渐成为该事物的象征色。

表5-3为常见色彩固有情感、联想情感、象征情感归纳。

表5-3 常见色彩固有情感、联想情感、象征情感归纳

| 序号 | 色彩 | 色板 | 色彩性格 | 固有情感 | 联想情感 | 象征情感 |
|---|---|---|---|---|---|---|
| 1 | 蓝色 | | 镇静色 | 清新、宁静、朴素 | 大海、蓝天、宇宙 | 沉静、理智、安静、纯洁、永恒 |
| 2 | 绿色 | | 安全色 | 平静、安全、健康 | 草原、植物、苹果 | 自然、和平、希望、安全、青春 |
| 3 | 黄色 | | 醒目色 | 华丽、热烈、喜庆 | 金子、皇权、香蕉 | 光明、希望、高贵、愉快、辉煌 |
| 4 | 橙色 | | 警界色 | 收获、成熟、喜庆 | 橙子、晚霞、秋季 | 温暖、华美、丰收、欢庆、健康 |
| 5 | 红色 | | 兴奋色 | 革命、力量、血腥 | 太阳、血液、火焰 | 喜庆、热情、活力、危险、禁止 |
| 6 | 紫色 | | 神秘色 | 华贵、甜蜜、爱情 | 紫罗兰、紫丁香、葡萄 | 神秘、高贵、优雅、虔诚 |
| 7 | 黑色 | | 坚硬色 | 黑暗、死亡、恐怖 | 夜晚、污泥、不洁 | 严肃、恐慌、死亡、坚固、孤独 |
| 8 | 白色 | | 轻柔色 | 哀思、空白、贫穷 | 白云、浪花、雪地 | 纯洁、朴素、高雅、圣洁、光明 |

## 四、色彩设计原则

家具形态的色彩可分为主体色彩与辅助色彩。主体色彩是家具中面积较大或主体部件的色彩，而辅助色彩则是家具中面积较小或次要部件的色彩；也有部分产品的主体色彩与辅助色彩相同。家具形态的色彩设计既要考虑产品与环境的功能属性，又受到色彩设计的审美法则、材料的质感与工艺方法、民族用色习俗等诸多因素的制约。具体而言，应该遵循以下几个方面的原则。

### 1. 遵从产品与环境的功能属性

根据人们日常工作和生活的行为内容不同，家具及其所处空间的功能属性也不尽相同。因此，在设计家具形态的色彩时，其主体色彩的固有情感应契合家具及其所处空间的功能属性。例如，医院、图书馆空间及其家具具有安宁、沉静、清新的功能属性，一般选择色调明亮但却偏冷的色彩组合，图5-24为冷色系阅览室用桌椅；而剧院、礼堂等场合及其家具具有热烈、欢快的功能属性，一般选择红色、橘色等偏暖的色彩组合。

图5-24 冷色系阅览室用桌椅/遵从环境功能属性的色彩设计

### 2. 符合美学法则

色彩的整体协调是家具形态美的重要因素，设计时必须灵活运用统一与变化、比例与尺度、均衡与稳定、节奏与韵律等现代产品设计的形式美学法则；结合CMF设计理念，既要使形态的色彩整体和谐，又要协调好形态色彩与整体空间环境色彩之间的关系，形成有机整体，给人以愉悦的美感。图5-25是符合美学法则与CMF理念的色彩设计。

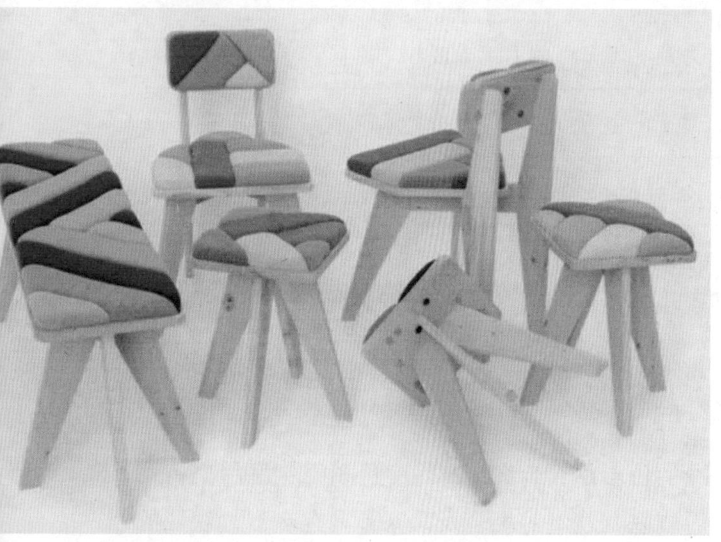

图5-25　凳/符合美学法则与CMF理念的色彩设计

### 3. 维持材质的自然色泽之美

构成家具形态的每一类材料都有其独特的色泽、肌理与质感。特别是传统天然材料，其独有的天然生长而成的漂亮的纹理与色泽，独一无二的自然特征可以赋予家具形式、构造、色彩、质感、工艺等无限的美感。因此，家具形态的色彩设计要充分考虑材料的天然色泽、纹理、光泽等视觉特征及其带给人们的心理和生理感受，如冷暖感、粗细感、软硬感等触觉特征，甚至还有嗅觉特征，并尽量采用适当的工艺技术强化这些特征，从而丰富材质美的内涵。图5-26是维持自然色泽的白橡木书柜。

图5-26　白橡木书柜/维持自然色泽的色彩设计

### 4. 符合流行色趋势

流行色与社会上流行的其他事物类似，是一定时期内人们对某几种色彩产生美感的共同心理反应，且广泛使用的颜色。流行色是服装、首饰等时尚类产品流行的风向标，对于其他类产品的消费也有积极的引导作用。家具的流行色虽然不如时尚产品那么突出，但在一定的时期内也会形成明显的主流色彩，如一段时期以来，中档家具的白色或浅色系、高档家具的胡桃木色系等。因此，家具形态与流行色搭配，才能更好地将简约、个性化的形式与绚丽的色彩融为一体，彰显家具产品独特的气质和品位，融入时尚潮流，引领时尚消费。

### 5. 尊重民族色彩习俗

人们在长期的生活积累过程中赋予了色彩一定的象征意义。不同国家、地区由于受政治、风俗、信仰、文化等因素的影响，形成了不同的色彩习俗。例如，同是哀悼追思，欧洲人多用黑色表示，而中国自古以来都习惯用白色进行祭奠。而对于结婚等喜庆事件，中国的传统习惯多是用红色以示吉祥，而西方则让新娘穿上白色婚纱以示纯洁高雅；信仰伊斯兰教的民族对绿色特别亲切，视之为生命之色，却讨厌黄色，因为黄色易与不毛之地的沙漠联系在一起。在信奉基督教的国家，黄色被认为是叛徒犹大的服装色，视其为卑鄙可耻之色；而在中国，黄色作为帝王之色受到尊重，用于现代家具也给人高贵典雅之感(图5-27)。

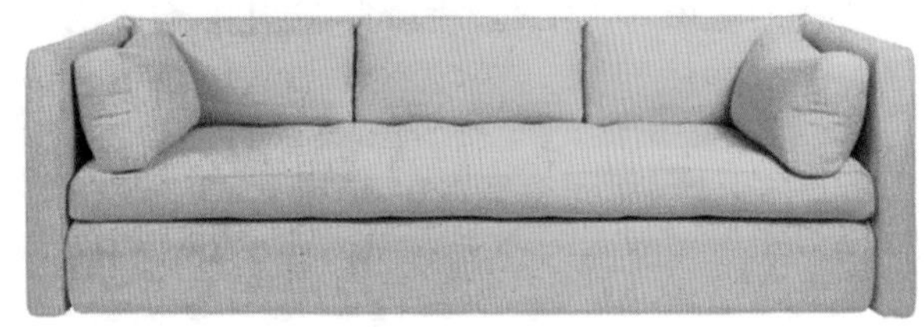

图5-27　黄色沙发/尊重民族色彩习俗的色彩设计

## 五、色彩设计流程

色彩设计是家具形态设计的组成部分，在遵从形态设计整体流程的同时，还应体现出色彩设计的个性化特征。家具形态色彩设计的一般流程可分为色彩的分析解析、设计构思、实施与管理三个阶段(图5-28)，现分述如下。

### 1. 分析解析阶段

色彩设计在家具形态设计立项之初即启动，在形态设计调研阶段，就开始对设计对象的当前流行色和竞争对手的产品色彩进行有针对性的分析，并解析产品的色彩形成方式、色彩的情感特征及其与目标用户之间的契合度。其中，较为关键的是色彩形成方式的合理性及色彩情感特征与目标用户的契合度。

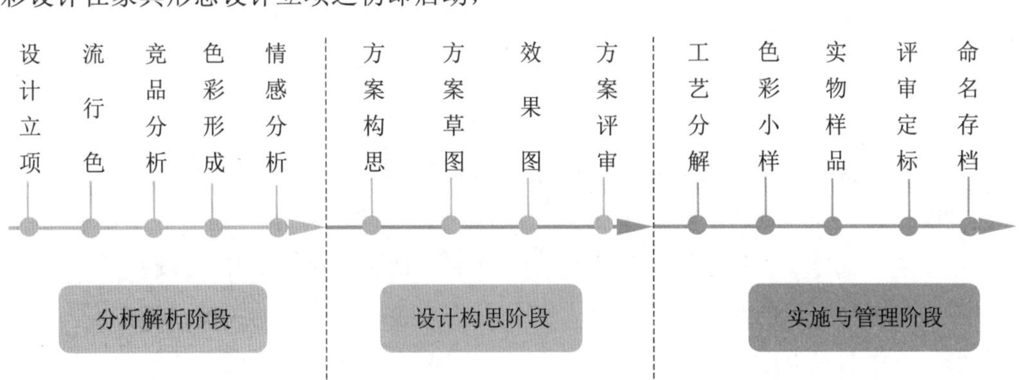


图5-28　家具形态色彩设计的一般流程

(1) 色彩形成方式。家具形态的色彩主要来源于以下两个方面：一是形态构成材料的固有色。家具常用的材料有木材、金属、玻璃、石材、塑料、皮革、织物、竹材、藤(草)编织物、陶瓷等，各种材料均具有独特的固有色泽，在色彩设计构思时，应着重思考如何进行不同材料间的合理配搭，将材料的固有质感、肌理、色泽等特性发挥到极致。二是形态构成材料表面的覆层色，即在材料表面形成一种透明或不透明的膜，以改善其表面性能的工艺技术，如油漆、电镀、贴面等，既能保护材料免受或减少大气温度、湿度和阳光照射的影响，延长其使用寿命，又能通过覆层装饰改变与美化材料表面的质感和肌理，达到劣材优用、低材高用的目的。

(2) 色彩情感分析。当感官受到色彩的刺激后，人们会产生喜、怒、哀、惊、恐、乐等心理反应，并由此衍生出某种情感，即为色彩的情感特征。不同年龄、性别、地域的用户群对色彩的心理认知是相对变化的，因此，设计师需要依据色彩的形成方式与材料特征，针对目标用户的年龄、性别、经济状况、使用环境、社会现状、流行色与主流审美观等因素进行综合分析，通过色彩的固有情感、联想情感、象征情感与目标用户建立情感联系，明确目标用户的情感体验结果，为后续的设计构思提供依据。图5-29是家具形态色彩与用户情感特征之间的转译过程示意图。

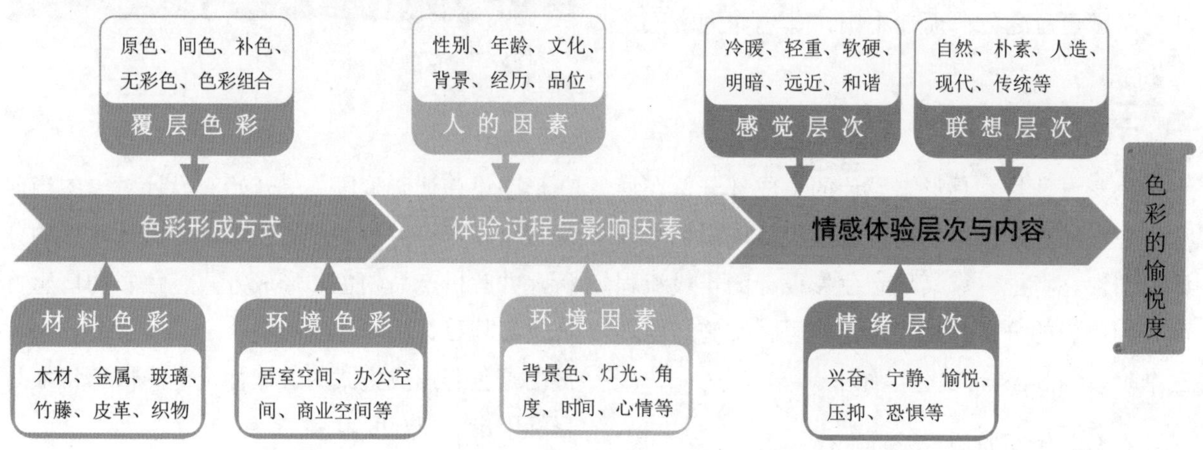


图5-29　家具形态色彩与用户情感特征之间的转译过程示意图

感觉层次的色彩情感体验主要针对以视觉为感觉通道的色彩知觉，并形成一种感官层面的色彩美学，其主要内容有三个方面：一是对色相、明度、纯度等色彩自身基本属性的描述；二是对色彩感觉性能的描述，即由色彩的物理属性引发的生理或心理反应，如冷暖、软硬、轻重、远近等；三是对不同色彩组合后的和谐度的描述。感觉层次的色彩情感体验是形成色彩美学和色彩喜好度的外部基础，其受个体和群体因素的影响较弱。

情绪层次的情感体验是指色彩在不同兴奋程度上所引起的积极或消极的情绪反应，如惊喜、轻松、宁静、厌倦、伤感、恐惧等。在色彩三属性中，明度和纯度对情绪的影响程度高于色相，因此，在实际应用中，对应于不同情绪的色彩应该是具有不同明度或纯度组合的较大范围的色彩，而不是简单的某一色相。另外，情绪层次的情感体验受个体和群体因素的影响较明显。

联想层次的情感体验是指色彩的联想和象征意义，包括所有关于风格的描述，如古典—时尚、传统—现代、优雅—粗俗、奢侈—朴素等；风情的描述，如本土—异域、乡村—城市、田园—都市等；性格的描述，如男性—女性、诚实—虚伪、神秘—平凡等。联想层次的情感体验是形成色彩喜好度的关键，且在不同地域、文化背景或个人之间存在明显的差异，如公认红色具有热情、能量、警示等普遍意义，但在中国文化背景下，除前述含义外，红色还具有幸福、吉祥等意义。

### 2. 设计构思阶段

设计构思阶段是整个家具形态色彩设计中的重要环节，主要包括色彩设计方案构思、方案草图、方案效果图、方案评审等环节。其中，色彩设计方案呈现规范和色彩方案评审等内容较为关键。

(1) 色彩方案呈现规范。正式进入家具形态色彩的构思阶段后，一般采用逆向思维法进行色彩设计构思，即根据项目设计调研获知的产品用户定位分析其对家具及其色彩的审美需求，倒推至目标色彩；而后依据产品功能需求与审美法则进行产品形式、材料、构造、主辅色彩等的综合构思，形成方案草图与效果图，并对与方案效果适配的目标色彩以色标的形式固定。

色标的表示方式常采用“名称+色块+色彩值”的格式。其中，色块用于色彩示意，可以是方形、长方形、菱形、圆形、椭圆形或其他形状；色彩值便于保证色彩传递或管理过程中的保真性，一般用CMYK模式标注，也可以采用RGB色彩模式标注(图5-30)，并且通过表格的形式把色标、色彩的固有情感、联想情感与用户体验关联在一起。

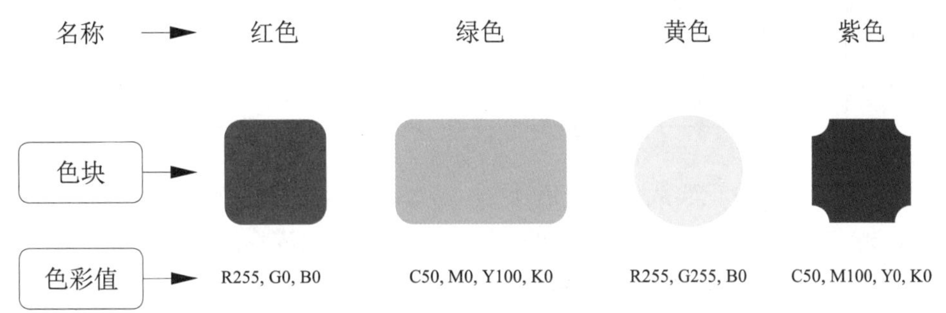


图5-30　色标的表述方式

【案例5-1】叉骨椅的色彩设计呈现规范示例

在此以丹麦设计师汉斯·维格纳设计的叉骨椅(Y形椅)为例列出了白橡木色、胡桃木色、黑檀木色、青蓝色叉骨椅的色标、固有情感、象征情感、用户体验与适宜用户等的呈现规范(表5-4)。

表5-4　叉骨椅形态色彩设计中色标、色彩情感、用户体验等内容的呈现规范示例

| 序号 | 家具图例 | 色标 | 固有情感 | 象征情感 | 用户体验 | 适宜用户 |
|---|---|---|---|---|---|---|
| 1 | | 白橡木色<br>C1 M2 Y10 K0 | 哀思、空白、贫穷、孱弱 | 纯洁、朴素、高雅、圣洁、高贵 | 清新、自然、亲近、轻松、青春、活泼 | 青年，时尚群体 |
| 2 | | 胡桃木色<br>C45 M60 Y70 K25 | 土地、安稳、收获、成熟 | 丰收、安康、温暖、高贵 | 自然、平静、祥和、正式、宁静、端正 | 中年，稳重型成功人士 |

(续表)

| 序号 | 家具图例 | 色标 | 固有情感 | 象征情感 | 用户体验 | 适宜用户 |
|---|---|---|---|---|---|---|
| 3 |  | 黑檀木色 C70 M65 Y60 K50 | 黑暗、死亡、恐怖、迷茫 | 庄严、肃穆、坚强、孤独 | 古典、高贵、优雅、高档、安稳、贵重 | 中老年，雅士群体 |
| 4 |  | 青蓝色 C75 M30 Y25 K5 | 清新、宁静、朴素、生机 | 沉静、理智、安静、纯洁、永恒 | 现代、时尚、活泼、激情、前卫 | 酒吧、会所、公寓等青年、时尚群体 |

(2) 色彩方案评审。在设计实践中，一般不单独进行色彩方案的评审，而是纳入产品形态设计总体方案，根据综合效果进行色彩方案的分项评审。色彩方案合适与否在很大程度上取决于总体方案的综合效果，评审过程的组织与管理依附于总体方案的评审。色彩方案评审的内容主要有产品色彩的效果、色彩的美观性、色彩情感与目标用户的契合度、色彩形成的工艺性等。

### 3. 实施与管理阶段

家具形态色彩设计方案定案后，主要由工艺技术部门负责实施，工程师将根据设计用材和色标进行工艺分析，并制作出色板小样；然后根据确认的色板小样，按产品工业化批量生产的工艺流程要求制作出实物样品，供评审、定案、存档使用。

## 六、配色设计

家具形态的配色设计就是在客观存在的色彩关系中平衡好色相、明度、纯度之间的对比与协调关系、冷暖色之间的对比与协调关系以及通过不同色彩之间的配搭所传递出来的不同色彩情感特征，与目标用户建立色彩心理感知的对应关系。可见，家具形态配色设计的本质在于配色方案所释义情感的适宜性，即与产品的功能属性适宜，与产品所处的环境属性适宜，与目标用户群的情感需求适宜，等等。在实际配色设计中，一般从色相配色、明度配色、纯度配色三个方面进行，现分述如下。

### 1. 色相配色

色相配色一般以色相环为基础进行配色思考。若以色相环上距离相近的色彩进行配色，可以得到稳定而统一的配色效果；若以色相环上距离较远的色彩进行配色，则可以达到一定的对比效果[7]。

(1) 同一色相配色。同一色相配色是指相同色彩的不同纯度和明度的配搭，其色相差为0，色相环角度为0°，俗称同类色组合，不同色块间呈渐变效果，如图5-31(a)所示，红色系中的由深红到朱红、橘红等的组合。同一色相的配色由于色调上的一致性，色彩感觉相对含蓄、柔和；但也因缺乏对比，容易使人产生单调感。

(2) 邻近色相配色。邻近色相是指色相环上任意一色的相邻色，即其色相差为1，色相环角度在30°以内。如图5-31(b)所示，由于色彩邻近，对比性相对较弱，容易呈现柔和、雅致、和谐、文静的配色对比效果，但同时易呈现单调、模糊、乏味、无力的感觉。

(3) 类似色相配色。类似色相是指色相环上色相差为2，色相环角度在30°～60°之内的任意色彩。如图5-31(c)所示，与同一色相配色和邻近色相配色相比，类似色相配色在色彩对比上更具有层次感，色彩变化更丰富，且不乏和谐感；在具体的配色中，若适当地调整其明度和纯度或点缀少量的对比色，则配色效果更佳。

(4) 中差色相配色。中差色相介于类似色相与对比色相之间，色相差为3，色相环角度为90°，色差变化较大，属于中强度对比的色系。中差色相配色具有明快、活泼、饱满、兴奋的视觉效果，既有相当力度的对比，又不失调和，既清新明快、具有个性，又不冲突，是一种深受人们喜爱的配色形式[图5-31(d)]。

(5) 对比色相配色。对比色相配色的色差较大，对比鲜明，是色相环上相间120°的色相对比。对比色相配色的对比效果强烈、醒目、有力、活泼、丰富，具有很强的视觉冲击力；但也有不易统一，显得凌乱、刺激的缺点，一般需要采用多种调和手法来改善对比效果[图5-31(e)]。

(6) 互补色相配色。互补色是最强烈、最极致的色相对比，是色相环上相间180°的色相对比，如红与绿、黄与紫、橙与蓝等对比强烈、鲜明[图5-31(f)]。对比色相配色和互补色相配色多应用于突出装饰效果、时尚个性的产品，特别是后现代家具形态色彩设计。

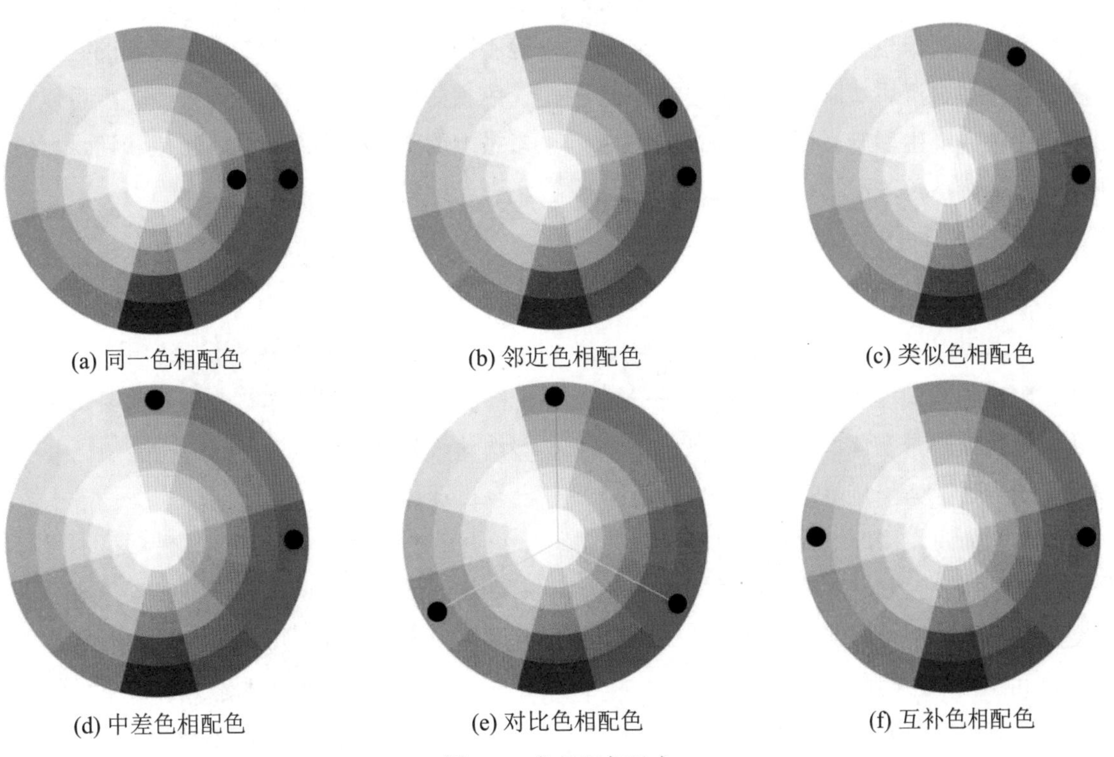
(a) 同一色相配色　(b) 邻近色相配色　(c) 类似色相配色

(d) 中差色相配色　(e) 对比色相配色　(f) 互补色相配色

图5-31　色相配色形式

### 2. 明度配色

每种色彩都有各自的明暗度，即色彩的明度。无彩色系中，明度最高的是白色，最低的是黑色；有彩色系中，明度最高的是黄色，最低的是紫色。一般将明度分为高明度、中明度、低明度三类，这样明度就有了高明度—高明度、高明度—中明度、高明度—低明度、中明度—中明度、中明度—低明度、低明度—低明度六种配搭方式。其中，高明度—高明度、中明度—中明度、低明度—低明度属于相同明度配色，高明度—中明度、中明度—低明度属于略微不同的明度配色，高明度—低明度属于对照明度配色。

色彩明度的高低不同，分别传达了不同的视觉情感。高明度具有轻快、纯洁、干净、明朗、淡雅之感，但若配置不当，易产生冷淡、缺乏亲和力甚至病态的感觉；中明度具有含蓄、庄重、安静、平凡之感，但也会使人感觉呆板、乏味；低明度具有浑厚、沉重、刚毅、神秘之感，但若应用不当会使人产生黑暗、压抑等消极的情感。可见，在产品形态色彩配搭中，应用明度对比是形成色彩层次与空间关系的重要方法。

### 3. 纯度配色

在色彩构成中，一般把不同色相的纯度分为艳调、中调、灰调三种调子，即艳调——高纯度基调，纯色或略带灰色的纯色；中调——中纯度基调，介于高纯度与低纯度之间的色调；灰调——低纯度基调，接近中性灰的色彩。三种调子分别代表强烈、温和、暧昧三种不同的特征。在纯度配色方案中，根据纯度的鲜灰和对比的强弱，纯度可划分为鲜强对比、鲜弱对比、鲜中对比、中强对比、中弱对比、中中对比、灰强对比、灰弱对比、灰中对比九种纯度对比配色。

在家具形态色彩中，纯度对用户的心理有较大的影响：纯度越高，给人的刺激感强越强烈；纯度越低，给人的沉稳含蓄感越强。若统一使用高纯度的色彩配搭，色彩之间强张力的冲突会让人感觉到激烈的对比；若用纯度低的色彩统一配搭，则会使整体带有灰暗、安宁、沉稳的感觉。因此，色彩的对比应用应根据不同的使用环境和功能需求进行适宜配搭，运用得当便可以形成鲜明有度、富有个性的色彩效果；若运用不当，就会形成灰、暗、脏、闷等模糊不清的色彩效果。

综上所述，依据色相、明度、纯度等要素形成的配色方案中，会有某些因素起着主导配色的作用，呈现出或冷或暖等不同的色调。可见，在色相、明度、冷暖、纯度组合而成的色调概念中，明度和纯度居于主导地位，决定着色彩配搭效果的基调和氛围。而色相在鲜明、明亮、暗淡等不同的色调中的配色是各不相同的。因此，无论色相如何，只要将其色调统一，就可以体现色彩搭配的整体性和统一性，形成和谐、自然的配色设计效果。

【案例5-2】家具色彩设计应用示例

在此以某系列实木椅为例，简要说明家具色彩设计的应用过程。

1. 产品概述

该系列实木椅的设计师凭借对橡木材料的深刻理解，运用精湛的工艺，另辟蹊径地对橡木进行劈裂、弯曲处理，以浑然天成的形态、完美的艺术美感诠释了现代实木家具的全新视觉体验。该系列实木产品概述如图5-32所示。

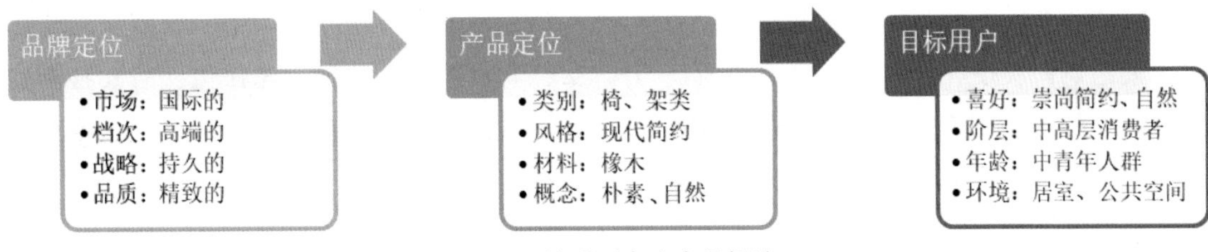


图5-32 该系列实木产品概述

2. 色彩定位

根据前述的该系列实木产品概述和该产品公司目前处于成长期的实际情况，产品色彩的使用要体现公司品牌和市场定位，突出产品个性化特点，形象清晰，易于辨认，有助于扩大产品的认知度，树立独特的品牌价值内涵。另外，从该系列实木椅的形态特征可以看出，设计师试图通过简洁、现代的形态以及对实木构造、肌理的巧妙利用来传达公司家具的工艺细节和整体品质。基于上述概念与内涵，在进行产品的色彩配搭时，应该向目标用户传达以下色彩定位。

色彩基础印象定位关键词：自然的、朴素的、温馨的。

色彩具体印象定位关键词：稳定的、温和的、可信赖的、高品质的。

3. 配色方案

朴素、自然、温润的橡木本色最能契合该系列木制家具的色彩定位。因此，产品的基本色(实木支撑架部分)为橡木本色，将黑色、红色、绿色、蓝色、紫色作为配搭色；然后对基本色和配搭色的色调及明度、色彩印象空间分布等方面的要素进行分析，形成如图5-33所示的该系列木质椅座面不同色彩的配色方案。同理，读者可以延伸思考其基本色(实木支撑架部分)为其他木材的配色方案。

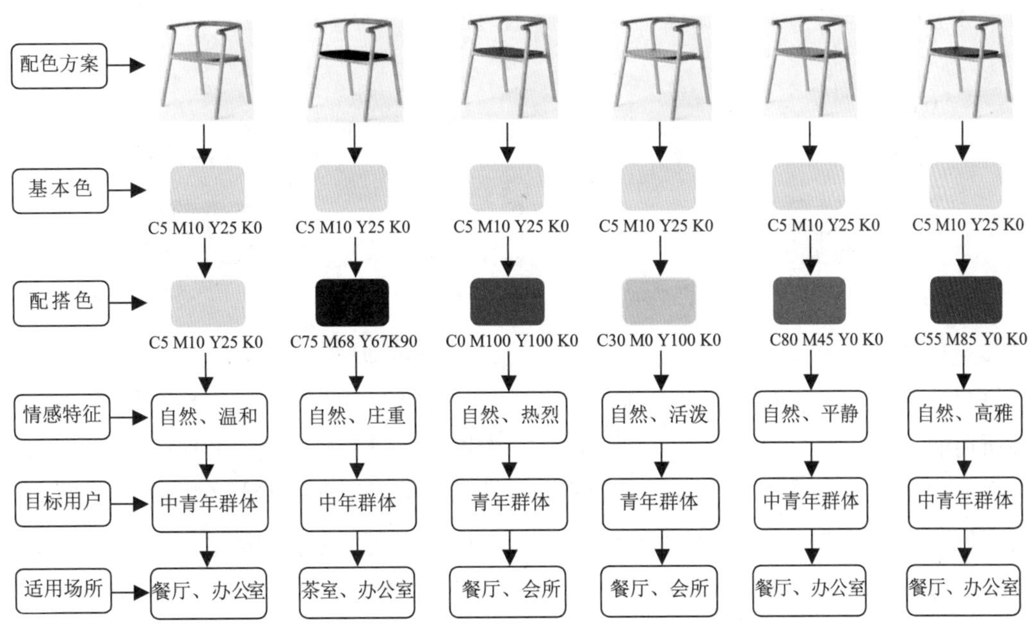


图5-33 该系列木质椅座面不同色彩的配色方案

从图5-33可知，天然的橡木原木色属于明度较高的浅灰色调，灰度介于灰色和白色之间，为中性色，是中等明度、无彩色系、饱和度极低的颜色。灰色能够吸收其他色彩的活力，削弱色彩的对立面，在产品色彩配搭中具有调和的作用。特别是灰色因其中庸、平凡、温和、谦让、中立、高雅等情感特征，与任何色彩配搭都能显得含蓄而柔和，故而被誉为高级灰，也是经久不衰的经典色彩。

# 第三节 基于材料的形态创新

材料，广义地讲，是指人们思想意识之外的所有物质，狭义地讲，是指人类用于生产物品、器件、构件、机器或其他产品的基本物质。可见，材料是家具形态构成、实现的物质基础，不仅以其自身固有的特性维持着家具的功能形态，满足着家具的功能要求，而且是家具形态的色彩、表面处理工艺、图纹的唯一载体，承载着产品形态设计的综合效果。因此，家具形态的设计过程在很大程度上是通过对材料的理解和认识，进行造物与创新，与材料共生并存的材料应用过程。

## 一、家具用材构成

家具具有悠久的用材历史，经过优胜劣汰的过程，逐渐形成了现今种类繁多、配搭自由、贵贱相宜、简繁处置得当的家具材料族系。基于材料在家具形态中的用途不同，家具形态用材可分为三类，即构造材料、装饰材料和辅助材料(图5-34)。

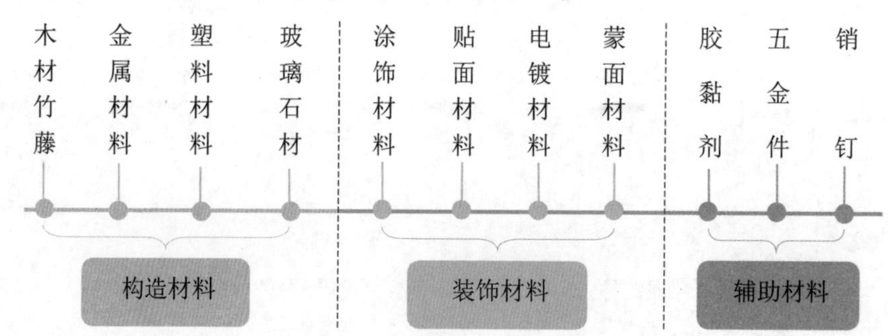


图5-34　家具形态用材构成示意图

### 1. 构造材料

构造材料是指以力学性能为基础，用于构成受力构件所用的材料。构造材料的物理或化学性能必须符合一定的要求，如光泽、热导率、抗辐射性、抗腐蚀性、抗氧化性等。家具形态构成中常用的构造材料有木材、竹藤、塑料等天然有机材料或合成有机材料，或金属、玻璃、石材等无机材料。

### 2. 装饰材料

装饰材料是指依附于构造材料，起装饰美化作用的一类材料。装饰材料的选用与否，对于产品的使用功能没有太大的影响，一般仅使产品形态更加美观。在家具形态构成中，常见的装饰材料有涂饰材料、贴面材料、电镀材料、皮革或织物蒙面材料等。

### 3. 辅助材料

辅助材料是指直接用于维持或促进形成实体产品的一类材料。辅助材料是相对于构造材料而言的，其本身并不能构成实体产品的一部分，但常常伴随构造材料而出现。在家具形态构成中，常用的辅助材料有胶黏剂、五金配件、销钉等。

总之，在家具形态的用材构成中，构造材料是骨干，维系着产品的形态与功能；而装饰材料、辅助材料虽然不如构造材料那般重要，但却是产品形态美的催化剂、形态构成强度的固化剂。图5-35是由意大利设计师A·卡斯蒂格利奥尼(Achille Castiglioni)和P. G. 卡斯蒂格利奥尼(Pier Giacomo Castiglioni)于1957年设计的佃农椅，其构造材料为座面、支撑钢架和踏脚底座，装饰材料为座面和踏脚底座表面的油漆、支撑钢架上的电镀层，辅助材料为连接座面与支撑钢架的金属连接件。

- 构造材料：座面、支撑钢架和踏脚底座
- 装饰材料：座面和踏脚底座表面油漆、支撑钢架上的电镀层
- 辅助材料：连接座面与支撑钢架的金属连接件

图5-35 佃农椅/设计：A. 卡斯蒂格利奥尼和P. G. 卡斯蒂格利奥尼

## 二、家具用材原则

早期原始、简陋的家具由于受当时生产力水平所限，用材以木材、竹材、石材等天然材料为主。近现代后，伴随着社会的发展与科学技术的进步，家具的用材也日益丰富多样，金属、塑料、玻璃、织物、装饰板、皮革、海绵等材料均被纳入了家具的用材范畴，形成了天然材料和人工材料共存的现代家具用材体系。然而，当具体到某一家具时，并非任何材料都可以选用，而是要根据其功能的构造性需求、目标用户的情感定位，综合材料的美观性、成型工艺、成本控制等方面的因素进行精心的配搭设计。综合而言，家具用材一般需遵循适用性、美观性、工艺性、经济性和尊重用材习惯等原则。

### 1. 适用性原则

家具的承载性与审美性共存的特征决定了家具用材的适用性，包括材料与人、材料与物两个方面的含义。材料与人的适用性主要体现为材料的情感属性与用户情感需求之间的共鸣关系。家具用材虽然丰富多样，但每一种材料都具有有别于其他材料的独特属性，设计过程中应充分利用这一特性，并通过材料的选用配搭设计，使产品的综合美感深化或产生质变，从而获得多样化的美感体验。图5-36是德国建筑师密斯·凡·德罗于1930年设计的经典现代产品先生椅，椅子采用大弧形镀铬亮光钢构架和半哑光的皮革座面与靠背构成，其悬臂状的钢构架优美空灵的构成、时尚的金属光泽与自然质朴的皮革形成简洁统一的形态美，充分展现了材料与产品形态之间的适用性，将“少就是多”的设计理念演绎得淋漓尽致。

图5-36　先生椅/设计：密斯·凡·德罗

材料与物的适用性是指材料与产品功能需求之间的适用性，即主要考虑产品在使用状态下，由材料所构成零部件的力学强度、物理性能和化学性能等因素与功能需求之间的匹配关系，这也是保证产品构成顺利发挥相应功能的必要条件。可见，设计师不仅要掌握不同材料的情感特征，熟知各类材料质地美的演化技巧，还要掌握各类材料的物理、力学、化学特性，恰如其分地运用构造性材料、装饰性材料、辅助性材料。

### 2. 美观性原则

材料的美观性主要是指材料的色泽、构造、纹样、肌理、质地等客观属性蕴含的美。例如，天然材料，其美观性源于材料的天然状态，不依赖任何人为加工或装饰，是材料自然、淳朴、本真的生命自然之美。特别是不同类别的天然材料，争相绽放出不同内涵的美观性。又如木材，尽管其固有的内在属性导致其具有易燃、易受潮、易变形等缺陷，但其仍以自然、淳朴的质感，软硬适中的质地，宜人的触感，优良的工艺性能等受到用户的青睐。特别是其中不乏珍贵材种，如红木类，其以深沉的色彩、禅意的纹理、沁人的幽香，位于高档家具用材之首；相伴现代科技而生的中密度纤维板、胶合板、细木工板等木质人造板材既克服了天然木材的缺陷，又保持了天然木材的固有特性，成为现代家具的普通用材。另外，同属天然材料的竹、藤、皮革、棉织物等也以朴素自然的美感，易加工、易成型、易着色的特点，受到广泛的欢迎。金属材质可以方便地进行表面着色或特种成型加工，坚实耐用，给人以科技、现代的时尚感，但也存在过于笨重、冰冷等缺陷。

总之，设计师应在充分认知、把握基础材料的内在属性，兼顾材料经济性和功能要求的基础上，根据材料的优劣，因材施技，充分展现出产品形态的科技之美与时代感特征。图5-37中的玄关台是由天然大理石台面、薄木贴面中密度纤维板和镀铜钢带组合构成的，既符合玄关台功能属性需求，又独具简约、时尚的形态美特征。

图5-37　现代玄关台

### 3. 工艺性原则

材料的工艺性是指对材料进行成型和表面处理工艺的可行性和难易程度。木材的成型工艺主要有锯切、刨削、铣削、钻孔、弯曲等，表面处理工艺主要有涂饰、贴面、雕刻、着色、绘画、烙画等，在成型过程中，主要受木材的干缩湿胀性、各向异性、裂变性及多孔性等特性的制约。金属的成型工艺主要有铸造、铣削、锻造、冲压、弯曲、钻孔、焊接、铆接等，表面处理工艺主要有电镀、涂饰、抛光、蚀刻等，在成型过程中，金属材料一般因硬度较大而增加了工艺难度。塑料、玻璃的成型工艺以模具辅助型的注塑、挤出、压制、中空等为主，表面处理工艺主要有印刷、镭雕、蚀刻等，在成型过程中，塑料要考虑到其延展性、热塑变形等特性，玻璃要考虑到其热脆性、硬度等特性。可见，不同材料其自身固有的特性不同，导致其形态及相应的成型工艺的差异。通常来说，木材、竹藤、皮革和织物等天然有机材料的成型工艺性优于金属、玻璃等无机材料。可见，家具形态设计中材料的选用是否合适，既反映出设计师对各类材料属性的掌握程度和运用能力，也是形态设计效果优劣的关键因素之一。

#### 4. 经济性原则

材料的经济性包括材料的价格、材料成型过程中的人工和设备消耗、材料的利用率及材料来源的丰富性、可持续性等。同样以木材为例，其虽具有天然的纹理等优点，但随着需求量的增加，木材蓄积量不断减少，木材资源，特别是一些珍贵木材资源日趋匮乏，导致自然生态环境严重失衡。因此，家具材料选用应优先考虑如何将普通材料通过设计的方法提升其价值，实现劣材优用。可见，在家具形态设计中，材料的来源、材料的价格、材料的加工劳动消耗、材料的利用率等不仅关系到自然生态优化，而且直接影响产品的成本及市场竞争力，也是设计成败的重要因素。

#### 5. 尊重传统用材习惯

人类栖息地域辽阔，环境气候丰富多变，不同地区资源的差异逐渐形成了家具用材的地域特色。如果从家具服务于用户情感体验的角度来讲，家具用材在满足其要求的材料固有特性的同时，还应充分尊重不同地域历史进程中沉淀下来的传统用材习惯，展现不同地区人类在利用自然和改造自然的过程中积淀的价值观，既能契合用户的情感需求，通过材料将传统文化带入现代产品与当代社会，又可实现因地制宜、就地取材，合理利用地域资源。譬如，中国传统家具用材中有“北榆南榉”之说，意即前人因北方榆木资源丰富，南方榉木资源丰富，而形成了北方家具多用榆木、南方家具多用榉木的用材习惯。明代上流社会的家具用材以黄花梨木为主，清代贵族的家具用材以紫檀木为主。欧洲古典家具喜用胡桃木，美国传统家具多用橡木等都是在特定的历史背景下，不同区域形成的传统用材习惯。

另外，第一章中所述的绿色设计、可持续发展观也属于家具用材原则的范畴。

### 三、材料的特征

材料的特征包括材料的固有特征和情感特征。材料的固有特征是指由材料自身的构造所赋予的物理、力学、化学性能所形成的、固有的粗糙、细腻、色彩、光泽、纹理等特征，具有客观性。材料的情感特征又称材料质感，建立在生理基础上，是人通过感觉器官对材料的固有特征做出的综合评判。材料的情感特征建立在固有特征的基础之上，且二者具有同一性。尽管人有视觉、听觉、嗅觉、味觉、触觉等感觉器官，但对于家具而言，人们一般仅关注材料的视觉、触

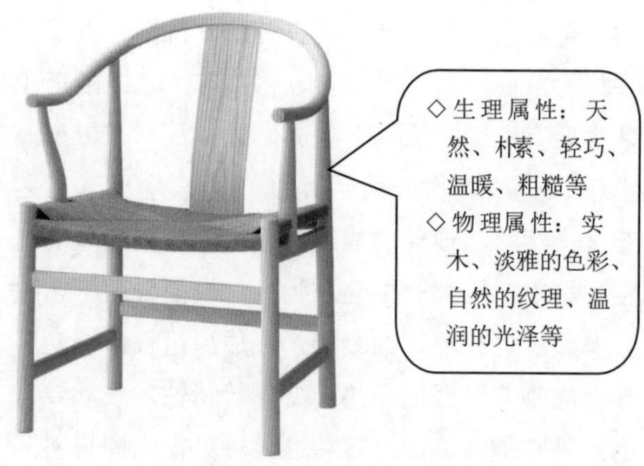


图5-38　中国椅/情感特征属性/设计：汉斯·J·维格纳

觉、嗅觉特征；而且当材料无异常气味时，人们甚至会忽略材料的嗅觉特征。因此，在家具形态设计中，材料主要通过人的触觉和视觉进行情感交互[8]。

### 1. 情感特征属性

在家具形态构成元素中，材料与色彩的情感特征之间既相互关联、相互依存，又具个性化特性。首先，材料是色彩的载体，是色彩呈现的物质基础，而色彩则是材料情感特征展现的主要元素之一；其次，材料的同一形态可以被赋予不同的色彩，并由此呈现出不同的情感特征；再次，材料可以通过视觉、听觉、嗅觉、味觉、触觉等感觉器官与人进行生理型和物理型并存的情感交互，而色彩仅以视觉为通道与人进行物理型的情感交互；最后，天然材料的自然色彩在使用时一般本色呈现即可，而人工材料在使用时则往往需要色彩上的修饰。

基于材料与人之间具有生理型和物理型并存的情感交互特征，材料的情感特征均具有生理和物理双重属性。其生理属性是相对于人而言的，以人为主体，当人的触觉和视觉系统触及材料表面时，人会产生粗犷与细腻、粗糙与光滑、温暖与寒冷、华丽与朴素、浑重与单薄、沉重与轻巧、坚硬与柔软、干涩与滑润、粗俗与典雅、透明与不透明等刺激信息，形成材料的生理感觉特征。而材料的物理属性则是指材料的固有特征信息，主体是材料，如材料表面固有的肌理、色彩、质地、光泽等。例如，图5-38所示的中国椅生理属性为天然、朴素、轻巧、温暖、粗糙等，物理属性为实木、淡雅的色彩、温润的光泽、自然优美的纹理、起伏变化等。

### 2. 触觉特征

触觉特征是指人通过手和皮肤触及材料而感知的材料表面特性，是人们感知和体验材料的主要方式，与材料表面组织构造不同所表现的机械特征、温度特征或化学特征之间的差异密切相关。材料表面微观的几何构成形式千变万化，不同的构成形式会使人产生不同的触觉感受。一般情况下，质地粗糙的材料给人以朴实、自然、厚重、温暖的感觉，质地细腻的材料给人以光滑、冰冷、坚硬、人造的感觉。因此，在现代家具形态设计中，设计师应熟练地运用材料的粗与细、凸与凹、软与硬、冷与暖、轻与重等触觉特征，并且通过不同质地材料的组合、不同局部的特殊处理来丰富家具的形态内涵，给用户带来更丰富多彩的情感体验。图5-39是德国设计师马塞尔·布劳耶于1929年设计的悬挑休闲椅，由高光钢管和皮革材料配搭构成，把朴素、自然、温馨的皮革材料与光亮、坚硬、冰冷、现代的人造金属有机地融为一体，把材料的粗与细、软与硬、人造与天然、冷与暖、轻与重等触觉特征展现得淋漓尽致。

图5-39　悬挑休闲椅/触觉特征/设计：马塞尔·布劳耶

### 3. 视觉特征

材料的视觉特征是指人通过视觉器官感知到材料的表面特征后，经过大脑的理性领悟、分析、联想、诠释等综合处理形成的一种对材料表面特征的感知和印象。人们通过眼睛捕捉材料信息时，会根据材料的光泽、色彩、肌理、透明度等的不同而形成材料的精细或粗糙感、自然与人造感、素雅与低俗感、华丽与质朴感、细腻与粗犷感、整洁与杂乱感、光洁与毛糙感等。

尽管视觉特征是触觉特征的综合和补充，但它相对于触觉特征具有经验性、遥测性、间接性、知觉性和相对不真实性。对于已经熟悉的材料，人们可以根据以往的触觉经验，通过视觉印象判断该材料的材质，从而形成材料的视觉特征。利用视觉特征的这一特点，设计师可以通过不同的表面处理工艺，以近乎乱真的视觉效果达到触觉特征的错觉。例如，在塑料表面烫印铝箔，形成金属质感；还有常见的在纸上印刷木纹、布纹、石纹等。

### 4. 材料的情感释义

人们的感官受到材料特征刺激后，会产生由材料的感官特征衍生出的某种情感上的心理反应，产生关切、喜爱或厌恶的心情，即人的情感释义。尽管材料的情感特征相同，但产生的情感释义内涵却不尽相同，综合而言，可将其归为两类，即快适情感和厌憎情感。

材料的快适情感一般是指光洁的金属与晶莹的玻璃表面，光滑的塑料、绸缎、高级皮革，精美的陶瓷釉面等所带给人的细腻、柔软、光洁、湿润、凉爽等情感特征，并使人产生舒适如意、兴奋愉快的情感。厌憎情感是指粗糙的砖、石、未干的油漆、锈蚀的金属等带给人粗、黏、涩、乱、脏等情感特征，使人产生不愉快，形成反感甚至厌恶的情感心理。

在家具形态设计用材中，不同类别的材料呈现着不同的情感特征，并给人以不同的心理感受，形成不同的情感释义。木材给人自然纯朴、纹理别致、轻松舒适感，石材质地坚硬，给人厚重、稳定、庄严、雄伟感，钢铁给人坚硬、挺拔刚劲、深沉稳重感，塑料给人轻巧别致、色彩艳丽感，玻璃给人质硬性脆、晶莹剔透感；丝织品给人顺滑柔软、轻快华丽感，皮毛则给人柔软、亲切、温暖和高贵感。表5-5是不同材料的情感特征与情感释义归纳。

表5-5　不同材料的情感特征与情感释义归纳

| 材料类别 | 家具示例 | 情感特征 | 情感释义 |
|---|---|---|---|
| 木材 | DC10 椅/设计：宫崎骏 | 天然、亲切、温暖、纯朴、粗糙、感性 | 轻松舒适 |
| 金属 | | 人造、坚硬、光滑、冷漠、笨重、理性 | 时尚豪华 |
| 塑料 | Mt3摇椅/设计：罗恩·阿拉德 | 人造、轻巧、艳丽、便捷、廉价、理性 | 时尚轻便 |
| 玻璃 | 幽灵椅/设计：奇尼·博埃利 | 高雅、明亮、干净、光滑、晶莹、活泼 | 活泼轻快 |
| 石材 | 餐桌/设计：芬迪公司 | 时尚、高档、奢侈、厚重、庄严、凉爽 | 高雅庄重 |
| 陶瓷 | | 高雅、明亮、时尚、传统、精致、凉爽 | 高贵雅致 |
| 皮革 | 沙发/设计：柏秋纳·弗洛公司 | 柔软、亲切、浪漫、高档、温暖、手工 | 高雅舒适 |

(续表)

| 材料类别 | 家具示例 | 情感特征 | 情感释义 |
|---|---|---|---|
| 棉毛织物 | 胚胎椅/设计：马克·纽森 | 柔软、温暖、浪漫、时髦、易脏、易燃 | 温馨浪漫 |
| 化纤织物 | 沙发/设计：罗恩·阿拉德 | 柔软、凉爽、艳丽、人造、易燃、低档 | 艳俗低档 |

## 四、材料的美感

材料美是家具形态美的一个重要方面，因此，设计师在探寻产品形态构成的材料美时，首先应了解和掌握不同材料的特性及其美的本质与内涵，然后才能很好地运用设计手段将材料美的构成要素融入产品，形成美观的产品形态。

### 1. 材料美的形成

人们通过视觉、触觉、嗅觉等感知材料时，一般会依据材料的固有特征产生快适情感或厌憎情感，如图5-40所示。在现实生活中，一般会弃用让人产生厌憎情感的材料，而选用能让人产生快适情感的材料。此处的快适情感即可理解为材料带给人的美感。当人通过感知与联想来体验材料的美感时，不同的材料会给人以不同的触感、联想、心理感受和审美情趣。另外，材料的美感还与材料本身的构成、性质、表面构造及使用状态密切相关，并通过色彩、光泽、肌理、质地、形态等特征表现出来。因此，家具形态设计应充分考虑材料的不同特征，对其进行巧妙的配搭，充分展现不同材料的美感，形成符合人们审美需求的各种情感特征和情感释义。

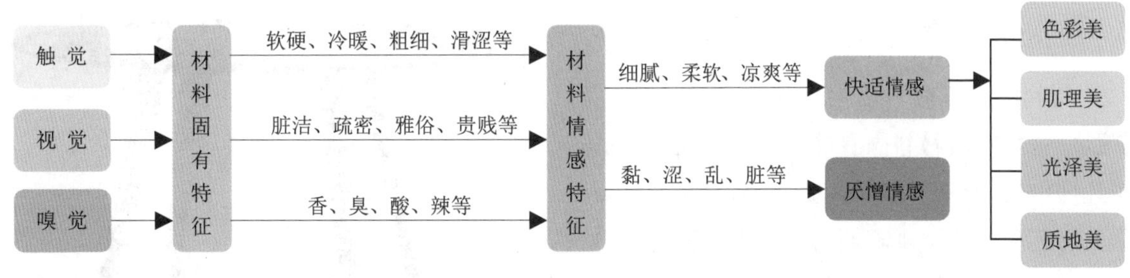


图5-40　材料美感形成过程示意图

### 2. 材料的色彩美

当色彩以材料为载体依附于材料而呈现时，即形成了材料的色彩。根据色彩依附材料的方式不同，材料色彩可分为自然色彩和人工色彩两类。前者是指材料固有的自然色彩，后者是指人为二次加工而赋予材料的色彩。家具材料的自然色彩美首先体现为不同材料的纹理、光泽和色彩浑然一体的自然质感与肌理之美。例如，实木产品千姿百态的纹理、缤纷多样的色彩可以带给用户朴素、自然、亲切、轻松的情感体验。图5-41中的大理石餐桌由羊脂玉白色天然大理石桌面与表面做过拉丝哑光处理的碳素钢支撑组合构成，浅色的大理石和黑灰色金属配搭，精湛的表面处理工艺、简洁的形体尽显轻奢产品意蕴，可以充分满足年轻用户高雅、高档、现代、时尚的情感需求。

另外，家具材料的色彩美还体现在材料色彩与空间环境的整体协调性方面。进入现代社会后，空间环境中除了家具外，还有各类现代家用电器、生活或工作用品，此时的家具用材及其色彩与家用电器色彩间的协调尤为重要。同时，家具材料的色彩设计还应考虑家具与所处空间环境的风格和色彩之间的统一。另外，追随流行色趋势、尊重用材习俗也属于家具材料美的范畴。

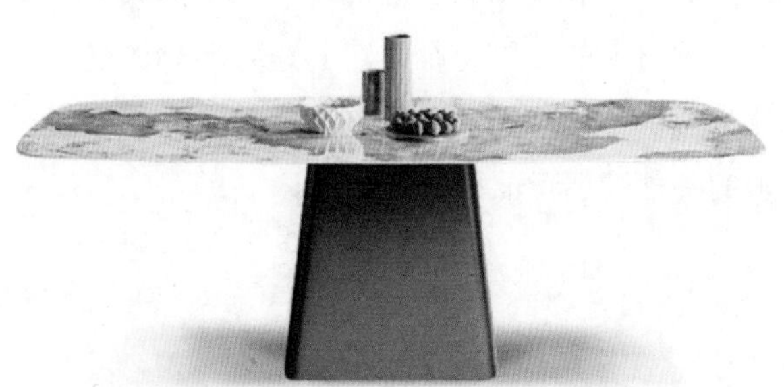

图5-41　大理石餐桌/材料的色彩美

### 3. 材料的肌理美

肌理是指物质材料固有的组织构造表现出的表面几何细部特征，是材料的表面形态在视觉或触觉上可感受到的一种表面材质效果。肌理具体入微地反映了不同材质的差异，体现了材料的个性和特征，是家具形态美构成的重要因素，在家具形态设计中具有极大的艺术表现力。

根据材料表面细部几何特征的形成不同，肌理可分为自然肌理和再造肌理。自然肌理是指材料自身组织构造所形成的肌理特征，包括天然材料的自然肌理形式(如天然木材、石材等)和人工材料的固有肌理(如钢铁、塑料、织物等)。自然肌理突出材质的自然之美，以“自然”为贵。再造肌理是指材料表面通过运用涂饰、电镀、喷砂、贴面等表面处理工艺所形成的肌理特征，并非材料自身组织构造固有的肌理形式，而是通过改变材料原有的表面材质特征形成的一种新的表面材质特征。

不同的材料表面有其特定的肌理形态，而不同的肌理形态会对人产生不同的心理影响，形成不同的情感释义，从而产生不同的审美品格和个性：有的肌理粗犷、坚实、厚重、刚劲，有的肌理细腻、轻盈、柔和、通透。即使是同一类别的材料，不同的品种也有微妙的肌理变化，如不同种类的木材具有细纹理、粗纹理、直纹理、山形纹理、波浪形纹理、螺旋形纹理、交替纹理等千变万化的肌理特征。正是这些丰富的肌理为家具表面形态美的塑造提供了多样化的可能性。例如，图5-42所示的胡桃木餐桌以其庄重、典雅的天然色泽，天然偶成的纹理，变化莫测、细腻光滑的表面肌理等美观因素契合了中年用户的情感需求。

图5-42　胡桃木餐桌/材料的肌理美

#### 4. 材料的光泽美

光泽泛指材料表面反射出来的亮光，取决于材料表面对光的镜面反射能力。光是造就各种材料美的先决条件，材料离开了光，就不能充分显现自身的美感。光的角度、强弱、颜色是影响各种材料美的因素。光不仅会使材料呈现出各种颜色，还会使材料呈现出不同的光泽度。人通过视觉感受到材料的光泽度后，就会获得其在心理、生理方面的反应，产生某种情感、联想而形成审美体验。根据受光特征不同，材料可分为透光材料和反光材料。

透光材料是指受光后能被光线直接透射，呈透明或半透明状的材料。这类材料常以反映身后的景物来削弱自身的特性，给人以轻盈、明快、开阔的美感。家具中常用的透光材料有玻璃、透明度较高的塑料及其衍生品等，采用不同的表面处理工艺，形成明快晶莹、隔而不断、层层叠叠的朦胧美。

反光材料是指受光后能反射光线，呈现高亮光泽的材料，如抛光大理石面、金属抛光面、一些亮光油漆面等。反光材料按受光后反光特征不同分为定向反光材料和漫反光材料。定向反光材料一般给人以生动、活泼的美感。漫反光材料也称哑光材料，如木质面、皮革面、织物面、毛石面等，给人以质朴、柔和、含蓄、安静、平稳的美感。在产品设计中，若能很好地组合应用定向反光材料和漫反光材料，往往会有意想不到的美观效果。图5-43是丹麦著名设计大师安恩·雅各布森(Arne Jacobsen)于1958年设计的蛋形椅，它由高亮光的金属与哑光的皮革配搭构成，把现代金属材料的时尚、豪华、明快与皮革的高雅、亲切、舒适有机地融为一体。

图5-43 蛋形椅/材料的光泽美/设计：安恩·雅各布森

#### 5. 材料的质地美

材料质地是由材料固有的物理属性所引发的人的感受差别，主要表现为材料的软硬、轻重、冷暖、干湿、粗细以及表面黏度、湿度等影响人的触觉感受舒适程度的多种变量。材料的质地是材料的内在本质特征，通过触觉影响用户对于产品舒适性和安全性的情感体验，也是材料美体现的另一个重要的方面。一般来说，与人类贴近的天然材料易使人产生亲切与舒适感，如木、竹、藤、草编等；表面光滑、细腻、柔软、温暖的材料易引起人们愉悦的情感，如温润的玉器、光滑的金属、细腻的皮革、丝滑的丝绸、柔软的棉织物等。而对于凹凸不平的表面、黏稠的液体、锈蚀的铁皮则会让人产生抗拒感，并引起人的不适感。可见，材料的质地触感与肌理效果在材料质地美和肌理美的内涵方面也是一致的。

材料的质地可分为天然质地与人工质地。天然质地包括未经人工加工的天然材料的质地(如毛石、树皮、沙土及动物毛皮等)和以天然材料为基材，经人工加工而成的材料质地(如经切割、打磨、刻画、抛光等加工的木材、石材等)。而人工材料所反映的质地为人工质地，如各种金属、塑料、玻璃等材料的质地。在家具形态设计中，材料质地特性及其美感的表现力主要是通过材料的选择和配搭来实现的，并以触感的舒适性为基本准则。例如，图5-44所示的休闲椅利用纯棉织物材料的柔软、温暖特性，增加产品使用过程中的舒适性美感。

家具形态构成材料美精品案例赏析

图5-44　休闲椅/材料的质地美

## 五、选材流程与内容

在家具形态设计过程中，选材用材应遵循科学的流程，并客观、规范地呈现材料的选用过程。常见的选材方式有三种：一是既定用材方式，即在设计之初即指定项目产品的用材，多见于常规产品的迭代升级设计中；二是非既定用材方式，即在设计之初没有明确指定项目产品的用材，而是由设计师根据设计意图确定用材，多见于原创类产品或概念性产品的创新设计中；三是主材既定、辅材待定方式，这也是一种较常见的用材方式，既具有一定的用材边界，又给予设计师相应的发挥空间。

### 1. 选材流程

无论是既定用材方式、非既定用材方式还是主材既定、辅材待定用材方式，其设计目标都是一致的，即满足项目产品目标用户的情感需求；而变化的是时空、地域、工艺技术等与设计用材相关的因素。因此，就需要根据家具形态设计的内容与特征，制定材料选用的一般流程(图5-45)，通过设计思维的方法进行全面系统的设计分析，寻求材料的情感特性与形态内涵、目标用户情感需求之间的统一性。

### 2. 选材内容

图5-45中材料选用的一般流程既说明了家具形态设计时选材用材的步骤，也体现了选材用材的主要内容。现将其中的主要步骤与内容分述如下。

| 市场调研 | 材料筛选 | 经济分析 | 特性分析 | 情感分析 | 小样评审 | 形态分解 | 构造分解 | 工艺分解 | 样品评审 | 材样存档 |
| --- | --- | --- | --- | --- | --- | --- | --- | --- | --- | --- |

图5-45　材料选用的一般流程示意图

(1) 市场调研。市场调研即针对国内外市场上家具用材现状进行调查、分析，重点关注家具构造性用材的变化趋势、装饰性用材的特色与创新、色彩与光泽度等内容。例如，综合调研分析近些年实木家具用材变化规律，可发现家具构造性用材的主流在水曲柳、橡木、胡桃木之间呈周期性轮转；装饰性用材有铜、不锈钢、皮革、高档石材、织物等，呈多样化趋势，以点缀形式凸显产品特征；色彩多以浅白色或浅灰色为主；光泽在亮光和半亮光之间呈周期性轮转。

(2) 情感分析。根据市场调研的用材信息，按不同构造性用材与不同装饰性用材的组合、不同色彩的配搭，构思一些产品形态设计方案草图，并对各方案草图中用材的物理属性、生理属性进行归纳分析，探寻其与用户情感需求之间的最佳契合度。

(3) 小样评审。综合前述市场调研、情感分析等方面的结果，形成材料小样(也称材料样板，包括材料实物、色彩、名称、产地、成分等方面的信息)，随即参照方案草图进行材料小样评审，确定项目产品的构造性用材、装饰性用材，以便展开设计。

(4) 形态、构造、工艺分解。形态、构造、工艺分解即依据确定的材料特征和方案草图，对形态、构造、工艺进行分解与评估。其中应注意两种极端情况：一是产品的形态、构造与工艺过于简单，背离材料固有的品质与价值感时，需要提出工艺深化方案，强化产品的价值感；二是产品的形态、构造与工艺过于复杂，高于产品的设计定位时，需要提出工艺简化方案。

### 3. 材料信息表达内容与规范

同一形态，不同材料，其情感释义无疑会存在差异；即使是同一种类的材料，也会因产地或组成成分的不同呈现出质感与肌理、色彩、光泽等方面的差异。为了准确实现设计意图，需要规范性地标明材料的相关信息。一般来说，木材等天然材料会因生长地区的不同而产生材性上的差异，完整的材料信息应以“材料名称+实物样板+产地”的形式标注，如北美黑胡桃木、俄罗斯水曲柳等；而金属等人工材料，会因成分不同而产生材性上的差异，完整的材料信息应以“材料名称+实物样板+成分(或标准代号)”的形式标注，如304不锈钢、三七黄铜等。随后进行材料物理特征、生理特征及用户情感特征方面的分析。

【案例5-3】家具形态设计中材料信息表达内容与规范示例

在此以明式圈椅为例，说明采用黄花梨木、不锈钢、压克力三种不同材料时，其形态设计的材料信息表达内容与规范(表5-6)。

表5-6　不同材料的明式圈椅形态设计的材料表达内容与规范

| 材料类别 | 方案图例 | 材料及其情感特性 | | | 用户体验 | 适宜用户或场所 |
|---|---|---|---|---|---|---|
| | | 材料样板 | 物理属性 | 生理属性 | | |
| 交趾黄檀(俗称大红酸枝) | | 材料：交趾黄檀<br>产地：老挝 | 国标红木，吉祥、喜庆的深红色，细腻、自然的纹理，温润的光泽等 | 天然、亲切、温暖、质朴、传统、手工、感性 | 经典高雅、优美雅致、精致贵重、奢华大气、质朴自然、温馨亲切 | 中老年雅士群体，顶级商务办公、茶室等场所 |

（续表）

| 材料类别 | 方案图例 | 材料及其情感特性 | | | 用户体验 | 适宜用户或场所 |
|---|---|---|---|---|---|---|
| | | 材料样板 | 物理属性 | 生理属性 | | |
| 不锈钢 | | 材料：304不锈钢<br>产地：中国 | 现代人造材料，高雅的银灰色、明亮光洁的表面、时尚的金属光泽等 | 现代、时尚、光滑、坚硬、凉爽、奢华、冷漠、人造 | 现代时尚、优美大方、青春活泼、个性别致、奢华贵重、冷漠艳俗 | 青年时尚群体，中高档商务、公共场所 |
| 压克力 | | C10 M100 Y100 K2<br>材料：红色压克力<br>产地：中国 | 合成高分子材料，鲜艳的深红色，晶莹剔透的质感，柔和、梦幻的光泽等 | 优雅、细腻、轻巧、人造、艳丽、凉爽、低档、传统 | 传统经典、优美雅致、活泼亮丽、个性别致、人造现代、廉价艳俗 | 普通消费群体或公共场所 |

## 六、家具形态用材配搭设计

家具形态用材配搭设计是以满足用户情感需求为目标，以材料情感特征为基础的创新思维过程。设计师需要根据产品的构造性材料及其色彩的不同，进行不同设计要素之间的有机融合与配搭，努力形成综合效果协调、多样化与个性化并存、与目标消费群情感诉求一致的家具形态用材。

### 1. 用材配搭的概念

很多产品是由两种或两种以上的材料组合构成的，即产品的组合用材或配搭用材。配搭用材的主要目的除了满足部分特殊的功能需要，或节约原材料成本外，还包括在遵循统一的原则下，寻求产品形态的某种对比关系，形成多样化美观的形态效果。

(1) 用材方式与对比度。综合家具的用材及其色彩构成，不外乎以下几类用材配搭方式：一是同材同色或同材异色，二是异材异色或异材同色。其中，最常见的是同材同色和异材异色两种用材配搭方式。而在CMF概念中，材料已经延伸到色彩、表面处理工艺、图纹设计领域，即通过相同或不同材料的固有或人工色泽、肌理等，形成色彩、材料、表面处理工艺、图纹之间的组合或配搭关系。

家具形态设计中常用的对比方法是根据产品的功能属性和材质的特性，形成材料的色彩对比、材质对比、软硬对比等。大部分材料的这些特性是相互关联的，在色彩、材质、软硬等方面都能很好地满足产品功能与审美方面的要求。根据对比效果对于视觉感官的影响不同，在此引用对比度的概念把家具材料配搭方式分为零度对比配搭和调和对比配搭两类。

(2) 零度对比配搭。零度对比配搭包含两方面的含义：一方面可以理解为产品形态的CMF效果呈现为相同或不同材质，但须同一色彩、同一表面处理工艺与图纹，如同一种木材的座椅、台桌、柜子等，或相同色彩、相近质感的皮革与人造革配搭的全软包沙发或凳子等。另一方面可以理解为材料间形成无彩色配搭对比，即黑、白、灰、金、银色形成配搭。无彩色系列可以和任何颜色配搭而不起冲突的属性，从理论上讲也属于零度对比。在实际应用中，常以黑、白、灰为主，形成黑与白、黑与灰、中灰与浅灰等的配搭，会产生高雅素净的现代感。例如图5-46所示的客厅，沙发、地毯、墙壁、窗帘分别选择了饱和度比较低的不同色调的灰和黑色茶几进行配搭融合，营造出整个空间的层次感和极简的设计风格。总体而言，零度对比的配搭虽然简单易行，但也容易形成过于单调、乏味、素净的沉闷感。

图5-46 客厅零度对比配搭示例

(3) 调和对比配搭。调和对比配搭是指按照现代设计的审美法则所进行的不同材料及其所承载的不同色彩、图纹等之间的配搭设计。在实际设计中，一般将木材、金属、竹材、塑料、石材等作为家具的构造性用材，用于家具腿脚等支撑件或台面、桌面、柜类板件等；而座面、靠背、扶手软包、拉手、构造用连接件、脚轮(垫)等部位属于配搭用材。在调和对比配搭中，除了构造性用材与配搭用材之间进行配搭对比外，构造性用材相互间也可以进行配搭对比。图5-47是常用材料之间的配搭示意图。

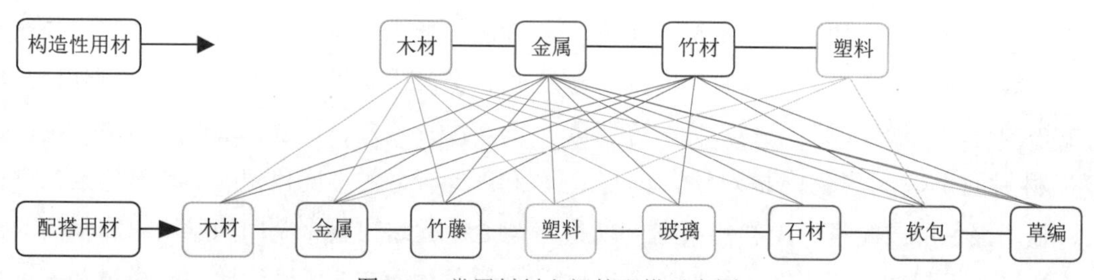


图5-47　常用材料之间的配搭示意图

在调和对比用材配搭设计中，当构造性主体材料、装饰性配搭材料均确定之后，应着重挖掘材料自身的固有特性，努力实现通过设计把材料与当代技术、社会潮流、审美观、文化内涵等进行有机融合，通过材料的形态、特性、质感、色泽及其文化内涵的延伸达到对比与和谐平衡的理想状态。图5-48是客厅调和对比配搭示例，与零度对比配搭的单调、乏味、素净感不同，其尽显热烈、活泼、时尚的氛围效果。

### 2. 家具形态设计的用材方法

色彩纷呈的家具材料在为家具形态设计用材调和对比配搭提供多样化可能性的同时，也带来了相应的繁杂性。下面仅以家具形态构成中常用的木材、金属和塑料为例，利用材料可以承载不同的色彩、不同的表面处理工艺和图纹、不同的软硬度需求等多元化特性，进一步叙述家具形态设计的用材方法。

图5-48　客厅调和对比配搭示例

(1) 木质家具形态用材配搭设计。木质家具是指构成家具的整体或主体构件为木质材料的家具。木材是天然材料，也是人类较早用于造物活动的材料之一。经过漫长的岁月沉淀，人们早已根据木材固有的特性总结出了相应的应用领域、成型工艺与文化属性。

① 木材的情感属性。通常认为木材具有淡雅的色彩、自然的纹理、温润的光泽等物理属性和天然、质朴、温暖、粗糙等生理属性。然而，与其他材料不同的是，木材还具有独特的可持续性的自然特性，其因生生不息、周而复始、延绵不绝的旺盛生命力，几年或几十年的快速、短周期成材，类别、品质、色泽、肌理繁杂多样、贵贱相宜，低廉、简易的加工成本等，被视为家具的理想材料。特别是木材以其高大通直，色泽多样、纹理美观自然、吸湿保温、冬暖夏凉、保健治病等属性根植于人类的血脉，随着人类的繁衍而传承。

综合木材的天然色泽可由浅入深分为淡色、浅色和深色三类，分别对应于青年用户、中年用户、老年用户的情感需求。这也为木质家具色彩设计选材提供了基本思路，并可以根据木材的天然色彩，由浅入深地设计一个简易的“木材色谱—常用木材—情感特征—适宜用户”的关系表(表5-7)。表5-7以汉斯·维格纳设计的肯尼迪椅为例，当椅子由淡色、浅色、深色三类色彩深浅不同的木材构成时，其所表达的情感特征分别与老年、中年、青年三个层次的目标用户群体相关联。总之，对于木材、竹材、石材、草编等天然材料，用于家具时，应尽可能地保持其天然的色泽、纹理等自然特性，通过材料的自然之美、工艺之美等满足用户的情感需求。

表5-7 “木材色谱—常用木材—情感特征—适宜用户”的关系表

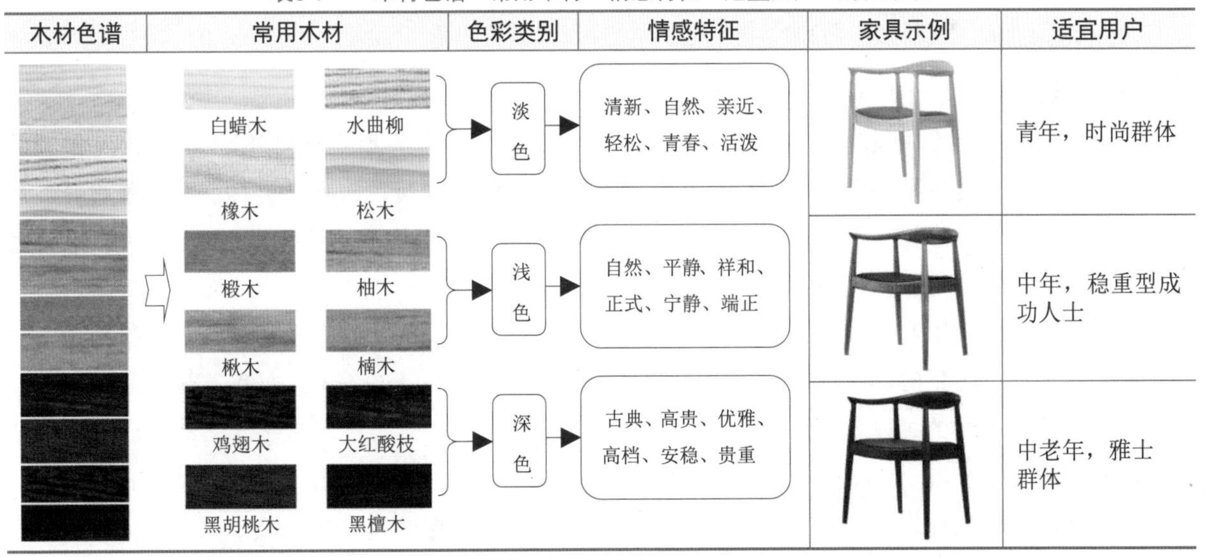

| 木材色谱 | 常用木材 | 色彩类别 | 情感特征 | 家具示例 | 适宜用户 |
|---|---|---|---|---|---|
| | 白蜡木、水曲柳、橡木、松木 | 淡色 | 清新、自然、亲近、轻松、青春、活泼 | | 青年，时尚群体 |
| | 椴木、柚木、楸木、楠木 | 浅色 | 自然、平静、祥和、正式、宁静、端正 | | 中年，稳重型成功人士 |
| | 鸡翅木、大红酸枝、黑胡桃木、黑檀木 | 深色 | 古典、高贵、优雅、高档、安稳、贵重 | | 中老年，雅士群体 |

② 木材的配搭类型。在现实生活中应用最广泛的木质家具材料配搭方式为零度对比配搭，也称一元配搭，即家具整体由某种单一木质材料构成，或虽然由不同材料构成，但其色彩与质感相同或同属无彩色。这种相同或不同材质，但同色、同质感或同属无彩色的配搭方式尽管能满足

部分稳重型用户的基本使用功能需求，但所呈现的呆板、沉闷、单调等情感特征却滞后于现代消费者的时尚化审美情感需求。

家具用材的多元化逐渐形成了木质材料与金属、玻璃、皮革、织物、石材、编织等材料之间的两种或三种，或同种木质材料间的有彩色配搭，也称二元或三元配搭。这种多元材料配搭设计的关键在于主体的木质材料与其他配搭材料之间的材质或色彩形成调和对比。特别是在现代审美观的影响下，只有通过主体的木质材料与其他材料之间进行二元或三元配搭，形成调和对比的家具用材体系才能满足用户对木质家具的多元化、个性化的情感需求。图5-49是木质家具材料配搭类型综合分布示意图。

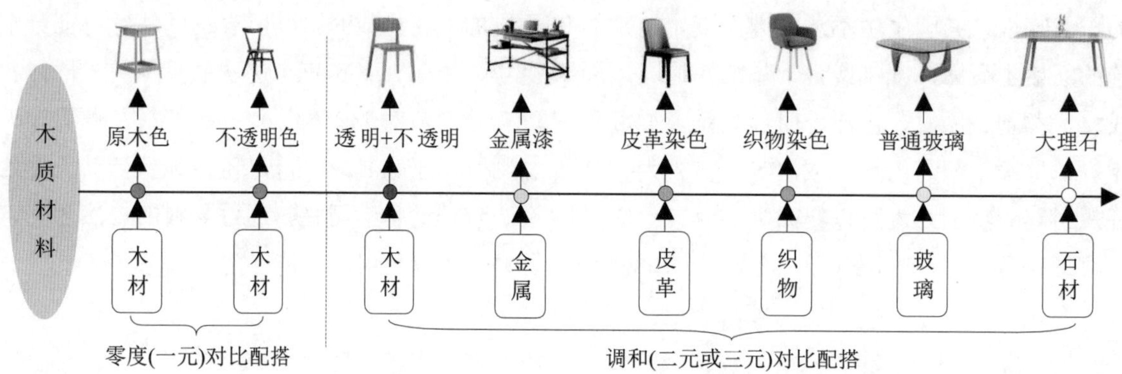


图5-49　木质家具材料配搭类型综合分布示意图

从图5-49中可以看出木质家具材料配搭的广泛性和多元性。理论上木质材料可以和各类材料进行无障碍配搭，这主要得益于木质材料自身的种类、色彩与纹理的多样化天然属性。但参与配搭材料的固有特性与情感属性各不相同，造成其配搭后在木质家具中所起到的辅助作用也不尽相同。当与金属材料配搭时，木质材料多用于构成家具中与人或物接触的主体功能部件，如桌面、台面、座面等；而金属材料多以线状或带状形式用于构成家具中的支撑构件，如桌腿、椅腿等。与此相反的是，当与皮革、织物、玻璃、石材等配搭时，辅助的配搭材料多用于构成家具中主体功能构件，如玻璃或大理石桌(台)面、软包座面等；而木质材料此时多用于构成家具构造性支撑构件。

【案例5-4】木质家具形态用材配搭设计示例

在木质家具形态设计中，其构造性材料是明确的，即木材，而配搭用材则存在着材料类别和色彩两个变量，设计师根据表5-7的“木材色谱—常用木材—情感特征—适宜用户”体系进行综合思考，平衡产品形态特征与用户情感体验需求之间的关联关系，以期形成最佳的综合效果。例如，丹麦设计大师汉斯·维格纳于1963年设计的三角贝壳椅(three-legged shell chair)，其主体构造性用材为曲面形模压胶合板，可根据需要调配不同的色彩；其配搭用材为座面和靠背的软包材料，存在织物、皮革、色彩、图纹等可变元素。综合分析后形成如图5-50所示的用材配搭设计方案。

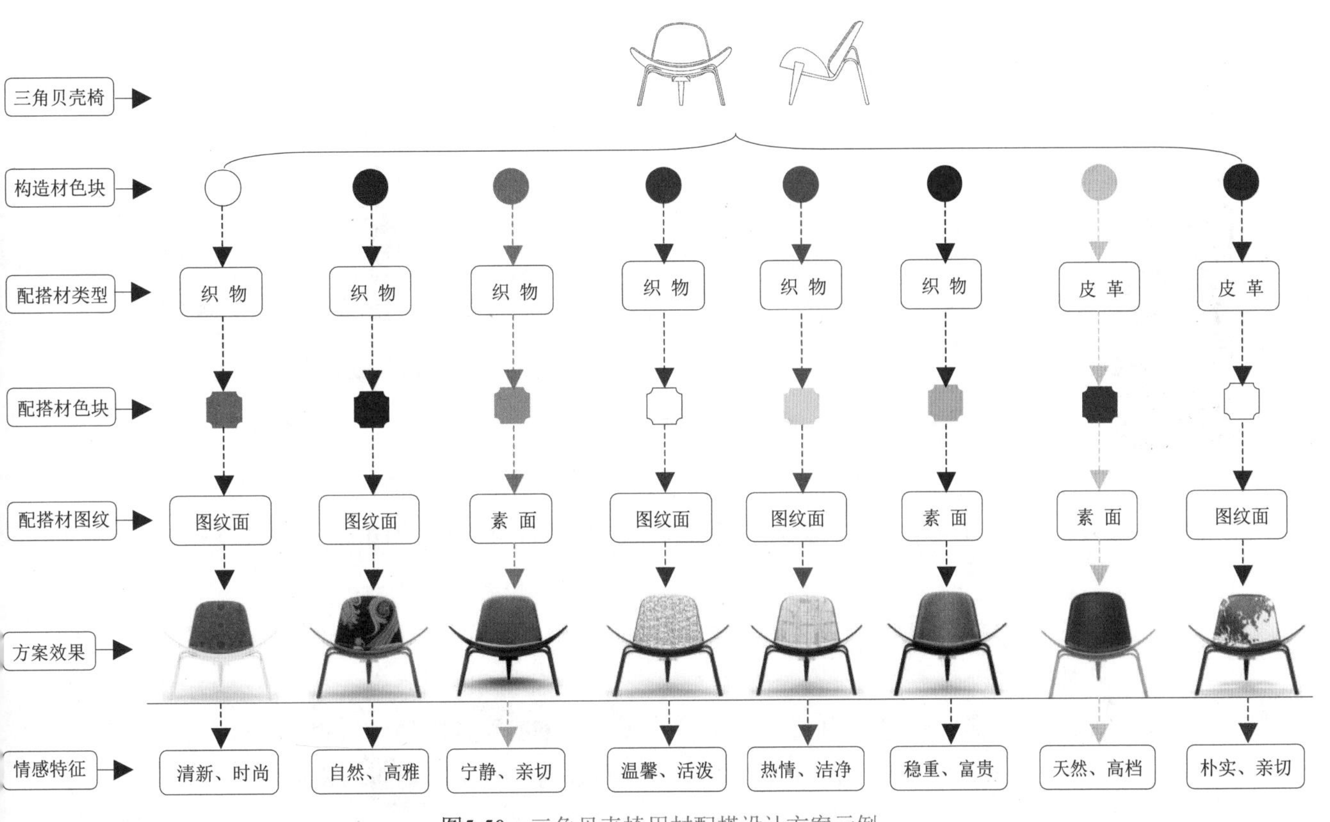


图5-50　三角贝壳椅用材配搭设计方案示例

(2) 金属家具形态用材配搭设计。金属家具是指构成家具的整体或主体构件为金属材料的家具。尽管早在公元前6世纪的古罗马时期就出现了青铜家具，但直到20世纪初期，德国公立包豪斯学校[简称“包豪斯(Bauhaus)”]的马塞尔·布劳耶突破金属材料应用的传统思维束缚，运用钢管弯曲成型工艺，设计制作了世界上第一把钢管椅——瓦西里椅(1925年)，才标志着金属家具真正走进人们的生活与工作。

① 金属材料的情感特征。通常认为普通金属呈银灰色或贵金属呈金黄色、闪亮的金属光泽、质地坚硬光滑等物理特征和现代、人造、结实、光滑、科技、冷漠、凉爽、笨重、理性等生理特征。但具体到不同的金属，其情感特征也有个性化的差异，如黑色的钢铁既具有厚重、结实、坚硬、永恒之良感，又有机械、冷漠之忧虑；银白色的铝合金具有现代、时尚、轻盈、雅致之感；黄铜具有高级、贵重、富贵之感；青铜具有古朴、高雅、经典之感；特别是集现代、时尚、科技、高档于一体的不锈钢材料，向人类充分展示了金属材料的优良特性。表5-8归纳了金属色谱、常用色彩、情感特征与适宜用户的关系。

表5-8　金属色谱、常用色彩、情感特征与适宜用户的关系

| 金属色谱 | 常用金属 | 色彩类别 | 情感特征 | 家具示例 | 适宜场所或用户 |
|---|---|---|---|---|---|
| 白色<br>银灰色 | 钢铁涂覆、铝合金、不锈钢 | 淡色 | 现代、雅致、轻盈、明快、活泼 | | 适用于时尚、高档、现代的室内外空间或场所 |
| 黄铜色<br>金黄色 | 铜合金、钢铁镀铜、镀金 | 浅色 | 华丽、富贵、柔和、温暖、高贵、奢华 | | 多用于高档公共场所或高档住宅用家具 |
| 桔黄色<br>松绿色<br>深红色<br>群蓝色 | 钢铁或铝合金彩色油漆 | 彩色 | 清新、热烈、青春、活泼、轻松、自然 | | 常用于办公文件柜类或商用空间的储物柜类 |
| 黑色 | 钢铁、油漆 | 深色 | 凝重、坚实、庄严、肃穆、规整 | | 适用于商业、办公、会所等公共空间 |

② 金属的配搭类型。在家具形态构成中，常用的构造性金属材料有钢铁(含不锈钢)、铝合金、铜合金等，其表面处理工艺相对粗糙，以油漆或电镀铬、锌、铜较为常见，色彩多为铁黑色、银灰色或白色，也有少数彩色办公文件柜或商场用储物柜。由于金属材料的冷漠、理性等情感特征与温馨的家庭氛围相悖，若作为支撑类或凭倚类家具用材，会因金属表面直接与人体接触时易使人产生不适的触感而受到排斥，故设计时在与人体接触的部位会配搭其他具有温暖、柔软情感特征的材料，改善触感，由此衍生了金属材料与其他材料之间配搭方式的思考。但对于金属收纳类或安保类家具，在使用过程中，金属材料的负面情感特征对使用者的影响较小，设计时可将重点放在其使用功能和视觉体验上，不宜过于思考金属材料与其他材料之间的配搭方式。

在设计实践中，金属家具材料的配搭方式与木材相似，即零度对比配搭与调和对比配搭两种形式。根据零度对比配搭与调和对比配搭的含义，金属家具材料之间的零度对比配搭表现形式为金属材料的同质同色、异质同色，或金属与其他不同材料之间的无彩色配搭；调和对比配搭的表现形式为同质或异质金属材料及金属与其他材料之间的有彩色配搭。当金属材料作为家具形态中的构造性构件时，可与木材、塑料、织物、皮革、草编等材料进行配搭(图5-51)，因配搭的材料属性不同，呈现出不同的情感特征。

综上所述，金属材料不如木材那般色彩斑斓、丰富多样，质感也不如木材那般千变万化，但以金属作为家具中的构造性用材，与木材、织物、皮革、草编、塑料等材料进行配搭设计，因所配搭的材料属性不同，呈现出不同的情感特征。另外，金属材料特有的坚固、结实、安全等特征，因符合办公或商业空间中家具的部分功能属性需求而逐渐得到认可，以快速发展的态势用于各类商业家具或办公家具，逐渐形成特有的新兴金属家具体系。

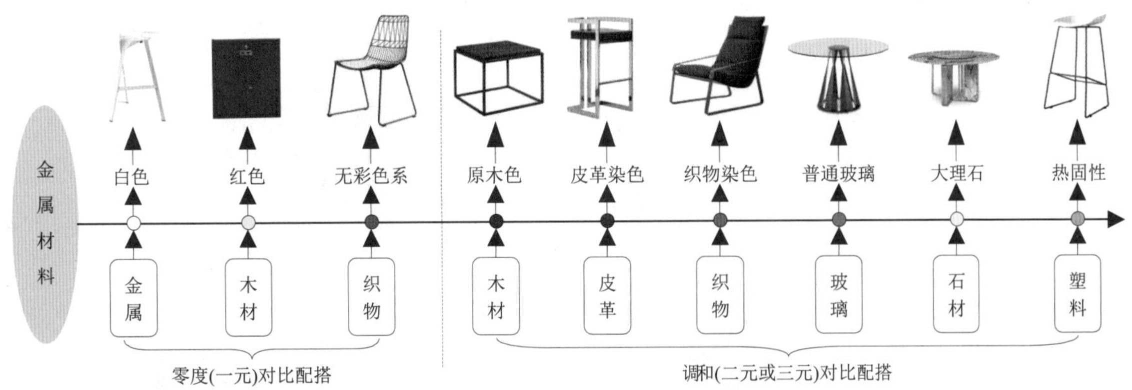


图5-51 金属家具材料配搭类型综合分布示意图

(3) 塑料家具形态用材配搭设计。塑料家具是指构成家具的整体或主体构件的材料为塑料的家具。塑料是一种以合成树脂或天然树脂聚合物为基础原料，可根据需要加入各类辅料的可塑性材料的简称。尽管塑料是20世纪初才发展起来的一类有机综合材料，但它却以丰富的品种、优良的特性、广泛的用途、低廉的成本等优势迅速发展，服务于人们的日常生活与工作。

① 塑料的情感特征。人们日常接触频次较高的一般是便捷型塑料制品，导致塑料制品逐渐给人们一种低廉、大众、再生的印象。实际上，自20世纪上半叶以来，随着塑料合成理论和加工技术的突破，塑料便作为一种十分重要的材料逐步应用于机械仪表、国防军工、交通工具、航空航天、医疗器械、家居用品等高端或普通领域。琳琅满目的塑料制品既为人们的日常工作与生活带来了便利，也带给人们丰富多样的情感体验。综合地讲，塑料具有光滑、柔软、透明、凉爽、热塑、冷脆、弹变、色变、隔绝等物理特征，现代、华丽、通透、晶莹、明亮、活泼、轻巧、时尚、优雅、人造、低廉、艳俗等褒贬均沾的情感特征。

② 塑料的配搭类型。尽管塑料种类繁多，但根据其质感的透明度不同，可分为透明塑料和不透明塑料两类；根据色彩的不同，可分为无彩色塑料和有彩色塑料两类。部分无彩色塑料即透明塑料，若在其基础上加入着色剂，即可形成有彩色塑料，大多数有彩色塑料也是不透明或低透明度的塑料。

在家具形态设计中，可利用塑料质感的透明度和不同色彩，或塑料与金属材料、软体材料等进行组合，形成零度对比配搭或调和对比配搭两种形式。类似玻璃般透明质感的塑料晶莹剔透，给人以现代、时尚、优雅、新潮、明亮、洁净的情感体验。尽管塑料在使用时存在触感冷漠的缺陷，但其仍以现代、时尚的魅力征服了大批的年轻消费者，特别是受到追求新潮、时尚的年轻消费者的喜爱。而有彩色不透明塑料尽管可以根据需要人为地调配不同的色彩，将塑料的情感特征和产品形态的情感属性进行融合构思，形成塑料家具形态动感、可爱、现代、亲切的情感内涵，但消费者固有的低档、廉价观念长期阻碍其登入高雅之堂，多用于普通餐饮或其他公共场所。图5-52是同款多色、可叠置的塑料潘顿椅，属零度对比配搭，其将塑料的特性及其一体成型工艺与椅子的侧面轮廓呈“S”形巧妙融合，既为人体坐靠提供了最佳的舒适感体验，又向使用者展示了产品充满律动的曲线美、轻盈飘逸的形态美、丰富多样的色彩美。

图5-52 潘顿椅/设计：维奈·潘顿

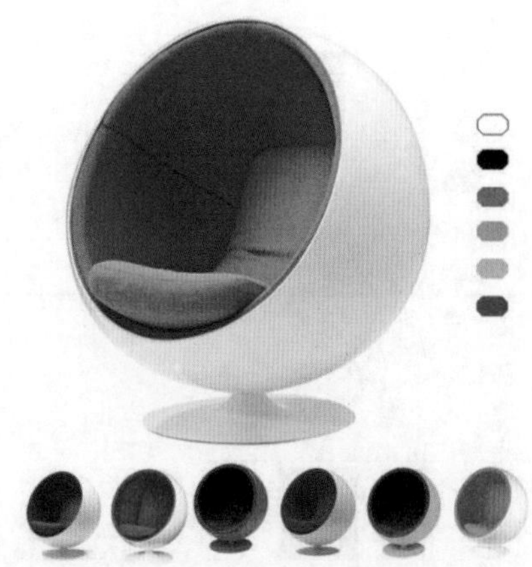

图5-53 球椅形态设计用材配搭方案示例/设计：艾洛·阿尼奥

为了更好地丰富塑料家具的情感体验，弱化塑料家具零度对比配搭形成的冷漠、低档的情感特征，可以采用塑料和金属、皮革、织物等材料的调和对比配搭。但调和对比配搭的塑料家具，工艺略显复杂，技术难度也大，现有技术的解决方法是在塑料模具成型过程中，通过在构造接合部位预埋木材或金属预制件的方式实现塑料与其他材料构件，特别是金属构件间的有效连接，实现塑料与其他材料间的调和对比配搭。图5-53是芬兰设计师艾洛·阿尼奥于1963年设计的球椅，其球状的壳体为强化玻璃纤维增强树脂塑料(俗称玻璃钢)、壳体内侧面与人体接触部位内置织物或皮革软包，圆盘底座为钢材。该球椅的调和对比配搭的可能方案为：壳体(色彩、表面材料)+内置软包(色彩、表面材料)+底座(色彩)三部分进行不同材料、色彩间的组合，并由此形成球椅形态的系列方案。

综上所述，不同的材料存在着不同的固有特征、不同的视觉形态、不同的美观效果、不同的成型工艺方法、不同的适用领域、不同的价格成本。根据材料的不同进行家具形态设计创新由来已久，进入现代社会后，随着人们行为方式和审美观念的改变，材料也为家具形态创新的属性增添了时代化的新内涵，铭刻着当代的物质与精神印记。因此，选择合适的材料，灵活地运用材料，合理地配搭材料，充分发挥材料的各种特性，完美地呈现出产品的形态效果，也是当代家具设计从业者必备的技能。

## 第四节 基于工艺的形态创新

《考工记》有语：“天有时，地有气，材有美，工有巧，合此四者然后可以为良。”由此可见古人对造物材料与工艺的认知之高、之深、之特，可谓登峰造极。在现代产品设计实践中，如果说材料是产品实现功能、构造、形态的物质基础，那么工艺则是其物化的前提和技术保障；材料通过创新设计催生新工艺，实现其自身的价值，新工艺又反哺于材料，拓展其应用领域，形成材料与工艺之间互动共进的良性循环，共同推动着产品形态创新。任何产品设计，无论其功能属性和形态内涵如何，只有材料特性与其成型工艺一致，才能顺畅地经过各种成型工艺形成实物产品，实现设计的目的和要求。

## 一、工艺的概念与类别

### 1. 工艺的概念

广义的工艺是指与材料的成型工艺和表面处理工艺等相关联的技术，是人们认识、利用和改造材料并实现产品形态的技术手段。狭义的工艺是指人们利用各类生产工具或设备对各种原材料、半成品进行加工或处理，最终使之成为成品的方法与过程。简言之，工艺就是使各种原材料、半成品成为产品的方法或过程。

与家具形态相关联的工艺包括成型工艺和表面处理工艺两类。成型工艺是指利用生产工具或设备改变原材料的初始形态或性质，使其达到或接近设计产品要求的形态或特征的加工过程。例如，木材可采用锯切、刨削等成型工艺获得某种空间形态的木质产品，金属材料可采用冲压、弯曲、切割、焊接等成型工艺获得某种空间形态的金属产品，塑料可采用注塑、挤塑、吹塑等成型工艺获得有一定空间形态的塑料产品，液态玻璃可通过压制、吹制、拉制等成型工艺制成各种形态的玻璃制品，等等。表面处理工艺是指经表面预处理后，通过表面覆层、表面改性或多种表面技术的复合处理，改变原材料或成型材料的表面性能的加工过程。可见，材料是工艺行为的基础，形态是工艺行为的结果。产品形态设计与材料及成型工艺的关系可简单地表述成图5-54。

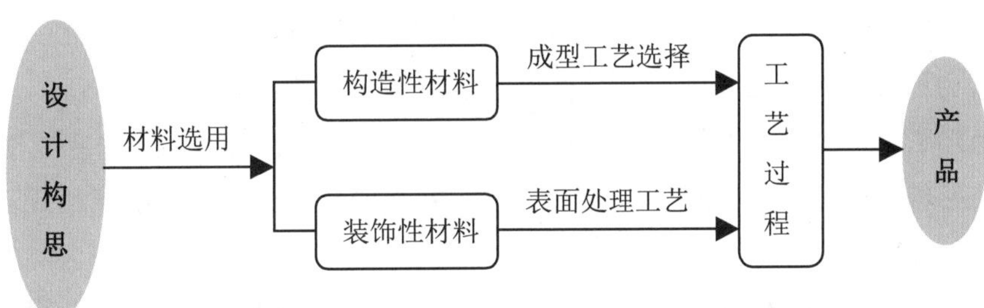


图5-54　产品与材料及成型工艺的关系

### 2. 成型工艺的类别与适宜性

(1)成型工艺的类别。根据中华人民共和国国家标准《面向装备制造业 产品全生命周期知识 第1部分：通用制造工艺分类》(GB/T 22124.1—2008)，按成型方法的不同，家具的成型工艺可分为去除成型工艺、堆积成型工艺和受迫成型工艺(图5-55)。

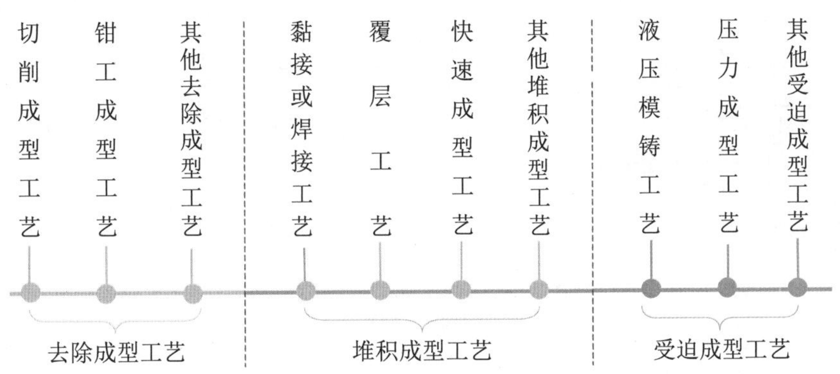


图5-55　基于成型方式的产品成型工艺分类示意图

① 去除成型工艺。去除成型工艺即去除余量材料而成型，运用分离的办法，把一部分余量材料有序地从基体中分离出去而达到设计要求的零部件的形状、规格、精度、表面粗糙度的成型方法。去除成型工艺包括切削成型工艺、钳工成型工艺和其他去除成型工艺。其中，切削成型工艺是指切割、车削、铣削、刨削、钻孔、镗削等刃具类切削和砂轮磨削、砂带磨削、研磨等磨削类加工，钳工成型工艺是指划线、手工锯削、錾削、锉削、手工研磨、手工刮削、手工打磨等加工方法。去除成型工艺由来已久，从人类远古时代敲击石块制作石器工具到现代多轴联动的高速加工中心铣削精密零件，均属去除成型工艺。

② 堆积成型工艺。堆积成型工艺又称添加成型工艺，是运用合并与连接的方法，把材料(气、液、固相)有序地合并堆积起来，达到设计要求形态的成型方法。堆积成型工艺包括黏接或焊接工艺、覆层工艺、快速成型工艺及其他堆积成型工艺。其中，粘或焊工艺是指胶粘接、电弧焊、电阻焊、气焊、压焊、铅焊等加工方法，覆层工艺是指油漆涂饰、电镀、化学镀、贴饰面膜、真空沉积等加工方法，快速成型工艺是指立体印刷、分层实体制造、熔融沉积成型、选择性激光烧结等加工方法。堆积成型工艺的最大特点是不受零件复杂程度的限制。

③ 受迫成型工艺。受迫成型工艺又称净尺寸成型工艺，是指利用材料的可成型性(如塑性等)，在特定的边界或外力约束下，将半固化的流体挤压成型后再硬化、定形，或挤压固体材料达到设计要求形态的方法。受迫成型工艺包括液态模铸工艺、压力成型工艺和其他受迫成型工艺。其中，液态模铸工艺有金属材料的砂型铸造和特种铸造。塑料的注塑、吹塑、挤出，玻璃的压制、吹制等；压力成型工艺是指锻造、轧制、弯折、冲压、挤压、旋压、拉拔等加工方法。受迫成型工艺多用于毛坯成型、特种材料或特种构造成型，也可直接用于最终部件成型，是现代塑料、玻璃、陶瓷产品的主要成型方式。受迫成型工艺与去除成型工艺是人类在长期的生产劳动中发展出的两种最基本的成型方法，被认为是现代制造科学、技术与工程的基础。

(2) 成型工艺适宜性。成型工艺适宜性是指由材料固有特征所衍生的某种最佳的成型工艺或表面处理工艺方法。尽管工艺类别繁多，但相对于不同材料的最佳工艺则存在固有的对应性；材料也是通过这种最佳工艺过程成为具有一定形态、构造、规格和表面特征的产品，将设计方案转化为具有使用和审美价值的实体产品。表5-9列出了家具形态设计中的主要成型工艺与各类材料之间的适宜性。

表5-9　家具形态设计中的主要成型工艺与各类材料之间的适宜性

| 材料类别 | 去除成型工艺 | | | | | | | 受迫成型工艺 | | | | | | 堆积成型工艺 | | |
|---|---|---|---|---|---|---|---|---|---|---|---|---|---|---|---|---|
| | 切割 | 车削 | 铣削 | 刨削 | 钻孔 | 刮削 | 磨削 | 模铸 | 吹制 | 弯折 | 锻压 | 冲压 | 拉拔 | 黏接 | 焊接 | 覆层 |
| 木质材料 | √ | √ | √ | √ | √ | √ | √ | √ | | √ | | | | √ | | √ |
| 金属材料 | √ | √ | √ | √ | √ | √ | √ | √ | | √ | √ | √ | √ | √ | √ | √ |
| 塑料 | √ | √ | √ | | √ | | | √ | √ | √ | √ | | √ | √ | √ | √ |
| 玻璃 | √ | | | | √ | | √ | √ | √ | √ | √ | | √ | | √ | √ |
| 竹材 | √ | √ | √ | √ | √ | √ | √ | | | √ | | | | | | √ |

### 3. 表面处理工艺的目的和类别

表面处理工艺即运用物理或化学的方法，对材料及其制品按使用要求和审美要求进行表面加工处理的方法，使其形成具有某种或多种特殊性质的表层，以提升产品外观、质感、功能等多个方面的性能。一般而言，家具材料表面所呈现的色彩、光泽、肌理等特性，除少数材料有时直接呈现其原始表面形态特性外，大多数是通过各种表面处理工艺获得的，所以表面处理工艺的合理运用对于产生理想的表面形态十分重要。

(1) 表面处理工艺的目的。综合而言，表面处理有三个方面的目的：一是保护产品，即保护材料自身的固有特性及其赋予产品表面的光泽、色彩、肌理等免受使用环境的影响而受到侵蚀损坏，保证产品外观质地美的持久性。特别是对于涂饰或其他特殊表面处理工艺，有时甚至可以强化其表面肌理的呈现，从而提升产品的品质与美观性。二是根据产品的设计意图，改变产品表面状态，赋予产品表面不同的色彩、光泽、肌理等，提高表面装饰效果。三是改变材料的肌理特性，使某种材料呈现出另一种材料的肌理特性。例如，在中密度纤维板或刨花板表面进行贴面装饰或在塑料表面进行电镀装饰，模拟天然木材或金属的肌理，实现劣材优用、低材高用。

(2) 表面处理工艺的类型。根据处理后工件表面的性质不同，表面处理工艺可分为表面覆层处理、表面加工处理、表面改性处理三类。其中，表面覆层处理是指在原有工件表面均匀覆盖其他物质层的处理方式，改变工件表面的物理或化学性质，并赋予其新的表面肌理、色彩或光泽度等，以使新物质层对工件或产品表面起到保护与美化作用。表面加工处理指将工件表面加工成平滑、光亮、美观和具有凹凸肌理的形态，使工件表面具有更加理想的性能和更加精致的外观。表面改性处理是指通过物质扩散原理在原有工件表面渗入新的物质成分，改变原有工件的表面构造，从而改善工件表面性能，提高工件耐蚀性、耐磨性、着色性等。表5-10列出了表面覆层处理、表面加工处理、表面改性处理工艺与各类材料之间的适宜性。

表5-10　表面覆层处理、表面加工处理、表面改性处理工艺与各类材料之间的适宜性

| 材料类别 | 表面覆层处理 | | | | | | 表面加工处理 | | | | | | | | | 表面改性处理 | | | |
|---|---|---|---|---|---|---|---|---|---|---|---|---|---|---|---|---|---|---|---|
| | 涂饰 | 电镀 | 贴覆 | 印刷 | 绘画 | 釉饰 | 雕刻 | 砂光 | 物理抛光 | 喷砂 | 拉丝 | 激光 | 镶嵌 | 拍打 | 蚀刻 | 化学抛光 | 氧化着色 | 热处理 | 钢化 |
| 木材 | √ | | √ | √ | √ | | √ | √ | √ | | | √ | √ | | | | | | |
| 金属 | √ | √ | √ | | | | √ | √ | √ | √ | √ | √ | √ | √ | √ | √ | √ | √ | |
| 塑料 | | √ | √ | √ | √ | | √ | | | | | √ | | | √ | | | | |
| 玻璃 | | | | √ | √ | | √ | | √ | √ | | √ | √ | | √ | √ | | √ | √ |
| 竹材 | √ | | √ | √ | √ | | √ | √ | √ | | | √ | √ | | | | | | |
| 陶瓷 | | | | √ | √ | √ | √ | | | | | | √ | √ | | | | √ | |
| 石材 | √ | | | | √ | | √ | √ | √ | √ | √ | | √ | | | | | | |

另外，若按表面处理过程中工件表面特征的改变不同，表面处理工艺还可以分为去除工艺、堆积工艺、塑性工艺、等量工艺四类。其中，去除工艺是指在工件表面处理过程中，将多余的部分除去而获得所需的表面形态。堆积工艺是指在工件表面处理过程中，通过材料间的堆积而获得

所需的表面形态。塑性工艺是指在工件表面处理过程中，不发生量的变化，只发生形的变化而获得所需的表面形态。等量工艺是指在工件表面处理过程中，既不产生量的变化，也不产生形的变化而获得所需的表面形态。

基于产品类别范畴的宽泛性特征，小件精致型产品，如电子类、穿戴类等，对表面的光洁度、耐磨性、色彩稳定性等要求较高，需要应用高档表面处理工艺以保障产品所需要的表面品质。而家具属于大件粗放型产品，过于高档的表面处理工艺易形成产品表面品质高于产品属性的需求性溢出，所以较少用到如金属热处理、氧化着色、热处理着色、玻璃表面镀膜、防指纹涂层等高档表面处理工艺，常用的表面覆层、表面加工等通用型的表面处理工艺即可满足需求。

## 二、工艺选择的影响因素

在家具成型及其表面处理过程中，可供选用的工艺方法虽然具有多样性，但从中选择某种适宜的工艺，既要遵循高效、优质、低成本、绿色的原则，又需结合产品设计定位、企业设备状况和技术水平等实际情况进行综合分析、合理选择。通常来说，在选择家具成型工艺和表面处理工艺时主要考虑以下几个方面的因素。

### 1. 材料的工艺性

材料的工艺性是指材料适应各种工艺处理要求的能力，包括材料的成型工艺性和表面处理工艺性。材料的工艺性是材料固有特性的综合体现，是决定材料能否进行加工或如何加工的重要因素，直接关系到产品设计形态的实现、产品品质、生产效率和生产成本等。

材料的工艺性既具有相对独特性，又具有一定范围内的多样性。独特性是指由材料固有特性所派生的适宜的工艺性，如金属材料的铸造性能、锻造性能、焊接性能、切削性能、热处理性能等，塑料的注塑成型性能、压制成型性能、吹塑成型性能、滚塑成型性能、压延成型性能等。多样性是指相同材料的形态可以运用不同的工艺实现，如图5-56所示的金属柜类箱体可采用弯曲、焊接和铸造三种工艺，其中最适宜的工艺为图5-56(a)，采用厚度合适的钢板弯曲成型工艺，形成连续无接缝、圆润优美的箱体形态；图5-56(b)采用的焊接工艺尽管也能形成箱体形态，但焊缝和直角易产生粗糙、僵硬、呆板的外观效果；图5-56(c)采用的铸造工艺，因金属铸件有最低壁厚的要求，虽然可以形成圆角，但整体重量大，外观十分笨重。可见，材料应该通过适宜的工艺方法实现产品的形态；同时，产品形态设计受制于材料的工艺方法。

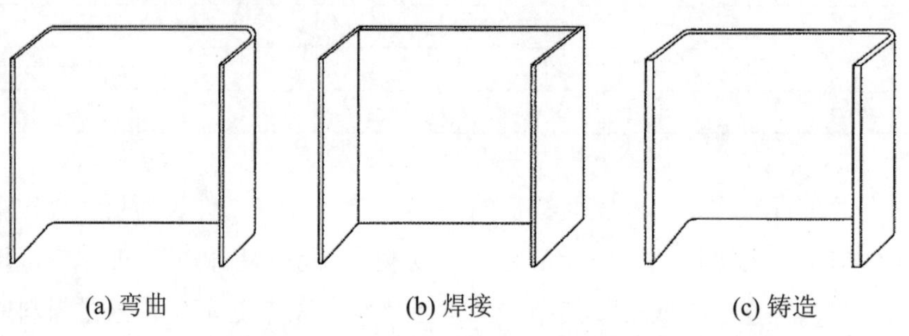


图5-56 不同工艺的金属文件柜箱体形式

与产品形态相依的表面处理工艺也需要因材施技，根据材料的固有特性进行差异化思考，选择与之相适宜的表面处理工艺，如木材表面较适宜的工艺是涂饰、雕刻、镶嵌等，钢铁表面较适宜的工艺是电镀、涂饰等。另外，不同材料表面处理的目的也不尽相同，对于木材、竹材等天然有机材料表面处理的首要目的是提高其防潮性能，减少使用过程中干缩与湿胀引起的变形、开裂等缺陷；对于钢铁及化学性质活泼的有色金属，表面处理工艺的主要目的是提高其耐蚀性和抗氧化能力；对于石材、玻璃等无机类材料，一般只需进行表面的研磨、抛光，强化其固有的肌理特性。

### 2. 工艺方法的时代性

工艺方法是人类认识、利用和改造材料并实现产品形态的技术手段，是实现产品设计的物质和技术条件。工艺方法因受制于所处时代和地域的物质基础，带有鲜明的时代印记，也是史学家考证某一地域及其时代文明程度的物证之一。

从传统走向现代的家具，无论是从产品的外观形式到内涵，还是从生产设备与工艺技术到市场流通与营商环节，都进入了一个崭新的时代。建立在自动化或智能智慧型生产设备基础之上的现代工艺技术囊括了从原料投入到产品产出全过程的工艺路线、加工步骤、技术参数、操作要点等；无论是不同产品或构件工艺参数的精准调配，还是同一产品或构件、多种工艺参数的自动选取等，都融入了先进的数字化管理、跟踪、控制技术。产品开发者和工艺设计者可根据当地资源、设备状况、技术水平、产业政策等具体情况，选择合适的工艺技术。同时，工艺技术随着科学技术的不断发展而变化，特别是CNC(computer numerical control，计算机数控)加工中心与智能生产等先进设备和新技术的普及应用，使以往难以加工的设计形态也变得较为容易和方便，为产品的形态创新提供了有效的技术保障。图5-57是适用于桌腿、椅腿、沙发脚等柱状构件加工的CNC加工中心。

图5-57 适用于柱状构件加工的CNC加工中心

因此，成型工艺和产品表面处理工艺的时代性是产品时代性的物质保障，是家具用材、功能等物质属性和文化内涵、审美意识等精神属性和谐共融的调和剂；只有通过时代性的最佳工艺技术把产品的材质、形态、比例关系、色彩和肌理等因素的最佳状态展现给使用者，才能带给使用者物质与精神方面的满足。因此，综合应用当代最新的工艺技术，才能以简洁的形态、单纯的表面装饰展现出当代家具的美观效果，并烙上当代科学技术、经济发展、文化状态综合形成的新兴时代性印记。

### 3. 产品定位

产品定位是企业应对目标消费者或目标市场的需求所进行的产品规划，主要包括风格、材料、构造、质量、成本、特征等，并由此形成产品的档次及其对应的价格。产品定位依附于市场定位，即先有市场定位，然后才在其界定的范畴内进行产品定位，是企业目标市场或消费者与产品结合的过程。

不同档次的产品通过价格与不同层次的消费群相关联，企业通过适宜的材料、工艺技术的选择，保证实现产品目标市场的价格需求。一般来说，面对高端消费者的产品，企业会注重选择技术新或技术含量高的工艺，抑或选用高端传统工艺，以便满足高端消费者对家具高品质方面的需求；而对于中低端产品，企业多选用普通工艺，尽量降低产品的生产成本，以便符合目标消费群对家具高性价比的心理预期。另外，在人们的普遍认知中，高档材料多与高端家具和工艺相配合，以便充分利用材料的价值。还有一些传统风格的家具，它们有着固定的用材和工艺要求，如美国传统家具以橡木材料为主，并施以做旧工艺；而欧洲传统家具以胡桃木为主，堆砌性地采用雕刻、贴金箔工艺；中国的传统家具多以红木材料为主，讲究榫卯构造的科学性。

#### *4.* 新工艺、新技术的应用

新工艺、新技术具有相对性和时效性特征。其中，时效性是指在一定时期内的新技术，随着时间的推移，会逐渐转变为常规工艺技术；相对性是指在一定的地域范围内比较突出的新工艺、新技术，突破地域边界，与发达国家或地区相比，有可能失去其先进性。表5-11是与家具相关的新工艺、新技术汇总。

表5-11　与家具相关的新工艺、新技术汇总

| 工艺方法 | 适用范围 | 工艺方法 | 应用范围 |
|---|---|---|---|
| 木材高温碳化 | 优化木材物理性能 | 电火花加工 | 孔、型腔、切割等 |
| 激光加工 | 微孔、切割、热处理、焊接、刻印、打标等 | 电子束加工 | 微孔、切割、焊接等 |
| 超声加工 | 型腔、穿孔、抛光等 | 离子束加工 | 表面涂覆、微孔、切割等 |
| 电解加工 | 型腔、抛光、刻印等 | 射流加工 | 特种材料切割、薄壁零件加工、表面清理等 |

一般来说，采用先进工艺技术可以大幅度地提高生产能力，但有时由于实际条件的制约，有些先进的工艺技术不一定实用。因此，企业应综合产品实际需要与企业各项生产条件的可能性，积极采用成熟的新工艺、新技术。

## 三、工艺的情感特征

工艺的目的是把材料的特性发挥到极致，并以适宜的方式呈现产品的材质美和形式美。根据工艺的类别，在此从成型工艺和表面处理工艺两个方面叙述其情感特征。

#### *1.* 成型工艺的情感特征

不同材料、不同的成型工艺所实现的家具形态会带给人们不同的情感体验。由于材料及其成型工艺的多样性与复杂性，在此不宜详尽叙述，仅以家具常见形态、常用工艺为主进行归纳，形成家具成型工艺情感特征分析表(表5-12)。

表5-12 家具成型工艺情感特征分析表

| 工艺类别 | 主要材料 | 家具形态图例 | 产品情感特征 | 产品适用场所或人群 |
|---|---|---|---|---|
| 直平成型工艺 | 木材、金属、玻璃、石材 | 红蓝椅/木材　文件柜/金属 | 现代、庄重、坚实、明快、安定、僵直、平庸 | 二、三级市场和中低端消费群，普通居室，普通办公场所、学校、商业空间 |
| 弯曲成型工艺 | 木材、金属、竹材、玻璃 | 椅子/实木弯曲　悬挑椅/钢管弯曲 | 现代、时尚、优雅、简洁、轻松、纤柔、弹性、高档 | 高端市场，高端居室或公共场所、商业空间 |
| 模压成型工艺 | 木材、塑料 | 蝴蝶凳/模压胶合　象凳/塑料模压 | 柔和、亲切、圆润、轻盈、饱满、单纯、简易 | 普通居室，简易或临时性的公共场所 |
| 浇铸成型工艺 | 金属、塑料、玻璃 | 座具系列/铝浇铸　凳/树脂浇铸 | 现代、时尚、个性、高雅、艺术、高档、贵重 | 突出个性的高档居室，艺术化的公共场所或商业会所 |
| 编织成型工艺 | 竹藤、织物、草编 | 凳/竹编　凳/草编 | 天然、朴素、传统、手工、雅致、个性、简易 | 突出个性的中高档居室或商业空间、年轻消费群 |

### 2. 表面处理工艺的情感特征

如果说形态是产品的核心与灵魂，决定了家具的体量、特征、气质与内涵，那么表面处理工艺则是这种核心与灵魂的外衣，可对形态进行外观的进一步美化。大多数表面处理工艺具有物质属性，即因产品的功能目的而产生，并因产品的审美需要而发展，如涂饰、电镀等的主要目的是保护产品；也有部分表面处理工艺是纯精神性的，如雕刻、绘画、烙画、拉丝等表面处理工艺仅仅是为了满足产品表面美观性的需要。

表面处理工艺的效果一般与产品形态的表面组织一体，在产品形态的一定区域内，按单纯、明确、协调、比例适当、疏密有序等原则呈现某种特定的质感与肌理。根据表面处理的工艺方法的不同，表面处理后的组织形态可分为光滑表面、粗糙表面、凹凸表面三种。光滑表面包括图纹光滑表面和素面光滑表面两类。其中，图纹光滑表面常见于木材、竹材、石材等天然材料表面；而素面光滑表面是指没有图纹且材质一致的表面，常见于金属、玻璃、细腻织物等人工材料表面。粗糙表面是相对于光滑表面而言的，包括有图纹的粗糙表面和素面粗糙表面，其图纹可以是天然的，也可以是人为加工的。凹凸表面则类似于雕刻表面，图纹起伏较大，多为人为加工，也有少数天然材料生长过程中形成的表面起伏。无论是光滑表面，还是粗糙表面或凹凸表面，其人为加工的图纹均可与天然的图纹叠加呈现。总之，不同表面处理工艺形成不同的表面组织形态和情感特征(表5-13)。

表5-13 家具表面处理工艺情感特征分析表

| 类别 | | 常用材料 | 表面处理工艺方法 | 产品表面情感特征 | 产品品质 |
|---|---|---|---|---|---|
| 光滑表面 | 素面光滑表面 | 金属、玻璃、塑料、陶瓷、木质人造板材、细腻织物 | 电镀、不透明涂覆、研磨、抛光、釉面等 | 现代、时尚、简洁、大众、平庸 | 中低档产品 |
| | 图纹光滑表面 | 透明涂饰、木材、竹材、大理石、陶瓷 | 覆层、砂光、研磨、抛光等 | 自然、传统、手工、素雅、高档 | 中高档产品 |
| 粗糙表面 | 素面粗糙表面 | 金属、玻璃、塑料、陶瓷、皮革、织物 | 磨砂或喷砂、咬花、上釉等加工处理工艺 | 现代、简约、个性、大众、平庸 | 中档产品 |
| | 图纹粗糙表面 | 木材、竹材、金属、玻璃、塑料、皮革、织物 | 特种纹理工艺、蚀刻、磨砂或喷砂、咬花等 | 自然、高雅、现代、高档、贵重 | 中高档产品 |
| 凹凸表面 | 天然凹凸表面 | 树瘤、竹节、虫孔等 | 机械加工、砂光、油漆等 | 天然、朴素、艺术、高雅、个性、贵重 | 高档产品 |
| | 人工凹凸表面 | 木材、竹材、金属、大理石、塑料、陶瓷 | 雕刻、镶嵌、切割、堆积等 | 现代、个性、艺术、贵重、高档 | 中高档产品 |

## 四、家具的工艺美

工艺具有技术和艺术的双重属性。工艺的技术性是指某种方法、过程或手段；工艺的艺术性既可以是方法、过程或手段，也可以指艺术品或艺术现象。技术和艺术虽同为“术”，但一个是“技”之术，另一个是“艺”之术，二者之间属性不同，存在方式也不同，并且不同的“技”之术或“艺”之术施加于产品后，会形成不同的形态特征，使人产生不同的审美反应。

### *1.* 工艺美的基本概念

工艺作为人类技术的一部分，既是沟通产品设计、生产和消费者的中介或桥梁，又是技艺文化的重要内容。工艺以材料的加工改造为对象，运用一定的生产工具实现或完成某种具体目的。可见，工艺是一种达到目的的手段，又表现为一种过程，集手段、过程、目的于一体。工艺有两个方面的含义：一是手工业时代的师徒相传的某种造物技巧和手艺、劳动手段和方法，具有经验、技巧、技能的含义，并具有传承性；二是进入工业时代后，具有技术性的生产方式或劳动手段。

工艺美是技术与艺术统一的结果，这种统一只有在成熟技术和艺术的理想中才能取得和谐。因此，技术发展到一定阶段时总是需要更高层次的艺术理论或观点来引导或互助，才能使技术融入艺术，形成技术与艺术的新统一；统一的最高境界是技术与艺术完全交融而不留痕迹，形成一种自然、自由的境界。只有在这种境界中，才能更好地追求创意和创造之外的精神内涵，才能把技术上升到一种“技进乎道”的至臻完善的工艺美的状态。

工艺美是家具艺术美的一种呈现形态，一般不以直接反映在产品中的具体事件为内容，而是通过巧妙的手法、精湛的技艺对产品的审美加工来体现人们的审美情趣，陶冶人们的情操，其特点是把产品的实用性与装饰性、材料与制作技巧融为一体，主要表现在产品形式美、色彩美、构造美的工艺呈现上。可见，家具的工艺美没有明确限定的内容，在潜移默化中作用于人的情感，其审美灵感来源于生活中美的事物或事物的美的方面，并熔铸了设计师和生产者的精神、意志、美学追求。其中，生产者的技艺水平起着关键性的作用。

### 2. 以术为用之美

基于现代产品易用性的设计原则，家具的形态塑造、用材与色彩配搭、工艺选择等均服从于易用性，不仅要满足产品使用过程中的安全性需求，还要辅助提升产品功能的易用性。因此，工艺不仅能提升家具的形态美，而且有助于其使用过程中的安全性或便利性，形成以术为用的工艺之美。

以术为用包括两个方面的含义：一方面是把家具的构成或安全性通过设计构思与工艺技术相结合。例如，家具的腿脚类构件一般采用上粗下细、向外倾斜的构造形式与工艺处理，以便增加产品的稳定性；门侧边的棱角多进行圆角工艺处理，以方便门的打开与关闭。图5-58中的劈裂椅(split chair)突破了木质座椅腿脚的常规构成形式，将椅腿上部切割开来，并利用实木弯曲工艺将两部分别分弯曲至特定的弧度，其中一段连接靠背，另一段支撑底座，既符合椅子支撑体构造与受力的要求，又充分利用木材的特性，通过工艺构思形成形式新颖独特的椅子美感。另一方面，家具在发挥使用功能的过程中有工艺技术方面的需求，如对餐桌面或写字桌面边缘进行斜边或圆弧边工艺处理，以便增加使用时手肘部位的舒适性；柜类拉手、座具扶手多采用圆形构成与工艺处理，既遵从人类手握物品的最佳行为原理，又便于设计构成中局部工艺美的点缀处理。

图5-58　劈裂椅/以术为用之美

### 3. 因材施技之美

如果说材料是构成家具的物质基础，那么工艺则是其实体化的必备过程；材因工而美，工因材而巧，这里的工不单指技术、方法，还包含一种器物美的创造过程和审美感受。人类在造物实践中根据不同类别材料的固有特性，逐渐总结出了与之相适应的工艺方法。因材施技之美即材料的固有特性与工艺技术之间的最佳适配性所形成的和谐之美。

因材施技的本质是根据材料的工艺适宜性特征，针对不同类别的材料选用相适宜的工艺。木材、竹藤、石材等传统用材均具有传承性的成型工艺和表面处理工艺，具有天然的亲和感。例如，实木家具构件的拼宽、接长、弯曲等成型工艺，涂饰、雕刻、镶嵌等表面处理工艺，既成熟、通俗，又被普遍认同。而金属、玻璃、塑料等现代材料的新兴成型工艺和表面处理工艺，因需与工业化、机械化、批量化生产方式配套，从而弱化了产品工艺的人性化情感，消费者更多关注的是产品的使用功能或性价比，而忽略了产品对工艺细节的要求。图5-59中的休闲躺椅根据塑料的特性，采用模具一次成型工艺，形成曲面弧度完美，整体形态优雅、轻盈的雕塑般的美感形态。

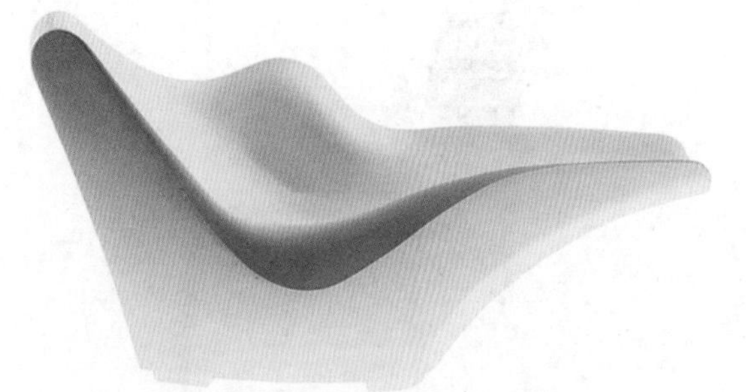

图5-59 休闲躺椅/因材施技之美

### 4. 依形附技之美

依形附技是指根据形态及其内涵的个性特征和差异，有针对性地选择工艺方法，使每件产品获得最佳的综合效果，遵循的是和谐、统一之美。依形附技不仅是中国古代造物经验的结晶，也是现代产品工艺必须坚持的一条重要准则。

在现代家具形态设计中，一般从以下几个方面实现工艺的依形附技之美。一是顺应构件长度方向，即产品构件长度方向与木纹线方向、装饰线(或形)的长度方向应力求一致或协调。二是提升产品附加值，即所采用的工艺在满足产品的物理、力学、化学性能需求的同时，能较好地提升产品的美观性，提高产品的性价比和市场竞争力。三是符合产品形态的内涵需求。结合产品的设计目标，通过不同的工艺处理，实现产品的风格特征、时代特征、品质特征等。

图5-60是实木客厅柜，根据产品的设计定位，柜顶板左右两侧檐边和柜体竖板前沿为圆弧线形，腿的横断面为有倒圆角的方形，顶板边框与芯板之间采用缝隙型伸缩缝(图中实心圆点所示)接合，通过简单的工艺处理，为产品增添了圆润、朴素、雅致的内涵和工艺附加值。在设计中，也可以采用图中空心圆点所示的其他形式的板边线形、腿的横断面或伸缩缝形式，但其呈现的产品气质或内涵也会有相应的改变。可见，依形附技也是现代家具中重要的工艺方法，是实现产品多样化、个性化的重要手段。

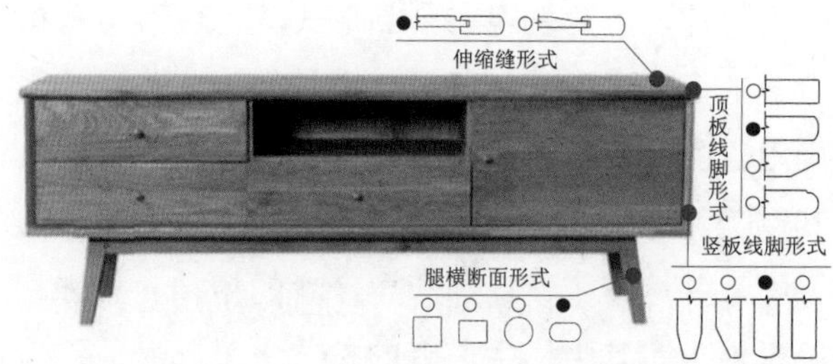


图5-60 实木客厅柜/依形附技之美

### 5. 唯技为美

“技”意指技术、技艺，是人们造物活动过程中所用方法、手段的泛称。家具生产过程中的“技”泛指人类积累的家具生产技能、技巧、经验和知识，从传统的手工艺到现代的工业化技术都属于“技”的范畴。传统技术更偏重技艺、技巧，可世代相传，其本身往往具有艺术性和人情味，表达的是施技者的个人情趣和素养水准。现代技术与科学接轨，通过对生产过程的科学分割与相应设备的应用，形成分工协作的生产技术体系，在此过程中产生的美称为技术美。

技术美具有以下几个方面的特性：一是社会性。技术美是在生产过程中融合艺术手段对产品进行加工所形成的审美形态，产品的形成方式、形成目的、服务对象、审美评判等均与人的社会实践活动不可分割。二是功能性，即产品是服务于人的，因此产品实体形态中最重要的属性是满足人的物质与精神功能需求。三是形态的新颖性。现代社会物质条件优越，随着人们的审美意识增强，形态新颖、构造新奇、个性鲜明的产品易于满足消费者求新、求奇、求异的心理需求。四是整体性。现代产品功能、质量、性能、材料、形态、外观、包装、商标等各个环节都处于严格、科学的管理与监督体系之中。五是时代性。产品受时代物质条件与文明因素的影响，其形态不仅会受到时代化技术与社会价值观的制约，还会烙上随时代变迁的材料与工艺技术的印迹。

在家具产品中，一般通过回归传统技艺和高新技术的应用两种途径来呈现技术美。回归传统技艺即应用经过时间沉淀的历史技艺，提升产品的文化内涵和价值感，以传统文化巨大的魅力提升消费者的审美体验，如传统榫卯工艺、大漆工艺等。而高新技术的应用在于突出“高”与“新”，利用现代技术为消费者提供一种现代时尚、不可想象的惊奇感受，或冲击，或震撼。例如，图5-61所示的餐具柜应用现代激光雕刻技术，以点阵雕刻的工艺方法，其在柜门上刻画出了一幅轻盈灵动、栩栩如生的水墨山水画(《富春山居图》一角)。

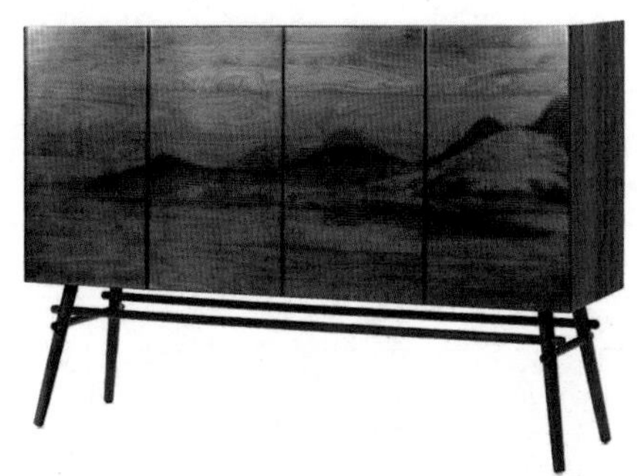

图5-61　餐具柜/唯技为美/设计：多少家具

家具形态构成工艺美精品案例赏析

总之，以材料为基础，通过工艺实现的产品形态，其工艺技术一般具有可追溯性，即通过产品形态可倒推工艺顺序、工艺水平。工艺技术经过时间的积累和沉淀，会形成一种时代器物的特征或印记，这也是现代人们研究、欣赏传统家具及其他器物的方式之一，更是唯技为美的魅力所在。

## 五、形态的工艺创新设计

家具形态创新设计不仅要有合适的用材配搭，更要有适宜的工艺作为其物化的保障。工艺设计的主要内容即根据设计定位进行产品的成型工艺和产品表面处理工艺相应的材料选择与技术规划、构造强度与稳定性校核等工作。可见，产品的工艺设计过程既有依附于形态的创新性内涵，又应符合相关的技术规范与要求。

### 1. 工艺设计流程

在家具形态设计实践中，工艺设计可分为两个阶段：一是创意性工艺设计阶段，二是技术性工艺设计阶段。前者是指在产品设计构思过程中的工艺性加持，一般会自动过滤普通的工艺，重点思考如何基于材料特性巧妙地利用工艺方法形成产品的创新，属于设计师的基本职业技能之一；后者是指产品设计定案后、正式生产前，由工艺工程师制定技术性工艺文件。在此，仅叙述创意性工艺设计阶段的内容。工艺设计的一般流程如图5-62所示。

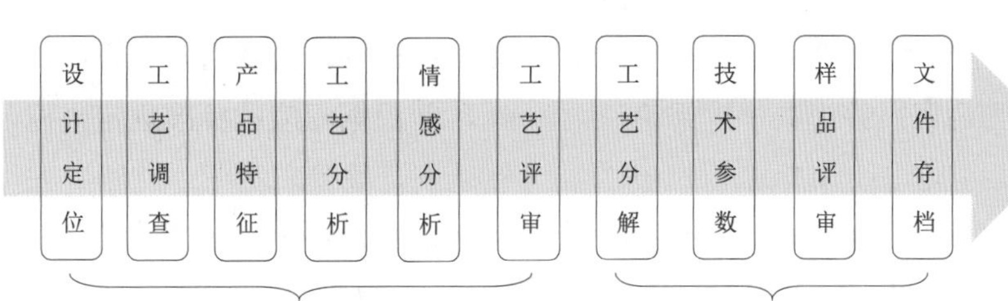


图5-62　工艺设计的一般流程

### 2. 工艺设计内容

图5-62所示既是工艺设计的一般流程，也体现了工艺设计的主要内容。现将其中的主要步骤进一步分述如下：

(1) 设计定位。设计定位指产品设计的综合定位，其中关联工艺设计的主要有材料、销售区域、消费群等内容，并据此分析出与产品品质相关的工艺方法或内容。

(2) 工艺调查。工艺调查即对市场上同类产品的工艺方法或内容，从成型工艺和表面处理工艺两个方面进行调查分析，归纳出工艺的流行性周期、特点以及变化趋势，为创意设计中的工艺加持提供思路和依据。

(3) 工艺分析。工艺分析指对与产品的品质、风格、内涵等特征匹配的工艺类型、工艺方法、工艺属性、工艺难度与成本等的分析。其中，工艺属性主要是指表面处理工艺的功能属性和审美属性(图5-63)。其中的功能属性是指基于保护产品或具有使用功能的一类表面处理工艺，如涂饰、电镀、五金件等；审美属性是指对产品的局部或整体进行美观化处理的工艺，如雕刻、抛光、镶嵌等。

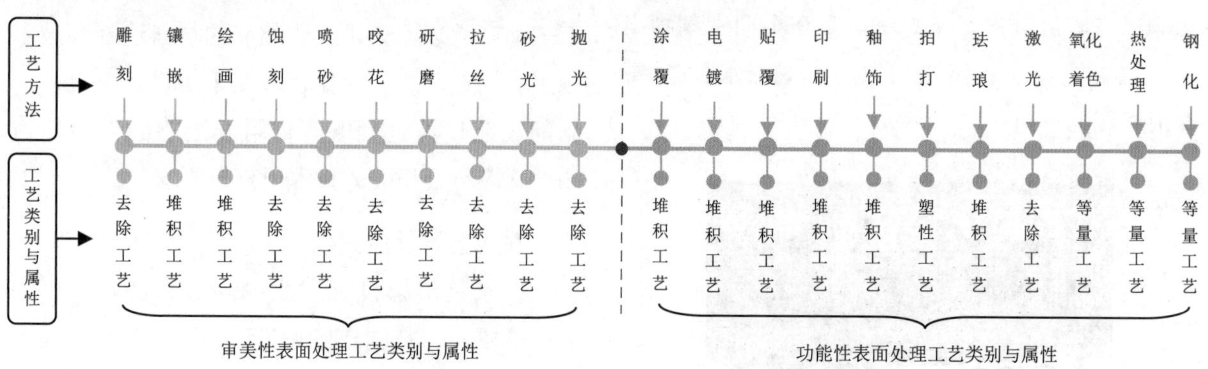


图5-63　表面处理工艺类别与属性综合归纳

(4) 情感分析。情感分析是指综合所用的各类工艺方法及其结果，进行工艺的情感特征分析，提炼出工艺的形态美、色彩美、质地与肌理美、技术美及其内涵，这也是形态工艺设计的关键所在。

(5) 工艺评审。工艺评审一般与产品的方案评审同步进行，根据设计定位评价形态工艺的适宜性、与产品品质或内涵的契合度、生产中的难易程度与成本评估等内容，并形成评审结论。至此，基本完成创意性工艺设计阶段的工作内容。

(6) 工艺分解与技术参数。工艺分解与技术参数即技术性工艺设计阶段的起点。当产品创意设计评审定案后，生产前的技术性工作交由工艺工程师根据产品的构造三视图进行各个零件的工艺分解，形成相应的包括构件构造三视图、工艺流程、工艺参数、设备选型、工艺定员、用料计算、能源动力消耗估算等内容的工艺文件。

(7) 样品评审与文件存档。样品评审是根据实物产品对设计方案进行全面评估的综合性过程，评审的主要内容有三个方面：一是样品检查，即检查样品的外观形态、尺寸、工艺、质量、构造等方面是否符合设计要求；二是性能测试，即根据相应的标准规定或规范要求对样品进行功能、物理、力学、化学、安全等各项性能测试；三是用户体验评估，即邀请目标用户或专业测试人员对样品的易用性、舒适性、美观性等方面进行用户体验体评估。然后形成全面、客观的评审报告，即完成样品评审。随即将与项目相关的各类文件进行整理归类，完成文件存档工作。

### 3. 工艺设计表达

在产品形态工艺设计过程中，需要考虑的因素较多，信息量也大，具有很强的经验性。因此，创意设计师在工艺方面的知识能力通常凭借设计实践的经验积累，并参考市场上同类产品的工艺设计实例，不断地探索创新产品的形态工艺。这里仅叙述形态创意性工艺设计表达方面的内容。

形态创意性工艺设计表达分两部分内容：一是设计草图阶段的工艺设计表达，以草图的形式记录创意方案局部的深入与细化构思，呈现形式多样。二是设计效果图中的工艺设计表达，即依据前述构思的工艺方案草图，形成正规的产品效果图。效果图要具有准确性、真实性、说明性、美观性，以便客观评估形态创意性工艺设计的效果。形态创意性工艺设计表达的内容一般包括图示和文字说明两部分。

在设计效果图中，一般运用面向对象的方法进行工艺设计表达，即从待表达的工艺设计方案中抽象出材料、色彩、工艺类别、情感特征等元素，组成工艺设计表达的基本内容与架构，并参考产品CMF设计的理念，形成图5-64所示的形态创意性工艺设计表达模型。但在设计实践中，一般采用图5-65所示的餐具柜形态创意性工艺设计的简易表达方式，既便于说明形态创意性工艺设计的形式或方法，又能节约或缩短创意设计周期，而把工艺细化方面的技术性工作留给后期的构造设计工程师或工艺设计工程师。

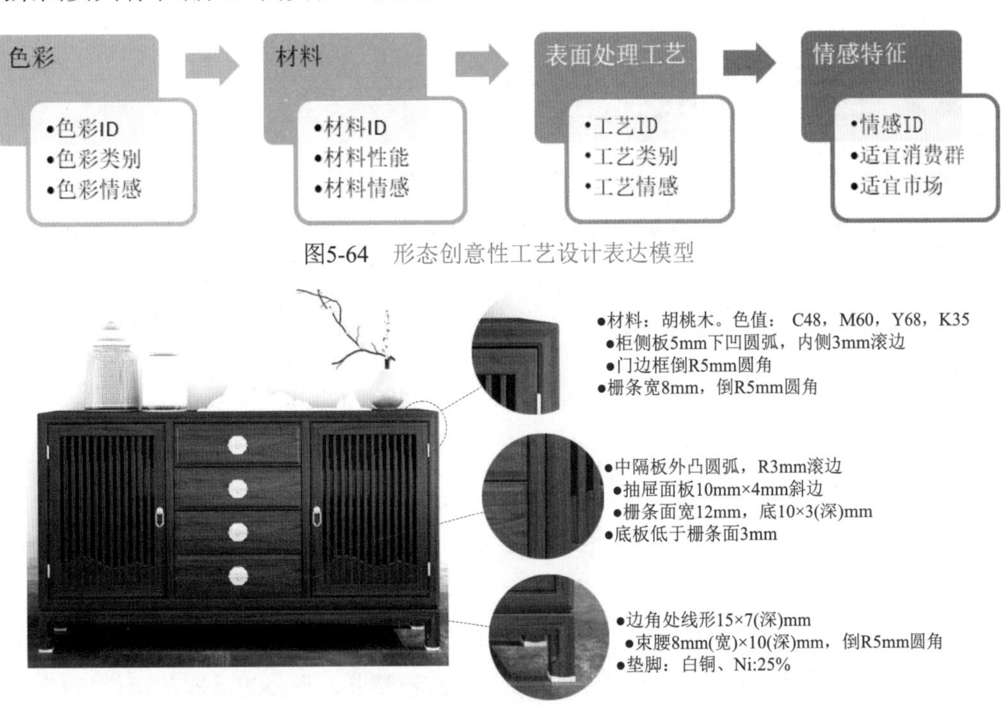


图5-64　形态创意性工艺设计表达模型

图5-65　餐具柜形态创意性工艺设计的简易表达方式

总之，基于工艺的形态创新设计虽然是提升产品档次的常用设计手法，但也会相应地增加产品生产工艺的复杂性，增加产品成本。因此，根据设计定位，适度地运用产品工艺进行形态创新设计，也是对设计师职业技能的考量。

## 六、CMF要素之间的协调性

CMF概念始于2000年左右的欧洲设计界，是英文color(色彩)、material(材料)、finishing(表面处理工艺)三个字母的缩写，中文直接表述为：色彩、材料、表面处理工艺。对于产品设计而言，CMF设计属于产品传统的表面装饰设计的拓展或延伸，是赋予产品外表美的品质的创造性设计活动，但却把产品传统的表面装饰设计带入了一个新的领域，形成了以色彩学、材料学、工程学、心理学、美学等为知识体系，综合流行趋势、工艺技术、创新材料、审美观念等，赋予产品时尚品质、独特的内涵与外延的表面形态的创新设计过程。

首先，体现在色彩、材料、表面处理工艺三者之间相互关系的重要性与复杂性上，即某种色彩呈现在不同材料表面上的效果一般取决于赋予色彩的工艺方法、材料的构造特征、材料的表面状态等因素。同一种材料，当其表面粗糙度和光泽度不同时，其色彩的视觉效果、情感特征是不同的，这在人们常见的光洁或粗糙的木材表面色彩，亮光、哑光、半哑光的金属表面色彩中已经得到印证。

其次，同一种表面肌理可以采用不同的表面处理工艺来实现，但却存在色泽、牢固度、耐磨性、耐腐蚀性、工艺成本等综合性差异，这就涉及最佳工艺的选择问题。因此，基于色彩、材料、表面处理工艺等要素的家具形态创新不仅要考虑其独立的个性特征，更要协调好三者之间的关系，形成和谐有序的最优的产品形态效果。

# 第五节 基于构造的形态创新

构造是构成事物各部分的元素按照一定的要求形成的排列组合关系。构造普遍存在于自然界和人造物体中，以不同的构造形式来保持自身的形态。人们在长期的社会实践中通过观察发现事物的构造与其形态构成和谐统一、浑然天成，不仅包含着科学合理的力学原理，还蕴含着丰富的美学内涵，并由此形成了科学合理的造物构造理论体系，为现代产品的功能美和形态美提供了可靠的物质保障和技术支撑。

## 一、构造的概念、类别与形成

构造作为家具构成中的重要元素，通过产品构成中各构件的形状、规格以及彼此之间的配合关系，直接影响产品功能的优劣、产品形态的美观性、产品工艺的可行性和生产成本等，并以不同的方式存在于产品的设计、生产、运输、销售、使用等各个环节中。

### 1. 构造的概念

家具构造是指其所使用的材料和构件之间依据一定的使用功能和形态而形成的组合与连接方式，或称为构造系统。而构造设计则是指为了实现家具的某种功能，根据选用材料的固有特性及其工艺要求、产品的品质与市场定位而设计构件形式或构件间的组合与连接方式。

广义的家具构造包括内部构造和外部形态构造。内部构造也称核心构造，是指家具构件间的某种接合方式，一般是不可见的，如图5-66所示的榫卯接合和五金件接合。内部构造直接体现了产品的主要技术含量，与时代的变化和科学技术的发展相关联，如传统家具采用的榫卯接合和现代板式家具用的五金件拆装式接合方式都是内部构造。而家具的外部形态构造是指产品外部形态的整体构造，主要有整体框架构造、整体箱(壳)体构造、箱(壳)体与框架组合构造、面状构造、面状与箱(壳)体组合构造、面状与框架组合构造等(图5-67)。外部形态构造直接与使用者接触，是外观形式的视觉呈现和使用功能的体现。一般情况下，外部形态构造的改变不直接影响产品的核心功能，如椅子，不论形态如何变化，其支撑人体的核心功能不会改变。因此，在设计外部形态构造时，在尺度、比例和形态等方面既应遵循现代产品的审美法则，又必须结合人类工效学的基本原理，满足用户的使用需求。例如，座面的高度、深度、后背倾角应恰当，以便椅子可以高效地解除人体疲劳感；储存类家具在方便使用者存取物品的前提下，要与所存放物品的尺度相适应；等等。

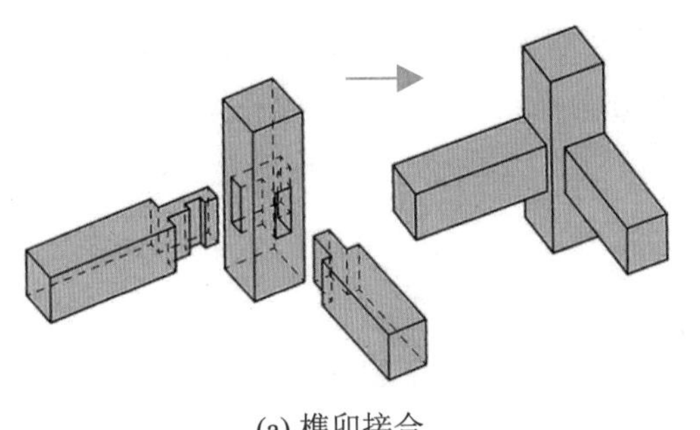
(a) 榫卯接合

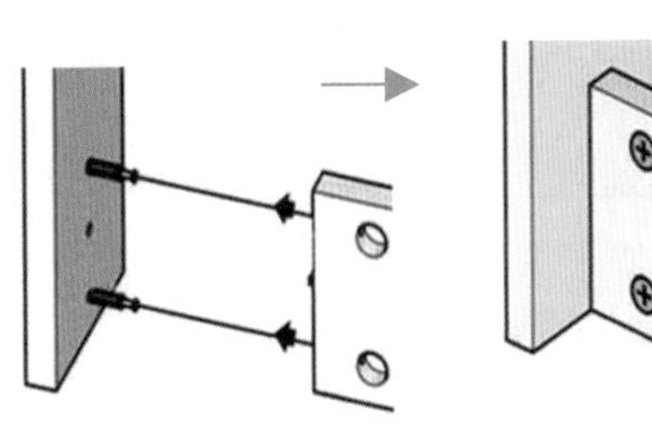
(b) 五金件接合

图5-66　家具内部构造形式

(a) 整体框架构造

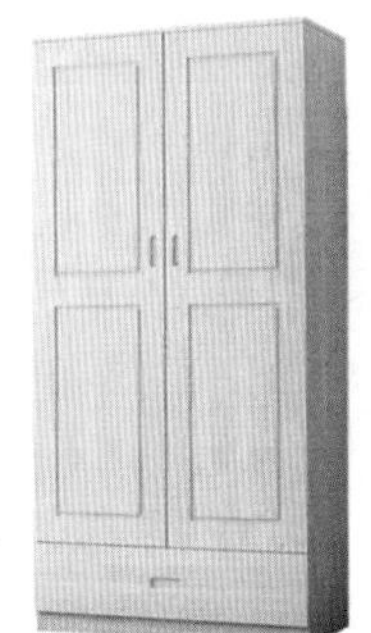
(b) 整体箱(壳)体构造

(c) 箱(壳)体与框架组合构造

(d) 面状构造

(e) 面状与箱(壳)体组合构造

(f) 面状与框架组合构造

图5-67　家具外部形态构造形式

家具构造具有层次性、有序性和稳定性。层次性即产品从整体到局部的不同构成层次，如桌子可分为桌面和支撑腿两个层次，而扶手椅可分为座面、支撑腿、扶手、靠背四个层次。可见，构造的层次性与产品自身的复杂程度有关。有序性是指产品的构造是因为某种需要而进行的某种有目的、有规律的组合或连接，而不是杂乱无序的拼凑。有序性既是实现产品功能的保障，又是实现构造科学性、合理性的前提。稳定性是指产品处于空置或使用状态时，各部件之间的相互关系均处于一种平衡状态。稳定性是实现产品功能安全、牢固、可靠的基本保障。

### 2. 构造的类别

家具构造类似于人体的骨骼系统，用于承受外力和自重，并将荷重自上而下合理地传递到各构造支点，直至地面，直接满足功能需求。家具用材的多样性，或同一种材料受不同产品的使用功能、形态以及工艺条件的限制，形成了在满足家具稳定性、牢固性和耐久性前提下的构造多样化和不固定性，也导致了其构造分类的复杂化。通常的分类方式有以下几种：一是根据构造部位不同分为内部构造和外部形态构造；二是根据产品所用材料不同分为木质构造、金属构造、竹藤构造、塑料构造等；三是根据产品是否可拆装分为传统榫卯接合、现代五金件接合；四是根据构造功能不同分为固紧构造、活动构造、支撑构造。家具构造常见分类简图如图5-68所示。

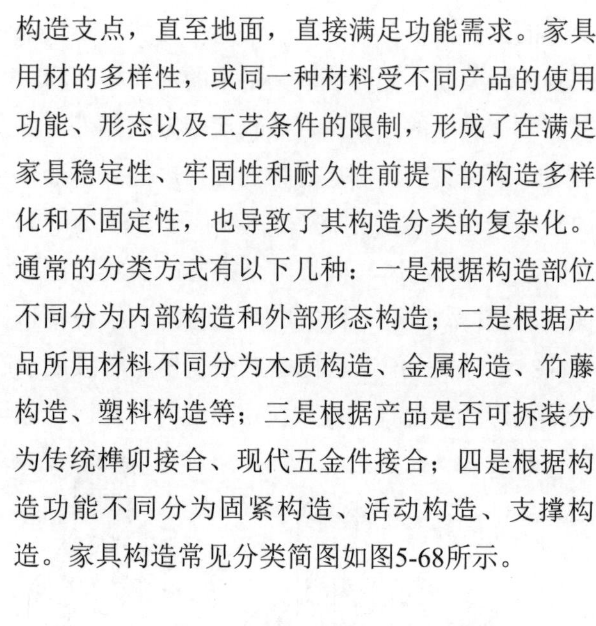

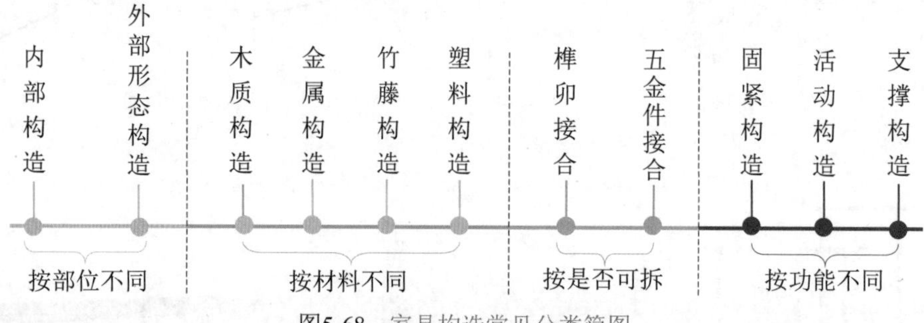


图5-68　家具构造常见分类简图

### 3. 构造的形成

任何家具均可视为由若干零件、部件和单体通过某种构造方式组合而成。

(1) 零件。零件是产品的基础，是组成产品的最基本单元，是一个独立的不可再分解的单一整体。零件通常采用同一种材料经过所需的各种成型工艺制成，如实木家具的腿、圆棒、金属螺杆等。

(2) 部件。部件是指由两个或两个以上的零件，按照设计要求，以可拆连接或永久连接的方式组装的单元。其目的是将产品的组装分成若干初级阶段后，再进行二级或三级装配。部件也可以作为独立的产品使用，如桌类的面板、柜类的门板等。

(3) 单体。单体是指由若干零件和部件按照设计要求组装成的一种具有完整形态和构造，能实施某种独立功能的单元体。单体将比较复杂的产品分成若干独立的产品，如写字台下面的柜体、大型组合柜中的单体柜等。

## 二、构造设计的影响因素

构造设计是产品从形态创意到批量生产过程中的重要环节。形态与构造互为依存，如果说形态是一个产品的灵魂，可以让产品看起来灵动有趣、呆板笨重、高档或平庸，那么构造就是让产品的形态之魂停驻，实体化呈现躯壳。因此，尽管影响家具构造设计的因素较多，但在实际设计过程中仍偏重于考虑如何保证产品功能的实现与生产过程的高效快捷，并在用户需求、产品品质与成本等因素之间形成最佳的平衡关系。

### 1. 力学因素

家具的使用功能赋予其构造承受物体或人体载荷的属性。因此，安全合理的构造必须充分考虑构件之间的连接、配合、制约等受力关系，根据产品功能的可靠性要求，保证各个构件有足够的强度、刚度和稳定性。其中，强度是指在外力作用下抵抗永久变形和断裂的能力。任何产品的构造都要具有一定的强度，这样才能承受自身和外来载荷的质量。刚度是指在载荷的作用下抵抗弹性变形的能力。产品要具有一定的刚度，才能发挥正常的使用功能。稳定性是指在载荷作用下，保持静态平衡和动态平衡的能力。古人早已根据不同材料的特性，形成了科学完整的家具构造与力学关系体系。例如图5-69所示的花梨木明代四出头官帽椅，其构造与形态浑然一体，素雅协调，比例优美挺拔，法度严谨，端庄静穆，彰显大气隽永之美。采用椅腿沿座面对角线方向向外倾斜的方式，在座面下方与腿之间施以壶门券口牙子，拉档下边施以牙条等构造形式，保证椅子腿部支撑框架的强度与稳定性。另外，正拉档和侧拉档采用上下错位的方式与椅子腿连接，以便减少椅子腿的强度损耗。

### 2. 辅助功能因素

当家具的材料与基本功能确定后，其构造形式一般具有经验性的相对固定形式。但随着社会的发展与进步，新兴行为方式对家具功能也提出了新要求，超出了家具传统意义上基本功能的范畴，需要有选择地增加相应的辅助功能，并因此而形成一些辅助功能构造，进而影响产品的整体构造，如升降构造、拉伸构造、折叠构造、翻转构造等。特别是升降构造的电脑桌、学习桌、办公椅、实验凳等，已经成为健康、高效、舒适工作或学习的常用产品。图5-70是升降式岩板茶几，台面可根据需要升高，最大升高高度为730mm，升高后可用作简易餐桌。

图5-69　四出头官帽椅/构造设计科学合理/明代

(a) 茶几高度

(b) 餐桌高度

图5-70　岩板茶几/升降构造

### 3. 材料因素

在物质相对贫乏的时期，人们对家具的要求多倾向于其功能，以及实现功能所需构造的便捷性，在用材方面因地制宜地沿用传统的木材、竹材、石材等。社会的发展和物质生活的富足、各类新材料的发明应用不仅扩大了家具的用材范围，丰富了家具的形式与内容，还为设计师提供了更广泛的可供选择的设计可能。某种材料是否适用于家具，主要取决于材料自身的固有特性及其衍生的工艺适宜性和构造的合理性。同一种材料，不同档次的产品，其构造形式具有差异性；同样功能的产品，不同用材，不同的使用场合或档次要求，其构造形式具有多样性。

### 4. 工艺因素

合理的构造不仅能使行为过程事半功倍，而且有利于创意形态的实施。优秀的构造设计有以下几个方面的特点：一是减少部件数量，节约原材料，降低生产成本；二是简化生产流程，提高产品构件的精度和功能的可靠性与安全性；三是方便装配与拆卸，标准化、系列化、通用化、绿色化程度高。图5-71是一件DIY小凳，用户可以通过插接构造进行快捷装配，产品形态简洁灵动，构造新颖，工艺简单，使用方便，设计感十足。

图5-71　DIY小凳/构造合理、工艺简单

### 5. 搬运与存放需求

现代家具很多是跨地域甚至跨国远距离销售，合理的构造设计能够使产品在搬运过程中缩小体积、易拆装、方便储运，从而提高运输效率，降低运输成本。针对这一问题，目前通用的解决方案就是采用拆装式构造，即产品以构件的形式运输到销售地组装或用户购买到家后再组装。另外，折合或叠置构造多见于部分简易型小件家具，如折叠凳或椅、折叠桌、折叠床等，便于搬运、收置、存放。图5-72是某便携式户外厨房套装，采用折叠构造将露营野炊用的工具、锅碗瓢盆、零食水果等收置于体积为405mm×405mm×469mm(高)的箱体中[图5-72(a)]，搬至野外即可展开，进行野炊活动[图5-72(b)]。

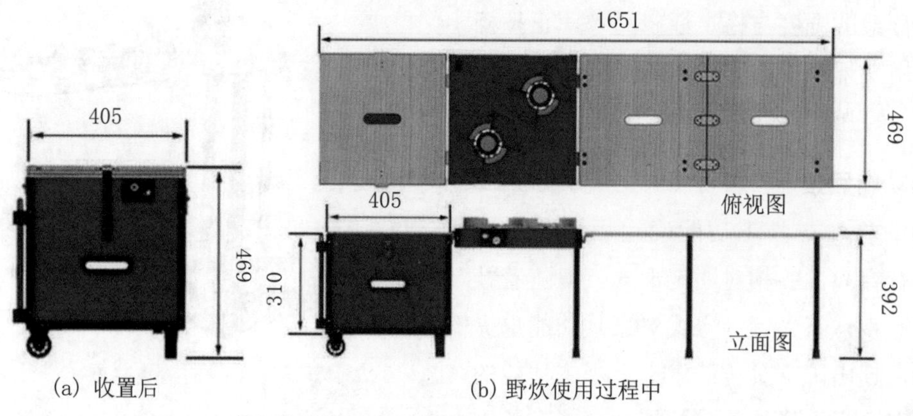


图5-72　某便携式折叠构造户外厨房套装产品(尺寸单位：mm)

## 三、构造的情感特征

家具不同的内部构造和外部形态构造形式在一定程度上赋予产品不同的内涵，形成了不同的情感特征。外部形态构造对人们视觉和触觉形成刺激信息后，会使人产生轻盈、灵动、优雅、厚重、结实、私密、便捷、粗笨等方面的联想。而内部构造的情感特征即各构件之间不同的接合方式的外观呈现对人们的视觉和触觉的刺激，使人们产生天然、质朴、现代、人工、传统、高档、文化、高贵、简易、实用等联想。家具构造的情感特征分析表如表5-14所示。

表5-14　家具构造的情感特征分析表

| 构造类别 | | 适用材料 | 构造形式图例 | 情感特征 | 适宜场所或人群 |
|---|---|---|---|---|---|
| 外部形态构造 | 整体框架构造 | 木材、金属、竹材、玻璃 | | 轻盈、灵动、便捷、个性、优雅 | 中青年人居室 |
| | 整体箱(壳)体构造 | 木材、金属、竹藤、塑料、玻璃、织物、皮革 | | 厚重、结实、私密、便捷、粗笨 | 商业、办公、居室空间 |
| | 箱(壳)体与框架组合构造 | 木材、金属、竹藤、塑料、玻璃、织物、皮革 | | 稳重、个性、便捷、空灵、庄重 | 中老年人居室 |
| | 面状构造 | 木材、金属、竹藤、塑料、玻璃、石材、织物、皮革 | | 简易、结实、便捷、粗笨、耐用 | 商业、居室空间 |
| | 面状与箱(壳)体组合构造 | 木材、金属、竹藤编、塑料、玻璃、石材、织物皮革 | | 简易、结实、实用、厚重、粗笨 | 商业、办公、居室空间 |
| | 面状与框架组合构造 | 木材、金属、竹藤、塑料、玻璃、石材、织物、皮革 | | 轻盈、灵动、个性、便捷、优美 | 商业、办公、居室空间 |

(续表)

| 构造类别 | | | 适用材料 | 构造形式图例 | 情感特征 | 适宜场所或人群 |
|---|---|---|---|---|---|---|
| 内部构造 | 榫卯构造 | 直角接合 | 木材 | 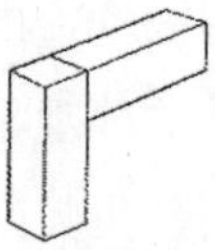 边框接合 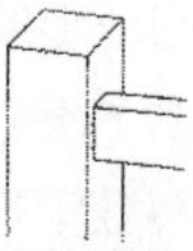　中档接合 | 简易、天然、传统、易损、普通 | 商业、办公、中青年人居室空间 |
| | | 斜角接合 | 木材 | 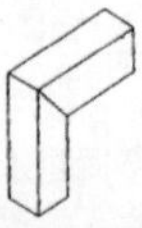 边框接合 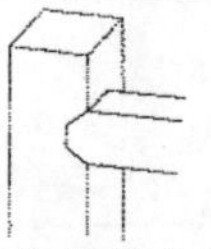　中档接合 | 自然、繁杂、传统、高档、文化 | 商业、中老年人居室空间 |
| | | 箱榫角接 | 木材 | 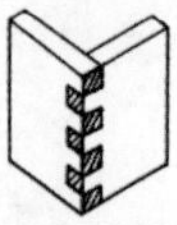 直角箱榫 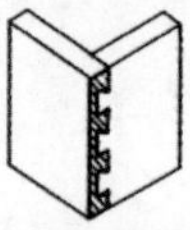　半隐燕尾榫 | 自然、繁杂、结实、传统、高档 | 中老年人居室空间 |
| | | 接长 | 木材 | 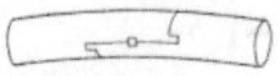 楔钉榫接长 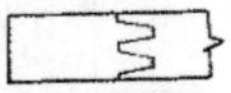　指形榫接长 | 自然、繁杂、结实、传统、高档 | 中老年人居室空间 |
| | 五金件构造 | 固定构造 | 木质材料、金属、玻璃、石材 | 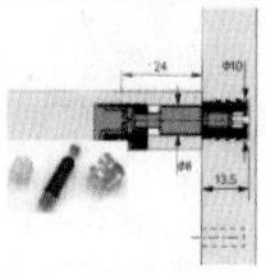 偏心轮连接件（尺寸单位：mm） 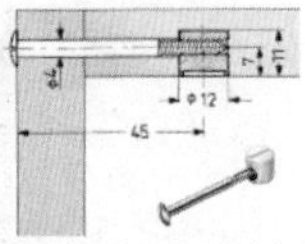　螺母螺杆式连接件（尺寸单位：mm） | 现代、人工、实用、方便、廉价 | 商业、办公、中青年人居室空间 |
| | | 转动构造 | 木质材料、金属、玻璃 | 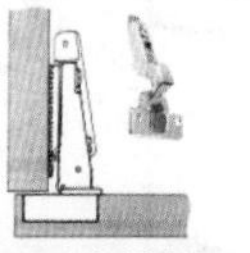 杯形暗铰链 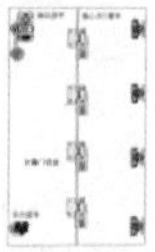　折叠门构造 | 现代、实用、方便、高档 | 商业、办公、居室空间 |
| | | 滑动构造 | 木质材料、金属、玻璃 | 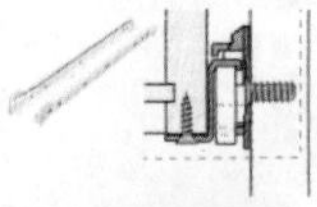 抽屉滑轨构造 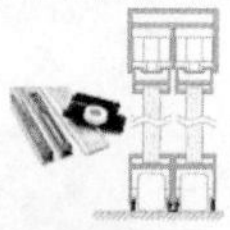　移门滑轨构造 | 现代、实用、方便、高档 | 商业、办公、中青年人居室空间 |
| | 板件构造 | 实木板构造 | 木材 | 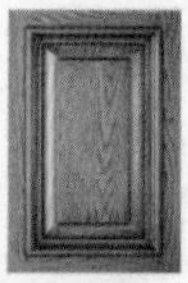 实木嵌板构造 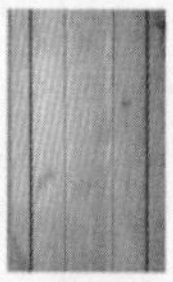　实木拼板构造 | 自然、质朴、结实、传统、高档 | 商业、办公、中青年人居室空间 |
| | | 竹藤编织面构造 | 竹藤 | 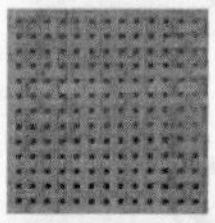 竹编织面构造　草编织面构造 | 自然、质朴、舒适、绿色、高雅 | 商业、居室空间 |
| | | 其他板材 | 木质人造板材、金属、塑料 | 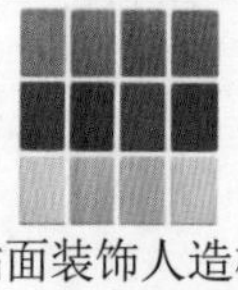 贴面装饰人造板 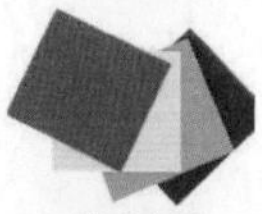　塑料板 | 现代、人工、简易、实用、便捷、廉价 | 商业、办公、中青年居室空间 |

## 四、家具的构造美

家具的构造关联其功能、材料与工艺，基于功能优先的原则，进行家具构造设计时必须围绕功能需求，根据技术原理和艺术法则进行，即产品构造设计受制于其功能和工艺技术；构造设计中的产品或构件尺寸、形状及其组合方式等，与色彩、质感与肌理等要素又综合体现在产品的形态上，衍生出产品的构造美。可见，构造在产品的功能与形态美之间起到了桥梁和纽带的作用，既可以形成外部构造的形态美，直接从物质和精神两个方面服务于用户，又可以从内部构造的装饰美、细节美、时代性方面形成特色，是产品形态设计中的重要环节之一。

### 1. 外部构造的形态美

家具的外部构造形态以产品的功能为核心，以内部构造为基础，依据相应的工艺技术和现代产品设计原理形成产品的形态美。具体而言，从产品的品质、档次、市场区域与消费群等的设计定位，到联想、夸张、比喻、象征等审美艺术方式的运用，再到点、线、面、体、色彩、肌理等元素的组合构成，以及统一与变化、比例与尺度、稳定与均衡、节奏与韵律等现代审美法则的应用等方面，综合奠定了产品外部构造形态美的基础，形成了产品和谐一致、比例优美、刚柔相济、动静结合、繁简相宜、疏密相间、轻重适度的形态美。相关内容在前述其他章节已经有详细阐述，在此不再赘述。

另外，工业化生产方式赋予家具整体及其构件高度标准化、通用化、系列化的要求，产品外形规格与人体尺度、建筑空间、电器物品等之间形成了互融相通的模数关系，如柜类高度方向上的32mm模数系列、宽度方向上的150mm模数系列等形成了家具外部构造的形态秩序美、数理美。图5-73为简易书架，其利用标准化板件和通用构造接口，构思设计巧妙，形态井然有序。

图5-73　简易书架/外部构造的形态美

### 2. 内部构造的细节美

由于家具的类别、材料、工艺及其构造的多样化特征，由相同材料构成的不同类别的产品，其构造多具有相同或相似性；而由不同材料构成的同类别的产品，其构造则有较大的差异；即使是同一材料构成的同类产品，也可以采用不同的构造形式，如同为实木家具，既可以采用榫卯接合构造形成传统的框式家具，又可以采用五金连接件接合构造形成现代的板式家具。榫卯接合构造则可以充分利用实木材料的特性，设计各种装饰线形或图纹，形成构造的工艺细节美，提升产品的价值感(图5-74)；五金连接件接合构造也称可拆装构造，既可以较好地融入点、线、面等设计元素，形成点缀效果，又能隐藏构造接合部位，使产品整体整洁、简练。

图5-74　扶手椅/内部构造的细节美

无论是传统的榫卯接合构造，还是五金连接件接合构造，既能在家具构成中起到至关重要的连接作用，又具有很好的装饰效果，犹如人体骨骼间的关节，连接着各个构件，把本来毫无生机的各种材料组合起来，通过构造和使用功能赋予产品活力，同时构成了生动活泼、姿态万千的家具形态。因此，在家具构造设计过程中，除了应用实木暗榫、五金件等隐藏式接口，使产品外观更加简洁、明快之外，更重要的是巧妙应用实木明榫、合页、脚轮等形成的外露式接口，形成点缀性装饰，强化产品的细节美，把实木明榫的外露缺陷转化为产品自然、温馨、朴质的内涵；把适用于弯曲、焊接、冲压成型的金属构造，模具一次成型的塑料构造形式与产品的整体构成形态融合，形成产品的简洁、高雅、现代、时尚之美。可见，千变万化的构造细节处置方式能让设计师充分展示个人的才华，将内部构造作为设计的着力点，不断挖掘产品内部构造细节美的真谛(图5-75)。

家具形态构造
细节美精品赏析

图5-75　内部构造的细节美示例

### 3. 内部构造的技术美

家具构造是工艺技术在家具中应用的物化载体之一，而家具内部构造的技术美是探讨科学技术在构造中的规律性原理及其本质呈现，是超越产品功能价值的一种人的生理和心理和谐的愉悦体验，如材料与构造形式相匹配的标准化、精准性，构造强度的科学性、稳定性、耐久性等内容。特别是构造形式的标准化、精准性，使得产品在设计、生产、装配、运输、销售、回收等各个环节紧密关联，形成一种数理型的、次序化的逻辑性美感；而构造强度的科学性既是产品形态及其功能稳定、耐久的基础，也使产品形态视觉上更具稳定感和可靠感，形成一种心理慰藉和愉悦，从而把产品的构造技术转化为用户的情感需求，赋予其审美内涵。

### 4. 构造的时代性

家具构造的时代性内涵主要体现在时代性的产品风格、新材料与新技术的应用方面。现代设计的兴起和发展带来了全新的构造形态，深耕构造细节、巧妙地把构造形式融入产品形态的设计手法得到了广泛的应用，形成产品形态与构造、工艺等和谐统一的时代性特征。材料既是时代变迁的里程碑，也是产品构造创新发展的促进剂，并在新材料不断涌现的20世纪，向世人展示了构造与材料的时代性魅力。首先是包豪斯设计学院的设计师马塞尔·布劳耶于20世纪初期尝试运用镀铬钢管基本构造框架，辅以柔软的皮革或帆布，创造了功能合理、形态简洁、线条流畅、构造自然合理的现代金属家具经典。其次是在第二次世界大战后，北欧设计师潜心研究新型木质人造板材料、新的木材弯曲技术和胶合技术，与新的构造形式相结合，突破了木质材料应用的传统技艺与构造的边界，翻开了木材模压胶合弯曲家具的时代新篇章。特别是20世纪60年代，塑料模具一体化成型工艺技术与产品构造的成熟运用助力北欧 “有机形” 家具的诞生，并把现代、经典、时尚类家具推向了高潮。图5-76是伊姆斯夫妇创作于1956年的伊姆斯休闲椅，运用木材模压胶合弯曲新技术与新型构造形式，辅以皮革软垫，形成新颖优美、功能舒适的家具形态。

图5-76 伊姆斯休闲椅/模压胶合弯曲/设计：伊姆斯夫妇

## 五、形态的构造创新设计

合理的构造创新设计不仅是产品功能的加持器，更能增加产品的美观性，提高其附加值。可见，家具的构造设计不是游离于产品创意之外、孤立的技术性工作，而是从产品设计立项开始就应统筹考虑的整体性构思内容之一，以便充分利用产品内部构造形式，衍生出外部形态的工艺细节、构造细节特征。

### 1. 构造创新设计流程

完整的家具构造创新设计工作包括从产品设计立项到售后服务和旧品回收的全过程，并在设计调查阶段就把相应的构造创新设计方面的内容纳入其中，注重产品的功能与外部形态构造的统一性分析，构造形式与产品形态美的关联性分析，构造原理与内容的一致性分析，构造复杂程度与生产成本的相关性分析，构造拆装的便利性与搬运、售后服务、旧品回收处置等的匹配性分析。根据构造创新设计的内容性质不同，构造创新设计的一般流程可以分为构造创意设计和构造技术设计两个阶段。在此重点介绍构造创意设计阶段的内容(图5-77)。

在图5-77中，构造创意设计阶段主要由创意设计师根据设计调查、设计目标定位进行外部形态构造和内部构造的创意性构思，并对构思的构造方案与产品功能的匹配性、与产品定位的匹配

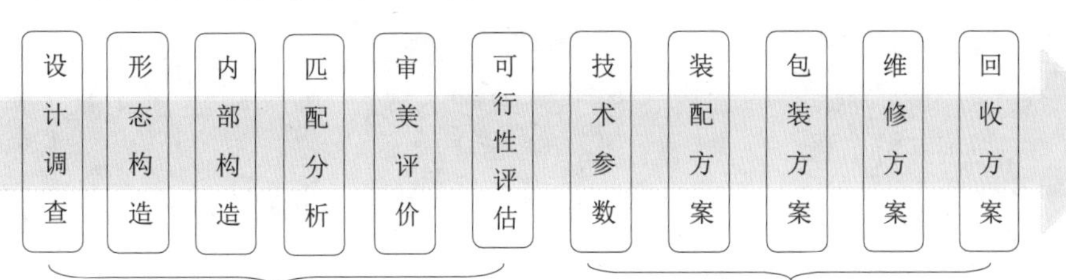


图5-77 构造创意设计的一般流程示意图

性、与产品情感特征的匹配性等进行分析评估并确定方案，属于定性设计阶段。而构造技术设计阶段则由构造工程师主导，对已经评估定案的构造方案进行深入完善、细化设计，形成符合生产要求的规范性技术文件，属于定量设计阶段。

### 2. 构造创新设计途径

产品构造创新设计的目的是在功能需求范围内节省材料，降低成本，美化外观，使得产品更具人性化，更契合目标用户的行为方式，更有利于工艺技术的融合。在家具形态设计过程中，构造创新设计是其中比较复杂的工作内容之一，重点集中于对产品各项功能至关重要的内部构造进行创新设计，创新思路一般集中于构造的原理创新、改良创新、移植创新和新技术应用等方面。

(1) 原理创新。原理创新即将家具的某种内部构造原理作为创新的初始点，结合其基本功能需求进行理论研究，深入追溯解决问题的根源，用新思想、新技术形成新的构造原理。家具内部构造原理创新进展缓慢，人类在漫长的造物实践中仅总结发明了常用的木家具榫卯系列构造原理，并沿用至今。构造原理创新的难度可见一斑。为了适应现代家具形态及其生产、销售、搬运等方面的需求，才有了现代五金连接件接合构造体系。例如，杯形暗铰链的发明缘于传统柜类门的启闭构造，不能满足现代组合柜门的启闭和形态需求。现代组合柜门的启闭过程对转动铰链提出了以下几个要求：一是门板正面全盖、半盖旁板正侧边或内嵌于旁板内侧面[图5-78(a)～图5-78(c)]，并在柜门启闭过程中不受阻；二是门板在启闭过程中自带阻尼缓冲功能，关闭后具有自闭功能；三是安装拆卸方便，并可对门板的安装误差进行微调[图5-78(d)～图5-78(f)]；四是隐藏式安装，不影响外观的整体美观性。人们针对上述四个要求进行了长期的研究，才有后来基于四连杆机构原理的杯形暗铰链连接件的发明应用。

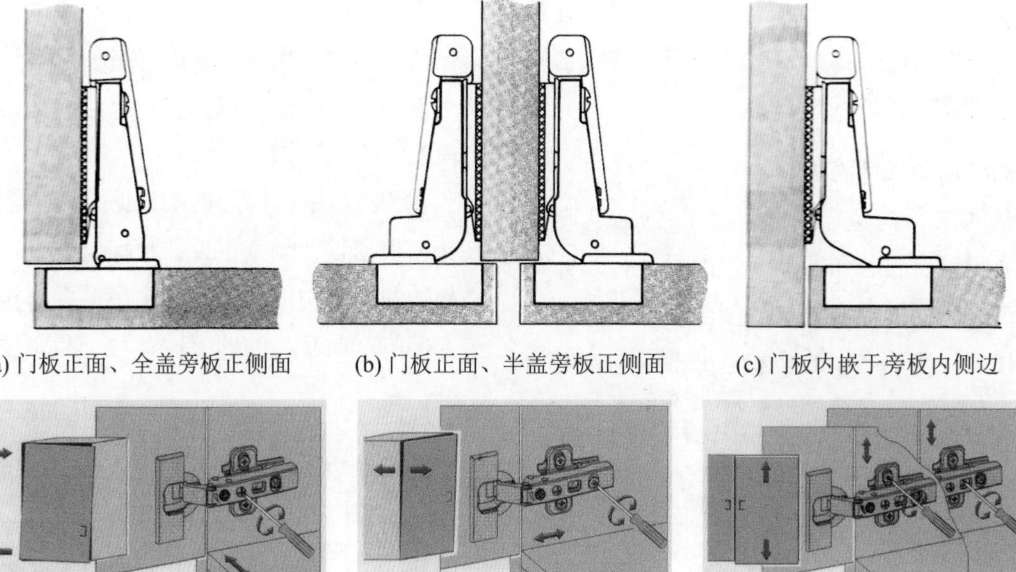
(a) 门板正面、全盖旁板正侧面　(b) 门板正面、半盖旁板正侧面　(c) 门板内嵌于旁板内侧边

(d) 门板左右、垂直度调整　(e) 门板前后、缝隙调整　(f) 门板垂直度、水平度调整

图5-78　基于四连杆机构原理的杯形暗铰链/原理创新

(2) 改良创新。产品改良创新设计适用于需要迭代升级类产品的再设计，即对现有产品进行优化、充实和改进的再设计，一般从产品的功能、形态、构造、材料等要素中的某一项或综合其中的几项进行改良创新设计，其中以产品构造的改良创新设计尤为常见。在进行构造改良创新设计过程中，通常采用“产品构件部位效果分析”的方法，即以现有产品为起始点，综合用户、使用环境、使用方式等因素，对现有产品各部位或构件分别考查，客观、全面、系统地了解现有产品在功能、构造、材料、形态等方面存在的优点或缺点，并结合未来的使用环境或发展趋势，进行产品构造的改良创新。图5-79是基于传统榫卯接合构造进行改良创新设计的楔形榫钉接合的沙发背桌，用户在组装时仅将楔形榫钉插入即可，既减少了对螺钉和安装工具的需求，又节省了60%～80% 的安装时间，快捷方便，节约资源。

(a) 完整产品形态

(b) 安装过程示意

图5-79 楔形榫钉接合的沙发背桌/改良创新

(3) 移植创新。移植创新是指将某个领域的原理、方法、构造、材料、用途等引用或渗透到另一领域，从而产生新的事物或新的发明。从思维角度看，移植创新是一种侧向思维方法，通过相似联想、相似类比，寻求直观上仿佛毫不相关的两个事物或现象之间的联系，并应用于新领域。自古以来，移植创新就是家具创新的重要方式，人们模仿、移植建筑形成柜类家具的外观形式和内部功能空间，移植、简化、缩小建筑中的木构造形成家具的传统榫卯接合构造体系，移植、模仿机械构造形成家具的现代五金连接件接合构造体系，移植、模仿服装的构造形成软垫、沙发等家具软体构造体系。因此，在进行家具的构造创新设计时，要善于观察、联想，把其他事物的构造形式或构造特征，部分或整体地移植到家具的构造设计之中。图5-80是将折叠构造原理移植到沙发后，创新设计的沙发床形式。

(a) 沙发形式

(b) 床的形式

图5-80　折叠构造原理的沙发床/移植创新

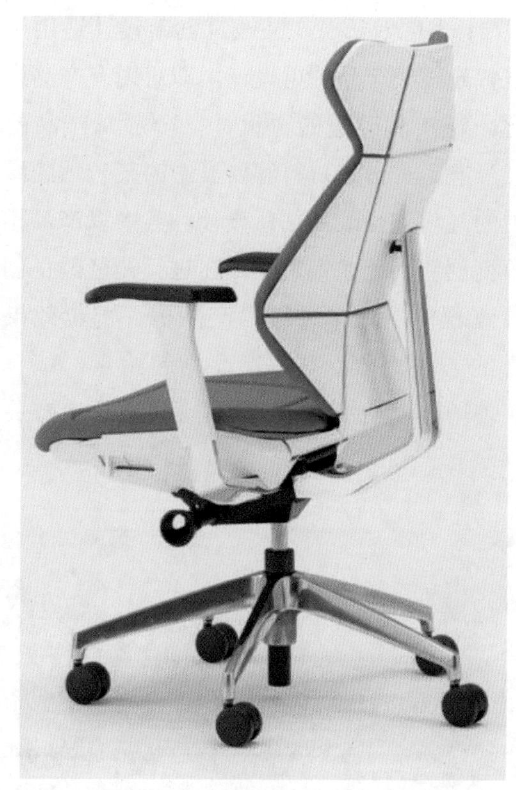

图5-81　FF办公椅/新技术应用/设计：ITO设计公司

(4) 新技术应用。综合分析、借鉴时代性的最新技术，将其应用于家具的构造创新设计，虽然在一定程度上与移植创新法有内容上的重叠，但因其突出强调新技术而赋予构造以时尚性内涵。构造的创新设计与科学技术成果的应用息息相关，科学技术成果需要借助构造创新设计才能很好地转化为产品。因此，家具构造创新设计应该及时融入新的科学研究成果，形成时尚、前卫的产品。图5-81是瑞典ITO设计公司设计的FF办公椅，椅背应用具有弹性的橡胶铰链构造新技术、形似折纸的多面体块面，能自然回应使用者的动作，向后仰时，靠背两侧弹性垫的腰部支撑会自动调节，从两侧支撑腰部，其弹性弯曲构造还可以让使用者呈睡姿的平躺状放松全身；正常使用时，适应办公过程中的各种行为，如活动筋骨、伸展手腕、伸展背部、前倾后倾、扭头后转等，极具科技感和时尚性。

### 3. 构造创新设计表达

进行家具构造创新设计时，对于常规的通用型构造，无须进行特别的设计表达，而仅对有创意设计的新型构造进行设计表达即可，其表达形式一般采用图形和文字注释的形式，记录构造创意设计的构思过程，以便向他人传达创意设计的内容与效果。

与形态工艺创意设计表达的内容相似，构造创意设计表达分为四个阶段：一是设计构思阶段，记录构造创意构思方案的形式与过程，表达形式多样，表达时不拘泥于形式，既有构造局部节点速写草图形式，也有构造局部节点平面视图的形式，根据设计师个人习惯，只要能清楚地表达创意思路与效果即可。二是构造创意设计的正式表达阶段，即依据前述的构造创意草图，确定构造创意设计方案后，形成正式的构造局部效果图和局部三视图。其中，效果图应真实、美观；

三视图应规范、准确，比例为1∶1。三是产品构造模拟演示阶段，采用计算机动画模拟构造的拆卸分解和组装过程，直观展示构造创意设计的效果。四是产品构造形式的情感分析阶段，根据前述的构造形式的情感特征，结合产品的功能、材料、形态、市场和目标用户定位等进行构造的情感分析，具体可参考表5-14中的相关内容。

总之，家具构造设计的合理与否不仅直接影响产品功能与品质的稳定性、工艺的可靠性、形态的美观性，还直接关系产品生产成本、运输成本和售后服务的便利性，在产品从诞生到终结整个生命周期中的各个环节均起到了重要作用。

# 第六节 基于风格的形态创新

古今中外的家具，裹挟于人类文化艺术的各类风格之中，从元始走向现代，从简陋走向繁华，鲜明地承载着人类文明的发展印记，综合地体现了不同历史阶段、不同国家或地域的社会、文化、经济和工艺技术的特征。为了便于问题的讨论，后世史论学者根据家具的不同时期、不同形态特征与内涵分别赋予其某种特定的名称，即风格。了解古今中外不同家具风格的特征与内涵，有助于汲取人类文化的精华，借鉴过去，古为今用，丰富当代家具的文化内涵，准确地把握家具形态设计的发展趋势。

## 一、风格的概念

风格起源于人类最初的艺术活动，主要用来指称各艺术类别中艺术作品所表现出来的某一地域在某一时段内相对稳定的文化与审美内涵等整体特色。风格一旦形成，就具有以下几个方面的特征：一是多样化与同一性。多样化是指某种艺术风格作品的多样化形态与各种应用领域，具有广泛的包容性和社会适应性；同一性也可称为一致性，指同一风格范畴内，不同作者创作的作品或不同应用领域的作品，其形态特征或内涵是相通的，均统一在风格既定范畴内。二是传播性与普遍性。但凡艺术风格，均可从某一地域传播到另一地域，获得大众的认知认可后，被快速复制、扩散，广泛应用于人们的物质和精神作品中。三是时代性与稳定性。时代性是指成熟的风格客观地反映某一时期、某一地域生产力发展水平和人们文化观念的性质；稳定性则是指在相当长的时期内，风格的基本形式和内涵大致保持不变，成为区别于其他风格的辨识标准。四是民族性与全球性，指风格始源地域民族文化的精华传播到外域后，与当地文化融合，有利于风格的传播与成长，既遍布全球，又各具特色。

## 二、家具风格的类别

基于人类行为需要而产生的家具，以不可取代的功能贯穿人类活动过程的各个方面，并与人类文化艺术相伴，随着人类进化和社会的进步而发展，不断凝聚出一个国家或地区、一个民族的物质文明与精神文明，形成了在功能、形态、用材、构造、图纹形式和文化内涵等方面都有着显著差异的各种风格。家具史学研究学者根据历史上朝代更替的关系，艺术风格延续发展关系，地域位置、民族习性、传承关系、年代的进程关系等因素，对家具风格进行了断代分类。图5-82是中西方家具风格分类图谱，通过时间轴比较直观地显示了不同风格的起止时间、传承关系以及中西方各类家具风格在起止时间上的比对关系。

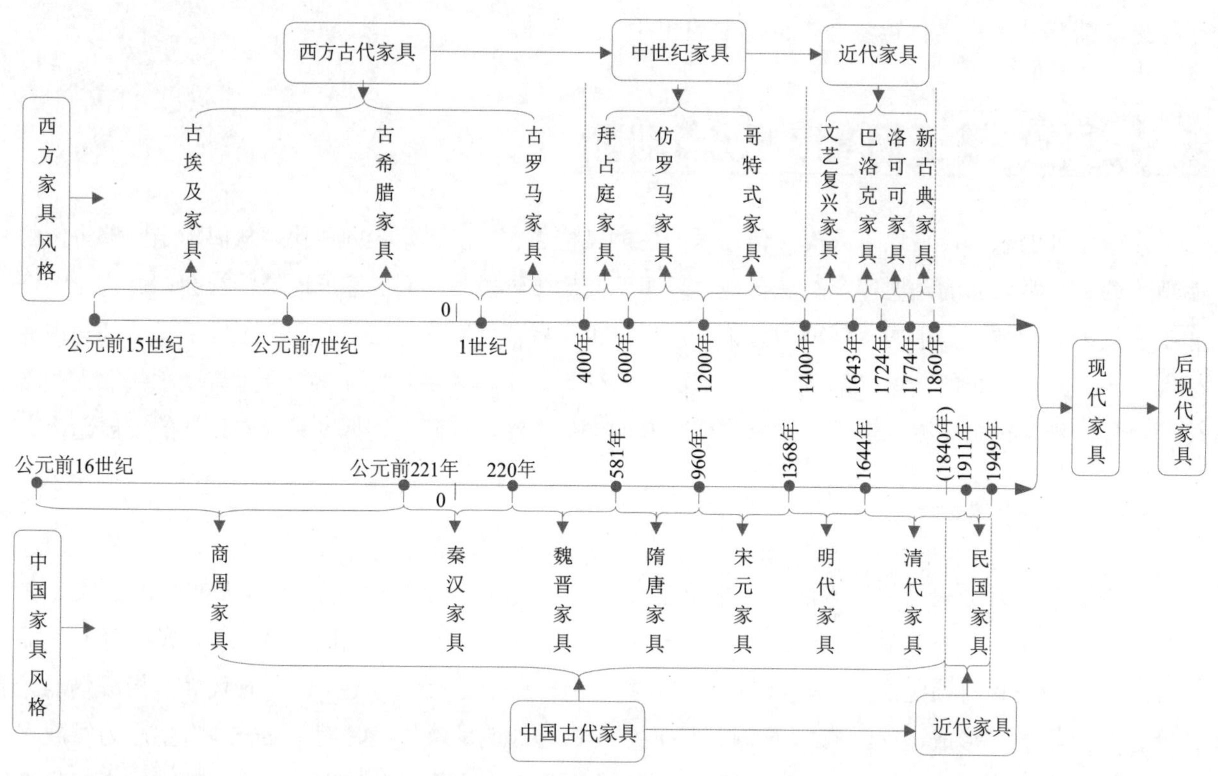


图5-82　中西方家具风格分类图谱

## 三、古典家具的情感特征

自古以来，人类不断地传承创新着家具形态，并形成了丰富多样的风格类型，极大地丰富了人类文化艺术宝库，并被统称为古典家具，以示与现代家具的区别。能跨越人类历史长河，传承至今仍然受到现代人认可与追捧的古典家具却很有限。目前市场上流行的古典家具主要有西方的巴洛克风格家具、洛可可风格家具、新古典主义时期家具，中国的明式家具、清式家具等。

### 1. 当代流行古典家具风格及其情感特征

古埃及文明经过古希腊、古罗马的传承、融合，沉淀出欧洲文化的雏形，经由中世纪黑暗、漫长的宗教洗练成长，再经文艺复兴运动的锤炼成熟，形成了从宫廷到民间对文化艺术的狂热甚至盲目的追捧，大文学家、大艺术家闪耀登场，将欧洲文化艺术推向前所未有的繁荣。西方近代家具也应运而生，特别是其中的巴洛克风格家具、洛可可风格家具、新古典主义时期家具，流传至今，仍然受到世人的喜爱。而中国家具在漫长的岁月中受席地而坐起居行为方式的制约，其形制和内容变化缓慢，直至垂足坐姿行为方式遍及后，才于明代得到快速发展，并在短时期内超越西方，登上了世界家具艺术的巅峰，屹立至今。表5-15简要归纳了目前常见中西方古典家具的风格及其情感特征。

表5-15 目前常见中西方古典家具的风格及其情感特征

| 风格名称 | 年代 | 风格特征简述 | 形态特征示例 | 情感特征 | 家具示例 |
|---|---|---|---|---|---|
| 巴洛克风格家具 | 1643—1724年 | 亦称路易十四式家具，在构成上破除了严肃、拘谨、理性的形式，采用重点区分，强调整体的新形式，强调形成动感、奔放、生动、热情、宏伟的整体形态 | 腿脚形态 | 奢侈、豪华、高贵、奇异、怪诞、动感、阳刚、结实 | 巴洛克式边桌 |
| 洛可可风格家具 | 1725—1774年 | 亦称路易十五式家具，在构成上多采用C形、S形和涡卷形的曲线及动物、植物和东方题材，具有纤细、轻巧、华丽和烦琐的形态特征 | 腿脚形态 | 华丽、轻巧、高档、纤细、精致、柔美、烦琐、自然 | 洛可可式女士书写桌 |
| 新古典主义时期家具 | 1775—1860年 | 亦称路易十六式家具，在构成上以直线和矩形为基础元素，形态精练、简朴、雅致，曲线少、直线多，旋涡面少、平直面多，轻盈优美 | 腿脚形态 | 轻巧、高贵、优雅、精致、挺拔、简洁、力量、理性 | 新古典主义时期书写桌 |
| 中国明式家具 | 1368—1644年 | 特指明代形成的造型简练，以线为主，比例优美、尺度适宜，稳重挺拔、收分有致，构造严谨、做工精细的一类家具 | 腿脚形态 | 简洁、轻巧、优雅、精致、圆润、天然、高贵、理性 | 黄花梨木圆后背交椅 |
| 中国清式家具 | 1645—1911年 | 特指清代形成的造型凝重、形式多样，选材考究、技艺精湛，装饰形式多样、题材丰富，吸收外来文化，融汇中西方艺术的一类家具 | 腿脚形态 | 厚重、挺拔、结实、美观、奢华、贵重、烦琐、粗笨 | 紫檀木云龙纹罗汉床 |

### 2. 古典家具中常见图纹元素释义

装饰图纹作为人类特有的艺术禀赋和智慧，主要用于满足人类的心理需求，是人们改变旧有面貌，使其变化、增益、更新、美化的活动。家具中的装饰图纹作为一种艺术方式，以秩序化、规律化、程式化、理想化为要求，创造合乎人们的需要，与人们的审美理想统一、和谐的美的形态。它既是一种艺术形式(以某种纹样、标志或符号形成风格化的装饰图纹，亦即风格特征)，又是一种艺术方式和艺术手段(通过装饰图纹的使用将装饰实物化或现实化)。

时空交错、地域相间并没有阻断人类思想、智慧的相通，无论是东方家具还是西方家具，在运用图纹表达特定的寓意或美好的愿望方面表现出了惊人的一致性，可统一归纳为几何形图纹、自然形植物图纹、自然形动物和人体图纹、建筑构件图纹、人类活动工具图纹等类别。装饰图纹不仅是不同时期、不同地域、不同民族智慧的结晶和珍贵的文化遗产，还在家具中起着使其形态多样化和风格多样性的重要作用，并通过装饰图纹的寓意性、象征性等特性寄托使用者的某种心愿或期望，形成装饰图纹特有的情感特征。表5-16简要归纳了中西方古典家具中常见图纹元素及其情感释义。

表5-16 中西方古典家具中常见图纹元素及其情感释义

| 地域 | 元素名称 | 元素类别 | 元素图例 | 元素原意 | 情感释义 | 家具中的应用部位 |
|---|---|---|---|---|---|---|
| 西方古典家具 | 贝壳纹 | 自然动物类 | | 来自河流湖泊、海洋的一类软体动物壳体，是古代原始的货币之一，也是西方艺术中常用的素材 | 富贵、财富、贵重、生命、爱情、起源、永恒、神圣 | 家具腿的膝部、拉档或柜顶中心等重点部位 |
| | 莨苕藤叶 | 自然植物类 | | 一种低矮多年生草本植物，形态优雅，从古希腊至今，一直广泛地应用于建筑、家具装饰 | 智慧、兴盛、生命、活力、永存、优美、高贵、神圣 | 以雕刻、镶嵌、彩绘等形式应用于家具整体或局部 |
| | 玫瑰花 | 自然植物类 | | 古希腊和古罗马时期象征爱神阿佛洛狄忒、维纳斯，并以爱、美、平等的永恒象征流传至今 | 纯洁、忠贞、美丽、浪漫、爱情、智慧、奉献、友谊 | 座椅靠背顶部、柜顶中心等重点部位 |
| | 兽、禽腿足 | 自然动物类 | | 现实、神话或寓言故事中的神兽、猛禽等 | 结实、坚固、永恒、厚重、吉祥、神圣、贵重、勇猛 | 多见于各类家具腿脚或扶手 |
| | C形、S形 | 自然植物类 | | 由莨苕藤叶和涡旋纹组合，形成夸张的弯曲形状的装饰图纹 | 优雅、纤细、轻盈、柔美、活泼、华丽、高档、自然 | 多见于腿部形态、立面板表面装饰图纹等 |

(续表)

| 地域 | 元素名称 | 元素类别 | 元素图例 | 元素原意 | 情感释义 | 家具中的应用部位 |
|---|---|---|---|---|---|---|
| 中国古典家具 | 拐子龙纹 | 寓言故事类 | | 亦称拐子纹，起源于草龙纹，是一种变体、高度简化的龙头和回纹龙身的结合体 | 连绵、长久、轮回、永生、硬朗、挺拔、吉祥、高贵 | 扶手支撑、拉档构件，面板装饰图纹等 |
| | 祥云纹 | 寓言故事类 | | 起源于周朝中期的一种祥瑞图腾，是常见的吉祥符号，文化内涵独特、丰富 | 祥瑞、吉祥、喜庆、幸福、自然、优美、高贵、神秘 | 各类面板装饰图纹等 |
| | 蝙蝠纹 | 自然动物类 | | 是中国传统图纹中唯一能够飞翔的哺乳动物，因“蝠”与“福”同音，象征吉祥、幸福和好运 | 吉祥、如意、福寿、幸福、长寿、财富、好运 | 座椅靠背板、面板装饰图纹等 |
| | 马蹄足 | 自然动物类 | 内翻马蹄足 外翻马蹄足 | 形似马蹄，寓意勤劳能干，善良淳朴。足头向内兜转，称内翻马蹄；足头向外兜转，称外翻马蹄 | 自然、淳朴、勤劳、结实、坚固、永恒、稳定、挺拔 | 各类家具腿脚 |
| | 牡丹花 | 自然植物类 | | 芍药属，花大而香，色泽艳丽，有“国色天香”“花中之王”之称，历来是艺术作品的主要题材 | 雍容、华贵、繁荣、昌盛、吉祥、好运、挺拔、高贵 | 座椅靠背板、柜类面板装饰图纹等 |
| | 荷(莲)花 | 自然植物类 | | 其出淤泥而不染，濯清涟而不妖的高尚品格，历来是文人墨客歌咏绘画的题材之一 | 圣洁、高雅、干净、宝贵、吉祥、清廉、美丽 | 座椅靠背板、柜类面板装饰图纹等 |

注：读者可以根据此表格式延续补充其他类别的图纹元素。

## 四、古典家具的形态创新设计

古典家具存在于特定历史时期，承载着特定地域的文化形态，随着社会的发展迭代，沉积于人类历史长河中。但其独特的文化内涵、鲜明的艺术特色，至今仍然受到世人的青睐。古典家具或以风格的本原(高仿)形式，或以风格的时代演化(传承)形式，或以风格文化脉络的隐喻(创新)形式，服务于现代人的行为过程，满足现代人的情感需求。

### 1. 仿真创新设计

人们对优秀传统文化艺术的怀念与崇敬，直接催生了古典家具的市场繁荣。中国古典(红木)家具、欧美古典家具以华贵、奢侈、保值等属性位居高档产品榜首。然而，历史与现代的时空错位也为古典家具重现现代市场带来了困难：一是古代人行为单调，导致古典家具的品类较少，无法完全满足现代人丰富多样的行为需求，如没有电机柜、鞋柜、沙发等；二是部分古典家具的形态不符合现代人的行为习惯，如架子床、餐桌等。因此，在高仿其中部分适合现代人使用的古典家具的同时，还需要根据古典家具的风格特征进行形制和品类创新设计，增补缺少的部分产品。

(1) 设计原则。古典家具的仿真设计应遵循以下几个原则：一是高度仿真，宜用尽用，即对部分古典家具中已经存在的经典产品直接仿制，不宜进行再设计，如明式的鼓凳、方凳可直接仿制，用作现代的茶凳、梳妆凳等，椅子也可直接仿制，用作现代的餐椅、会议椅等。二是忠于本原风格的特征与内涵。三是符合现代人的行为习惯和市场规律。

(2) 设计内容。根据已有的古典家具风格，筛选出本原风格中已经存在并适用于现代的家具品类，列出待延伸设计的家具品类与数量。一般而言，欧式古典家具需要延伸设计的品类有客厅柜、沙发与茶几、餐桌、餐具柜、床与床头柜、定制衣柜、梳妆台、书柜、屏风、茶台、玄关台、衣帽架等。图5-83是仿洛可可风格特征延伸设计的床，规避了洛可可本原家具风格中帷幔华盖顶子床的不便。

中国古典家具需要延伸设计的品类有客厅柜、沙发与茶几、餐桌、床与床头柜、定制衣柜、梳妆台等。可见，中国古典家具需要仿真延伸设计的品类少于欧式的古典家。图5-84是仿明式风格特征延伸设计的置物架，规避了明式本原柜架类与现代物品在规格、陈列方式等方面脱节的问题。

图5-83 洛可可风格的床/仿真创新设计

图5-84 明式风格特征的置物架/仿真创新设计/设计：平仄家具

### 2. 重组创新设计

综合家具风格的发展规律可知，吸收外来文化，是风格的一种自我发展进化手段，也是常见的设计构思方法。设计师经常会尝试把某一种或几种风格元素打散重构，以期形成产品形态上的创新。这种对已有的家具风格进行重组创新的设计方式往往会有意外之喜，也是传统文化创新的常用手法之一。

(1) 设计原则。重组创新设计应遵从以下几个原则：一是主从有序，即在进行形态构思时，始终以拟定的主题风格特征为中心，谨防主次颠倒，有悖于主题风格的进化。二是以简为主，即尽量简化从他处所引用的符号或图纹。三是符合现代人的行为习惯和市场潮流趋势。

(2) 重组方式。综合而言，家具风格重组创新设计可分为两类：一类是把古典风格元素融入现代产品形态，形成“新+旧”的组合方式，即以外域传播、流入的时兴风格为主体与本土传统文化符号进行组合。例如，现代风格家具传入中国之后，2000年左右在中国市场上出现的现代形制与中国传统文化符号配搭组合的家具形态，形成了现代中式家具的雏形。例如图5-85所示的装饰柜，以中密度纤维板为基本材料，在现代柜类形态中加入中国传统的拐子龙纹和窗格图纹，形成中式符号化的现代家具。可见，“新+旧”的组合方式主要存在于风格传播过程中地域化的转型过渡初期，用于探索传统文化的融入方式和效果以及市场反应。

图5-85 装饰柜/“新+旧”重组创新设计

另一类是两种不同地域古典风格元素之间形成“旧+旧”的配搭组合方式。例如，以“中”或以“西”为主体形成“中+外”的配搭组合形式。这种引入异域风格元素进行混搭的手法较早出现于英国安妮女王(Anne Queen)时期的家具中，直至后期的齐宾代尔时期(1718—1799年)达到顶峰，在家具形态中大量移植了中国的园林亭子顶、风景画面、大漆描金装饰等元素，并形成其风格特征。图5-86是以英国安妮女王式家具风格形态为主，在柜门上辅以中国古代琴、棋、书、画等文人生活场景绘画装饰的高脚柜。

图5-86 高脚柜/“旧+旧”重组创新设计

综上所述，在重组方式中，“新+旧”与“旧+旧”两种配搭组合方式的区别在于：前者旨在外来新风格引入后的本土化、地域化进化，以便新风格在本土生根、发芽、成长、成熟，取代现有的旧风格；后者旨在通过引进异域文化元素，促进本土现有风格的发展、进化。

### 3. 时代化创新设计

风格通过艺术作品表现出相对稳定的内涵，反映一个时代、一个民族或地域的审美思想等内在特征，形成受到时代、社会环境、民族习性等影响的主流呈现形式。因此，不容置疑，当代家具的主流是现代主义风格的家具形态，尽管会有西方或中国古典家具裹挟其中，但这也正是风格的包容性特征所允许的，不会影响主流风格的发展大局[9]。

(1) 设计目标。现代主义风格家具既是时代化创新设计的形态，也是现代中国家具设计的主体目标，其设计的关键在于依序呈现“现代、简约、时尚、中式”。其中，现代是指现代的器形，简约是指简洁明快的形态构成，时尚是指外观呈现的时尚效果，中式是指形态所蕴含的中式文化精髓。沿此目标进行创新设计的家具形态才符合当代中国家具形态的主流发展趋势。

(2) 创新设计方法。当下中国人的主流审美观可概括为：体现东方哲学思想精髓的“简约、闲适和智慧”型的“中国式雅致生活”，这为家具形态创新设计做出了背书，指明了方向，也提供了思路。

首先，现代中国家具要以一种特立独行的简约、时尚形态，叙述“不写繁华、不叙苍凉、不喜纷扰，幽远清新、素雅宁静”的文化意境，恰如其分地融入青石、香茗、茂林与修竹等朴实自然的空间环境，以优雅的形态、高贵的气质重现古人简约、朴实、闲适、雅致、智慧的生活(图5-87)。

图5-87　茶室家具/时代化创新设计

其次，追求时尚形态。时尚以现代为基础，但却是领先于普通事物的一种现象。就家具而言，时尚就是人们对某种效果的崇尚，是家具外观效果和内在气质的综合体现。另外，时尚与简约、朴实并不矛盾，而是一种设计表现，可以通过构造性主材与金属件、大理石、现代玻璃、织物等辅材的艺术配搭以及色彩的组合应用、工艺的巧妙处理来体现时尚感。例如图5-88所示的沙发，没有刻意采用传统中式符号，而是以简练、圆润的形态，通过木材与织物、黄铜的配搭，色彩的点缀形式，融入江南特有的婉约风情，既含蓄地表达了简约、闲适、优雅的当代东方美学观，又彰显了产品大气与雍容的时尚效果。

图5-88　沙发/时代化创新设计 / 设计：苏梨・上品

再次，以高新科技引领时尚功能。自20世纪下半叶以来，人类社会步入了科学技术发展日新月异的时代，高新科技的迅速发展令人瞠目结舌、应接不暇。特别是人工智能技术快速发展，已经渗透到了人们生活的各个方面，深刻地改变了人们的生活方式。智能化、智慧型家居产品已经走进了人们的日常生活，因此，在家具中植入健康饮食智能化模块来保障人们的饮食健康，在卧具中设置健康睡眠与便捷起居智能化模块来保障人们的睡眠健康，在衣柜中植入收纳存取记忆提醒智能化模块来方便人们的日常收纳存取，等等，已经有了充分的技术保障。可见，高新科技不仅推动着家具形态的发展，而且引领着产品的时尚化功能。

最后，蕴含中式文化的精髓。文化的魅力在于其能根植于所处的地域与人文环境，凭借其强大而神奇的基因，不断传承延续与自我进化，并能顺应不同时代的发展，呈现不同的辉煌。因此，无论是外来文化的侵蚀，还是在其发展过程中短暂的误入歧途，主流文化均凭借其强大的自愈能力吸收同化外来文化，并孕育出新的时代内涵。因此，现代中国家具所流淌的应该是反映中式文化精髓的血脉，呈现世界公认的现代中式家具形态，走出中式即古典的误区，使现代中国家具文化艺术在历史悠久、底蕴深厚的中华大地再现辉煌。

# 第七节　基于概念的形态创新

现代设计经历第二次世界大战后，随着功能至上设计理论的成熟与时代的发展变化，计算机辅助设计(computer aided design，CAD)、虚拟现实(virtudl reality，VR)、智能制造(intelligent manufacturing，IM)、人工智能(artficial intelligence，AI)等技术应用于产品设计、生产，极大地简化了新产品的研发过程，使设计师从繁杂的事务性工作中解脱，转而把主要精力放到设计本身，随之而来的是概念设计、服务设计、体验设计、情感设计等设计理念逐渐明晰。特别是概念设计，自20世纪80年代定位为产品创新设计的核心内容至今，其内涵、特征、设计过程等形成了较为清晰、完善的架构体系[10]。

## 一、概念与概念设计

人类在认识事物的过程中，把所感觉到的共同特点从感性认识上升到理性认识，提炼的本质属性即为概念。可见，概念是反映事物本质属性的一种思维形式，具有内涵和外延，即其含义和适用范围。概念设计则是利用所提炼出的概念，并以其为主线贯穿全部设计过程的系统设计方法。概念设计在任何人造物的设计和制作过程中都是必不可少的，区别只在于其是显意识的还是无意识的。

家具形态设计之初，皆要根据设计调查的结果，拟定产品的概念并贯穿设计全过程，以便彰显产品的优势与最大市场竞争力。可见，家具概念设计是基于用户需求而建立的，也是在设计创新的过程中完成的，设计师不仅要满足消费者对于家具的功能需求，而且要满足消费者对于家具新颖的外观形式以及文化内涵等方面的个性化追求。而家具概念设计合适与否，既是对家具在目标市场中的适应性与满意度的评估与验证，也是实施家具生产、销售、服务等后续计划的主要支撑。

在家具概念设计创新架构体系中，以概念为核心，通过设计演绎出产品的灵魂，拓展出产品的市场热点与卖点。因此，在进行产品概念提炼与设计时，应体现以下几个方面的特征：一是前瞻性。用超越现存思维定式的思想与方法，综合事物的存在规律与发展方向，去探索、去发现未来设计趋势。这需要设计师有敏锐的时代性触觉与嗅觉，在日常事务与社会现象中发现那一闪即逝的未来迹象与机会，关注消费者内心深处的需求，在时代的前端探索各种设计的可能性。二是创造性。通过对概念设计的不断创新来满足消费者在物质和精神方面的新需求，并无限拓展人类的生活空间与精神世界，使之与现代化的发展同步协调，引领潮流化的价值观与审美观。三是时代性。家具概念的时代性是指在特定的时空中逐渐形成的具有一定共性或内涵的思维结论，即在不同的社会历史发展阶段，依托时代性的科学技术，形成不同的文化内涵与属性，既引领时代性的价值观与审美意识，又促进家具文化发展。四是多样性。多样性即围绕拟定概念，根据不同时代的市场需求，形成不同的功能定义、不同构造与工作原理、不同的产品形态与文化内涵等多样化的概念内涵与呈现形态。

## 二、概念的类别及情感特征

### 1. 概念的类别

家具概念的类别是多元化的，既有以物质为内核的概念，也有精神型的概念主题，且不同概念赋予产品形态或内涵的差异会带给消费者不同的情感特征，现分述如下：

(1) 文化类概念。文化在家具中主要通过外观形式所呈现的产品风格特征来体现，不同时期所流行的家具风格应体现主流消费者的共识。例如，现代简约风格、西方古典风格、中式古典风格、现代中式风格等曾经流行或正在流行的家具风格即属于文化类概念。另外，除利用设计的方法赋予家具某种文化概念外，还可以通过品牌策划来凸显或附加某种文化概念。例如图5-89所示的现代中式茶几，以木质材料为主材，配搭具有中国传统文化属性的竹编和黄铜，其形态既现代、简约、时尚，又与当代主流的现代中式家具文化风格一致。

图5-89　现代中式茶几/文化类概念

(2) 时尚科技类概念。时尚科技不仅应体现在家具形态的时尚现代上，更应该体现在对于功能、材料、构造等传统边界的突破上，把其他领域中应用现代技术形成的智能、智慧、新型材料等时尚概念导入家具，通过时尚科技引领、改变、服务于人类当代或未来的生活与工作。图5-90是应用物联网技术形成的全屋智能系统原理示意图，包括定时控制、场景控制、智能安防等模块。

图5-90　应用物联网技术形成的全屋智能系统原理示意图/时尚科技类概念

(3) 社会现象类概念。人类社会在不同时期的某一区域总会产生或存在与社会发展密切关联的共同现象。其中，有些社会现象除政策性引导外，还可以通过特定类别的产品创新设计，加强或弱化、加速或减缓、健康有序地引导其向纵深发展，从而形成与某一社会现象相关联的消费群体的共识性消费，并形成相应的产品概念。目前与家具密切相关的社会现象类概念主要有医养(养生、养老、医疗)、小空间居室等。

(4) 资源节约类概念。资源节约是一个永恒的主题，特别是人类在进入当代社会之后，对资源的无度索取与过度消耗更是加剧了资源的供需矛盾。而作为耐用消费品的家具，部分消费者还停留在与资源节约相悖的旧有消费习惯中。因此，可从建立新时期东方雅致生活方式、健康养生、环境节约等方面的内涵与可持续设计理念等方面形成复合概念，引导人类社会形成一种新的消费理念。

### 2. 概念的情感特征

产品同质化导致的市场激烈竞争，使得产品设计师和生产企业越来越重视产品概念，希望通过概念融入突出产品的特点，拉开与同类其他产品之间的距离，增强产品的市场竞争力。理论上讲，产品的概念融入不存在绝对的壁垒，并且任何产品都应该有相应的概念支撑其商品属性。特别是产品的必备或核心概念，是产品合格上市流通的必备条件，具有法定的强制性，如产品的环保概念、绿色设计概念等。也有一些概念则代表着产品的未来发展趋势，是应提倡或推荐的概念，如现代中式概念、智能与智慧概念等。还有一些概念是为追逐商业机会与市场热点而形成的短期辅助性概念，如崇洋概念、养生概念、纯手工概念等。因此，在进行产品概念提炼、拟定时，应该综合分析市场、消费群，结合不同概念的内涵与情感特征进行科学、理性的决策。表5-17是家具形态设计中常见概念类别、情感特征、适宜消费群归纳表。

表5-17 家具形态设计中常见概念类别、情感特征、适宜消费群归纳表

| 类别 | 名称 | 概念属性 | 呈现形式 | 情感特征 | 适宜消费群 |
|---|---|---|---|---|---|
| 文化类 | 现代中式风格概念 | 核心概念 | 现代、时尚、蕴含中式文化精髓的形态 | 现代、时尚、高雅、高档、个性 | 各类消费群体 |
| | 现代简约风格概念 | 核心概念 | 现代、简约、时尚的形态 | 现代、简约、时尚、青春、活泼 | 青年、中年群体 |
| | 纯手工工艺概念 | 商业概念 | 榫卯构造、传统工艺等 | 传统、高端、贵重、个性、保值 | 中老年群体 |
| 时尚科技类 | 智能、智慧概念 | 核心概念 | 智能、智慧技术融入家具(或家居)产品 | 现代、时尚、前卫、便捷、高档、个性 | 各类消费群体 |
| 社会现象类 | 医养概念 | 商业概念 | 无障碍或便利性构造，符合老年人的行为 | 个性、方便、简易、感性、商业 | 老年群体 |
| | 健康养生概念 | 商业概念 | 保健、治病、长寿等药用或物理疗效 | 保健、长寿、个性、商业、高档 | 中老年群体 |
| | 小空间居室概念 | 商业概念 | 折叠构造、多功能组合等，符合青年人居住空间与消费需求 | 现代、简约、时尚、青春、活泼、拥挤 | 青年群体 |
| | 崇洋概念 | 商业概念 | 贴上欧美文化风格或进口产品标签等 | 时尚、个性、高档、异化、浮躁 | 青年群体 |
| | 环保概念 | 必备概念 | 纯实木、无甲醛胶、水性漆等 | 安全、健康、高档、天然 | 各类消费群体 |
| 资源节约类 | 绿色设计概念 | 必备概念 | 符合绿色产品的“3R原则” | 安全、健康、理性、便捷、安心 | 各类消费群体 |
| | 可持续设计概念 | 必备概念 | 材料可持续或循环利用 | 环保、健康、理性、便捷、安心 | 各类消费群体 |

## 三、家具概念设计的一般流程

家具概念设计从最初概念的提出、拟定到融入产品的完整过程可分为三个阶段，即概念提炼阶段、设计融合阶段、概念升华阶段，如图5-91所示。

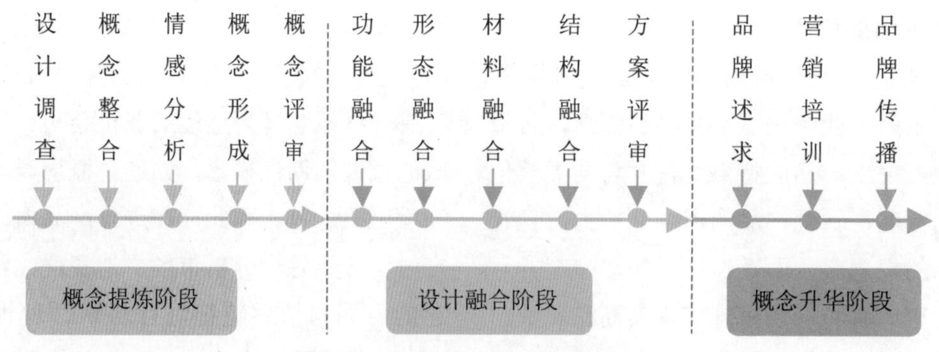


图5-91 家具概念设计的一般流程

### 1. 概念提炼阶段

概念提炼是设计师针对设计对象进行的一系列感性思维，归纳、分析、精练后所形成的思维总结。因此，在设计前期，设计师必须对市场做出周密的调查与策划，分析出消费者的具体需求及其目的与意图，准确地提出消费者的刚性需求与辅助性需求，进行精准的概念定位；然后设计师经过独有的专业思维形成一系列家具概念与消费者功能需求和情感需求之间的解决方案，即形成初步的概念方案；最后，经综合评估后确定方案产品概念。

### 2. 设计融合阶段

应用前述评估确定的概念进行家具形态设计构思时，应巧妙地融入设计方案。在具体的概念设计融入过程中，首先根据产品的功能、材料、构造、形态风格等对所确定的概念进行归类；然后结合不同类别概念的内涵，思考从产品的功能、材料、构造、形态特征等的某一方面或几方面进行相应的设计融合。

对于功能类概念，因存在基本功能与辅助功能的区别，处理方式也不尽相同。在设计实践中，产品的基本功能是相对稳定的，很难有突破现有基本功能的新概念出现，一旦出现必定会带来某些方面或领域的突破性变革。较常见的均为一些辅助性功能概念，这些辅助性功能概念却能带来产品层次上的差异，形成产品的市场卖点。例如，床(基本功能)+健康睡眠(辅助功能)、鞋柜(基本功能)+杀菌除臭(辅助功能)等形成相应的市场卖点。在设计中可以通过构造的构思、材料的选择、技术的导入等方式实现辅助性功能概念的附加。

材料是家具构成的物质基础，既服从于功能，又在一定程度上决定了工艺与构造的选择。新材料往往与新工艺、新技术相伴，能充分体现产品的时代性特征。例如，传统材料中的一部分，经过历史长河的积淀，形成了不同内涵的文化属性或使用习惯，并在一定程度上支撑着家具形态的风格及特定的文化内涵。因此，材料在家具文化概念的呈现或表达方面具有某些特殊的意义。

构造包括了家具的内部构造与家具外部形态构造两个方面。一般而言，不同类别的材料对应于不同的构造形式与工艺过程，多元化的构造形式为家具功能概念的多样化提供了可能。家具的构造类概念一般是隐性的或者是常规性的、必备的，也是市场默认的。例如，拆装构造是使大件家具方便搬运的必备构造形式，不宜作为概念过度渲染。但有时可应用某种特定的传统构造与工艺形成传统文化类概念，如中国的传统榫卯构造、大漆工艺等。

形态特征以展现家具形态的风格特征为主，

多归属于文化类概念，是不同时期的主观和客观条件综合形成的时代精神的体现，在进行形态概念构思时，应该根据市场主流风格现状及其未来的发展趋势，选择相宜的材料与工艺，将地域文化融入形态特征，形成“现代、时尚、地域化”的形态内涵。图5-92是家具概念设计融合途径的归纳简述。

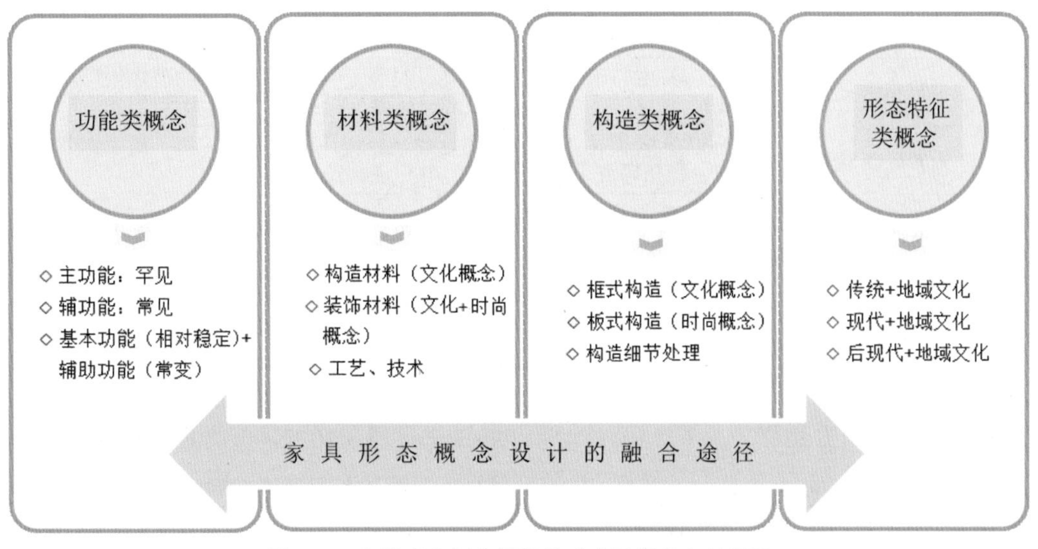


图5-92　家具形态概念设计的融合途径的归纳简述

另外，在家具概念的设计融合过程中，设计师还应对设计概念在生产过程中的工艺或技术可行性以及实现成本等进行综合性的评估；特别是依托构造类概念或新技术类概念时，应先对其中的关键技术进行可行性调查，谨慎评估后再对概念进行取舍。

### 3. 概念升华阶段

完成概念的设计融合后，概念设计的主题工作也基本完成，此时只需将概念的形式与内涵传递给品牌策划与市场营销部门即可。后续则由品牌策划部门根据企业(产品)文化和产品概念，形成品牌诉求；市场营销部门则随即进行营销培训和品牌宣传等新产品上市场前的准备工作。

## 四、家具概念创新的构思方向

在进行家具概念创新构思时，应该以需求为切入点，即从市场需求中提炼出某种现象共性的本质特征，分析完善升华为某种新的概念；然后从中分解出与家具形态设计相关联的解决方案。这里所谓的需求既可能是物质性的，也可能是精神性的，抑或具有物质与精神的共存性。无论如何，需求均应具有两方面的基本属性：一是满足或解决当前社会性问题的需求，二是满足人们当下或未来的主流消费需求。

### 1. 满足社会性现象的需求

社会性现象是指所有与人类有关的活动，特别是与人类生存和社会发展密切关联的现象。社会性现象根据其对人类发展有利与否可分为积极的社会性现象和消极的社会性现象。对于家具设计师而言，应该时刻关注社会性现象，了解其规律性特征，用专业的思维方式去分析其中的社会性需求。社会性现象与家具概念及其设计要点见

表5-18。针对不同的社会性现象，其中的关键在于准确发现其需求点，难点在于针对需求点提供恰当的创新性设计方案。

表5-18　社会性现象与家具概念及其设计要点

| 社会现象 | 关联概念 | 需求内容 | 满足需求的设计要点简述 |
|---|---|---|---|
| 人口老龄化 | 适老、养老概念 | 老年人的普遍或特殊需求 | 从家具形态、功能、构造方面重点满足老年人行动迟缓、不便，记忆力、视力、听力衰退，紧急救助等方面的需求 |
| 养生与长寿 | 健康养生概念 | 保健、养生、治病需求 | 从家具功能、材料、构造方面提供物理性治疗，或应用材料的药用效应、软硬度，或相关生理指标监控功能等 |
| 子女教育 | 益智成才概念 | 儿童健康成长、学习、娱乐需求 | 在儿童的嬉戏、启智，防近视、驼背，高度调节等方面与高科技结合，并保证构造与安全性等 |
| 高房价 | 小空间居室概念 | 空间功能多元转换需求 | 采用折叠、翻转、组合等构造，实现家具功能的场景转换 |
| 资源匮乏 | 绿色、可持续设计概念 | 减少资源消耗的需求 | 符合绿色、可持续设计的原则与要求 |
| …… | …… | …… | …… |

### 2. 引领时尚的行为方式

辅助人类行为方式的工具或设备伴随着人类社会的进程，进化发展。工业文明带来的人类生产工具或设备创新，不断变革着人类旧有的行为方式。特别是当今信息化社会正逐步将人类的行为方式引向生态文明的全新领域。因此，在进行未来的家具概念设计构思时，应该把人们的行为方式建立在有利于生态环境、资源节约的基础上，根据人们时代化的行为需求，契合新技术，引领高效、便捷、有序、健康的使用体验。

高效是指家具功能在服务于人们行为方式过程中的效率高。新技术的融合导致家具功能的技术化，其结果是高效、快捷地完成繁杂的工作或消除疲劳，减轻行为过程中的负担。智能化或智慧型概念产品也是目前比较成熟、受消费者青睐的高效率、时尚性概念，既能方便掌握其使用方式，在一定程度上节省时间，又能给人轻松自如的使用体验，成为当代时尚科技在现代生活中应用的首选。而科学技术正是为惠及全人类，全方位提供高效、便捷的服务而存在和发展的。因此，应该以日趋普遍的智能或智慧型产品为中心，进行概念拓展，多方面挖掘家具传统功能时尚化、高效化的技术可能性，赋予人们行为方式与时代技术之间关系的新内涵。图5-93是人类工效学办公椅，综合采用高度升降座面、可调节头枕、弹性靠背与透气网布、3D(中空)立体坐垫、静音滚轮等构造装置和材料，最大限度地减轻或防止久坐引起的臀部和下肢麻木、颈部和腰部酸痛，提高工作效率。

图5-93　人类工效学办公椅

便捷、有序的行为过程是高效的保障，也是愉快行为体验的基础。因此，基于对人的行为方式的仔细观察和思考，了解新技术所带来的新型行为特征对生活方式产生的正面影响，并从中总结出规律，萌发新的概念，也是产品概念设计的正向思维，便于形成契合人们时尚、新兴行为方式的家具形态。试想，让家具、家电等家居类产品能够与使用者进行沟通，使用者轻轻一按键或发出口令，一切均可就绪，通过新技术改变现在的生活方式，形成全新的人与物之间的使用体验，将是一种十分美妙的使用体验。当然，我们更应该清楚地认识到，所有的功能和使用体验都是以人的需求为中心的，不能凌驾于人的需求之上，甚至脱离人类的掌控。图5-94为集智慧收纳，环境空气质量与温湿度平衡控制、暖衣除螨、香薰净化、柜内照明等时尚化功能于一体的智能衣柜，它使得衣物收纳更加科学、便捷、有序。

图5-94　智能衣柜/设计：伊蕾莎集团

### 3. 形成健康愉快的行为过程

健康生活、愉快工作是家具形态创新与演进的根本目的。特别是进入现代社会后，人们对个人健康与疾病越来越重视，并从行为方式、居家保健、健康饮食、家用医疗等方面付诸行动。而与家具关联度较大的保健养生行为主要体现在以下三个方面：

一是预防型，即通过对当代人的各类行为过程的调查分析，找出对人体健康影响较大、容易形成疾病的行为方式，如长期站立工作方式对腿、腰等人体部位的损伤，长期坐姿或伏案工作对腰、颈椎、脊椎等部位的损伤，长时间坐姿不正对视力、脊椎等部位的影响等。在进行保健养生类概念定位时，可采取技术手段、构造方式等，进行人性化的使用时间提醒、坐姿纠错提示或强制性中断行为过程等处理方式，以便预防各类相关疾病的发生。图5-95是可以预防颈椎病、肩周炎、近视眼的便携式平板电脑支撑架，简单轻巧、携带方便。

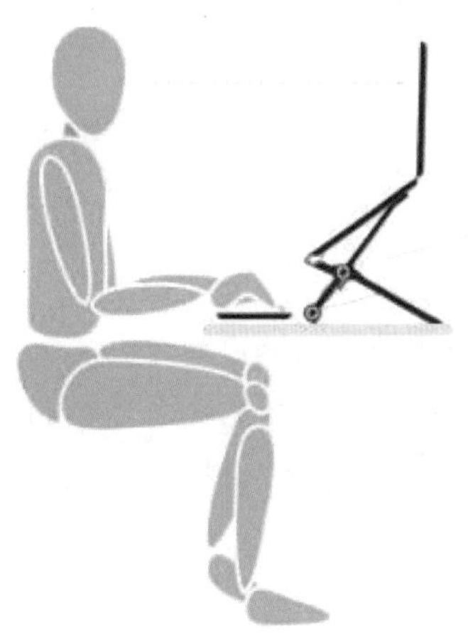

图5-95　便携式平板电脑支撑架

二是治疗型。不幸患上颈椎、腰椎、视力障碍等疾病的人群，除了日常行为过程中的劳累外，还经常伴有疾病所带来的痛苦。这时可将缓解上述疾病的医学知识，结合技术条件，通过设计构思转变为在使用家具的同时，伴随某种物理治疗过程。图5-96为用于矫正驼背、近视等的书写椅，通过高度升降、强制束缚、配套的桌面倾斜等科学设计，达到矫正脊椎畸形、近视等的目的。

图5-96 束缚式矫正坐姿防驼背防近视书写椅

三是监测型。现代医学把人类的健康状况细分为各类生理指标，如身高、体重、血压、血脂、血糖等，人一天的健康饮食成分也有一定的参考指标。根据这些指标，可以构想当人使用坐具或床时，可自动监测这些生理指标：通过餐具和餐桌监测饮食成分，通过坐具、卧具等监测人体生理指标，若发现异常或超标，则自动提出警示，以便引起注意。

#### 4. 创造丰富的情感体验

任何产品形态在满足使用功能的同时，还需要努力满足消费者的情感需求，引导和协助消费者品味生活中的幸福，体验人生的乐趣。因此，在提炼家具形态设计概念时，还应该洞察消费者情感需求方面的动向，然后通过系统、专业的设计方法进行提炼、融合，形成消费者认知的、社会化的家具形式语言，从而满足或实现消费者的情感需求。

随着社会、经济的发展，物质财富的富足，人们在审美方面的追求也发生了巨大转变，这种转变过程可简要归纳为从古到今、从外到内，即从崇尚传统走向现代，从崇尚国外转向崇尚国内。由此可见，在思考如何创造丰富的审美体验时，可从以下两个方面着手：

一是追随主流风格，突出个性化特征。在资迅发达、信息传播快捷的现代社会，家具主流风格的任何变化与发展都会短期遍及全球，形成同质化的产品，造成普遍性的审美疲劳，这也是现代家具款式生命周期短、风格特征转变快的原因之一。因此，设计师应该时刻关注社会大众的主流思潮，从中解析出具有超前概念的审美主旨，形成时代化的美学元素，融入家具形态。在具体设计实践中，可以以“国际潮流的地域化、传统文化的现代化、传统习俗的时尚化”等为基本原则，形成与当代生活方式同步演进的现代中式家具或后现代中式家具。图5-97是符合当代主流风格的现代中式博古架，产品以中国传统条凳为单元，采用叠置的方式突破了博古架的传统形态，构思巧妙、灵活、简洁，含蓄地表达了当代东方的主流美学观。

二是突出家具的情感体验。基于产品形态情感体验的视觉先导性特征，在进行产品概念构思时，一般会将设计的重心向产品形态的新颖性、个性化等方面倾斜，形成产品形态的视觉情感体验为主，触觉体验次之，其他感官体验为辅的处

图5-97 中式博古架/设计：侯正光

理原则，应用互动式设计原理，结合相关的技术要素和设计要素，创造出奇妙的、前沿的个性化形态，使产品在使用过程中形成灵动的视觉效果，带给使用者悠远绵长的心灵感动。图5-98是借鉴中国传统的景泰蓝工艺和传统提盒器物，应用现代工艺技术，推出的引领时代潮流的简约、轻奢、现代的小件家具。

图5-98　小件家具/平仄家居

# 第八节　形态仿生创新设计

在人类与自然界万物共存的悠久岁月中，形态各异的大自然无意间向人类传递了无穷的信息，启迪着人类的智慧，丰富了人类的技能。基于此，学术界于20世纪50年代提出了仿生学概念，标志着人类开始有意识、系统性地研究自然与造物活动之间的关系。学术界于20世纪80年代提出了仿生设计学的概念，逐渐展开了设计与生物形态的本质特征之间关系的理论探讨与设计实践。

## 一、仿生设计学概述

模仿是人类的天赋技能之一，模仿自然，完善生存环境，促进人类社会进步；学习他人，不断成长、成熟。仿生设计学是人们在长期向大自然学习的过程中，经过经验的积累、选择和改进，把人类的模仿禀赋细化，上升为独立的研究体系的结果。

仿生设计学也称设计仿生学，特指人类以自然界生物的本质特征为模仿对象的设计活动，是在仿生学和设计学的基础上发展起来的一门新兴边缘学科，主要涉及数学、生物学、电子学、物理学、控制论、信息论、人机学、心理学、材料学、机械学、动力学、工程学、经济学、色彩学、美学、传播学、伦理学等相关学科。可见，仿生设计并非对自然界生物的简单模仿，而是一种有目的创新行为，即综合各学科的理论知识，经过对自然界存在的天然生物进行分析、理解、构思，将其应用于产品的形态、功能、构造或材料等多个方面，形成创新设计方案。

广义的仿生设计学研究内容主要有以下四个方面：一是形态仿生设计，研究包括动物、植物、微生物、人类的生物体和自然界日、月、风、云、山、川、雷、电等物质存在的外部形态及其象征寓意以及如何通过相应的艺术处理手法将其应用于形态设计之中。二是功能仿生设计，主要研究生物体和自然界物质存在的功能原理，并运用这些原理去改进现有的或构造新的技术系统，以促进产品的更新换代或新产品的开发。三是视觉生物设计，研究生物体的视觉器官对图像的识别，对视觉信号的分析与处理，以及相应的视觉流程，并将其原理应用于产品设计、视觉传达设计和环境设计。四是构造仿生设计，主要研究生物体和自然界物质存在的内部构造原理在设计中的应用，特别是在产品设计和建筑设计中的应用。

综合国内外的研究现状和发展趋势可知，狭义的仿生设计学研究内容主要集中于自然界植物的茎、叶以及动物形体、肌肉、骨骼的构造；目前研究的重点是形态仿生设计和功能仿生设计。在此主要阐述形态仿生设计方面的内容。

## 二、形态仿生设计的类别

从前述内容可知，形态仿生设计是仿生设计研究中的主要内容和常见仿生形式。经过物竞天择，与自然界和谐共存、纷繁多样的生物形态，为设计师提供了丰富的灵感来源。很久以来，人类都采用不同的方式模仿生物形态进行产品形态创新设计，满足人们的行为需求，丰富人们的使用体验。根据对形态仿生创新设计应用的综合分析，其可分为以下几种类别(图5-99)[11]。

图5-99　家具形态仿生分类简图

### 1. 按仿生相似度分类

根据形态仿生创新设计方案中产品形态与模仿对象之间的相似程度不同，形态仿生设计可分为具象形态仿生设计和抽象形态仿生设计。具象形态仿生设计一般是直接再现模仿对象的生物形态，力求最真实地再现和描绘自然形象，反映设计师对美好自然的向往和情感寄托；设计方案产品形态具有直观、生动、活泼，极富生命力和亲和力的特征，图5-100为仿生花瓣形态的月光花园扶手椅。抽象形态仿生设计是指对被模仿生物形态进行概括、提炼和抽象变形，或模仿生物形态的内在神韵，形成最能代表被模仿生物形态的特征元素，多用于产品的形态设计或表面装饰，使产品更显个性化、趣味性或某种象征意义。图5-101是英国设计师运用抽象形态仿生设计方法设计的花瓣椅。

图5-100　月光花园扶手椅/具象形态仿生设计/设计：梅田正德

图5-101　花瓣椅/抽象形态仿生设计/
设计：马丁·巴伦达特

### 2. 按仿生维度分类

根据仿生形态的维度不同，形态仿生设计可分为平面形态仿生设计和立体形态仿生设计。平面形态仿生设计也称二维形态仿生设计，其主要内容与表现特征是产品表面上的平面图纹装饰，图5-102为表面装饰仿生百宝花鸟纹(喜鹊、梅花、山石、牡丹、绶带、荷花)镶嵌的中国传统衣柜。立体形态仿生设计也称三维形态仿生设计，其主要内容与表现特征是产品的实体与空间，图5-103为丹麦设计大师安恩·雅各布森设计的经典仿生产品——蚁形椅，其构造简单，形状酷似蚂蚁，模压胶合板的椅身形似蚂蚁的躯体，细长的钢管椅腿模拟了蚂蚁的腿足。综合而言，产品立体形态仿生设计比平面形态仿生设计更加生动、活泼、形象、有趣，但相应的产品创新设计与生产难度也较大。

图5-102　中国传统衣柜/平面形态仿生设计

### 3. 按仿生整体性分类

根据模仿生物形态的整体性不同，形态仿生设计可分为整体形态仿生设计和局部形态仿生设计。整体形态仿生设计是指对生物形态的全部进行比较完整的模仿，突出产品形态的完整性，可以给人们带来直观的自然感受，也是比较常见的形态仿生设计方法。但是，自然界生物形态多样，不同生物形态之间存在较大的差异，这也增加了产品整体形态与仿生形态之间和谐共融的难度。因此，一般而言，整体形态仿生设计选取的仿生对象形态不应太复杂，否则会增加仿生设计应用的难度，且易出现或单调，或僵硬，或繁杂的设计效果。图5-104是整体模仿香蕉形态的香蕉椅。

图5-103　蚁形椅/立体形态仿生设计/
设计：安恩·雅各布森

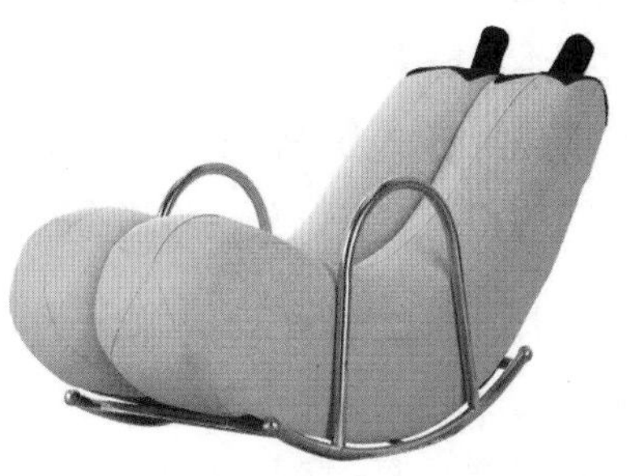

图5-104　香蕉椅/整体形态仿生设计

局部形态仿生设计可分为两种情况：一种是在产品设计中只模仿生物形态的局部，如图5-105(a)是模仿玛丽莲·梦露嘴唇设计的唇形沙发；另一种是在产品的局部位置采用形态仿生设计，如家具腿脚部位的动物或植物形体、柜门上的装饰图纹等，无论其模仿的生物形态完整与否，均属于局部形态仿生设计，如图5-105(b)鹿角椅的设计。综合而言，局部形态仿生设计相对于整体形态仿生设计具有更高的灵活性与准确性，但有时会因设计处理不当而失去产品形态美的统一性、协调性。

(a) 唇形沙发/局部形态仿生设计/设计：Studio 65

(b) 鹿角椅/局部形态仿设计/设计：M·卡赫拉曼

图5-105 局部形态仿生家具示例

#### 4. 按生物所属种类分类

根据所模仿的生物种类不同，形态仿生设计可分为植物仿生设计、动物仿生设计、昆虫仿生设计、人体仿生设计和微生物仿生设计等。动物仿生设计，即通过模仿动物的各种形态特征来设计产品；昆虫仿生设计，使产品呈现出昆虫的各种形态特征；人体仿生设计，即通过模仿人类自身的肢体形态进行产品设计；微生物仿生设计，相对而言，其在形态设计中用得较少，实际上自然界存在着大量微生物，其中也不乏完美的微观形态，因此，模仿微观形态也是形态仿生设计的一个具有实用意义的素材源泉。

## 三、形态仿生家具的特征

形态仿生家具及其他各类用品常见于人们的日常生活与工作中，它们均以纯粹的自然美、鲜明的主题、生动夸张的形态、幽默有趣的内涵、真实的情境化情感魅力等特征协调着人类社会与自然界之间的和谐关系。[12]现将形态仿生家具的特征分述如下。

#### 1. 鲜明的主题

人类在进化发展过程中除不断探索有利于改善自身生存环境的工具设备外，还孜孜不倦地探索与追求事物的美。然而，充斥于现代社会中的冷漠的机器、钢筋混凝土虽然为人类带来了便利，但却淹没了大自然和谐自然、赏心悦目纯真之美；智能化、数字化产品在为人们带来时尚性与便捷性的同时，也扼制了旧有产品富有的令人愉悦的形态，以及让人难以释怀的浪漫情感。因此，如何在新时期恢复传统“天人合一”的自然状态与社会生态，也逐渐引起了人们的重视。

应用形态仿生设计的方式，把“生命、有机、天然、希望”等主题词汇与自然界中适宜的生命有机体融合，通过具体的产品设计，形成主题鲜明的产品形态，以“以形传神”的方式引导消费者的喜、怒、哀、乐等情感，也是当前设计界的重要课题。图5-106是仿生穿山甲设计的独处躺椅，适用于机场、户外等场所，便于休息休闲。躺椅有着穿山甲般的外形，易于收放折叠，并配置有电源插座、箱包锁、闹钟等，既可满足公共场所使用者隔离外部的喧嚣、保护个人隐私的需求，又具有鲜明的形态特色。可见，形态仿生家具是有鲜明主题、清晰目标、明确目的、深远含义的设计创新。

图5-106 独处躺椅/局部具象仿生设计/设计：乌列尔・塞拉诺

### 2. 生动夸张的形态

设计中的夸张胜在以简代繁，以少胜多。形态仿生设计中，围绕拟定的主题，从浩如烟海的自然界生物资料中筛选出形态模拟对象，以抽象的方式夸张地模拟生物形态，简化或摒弃与产品设计主题不和谐的元素，通过诙谐有趣的形态使产品形象表现出张力、速度、生命力和运动感等动态美，从而形成形象生动、形态夸张，极富想象力和感染力，审美主体强烈的产品形态。图5-107是整体抽象仿生螳螂形态的碳纤维梅花凳，形态夸张、灵动、性感、新奇、有趣。

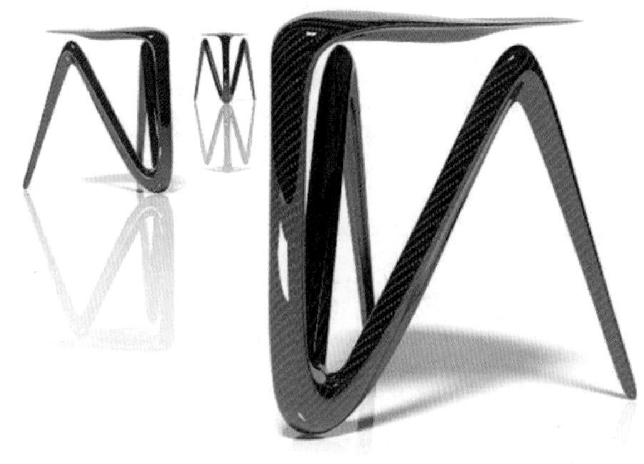

图5-107 仿生螳螂形态的碳纤维梅花凳/整体抽象仿生设计/设计：阿尔瓦罗・乌里韦

### 3. 幽默有趣的内涵

模仿自然界的生物形态可以给家具形态创新设计带来无限的灵感，从而赋予产品不同的形态和情感，增强产品的趣味性，满足消费者喜悦、快乐、有趣地生活或工作等各种情感需求。形态仿生设计可以从各维度增强产品的趣味性，提升人们的生活质量和品位，增加人们对生活与工作的关注与热爱，为人们平淡无奇的生活与工作增添更多情趣，构建轻松、愉悦、休闲的生活和工作空间。特别是仿生动物类形态的家具，更易使产品形态富有“表情”，并给产品带来一种欢乐的生机。图5-108是仿生唐老鸭嘴形态设计的办公椅，局部生动夸张的唐老鸭嘴形增加了人与动物之间的亲和感，为产品平添了活泼可爱的趣味，可瞬间唤醒使用者童年的记忆，抚平其浮躁的心境。

图5-108　唐老鸭嘴办公椅/局部抽象仿生设计

**4. 真实的情境化魅力**

形态仿生产品借用产品的形态和功能，极力将诗意、情感之类的非物质因素物化在产品中，把罗曼蒂克、幽默、魔幻、科学进步与舒适生活等各种情境、语境附着于普通的产品上。形态仿生家具在功能上不仅安全、可靠、宜用，与自然界生物形态融为一体，更主要的是追求诗情画意的境界创造，借以寄托设计者、使用者的精神情怀，并形成情趣化的使用方式，将有趣、夸张的形态和使用功能，安静和精巧的趣味，随物释放出的内涵或寓意，微妙地到达消费者的心灵深处，勾勒出景与意惬、思与境谐的意境，吸引、诱惑着消费者去选择它。图5-109是局部抽象仿生天鹅椅，形态宛如一只静态的天鹅，线条流畅、优美，椅身为一次成型玻璃钢内坯覆以布料或皮革，给人以柔软、感性、浪漫、手工、温暖的雕塑般的情境化美感。

图5-109　天鹅椅/局部抽象仿生设计/设计：安恩·雅各布森

## 四、形态仿生的情感特征

形态仿生设计的目的是将自然界中事物的外部形态特征或象征寓意，通过艺术的方法应用在产品形态设计中，根据被模仿生物形态本质特征而创造出产品真实的亲和力，形成产品的某种情感内涵或趣味，在某种程度上迎合人们向往自然的渴望，能够满足现代人追求轻松愉悦、返璞归真、回归自然的情感需求，激发人们积极向上、热爱生活、珍惜生命的生活态度。

人的情感是多元化的，但对源自大自然的生物具有天然的亲和感，这使仿生产品具有亲和力，使产品与用户之间产生愉悦和轻松等情感共鸣，有意识或无意识地联想到具有某种关联的情境或物品，并由对这些联想事物的态度而衍生出情感，或衍生出产品形态所带来的象征性含义，从而达到精神上的愉悦和情感上的满足。植物形态一般具有生命、活力、蜿蜒、流动、优美和流畅等特点，动物形态一般具有可爱、活泼、天真、刚毅、忠诚、贪婪、圆滑和骄傲等人类性格特点。表5-19依据家具中常见的植物形态仿生、动物形态仿生、昆虫形态仿生、人体形态仿生四种类别，结合整体与局部、具象与抽象、二维与三维的不同仿生形式释义，对情感特征、适宜产品、消费群或场所进行了简要的归纳分析。

表5-19　家具形态中常见仿生类别、情感特征、适宜消费群或场所归纳表

| 生物种类 | 仿真程度 | 仿生家具图例 | 仿生类别 | 情感特征 | 适用产品或消费群、场所 |
|---|---|---|---|---|---|
| 植物仿生 | 具象仿生 | 落叶沙发/设计：杰洛恩·包姆斯 | 三维具象整体植物仿生 | 生命、活力、希望、动感、流畅、趣味 | 公共场所，儿童、青中年群体 |
| | 抽象仿生 | 菠萝咖啡桌/设计：Beisi公司 | 三维抽象整体植物仿生 | 生命、活力、希望、现代、理性、趣味 | 青中年群体 |
| 动物仿生 | 具象仿生 | 北极熊置物架 | 三维具象整体动物仿生 | 刚毅、坚强、力量、速度、可爱、天真 | 儿童、青年群体及其活动场所 |
| | 抽象仿生 | 长颈鹿酒吧凳 | 三维抽象局部动物仿生 | 可爱、天真、活泼、趣味、坚实、个性 | 青中年群体及其活动场所 |
| 昆虫仿生 | 具象仿生 | 蜘蛛椅 | 三维具象整体昆虫仿生 | 可爱、天真、活泼、趣味、个性、贪婪 | 儿童、青年群体及其活动场所 |
| | 抽象仿生 | 蜘蛛椅/设计：G. T. 里特维尔德 | 三维抽象整体昆虫仿生 | 可爱、忠诚、活泼、趣味、个性、现代 | 儿童、青年群体及其活动场所 |
| 人体仿生 | 具象仿生 | 新闻采访台/设计：菲利波恩 | 三维具象局部人类仿生 | 坚固、个性、活泼、趣味、惊奇、色情 | 公共空间、环境 |
| | 抽象仿生 | 人体骨骼构造家具/设计：Mán-Mán工作室 | 三维抽象局部人类仿生 | 惊奇、坚固、个性、理性、神秘、庄重 | 公共空间、环境 |

## 五、形态仿生创新设计流程

面对自然界绚丽多姿的生物形态资源，如何从中选择恰当的仿生对象，确定产品的仿生类别呢？掌握科学合理的设计流程，是顺利开展形态仿生创新设计的重要内容。

### 1. 形态仿生设计的一般流程

家具形态仿生设计本质上就是通过提炼自然界中某种美的形态来创造新的人工形态的过程。作为一种创新设计过程，一般分为原型选择—特征提炼—设计耦合三个阶段，如图5-110所示。

图5-110 形态仿生设计的一般流程

### 2. 原型选择阶段

原型是指选取的仿生对象，即从自然界中选择合适的仿生对象。原型选择与其他设计类似，始于设计调查。当经过设计调查、综合分析，确定产品形态仿生设计的可行性后，随即进行合适的仿生对象原型筛选，根据产品的设计定位，结合流传的各类生物图腾的吉祥寓意确定原型。其中，选择合适的原型十分关键，如果所选的原型和产品设计定位之间没有共通性特征或相似点，或其他关联性的设计要素，则后续的形态仿生创新设计工作将举步维艰，甚至寸步难行。

### 3. 特征提炼阶段

针对选定的仿生原型进行全面观察、研究，分析其形态特征，并充分挖掘、拓展其既有的吉祥寓意或衍生出新的文化内涵，在此基础上提炼出形态仿生设计的本质特征或设计元素，然后通过形态特征的情感分析，评估其与产品设计定位的契合程度。特征提炼阶段中的特征提取环节尤为重要，是抓住产品形态仿生的本质，形成产品独特个性、鲜明特征的关键。

### 4. 设计耦合阶段

形态仿生创新设计并非提取一个新的生物形态用于产品设计方案中那么简单，而是在此基础上，确定合适的仿生类别，无论是具象仿生还是抽象仿生，整体仿生还是局部仿生等，均需要结合仿生原型、产品设计定位等综合因素进行形态仿生设计耦合，即通过夸张、简化、变形等艺术手法把从原型中提炼的形态特征应用于设计对象，并形成在产品的形态、构造、功能等方面与仿生原型之间偶然天成的巧妙感、惊奇感，以及文化内涵的丰富性、时代性。如此形成的方案才能与新时期的东方雅致生活美学观的内涵一致，并在产品的工艺性、经济性、环保性、市场竞争力等方面处于优势地位。

## 六、家具形态仿生创新设计方法

家具形态仿生创新设计不仅要注重产品形态外延性语义的表达，更要充分体现其内涵，从而将产品形态仿生从对原型外形的模拟上升到形态、色彩、质感与肌理、构造、功能等多个元素的有机融合，通过不同原型独特的本质特征，有效地营造或传达产品的语义。综合而言，一般采用夸张、简化、变形、分解与组合、条理与秩序等方法提取原型形态的特征，并进行形态仿生创新设计，现分述如下。

### 1. 夸张

夸张是运用丰富的想象力，在客观现实的基础上有目的地放大或缩小事物的形象特征，以增强表达效果的一种修辞手法。除了应用在文学领域，夸张手法也广泛地应用在平面设计、广告设计、装饰图纹设计、产品设计等设计领域。在产品形态仿生设计中也可以运用夸张手法，对所选取原型的合适部位根据需要进行夸张，以突出原型特征，并根据产品形态或构造需要，创造新的产品形态。图5-111是鹦鹉螺仿生咖啡桌，采用夸张的手法抽象再现鹦鹉螺的优美形态，用超过4000片独立的核桃木与枫木模压胶合弯曲碎片单元拼接成鹦鹉螺的贝壳；贝壳外部的凹槽以手工雕刻模拟螺壳自然生长的花纹，贝壳内部运用日式花边纸，按自然的比例分隔出各个不同的腔室，桌面为钢化玻璃。

图5-111 咖啡桌/夸张/仿生鹦鹉螺/设计：Marc Fish工作室

### 2. 简化

简化是相对于复杂而言的，产品中的简化实际上是指构成产品的材料组织数量尽量减少或构造尽量简化。在形态仿生设计中，简化就是去除原型中的一切无关因素，将复杂的形态化繁为简，保留原型的本质特征和神韵，创造出符合产品功能、构造需要的新形态。简化的结果如何取决于设计师对事物的抽象概括能力，同时影响到产品形态的简洁程度。因此，简化时要做到主次分明，重要特征优先，并保证产品形态和原型具有较好的相似性，便于形态的有效识别。图5-112是艾洛·阿尼奥于1973年仿生设计的小马凳，它是仿生小马形态简化后的产品形态，根据形态和功能需要，只保留了小马的脸部轮廓、耳朵、身体和腿部等，除突出小马的主要形态特征外，其他器官均简化剔除，形成了简练、可爱、有趣的软萌玩具型凳子形态。

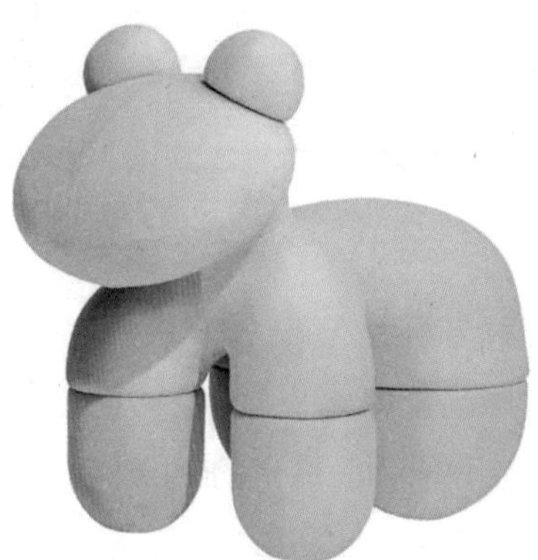

图5-112 小马凳/简化/仿生小马/设计：艾洛·阿尼奥

### 3. 变形

变形手法在中国传统图纹中应用较多，为了图纹的形式美或为了突出某部分特征，将图纹的某部分进行夸大或变形，以产生强烈的视觉冲击力。在产品形态仿生设计中，当自然形态很难符合产品形态要求时，可根据需要对原型进行整体或局部变形，使之符合产品形态和构造的需要。但变形并不是改变或丢掉原型特征，而是在不改变原型主要特征的情况下进行适当变形，以符合产品设计的需要。如果变形后使原型特征消失或变形后的形态和原型毫无联系，变形也就失去了形态仿生设计的意义。图5-113是运用变形手法仿生帝王蝶翅膀纹路的椅子，椅子以铝合金为主体构造性材料，采用失蜡铸造工艺，其极具视觉魅力的曲线源自帝王蝶翅膀纹路的立体化变形塑造，轻盈优美。

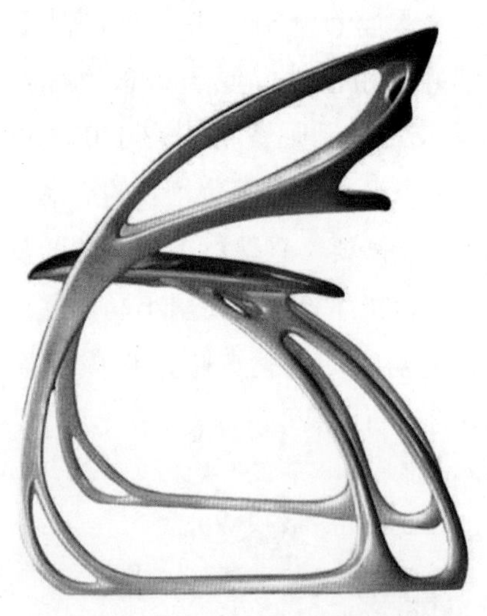

图5-113　椅子/变形/仿生帝王蝶翅膀纹路

### 4. 分解与组合

分解与组合即形态的解构与重组，是指把原型整体特征分解为单个的部分特征，然后重新组合，形成新的特征和形态。分解与组合方法的运用要根据原型的形态特征进行，并不是每个形态都适用这种方法。例如图5-114所示的螳螂椅，运用分解与组合的方法对螳螂形态进行分割后，再进行抽象重组，构成轻盈灵动的螳螂椅形态。

图5-114　螳螂椅/分解与重组/仿生螳螂

### 5. 条理与秩序

条理与秩序是指线条的规则化、秩序化，即将复杂的自然形态线条进行规则化和秩序化的处理。自然界的形态比较复杂，从中很难发现规则线条，而产品形态往往是几何化的、适用于工业化生产的简洁形态，因此复杂的自然形态难以直接应用于产品形态，这就需要规整其线条，使复杂的形态趋于几何化和规则化，从而符合工业化生产的要求。另外，把自然界复杂的线条规则化，也便于产品形成简洁、秩序、节奏的几何美感。图5-115是蜂巢置物架，仿生蜂巢的形式，由一块模压胶合板正反叠置组合而成，结构精巧、形式轻盈。另外，在原型形态特征的提取与仿生创新设计过程中，还可以借鉴和运用对比、混合、分割、组合、重复、渐变等基础形态设计方法。

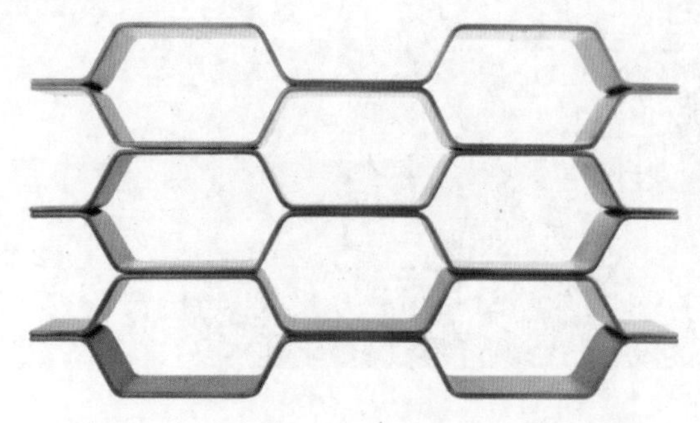

图5-115　蜂巢置物架/条理与秩序/仿生蜂巢

总之，产品形态仿生设计是对自然界生命形态的再创造，追求的是神似而非形似，重内涵而轻外观，更不是简单的模仿，是产品形态设计中很重要的一种创新设计方法。

家具形态仿生设计精品案例赏析

## 思政要点与设计实践

1. 阐述中国传统家具工艺、构造等在现代家具形态设计中的应用途径。

2. 参考表5-16的格式，尝试简要归纳中国古典家具中常见图纹(如林芝纹、松鹤图等)3～5种和西方古典家具中常见图纹(如神话故事、山形墙、花环等)3～5种的固有情感及其情感释义。

3. 掌握家具形态、尺寸与人、物的关系，并虚拟一件家具，尝试进行功能分析和功能创新构思。

4. 掌握色彩的基本特征与情感内涵，并通过设计具体的方案熟悉家具形态色彩设计过程与内容。

5. 通过具体的2～3个方案，掌握家具形态用材的基本原则、特征和选材流程与内容。

6. 接续上述内容的练习方案，形成完整的成型工艺和表面处理工艺方案。

7. 接续上述内容的练习方案，形成完整的构造设计方案。

8. 通过具体方案的形式，练习概念在家具形态创新设计中的融合。

9. 完成3～4个不同类别的家具形态仿生创新设计方案，并分析其情感特征。

## 参考文献


[1] 王军. 基于功能与成本的产品艺术设计价值创新研究[D]. 武汉：武汉理工大学，2011.

[2] 唐开军. 家具功能形态构建与创新途径探讨[J]. 家具与室内装饰，2023，30(11)：1-7.

[3] 左铁峰. 产品形态“美”的创设研究[J]. 山东工艺美术学院学报，2019(5)：12-16.

[4] 伏波，白平. 产品设计——功能与结构[M]. 北京：北京理工大学出版社，2008.

[5] 李岩岩. 设计色彩[M]. 北京：科学出版社，2012.

[6] 唐开军，行焱. 家具设计[M]. 3版. 北京：中国轻工业出版社，2022.

[7] 陈根. 色彩设计从入门到精通[M]. 北京：化学工业出版社，2018.

[8] 唐开军. 基于CMF内涵的家具用材设计研究[J]. 林产工业，2021，58(7)：22-27.

[9] 唐开军，戴向东. 现代中式家具成熟的标准探讨[J]. 家具与室内装饰，2020(1)：11-14.

[10] 唐开军. 家具概念设计探讨[J]. 家具与室内装饰，2021(5)：1-4.

[11] 蔡克中，张志华. 工业设计仿生学的应用研究[J]. 装饰，2004(2)：73.

[12] 赵明娟，巴胜超，袁超. 产品形态仿生设计中形态提炼手法探析[J]. 重庆科技学院学报(社会科学版)，2016(11)：97-100.

| 第六章 |

# 家具形态设计的程序与评价

任何一项工作的展开，都必然会依据一定的发展规律，结合工作内容，有计划、按步骤，层层递进，确保工作的顺利完成。家具形态设计工作亦如此，要求创意设计师不仅具有前瞻性创新思维，熟练应用各类创新设计方法，而且熟知形态设计的一般程序或步骤，结合家具产品形态的特征与规律，建立客观、科学、合理的形态设计评价体系，从而高效、有序地完成设计工作。

# 第一节　设计程序概述

人类日常见到的事物类别一般都有其内在的规律，人们往往会根据这种规律事先做好安排和计划，以保证事情有条理地展开，并以最快捷的方式达成预期的效果与目标，这一过程中的关键在于适当的工作方法与合理的工作步骤。而家具形态设计的工作方法在“第四章　家具形态创新思维与设计方法”中已经阐述，在此主要阐述家具形态设计程序方面的内容。

## 一、设计程序的含义

程序是指为进行或完成某项事务所采取的一系列步骤或途径，即按照一定的逻辑性和计划性从开始到结束的完整过程与步骤。中华人民共和国国家标准：《质量管理体系基础和术语》(GB/T 19000—2016)对“程序”的定义是：“为进行某项活动或过程所规定的途径。”

设计程序是指设计的实施及完成设计工作的次序与途径。包括家具在内的设计程序的本质是通过科学的设计方法有目的地实施设计活动，一般包含设计任务全部过程中的不同阶段。尽管产品设计所涉及的内容与范围很广，设计任务的复杂程度也有差异，因而设计程序也略有不同，但设计目标是基本相同的，即最终是为服务于人而进行的创造性过程、生产性过程、计划性过程。因此，剖析设计程序，就是为了揭示设计活动的规律，理清设计过程中不同阶段的作用与意义。

## 二、设计程序的模式

尽管设计程序是一种经验性总结，会因地域、国别、企业和个人的不同情况而有所差异，但其必然包含一些共性的因素。现代设计实践和理论研究的成果表明，设计程序是具有设计工作时间顺序特性的一般模式；并在此基础上归纳出了三种比较典型的、由简单到复杂的设计程序模式，即线型模式、循环模式和螺旋模式。需要注意的是，建立设计程序的目的是便于对设计活动进行管理和控制。但是，任何一种设计程序都不具备放之四海而皆准的特性，仅代表了设计活动的一般规律，因此，在具体的设计实践中，应根据实际设计项目的情况灵活应用。

### 1. 线型模式

设计程序的线型模式适用于产品迭代升级的改良设计，即根据思维的连续性，将设计过程划分为几个彼此相关联的阶段，并界定每个阶段的具体任务和执行步骤，形成任务间的先后顺序和逻辑关系。类似于工业生产中的流水线，每个环节紧密相扣，从前往后，从头到尾依次渐进，不能倒流[1]。线型模式设计程序的一般模型如图6-1所示，包括设计准备、设计构思、设计实施、验证反馈四个阶段。

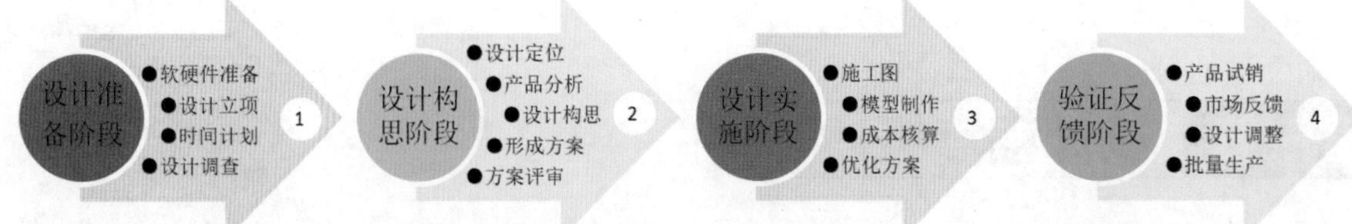


图6-1 线型模式设计程序一般模型图

(1) 设计准备阶段。设计准备阶段主要包括三个方面的内容：一是对与新产品开发和生产相关的硬件进行梳理与准备，如资金、设备、材料、产能等。二是对与新产品开发和生产相关的软件条件的准备，如创意设计、生产技术、营销团队、新品开发的时间计划等。三是综合市场现状，对上述的软硬件条件进行综合分析，评估是否符合新产品开发立项的要求。

(2) 设计构思阶段。设计构思阶段的工作属于新产品开发立项后的具体设计工作，一般依据设计调查的结果，形成新产品的设计概念、设计定位，并在此基础上进行产品分析和设计构思，形成初步的设计方案。在设计构思过程中，应根据产品的功能要求，应用现代设计原理和人类工效学理论形成个性突出、工艺适应性强、性价比高、契合时代主流审美意识的产品形态。

(3) 设计实施阶段。设计阶段包括两方面的内容：一是对前期的初步设计方案和模型进行评估与检验；二是对评估合格后的设计方案进行构造、工艺等设计，并进行产品成本核算和产品试制前的方案调整、技术准备。

(4) 验证反馈阶段。当试制产品完成、通过评估进入市场后，企业应该通过切实有效的途径收集用户的反馈意见，并对产品进行必要的调整，形成正式的批量生产用技术文件，完成新产品的开发设计。

### 2. 循环模式

设计程序的循环模式即在线型模式的中间环节增加反思或评价的内容，以设计待解决的问题为中心，对各个环节进行必要的审核和检验，从而避免设计过程中由定向思维造成的概念绝对化，有利于及时发现错误并进行调整。循环模式设计程序适用于全新产品的开发设计或存在不确定因素的改良型产品的创新设计。循环模式设计程序的一般模型如图6-2所示，包括发现问题、解析问题、解决问题、评价验证四个阶段。这四个阶段首尾衔接，既有独立的内容，又相互关联[2]。

(1) 发现问题阶段。发现问题阶段指从问题的发现到熟悉、分析阶段，包括问题调查、问题分析、设计计划、设计定位等。

(2) 解析问题阶段。解析问题阶段指从问题的熟悉到问题的解析与综合阶段，包括设计分析、概念生成，元素提炼、设计深化等。

(3) 解决问题阶段。解决问题阶段指从问题的综合到问题的深化处理、确定解决方案阶段，包括构造设计、模型制作、成本核算与优化方案等。

(4) 评价验证阶段。评价验证阶段从问题的评价到最后的实物化解决、完成阶段，包括试制测试、市场反馈、设计调整、批量生产等。

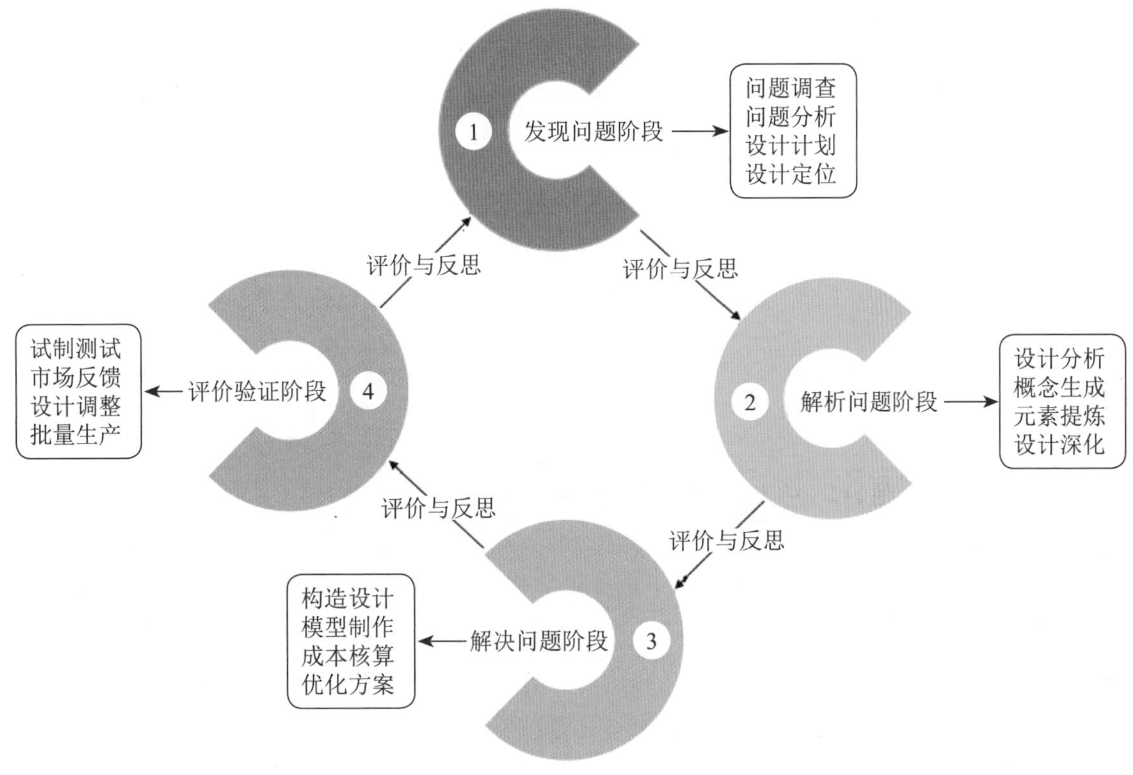


图6-2 循环模式设计程序的一般模型

### 3. 螺旋模式

设计程序的螺旋模式即根据设计程序的不同阶段及其相应的内容，以循环上升的方式向前推进。螺旋模式设计程序适用于时间紧迫、不确定因素较多的新产品开发设计工作，其一般模型如图6-3所示，包括设计形成、设计发展、设计实施、设计反馈四个阶段。

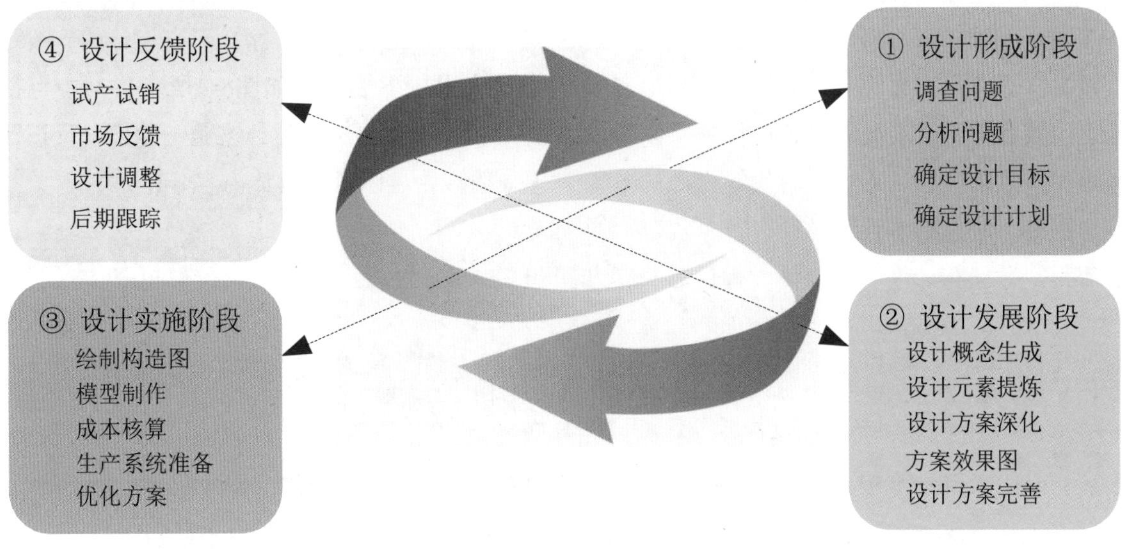


图6-3 螺旋模式设计程序的一般模型

(1) 设计形成阶段。设计形成阶段包括调查问题、分析问题、确定设计目标、确定设计计划等。

(2) 设计发展阶段。设计发展阶段包括设计概念生成、设计元素提炼、设计方案深化、方案效果图以及设计方案(完善设计概念评估、修改、展示)等。

(3) 设计实施阶段。设计实施阶段包括绘制构造图、模型制作、生产系统准备、成本核算、优化方案等。

(4) 设计反馈阶段。设计反馈阶段包括试产试销、市场反馈、设计调整、后期跟踪等。

由上述三种不同的设计程序模式可以看出，线型模式、循环模式、螺旋模式尽管在呈现形式上有所差异，但就设计完成的过程及不同阶段的结果而言，设计构思的思路和方法是相同或相似的，设计的目标和结果是一致的。

## 第二节 家具形态设计程序与内容

设计程序的建立是为了在严格的次序下渐进地完成设计工作，并在解决设计问题的过程中协调各方面的关系，充分发挥设计者的创新能力，快捷有效地实现设计目标；更是根据设计活动的内在规律，形成用于规范设计过程中不同阶段的工作内容、方法与目标的指导性文件。可见，设计程序与内容既是规范设计工作过程的纲领性文件，又是设计管理的基础。

家具作为人们日常行为中不可或缺的用品之一，其形态的设计过程既是一个解决人们日常工作或生活中问题的过程，也是一个形态美的创新过程。人们日常的行为方式、环境、文化素养等的多样化导致了家具种类与形态的多样、繁杂。可见，家具形态设计不仅要解决产品形态和技术上的问题，而且要处理设计过程中不同阶段与家具相关联的社会、人文、时代等方面的各种问题。因此，家具形态设计必须有一个规范、通用的流程，才能有计划、有步骤、有目标、有方向、分阶段地解决各类问题，每个步骤都要有相应的内容和目的，不断地推进设计进程，直至得到满意的设计结果[3]。尽管不同企业、不同设计或产品类型的设计程序不尽相同，但其基本因素是一致的。综合而言，家具形态设计的一般程序通常采用线型模式，如图6-4所示。其中包括设计准备、设计构思、设计实施、验证与反馈四个基本阶段，各阶段的具体内容分述如下。

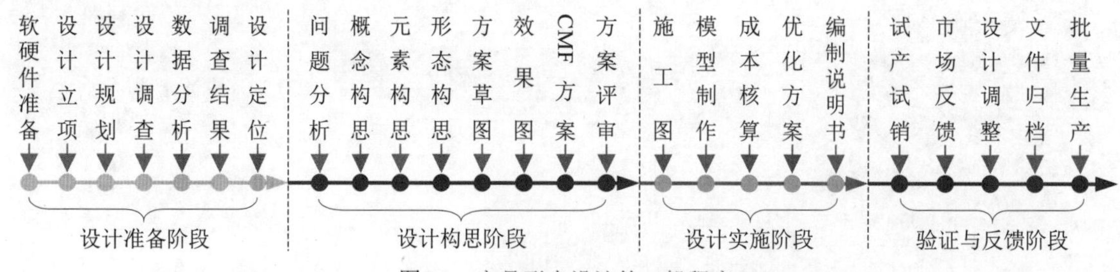


图6-4 家具形态设计的一般程序

## 一、设计准备阶段

任何工作均有一个准备和启动的过程，基于家具行业的劳动密集性特征，其新产品开发设计准备阶段的工作相对简单，一般包括软硬件准备、设计立项、设计规划、设计调查、数据分析、设计定位等方面的内容。现将其中的主要内容分述如下。

### 1. 软硬件准备

软硬件准备主要包括两个方面的内容：一是与新产品开发设计相关的硬件方面的准备，如企业资金、能源供应、设备现状、材料储备、生产场地等。二是与新产品开发设计相关的软件方面的准备，如创意设计人才、技术条件、市场信息、客户资源与营销团队等。在实际操作中，应该针对上述内容逐项细化，并以表格的形式逐一列出，排查出新产品开发设计项目的优势与不足，为后续决策提供依据。

### 2. 设计立项

设计立项既是明确问题，又是家具形态创新设计项目的起点，是综合分析企业现状和对市场发展趋势进行研判后的决策。设计立项一般以设计立项报告(也称新产品策划方案)的形式呈现，其内容包括企业与市场现状、新产品定位、新产品的潜在市场预期、营销策略与销售方案、时间计划等。尽管设计立项报告对产品定位和市场分析等方面的研判是初步的、朦胧的，但它却为新产品创新设计指明了方向，为项目的展开提供了官方的通行许可。

### 3. 设计规划

设计规划是在设计立项之后、展开具体设计内容之前，在设计立项报告的基础上进一步制定的技术性、管理性文件，其内容主要包括人员组织规划、新产品设计规划等，是保证设计程序、设计进度实施，顺利完成新产品设计工作的重要文件。

(1) 人员组织规划。人员组织规划一般的操作方式是成立一个新产品设计小组，由创意设计师、工程师、企业管理者与营销部门人员等共同组成。其主要有三个方面的工作：一是制订新产品设计计划，二是提出新产品设计定位，三是保障实施并完成新产品设计工作。

(2) 新产品设计规划。新产品设计规划的主要内容包括新产品设计过程中各项工作及其时间安排。一般采用甘特图表(或称甘特图)的形式清晰地指明新产品设计过程中各项工作的进度计划及其所需的时间。在制订设计计划时应注意以下几个方面的要点：一是明确设计工作的内容与目标，二是准确、合理地划分设计工作的各个环节，三是了解每个环节工作的目的和方法，四是理解各个环节之间的相互关系与作用，五是充分估计每个环节工作所需的实际时间(单位：天)，六是充分认识整个设计过程中的重点和难点。

在此以“基于情感交互的大众餐饮区智慧型家具设计” 项目为例(项目主持人：黄慧金)，说明家具形态设计的内容与形式。

【案例6-1】"基于情感交互的大众餐饮区智慧型家具设计"项目设计计划表(未完待续)

"基于情感交互的大众餐饮区智慧型家具设计"项目设计计划表，如表6-1所示。

表6-1　"基于情感交互的大众餐饮区智慧型家具设计"项目设计计划表

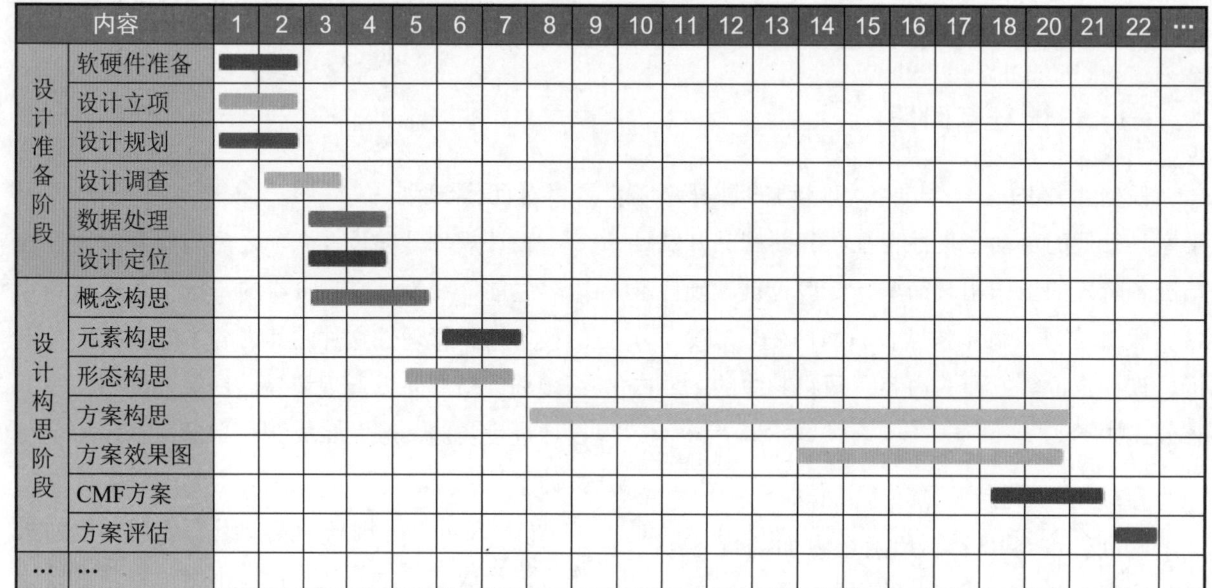

| 内容 | | 1 | 2 | 3 | 4 | 5 | 6 | 7 | 8 | 9 | 10 | 11 | 12 | 13 | 14 | 15 | 16 | 17 | 18 | 20 | 21 | 22 | … |
|---|---|---|---|---|---|---|---|---|---|---|---|---|---|---|---|---|---|---|---|---|---|---|---|
| 设计准备阶段 | 软硬件准备 | | | | | | | | | | | | | | | | | | | | | | |
| | 设计立项 | | | | | | | | | | | | | | | | | | | | | | |
| | 设计规划 | | | | | | | | | | | | | | | | | | | | | | |
| | 设计调查 | | | | | | | | | | | | | | | | | | | | | | |
| | 数据处理 | | | | | | | | | | | | | | | | | | | | | | |
| | 设计定位 | | | | | | | | | | | | | | | | | | | | | | |
| 设计构思阶段 | 概念构思 | | | | | | | | | | | | | | | | | | | | | | |
| | 元素构思 | | | | | | | | | | | | | | | | | | | | | | |
| | 形态构思 | | | | | | | | | | | | | | | | | | | | | | |
| | 方案构思 | | | | | | | | | | | | | | | | | | | | | | |
| | 方案效果图 | | | | | | | | | | | | | | | | | | | | | | |
| | CMF方案 | | | | | | | | | | | | | | | | | | | | | | |
| | 方案评估 | | | | | | | | | | | | | | | | | | | | | | |
| … | … | | | | | | | | | | | | | | | | | | | | | | |

## 4. 设计调查

设计调查也称设计的社会调查或周边调查，它既是家具形态设计过程中必不可少的步骤之一，也是设计师必备的一种基本职业技能和行为方式。

(1) 设计调查的目的。广义的设计调查的目的是获得有效的问题解决方案，通过对与设计项目相关联领域的调查，获得大量的信息，以期从中发现可能的问题及其最佳解决方案。狭义的设计调查的目的是弄清楚人们想要什么，然后通过设计来给予，能有效地指导设计活动的开展，并产生积极的结果。设计调查涉及范围从产品、消费者、环境以及相关的文化、社会等多个层面，到信息论、系统论、统计学、人机工程学、心理学等学科，往往需要跳出产品设计对象的限制，从产品及其相关联的服务、企业、消费者、技术、流行趋势、市场、政策、法规等方面调查最基本、最直接的信息。

(2) 设计调查的内容。设计调查通常是围绕设计对象进行有计划、有条理的适量性调查，其内容以满足设计的基本需求为原则，包括用户调查、市场调查、企业调查、技术调查、法律法规调查等，其中以用户调查和市场调查最为重要。

① 用户调查。用户调查也称消费者调查，主要是对产品用户及潜在用户进行意向性、需求性调查。对于当前用户，要了解其生理与心理特征、文化程度与价值观、收入支出与生活环境等情况；对于潜在用户，要了解其购买心理、审美偏好、消费能力、购买可能性等情况；然后需要对使用竞争对手同类产品的用户进行购买意图、购买标准、产品质量与性价比、消费心理等方面的对比调查分析。用户调查可以为设计项目提供产品形式、CMF效果、包装方面的构思以及让设计师了解产品在使用、维护、回收等方面存在的问题。

② 市场调查。市场是指产品销售的区域。市场调查的目的是分析产品销售的潜力，分析消费者对产品设计的态度与意见，以便确定合适的产品设计策略。市场调查的主要内容有四个方面：一是市场环境调查，即与产品相关的政策法令、经济状态、社会环境、自然环境、社会时尚与流行趋势等影响企业营销的宏观因素调查。二是产品调查，即对与产品相关联的产品品牌、规格、特点、寿命、周期、包装、价格、材料、顾客满意度以及消费者的购买能力、购买动机、市场分布等情况的调查。三是销售调查，指包括企业的销售额及其变化趋势与原因、市场占有率、价格变化趋势、市场需求与价格的关系、影响价格变化的因素、国际贸易与汇率状况等的调查。四是竞争调查，主要是了解竞品的数量和规格、经营策略与模式、价格与售后服务等。

③ 企业调查。企业的根本是经营，企业调查的目的就是使产品设计与企业文化、产品战略、发展方向同步，主要调查内容有产品线、销售与市场状况、技术与设备现状、生产经营状况、企业文化与形象等。

④ 技术调查。技术调查主要指针对产品开发过程中涉及的设备、工艺技术、构造与材料等调查，重点了解新技术的现状，需更新与改进的技术内容，新技术和新工艺的应用与成本的关系，原材料的独特性、流行性、可持续性等。

⑤ 法律法规调查。法律法规调查主要指针对与产品开发设计有关的法律法规和政策规定的调查，如技术标准、环保要求、产品商标、专利、知识产权保护等相关法律法规内容，产品销售国家或地区在产品售后服务、废弃物处理、生产与检测标准等方面的规定。设计调查的范围与内容如图6-5所示。

为了给产品开发设计和市场决策提供准确的第一手资料，要求在设计调查过程中必须遵循目的明确，方法科学得当，资料与信息完整准确，时效性强，计划周密、清晰、全面等原则。

(3) 设计调查的工具。调查问卷和调查表是设计调查的工具，其格式与内容直接影响设计调查的质量。因此，在进行调查问卷和调查表的设计时应该注意以下几点[4]：

一是调查问卷和调查表的设计要与调查主题密切相关，突出重点，避免可有可无的问题。二是调查问卷和调查表中的问题设置要让被调查者易于接受，避免出现被调查者不愿意回答或令被调查者难堪的问题。三是调查问卷和调查表中的问题设置顺序要条理清晰，顺理成章，符合逻辑顺序：一般将容易回答的问题放在前面，较难回答的问题放在中间，敏感问题放在后面；封闭式的问题放在前面，开放式的问题放在后面。四是调查问卷和调查表的内容要简明，尽量使用简单、直接、无偏见的词汇，保证被调查者能在较短时间内完成调查内容。

(4) 调查样本的抽取。调查问卷和调查表设计完成后要发放给不同的调查对象，但如何发放到有效的调查对象手中并形成有效调查问卷和调查表也很关键。这需要结合设计项目的具体内容，制订相应的抽样方案。设计调查结果的准确度越高，所需抽取的样本数量也越多，但相应的调查成本、工作量等也越高越大。因此，应根据设计调查结果的性质与用途，确定适宜的调查方法与样本数量。一般性的设计调查选择100～1000个样本数量即可。样本的抽取可采用统计学中的抽样方法，并兼顾抽取样本中人口特征因素的控制，以保证所抽取样本的人口特征分布与调查对象总体人口特征分布一致。

(5) 数据采集方法。在现有的设计调查过程中有较多的数据采集方法，具体应用时应视调查的内容、侧重点而选用不同的方法。常用的数据采集方法有以下几种：

① 观察法。观察法是指有目的、有计划地在自然条件下，通过感官或借助一定的设备，对社会生活中人们行为的各种资料进行实地记录、搜集的方法。

② 焦点访谈法。焦点访谈又称小组座谈法，即采用小型座谈会的形式，与一组具有相同质性的消费者或客户，以一种自由组合、自然松散的形式进行交谈，从而获得对有关问题深入了解的方法。

③ 问卷法。问卷法也称问卷调查法，是指调查者通过统一设计的问卷向被调查者了解情况、征询意见的一种资料信息收集方法。问卷法也是设计研究中常用的一种方法，可以在短期内收集大量信息。问卷法还可以借助网络传播进行调查，从而降低成本，具有广泛的适用性。

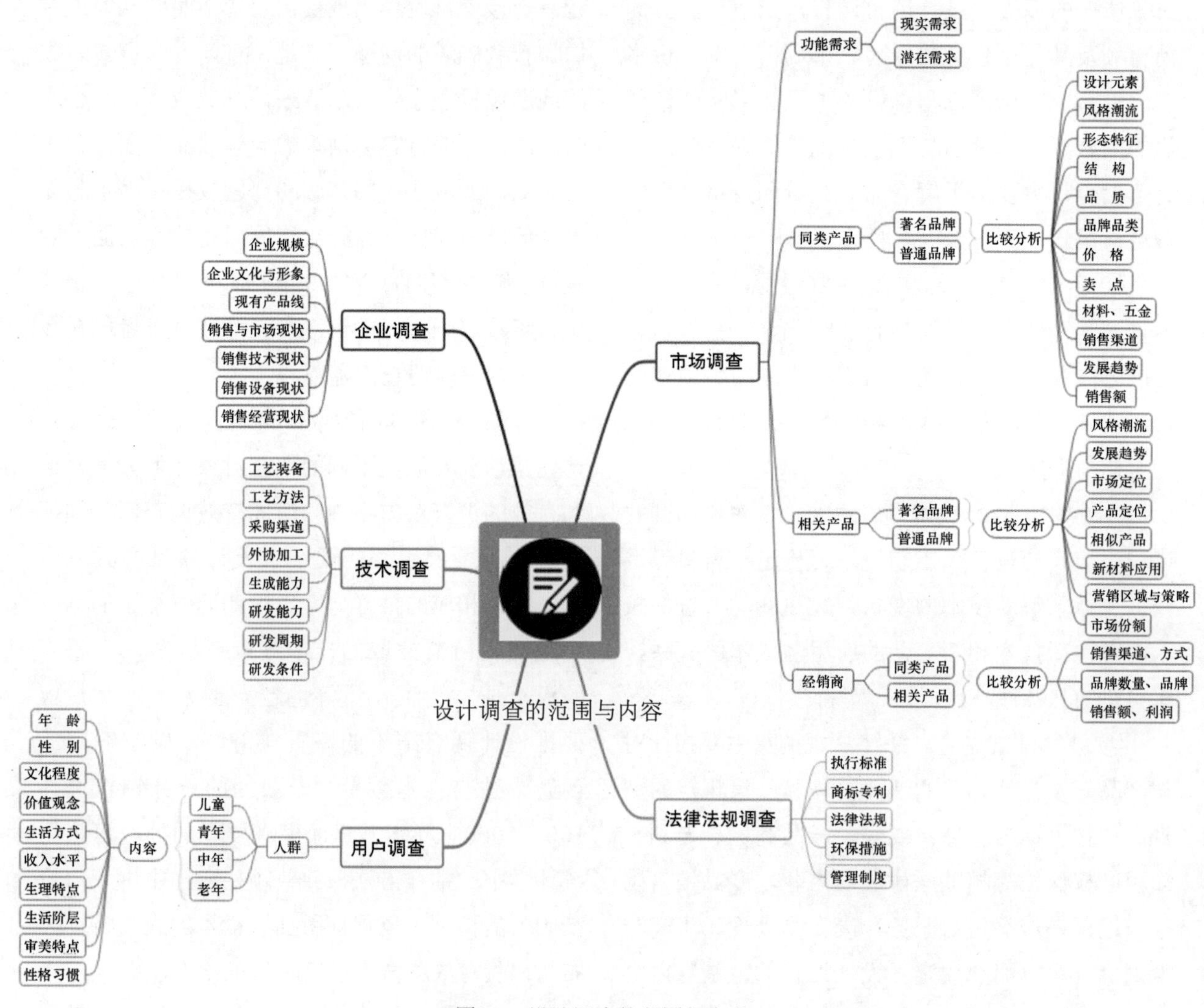


图6-5　设计调查的范围与内容

④ 实态调查法。实态调查法指用仪器或工具进行实地测量或测绘，注重产品的尺度和构造。采用实态调查法，既可以用目测速写的方式记录产品的形态或细节处理，也可以用影像设备记录产品的使用方式、变化范围等各种活动细节。

⑤ 案例分析法。案例分析法亦称个案分析法或典型分析法，是对有代表性的事物(现象)进行深入、周密而仔细的研究，从而获得总体认识的一种科学分析方法。

⑥ 查阅法。查阅法是通过查阅各种书籍、报纸、杂志、专利、样本、广告、网络等方式对问题进行深入了解，收集数据的一种方法。

### 5. 数据分析

完成调查过程后的数据分析，就是运用科学的方法，对调查所得的原始数据进行审查、检验和加工综合，形成系统化、条理化的调查结果。常用的数据分析方法有数量对比分析法、知觉图法、鱼骨图法、人物角色法、情境模拟法、卡片归纳分类法、故事版等。数据分析根据属性不同，又分为定量分析法和定性分析法。

(1) 数量对比分析法。数量对比分析法即按照特定的指标体系将客观事物加以比较，以便认识事物和规律，并形成正确的评价，属于常用的定量分析法。在产品设计中，通常用图(饼图、柱状图、条形图、折线图)或表格来呈现大小关系的数量比较分析、趋势变化关系的数量比较分析、占比关系的数量比较分析、相关性关系的数量比较分析等，具有良好的直观性和可识别性。

(2) 知觉图法。知觉图法又称认知图或感觉图谱，俗称维度图，是一种直观、理想的定量数据分析工具，可将消费者或潜在消费的感知用直观的、形象的图像表达出来。就设计调查数据分析而言，可用于分析、比较用户对事物在多个维度上的看法。

(3) 鱼骨图法。鱼骨图法又称石川图、因果关系图，它原来是一种产品质量管理中发现问题的“根本原因”的方法。鱼骨图则是一种由浅入深、从整体上梳理导致问题出现因素的定型数据分析工具，它同时是一种很好的展示问题之间关系的方式。在设计调查中，鱼骨图法用于对收集到的数据进行深入剖析、归纳，从而发现“事物的根本原因”。

(4) 人物角色法。人物角色法是指针对目标群体真实特征进行勾勒，模仿真实用户的综合原型。可见，人物角色实际上并不存在，一个新的设计也不可能只为某一个用户设计，而是透过人物角色的形式为这一类人而设计。人物角色法可以很好地帮助设计师跳出“为自己设计”的惯性思维，尽可能减少主观臆测，理解用户真正需要什么，从而知道如何更好地为不同类型的用户服务。

(5) 情境模拟法。情境模拟法是指针对设计对象的真实特征，模拟其真实使用场景，用以修缮设计缺陷所造成的使用障碍。情境模拟法突破了常规设计评审的局限性，可以很好地虚拟用户使用产品的情境，对产品进行可用性评估，捕捉用户在使用产品时产生的一些心理和生理反应，客观地看待用户对产品的满意度。

(6) 卡片归纳分类法。卡片归纳分类法是一种以用户为中心的数据处理方法，将收集的信息数据分类写在不同的卡片上，进行合理的信息归类。卡片归纳分类法可以更好地了解用户需求，以便有针对性地解决问题。

(7) 故事法。故事法是一种适用于以用户为中心的数据处理方法，根据设计调查数据，虚拟某个具体的人物形成一个完整的故事。所虚拟的人物贯穿故事的全过程，推动故事的发展，以视觉化的形式直观地表达用户的行为过程与需求，并从中发现解决问题的关键。

(8) 可用性测试。可用性测试是一种包含定性成分的定量分析，让用户使用产品的设计原型或者成品，通过观察、记录、分析用户的行为和感受，改善产品可用性的一系列方法。可用性测试便于及时接收反馈，调整设计方案，缩小产品上市后用户反馈和数据表现与设计预期之间的差距，保证产品上市后的用户体验质量。

### 6. 设计调查结果

完成设计调查后的结果呈现主要有供给分析与预测、需求分析与预测、消费层次与行为分析、市场竞争格局、产品生命周期与上市时间等方面的内容，在设计表达时，只需要简单、明确地呈现市场调查结果即可。单调的市场调查过程处理或分析，一般以附录的形式另置他处，以便凸显市场调查结果与后续设计定位、设计概念生成、形态设计构思之间的逻辑关系。

### 7. 设计定位

设计定位是依据设计调查的结果，结合项目策划书中对设计项目的总体目标与要求，设计部门或项目小组提出对项目产品各关键因素的设计目标或限制性要求。设计定位的一般内容有产品风格、概念、功能、主辅材料、构造、市场、消费群、数量、销售模式、陈列效果等。设计定位的呈现形式应该直观、简洁，便于设计师一目了然一地了解其关键内容。

【案例6-2】 “基于情感交互的大众餐饮区智慧型家具设计”的设计调查与数据分析(续案例6-1)

一、设计调查

本项目界定的大众餐饮是指面向广大普通消费者，以消费便利快捷、营养卫生安全、价格经济实惠等为主要特点的现代餐饮服务形式，具有普遍性、系统性与商业性[5]。大众餐饮的普遍性在于任何普通民众均可在此区域进行用餐消费；大众餐饮的系统性在于它拥有完整的品牌、独特的风格与适配的管理体系；大众餐饮的商业性在于它有别于团餐等高档餐厅，商家通过为普通消费者提供优质美食等综合服务达到盈利的目的。

1. 设计调查的目的

根据“基于情感交互的大众餐饮区智慧型家具设计”的立项要求，设计调查主要有两个目的：一是寻找用餐区家具存在的问题，了解智慧餐饮应用现状；二是了解用户需求，为后续的设计构思提供设计依据，让产品功能适配用户需求，使得智慧型家具能够真正服务于消费者。

2. 设计调查的内容与方法

(1) 用户调查。本项目界定的用户为经常使用大众餐饮的普通消费者，以中青年人群为主体。调查方法：问卷调查法。

通过线上发布《智慧型家具情感交互需求》调查问卷(问卷调查表略)，主要获取用户三个方面的信息：一是用户的基本信息，二是用户对智慧型家具的态度、偏好与期望，三是用户对智慧型家具产品的情感诉求。本项目共计收到有效问卷239份，满足样本容量需求。

(2) 市场调查。本项目界定的市场为大众餐饮商业空间的经营者。调查方法：案例分析法、实地观察法。

① 案例分析法。随着时代的发展，大数据创新必然会给商家带来更多的机遇。目前不少互联网企业与餐饮企业合作推出了创新型智慧餐厅，在此通过具体案例对具有代表性的智慧型餐厅进行分析与总结(表6-2)。

表6-2 典型智慧型餐厅盘点/制表：黄慧金

| 餐厅名称 | 智慧型产品系统 | 餐厅展示 | 餐厅名称 | 智慧型产品系统 | 餐厅展示 |
|---|---|---|---|---|---|
| 海底捞<br>智慧餐厅 | 机器人、iPad、<br>投影、IKMS<br>系统 | | 盒马机器人智<br>慧餐厅 | 机器人、<br>选桌机、机械臂 | |
| 五芳斋<br>智慧餐厅 | 智慧餐柜、<br>无人零售机 | | 麦当劳<br>未来餐厅 | 自助点餐触摸<br>屏、无线充电<br>餐桌 | |
| 肯德基<br>概念店 | 自助互动<br>天才管家机器人<br>增强现实表情互<br>动装置 | | 福客餐厅 | 人脸识别点餐屏 | |
| 失重餐厅 | 双回路失重<br>螺旋轨道系统 | | 全息投<br>影餐厅 | 光影餐桌 | |

项目通过表6-2中典型智慧型餐厅案例研究分析发现，目前智慧型餐厅的解决方案有两种不同路径：一种是从智能智慧产品的角度出发，在餐厅投入使用智能点餐屏、智能餐柜、智能机器人、智能机械臂、智能锅等一系列智能化产品，用机器代替人工，解放部分劳动力，提高用餐效率。另一种是从面向商家与用户的管理系统出发，通过建立客人自主点餐系统、服务呼叫系统、后厨互动系统、前台收银系统、预定排号系统及信息管理系统等，利用数据考量顾客差异化需求，最大限度地提升餐饮服务效率。

虽然科技引领社会进步，智慧型餐厅的出现给餐饮消费者带来了新鲜感，但也存在以下三个方面的问题：一是餐厅的科技感源自独立存在的科技新产品，与传统的餐饮文化、就餐环境等因素缺乏互融性。二是高科技设备的应用减少了餐厅的服务工作量，但却弱化了消费者与餐厅服务人员之间的互动，让消费者感觉丧失了部分被服务的权益。三是交互操作界面缺乏基本的同一性，造成使用过程中的陌生感，给消费者带来不便。

② 实地观察法。为了进一步体验用户消费行为，在此选择了位于深圳市的不同类型的餐饮店进行实地观察，观察对象包括海底捞、麦当劳、星巴克在内的十家餐饮店。通过记录见闻、拍照、体验等方式，一方面观察餐饮店家具的风格、材质、色系、布局及智能化程度(表6-3)；另一方面作为消费者参与用餐，进行体验式考察，总结普通消费者用餐行为特征。

表6-3 深圳市不同餐饮店家具现状统计分析/制表：黄慧金

| 店名 | 类型 | 家具风格 | 家具材质 | 家具色系 | 桌椅形式 | 桌椅智能程度 |
|---|---|---|---|---|---|---|
| 海底捞 | 川味火锅 | 现代轻奢 | 大理石、金属 | 暖、浅 | 固定 | 电磁炉餐桌 |
| 遇见小面 | 川渝小吃 | 现代简约 | 木材、皮革 | 暖、浅 | 可移动 | 无 |
| 麦当劳 | 快餐 | 现代简约 | 木材、金属 | 暖、浅 | 并存 | 可充电餐桌 |
| 胖哥俩 | 特色菜 | 现代工业 | 大理石、金属 | 冷、暗 | 固定 | 无 |
| 十里椰林 | 海南菜 | 现代简约 | 木材、大理石 | 暖、浅 | 固定 | 电磁炉餐桌 |
| 费大厨 | 湘菜 | 现代简约 | 大理石、皮革 | 中性、浅 | 桌固定、椅可移动 | 无 |
| 陶陶居 | 粤菜 | 现代中式 | 木材、大理石 | 暖、浅 | 可移动 | 无 |
| 木屋烧烤 | 烧烤类 | 现代简约 | 木材 | 暖、重 | 可移动 | 无 |
| 星巴克 | 咖啡饮品 | 现代意式 | 木材、皮革 | 暖、重 | 可移动 | 无 |
| 喜茶 | 奶茶饮品 | 现代韩式 | 金属、木材 | 中性、浅 | 混乱 | 无 |

对表6-3进行归纳分析可得以下信息。餐桌风格：现代简约。餐桌形态：长方形。材质：餐桌以大理石(桌面)、木材为主(支撑腿)，金属为辅；椅子以木材、皮革为主，以布料为辅。餐桌色彩：以浅色、原木色、米色等暖色系为主。智能化程度：偏低，多为扫桌面上粘贴的二维码点餐形式。

(3) 企业调查。本项目界定的企业为智慧型餐桌椅生产实体企业，调查内容为企业的管理、企业文化与形象、销售与市场状况、生产经营状况等是否符合项目产品的制造需求。调查方法：观察法。调查结果：普通家具生产实体企业即可满足项目产品的制造需求。

(4) 技术调查。本项目界定的技术调查为智慧型餐桌椅生产实体企业的设备状况、工艺技术、构造与材料等方面的调查。调查方法：访谈法、实地观察法。调查结果：一般性的生产实体企业的现有技术即可满足智慧型餐桌椅制造过程中的技术需求。

(5) 法律法规调查。本项目界定的法律法规调查为与项目产品相关的法律法规和政策规定方面的调查。调查方法：查阅法。调查结果：一是家具尺寸以中华人民共和国国家标准《家具桌、椅、凳类主要尺寸》(GB/T 3326—2016)为准，家具构造、质量、技术要求等以中华人民共和国国家标准《木家具通用技术条件》(GB/T 3324—2017)为准。二是环保要求符合相关环保规定。三是项目产品全部为自有知识产权。四是项目产品符合国内产品售后服务、废弃物处理、生产与检测标准等方面的规定。

3. 数据分析与结果

根据上述设计调查内容，形成基本的调查结果，具体如下。

(1) 供给分析与预测。本项目产品虽然称为智慧型家具，采用“互联网+”作为技术支撑，但其中的交互程序比较简单，一般专业程序员即可完成编程工作；而实体家具产品形态简洁，不存在制造技术壁垒，普通家具生产实体企业即可生产，不存在市场供给问题；可以预测的是，随着智慧型家具市场的普及，其性价比也会不断提高。

(2) 需求分析与预测。大众餐饮区的智慧型家具产品目前虽然还处于萌芽期，但在“互联网+”的语境下，必定会成为未来中档餐厅迭代升级的必备家具产品，市场需求量很大。

(3) 消费层次与行为分析。根据前述用户问卷调查回收后的处理结果可知，青年白领阶层是智慧型餐厅的主流消费群体，为了更加生动、准确地研究目标用户的行为特点，使得后续设计更具针对性，在此采用人物角色法构建了男、女两类用户角色模型(表6-4)。

表6-4　用户角色模型/制表：黄慧金

| 女性角色形象 | 女性角色描述 | 男性角色形象 | 男性角色描述 |
| --- | --- | --- | --- |
|  | 姓名：小黄<br>年龄：22岁<br>性别：女<br>职业：某公司文员<br>爱好：美食、时尚、摄影<br>收入：12000元/月<br>性格：活泼、外向<br>人物故事：小黄生活精致，有品位，有强烈的社交需求。经常与同事外出用餐，探店打卡。喜欢环境优美的餐厅，重视餐饮服务质量 |  | 姓名：小李<br>年龄：28岁<br>性别：男<br>职业：互联网IT程序员<br>爱好：运动、科技、美食<br>收入：15000元/月<br>性格：上进、慢热<br>人物故事：小李工作比较忙，喜欢健身，公司时常团建聚餐。注重用餐便利性，对时尚科技很感兴趣，乐于接受各类人性化的科技体验 |

① 角色情境模拟。当完成用户角色模型创建后，分别对小黄与小李的用餐情境进行角色模拟描述。

小黄用餐情境模拟描述：某天下班后，小黄与朋友外出聚餐，由于用餐人数较多，取号排队40分钟后由服务员引导至“餐桌—餐椅”卡座用餐区域。小黄身形娇小，卡座与餐桌距离较远，又无法调节，简单思考后小黄选择入座舒适度较低的餐椅。接着大家拿出纸巾和热水擦拭桌面与餐具，小黄通过手机扫描桌面二维码进入餐厅点餐系统，邻座的朋友凑着看向小黄的手机，对面的朋友则好奇地询问有何菜品推荐，一番讨论后由小黄负责下单，小黄认为扫码点餐还不如纸质菜单简单明了。在等餐间隙，小黄与朋友拿出手机自拍，但由于餐厅顶光居多，自拍效果不佳。菜品陆续上来，大家顾着聊天，朋友一不小心碰倒了茶杯，小黄赶紧离开座位，寻找服务员前来收拾。吃到一半，菜有些变凉。同行都是女生，胃口较小，剩了很多食物，而大家都居住在公寓，不便于将没吃完的食物打包，为了避免浪费，只能继续勉强自己再多吃一点。用餐结束，小黄招呼服务员买单，服务员带着POS机扫描小黄的付款二维码，过后小黄取整数与朋友AA。

小李用餐情境模拟描述：周五下班前，小李收到部门领导通知“今晚部门下班后聚餐”，地点是某知名品牌烧烤店。入店后，店员给他们安排了一张长桌，凳子是没有靠背的长凳，大家相互挤着坐下。服务员分发纸质菜单和笔，领导安排小李自主下单，小李纠结后下单了所有标星菜品。由于工作了一天，大家都感到疲惫，小李心想如果坐在按摩椅上等餐那该多舒适。上菜速度较慢，小李多次催促服务员后，菜品才陆续呈上。桌面很快就被堆满了，烤串散热快，影响口感，大家只好抓紧时间吃，不一会儿竹签等食余垃圾就堆满了桌面。其间不仅没有服务员主动清理，甚至出现上错菜以及少上菜的情况，影响了大家的消费体验。用餐结束后，小李到收银台买单并开具电子发票。小李注重身材，回家后通过运动消食。

② 用户旅程图。用户旅程图是从用户角度出发，以图形化的方式描述用户使用产品或接受服务的体验情况，通过将用户在使用过程中的每一个步骤用线段连接起来，直观地展现用户的整个使用环境、使用目的、使用过程，并分析其影

响因素以及情感特征，以便从中寻找设计的机会点。依托前文构建的用户角色模型和角色情境模拟的描述，在此分别绘制了女性用户小黄(图6-6)和男性用户小李的用餐旅程图(图6-7)。

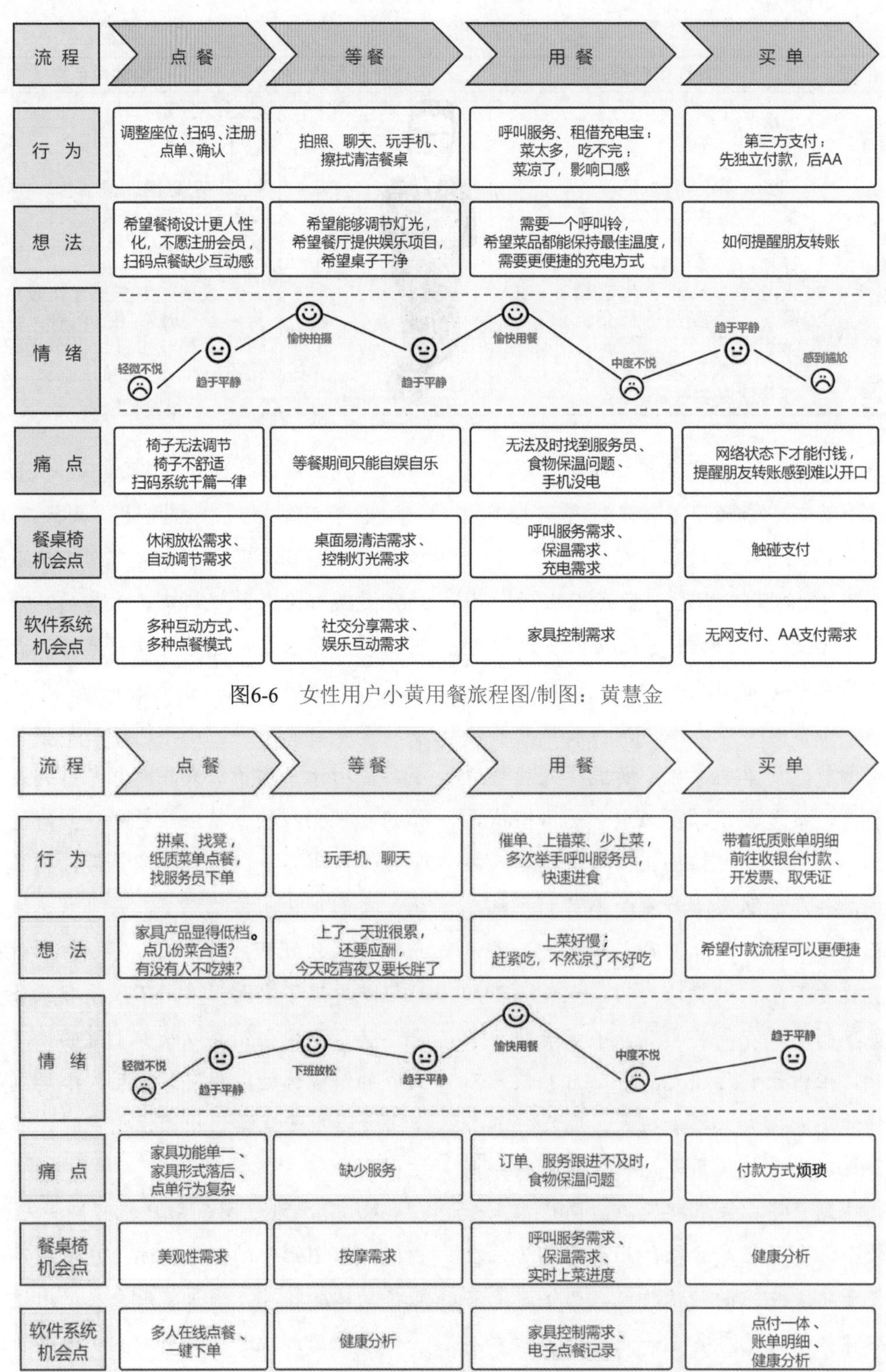


图6-6 女性用户小黄用餐旅程图/制图：黄慧金



图6-7 男性用户小李用餐旅程图/制图：黄慧金

(4) 消费行为分析。综合上述用户用餐旅程图发现，大众餐饮区智慧型家具系统设计存在以下主要设计机会点：

一是人性化设计。餐桌椅具备基础功能，需满足日常吃饭与休息的需求；餐桌椅尺寸要符合人类工效学；餐桌与餐椅形态协调统一，体量轻盈，易于搬动；餐椅坐感柔软舒适，桌面设计要合理规划公用用餐区与个人用餐区。

二是家具智能感知与反馈。通过相关感知器的感知与处理，餐桌能够实时记录与反馈上菜情况，自动感知菜品信息反馈给用户；餐桌能够为用户提供充电、智能保温、远程呼叫服务；餐椅靠垫自动微调形态，贴合人体背部线条，提供智能按摩、健康饮食分析服务。

三是家具智慧交互方式设计。一方面是餐桌、餐椅的智能联动，如通过用户的无意识行为触发餐桌椅智能运作。另一方面是餐桌椅与软件系统相互支撑，如通过软件系统，应用点触交互方式，控制餐椅按摩力度。

4. 设计定位

综合上述情况，可形成图6-8所示的“基于情感交互的大众餐饮区智慧型家具设计”项目的设计定位要点。(未完待续)

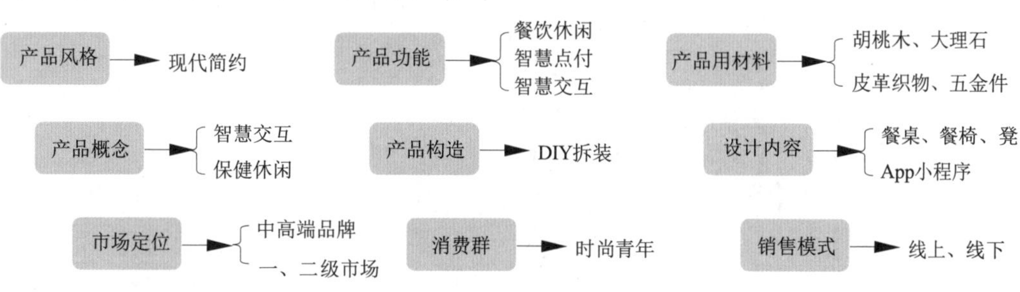


图6-8　“基于情感交互的大众餐饮区智慧型家具设计”项目的设计定位要点

## 二、设计构思阶段

设计构思是创新设计过程中的一种工作模式，旨在集中精力形成创新型的方案。在设计构思阶段，一般以设计概念构思为起点，围绕前期确定的设计定位，对既有问题进行全方位、多维度的思考，尽可能打破传统、常规思维的边界，放空思维，形成各种具有可能性的创新方案。家具形态设计构思阶段主要有构思思维和构思呈现两个方面的工作内容。其中构思思维包括产品概念构思、设计元素构思、产品形态构思、产品CMF方案构思；构思呈现包括产品方案草图、效果图、三视图，将产品设计方案评审的结果作为此阶段工作的节点。

### 1. 问题分析

设计构思的目的是解决问题，而解决问题的关键在于认识构成问题的主要因素，了解问题的本质所在。通常情况下，问题往往被复杂繁多的因素所缠裹，让设计师处于信息围困之中，一时难以分清主次，无从下手。遇到这种情况时，设计师首先要做的是发现问题，找到存在的问题；其次是分析问题，找到问题的成因，并从中解析出问题的构成、关键、本质，从而分清问题的主次。

在分析问题的过程中，设计师常运用实地调查、用户咨询、文献查询、分析对比等方法，对设计对象进行系统分析；然后采用问题发现模式

(图6-9)和问题分解模式(图6-10)，将复杂繁多的因素进行归纳与分类、梳理与细化。当然，相同问题，不同设计师之间由于个人设计思想、设计理念、设计经验和设计修养等差异，对问题的归纳、梳理、提炼的结果也不尽相同，最终形成设计结果的优劣，这也正是创新设计的魅力所在。

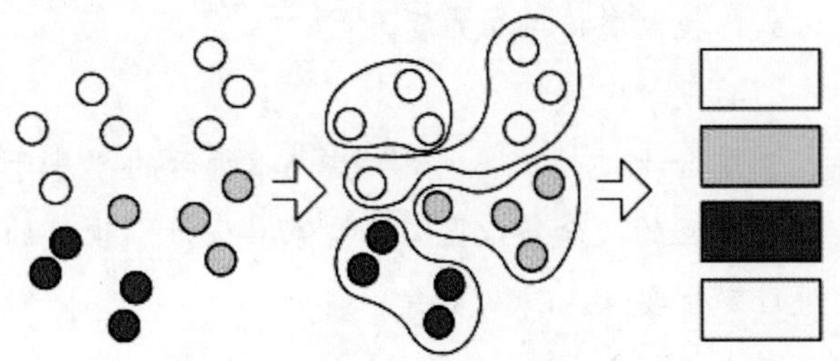
图6-9　设计问题的发现模式示意图

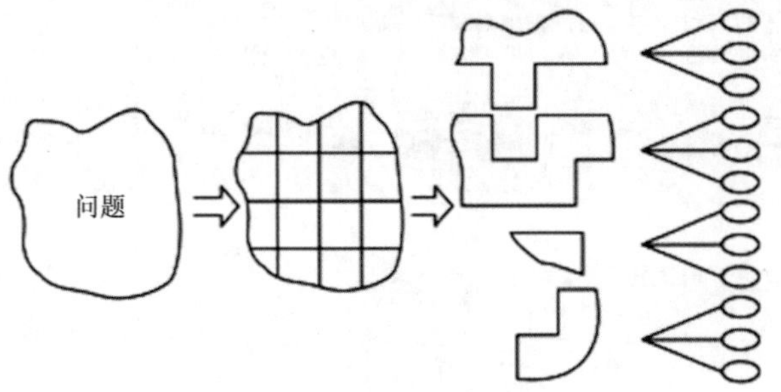

图6-10　设计问题的分解模式示意图

### 2. 概念构思

在家具形态设计构思阶段，设计师会根据对设计问题的理解与分析，综合人文与社会现状，提炼设计问题的某种本质属性，即产品概念。产品概念一般会以潜意识或无意识的形式存在于任何产品中，是产品价值构成的核心要素，也是设计构思的起点和成功的关键。家具的概念可以是物质型的，如智能智慧型概念、保健养生类概念、传统构造工艺类概念、资源节约类等；也可以是精神型的，如文化风格类概念、审美观念类概念等。无论如何，产品概念一旦形成，便像链条一样把产品设计、生产、市场价值与文化导向、销售卖点与策略等紧密地捆绑在一起。(详细内容可见“第五章第七节基于概念的形态创新”中的内容)。

### 3. 元素构思

设计元素既是产品形态设计中的基本符号，又是系列化设计的基本单位，贯穿于产品中，形成有别于其他产品的独特的产品族系印记。尽管产品形态中的设计元素依附于产品的功能构件而存在，但却属于视觉性元素，通过图纹的大小、形状、色彩等的不同，带给用户不同的视觉情感和审美体验，是产品形态创新设计工作中的重要环节。

(1) 元素的类别。概括地讲，现实或虚拟世界的一切存在均可演绎为设计元素，如自然界中的云、雨、闪电、江、海、湖、泊、山川、河流、沙漠、树木、花草、人物形象、动物形象等，人们衣食住行中的建筑、设备、交通运输工具、各类生产工具、生活用品、休闲娱乐设施与玩具等，虚拟世界中的神话和寓言故事、古今中外诗词歌赋的描述、网络影视游戏中的故事情节、绘画舞蹈等的艺术创作、企业标志图案等。

(2) 元素的构思原则。在进行设计元素构思时，一般应遵循以下几个原则：一是一致性原则，即设计元素与设计定位、设计概念之间应该具有同一性或一致性，同族系内不同产品之间的设计元素应该具有统一性或相关性。二是时代性原则，即设计元素的内涵与形式应该与当下的文化主流形态、审美观念相吻合。目前，中国的文化主流乃是中华传统文化的传承与创新，基于此，家具形态元素应该以“现代、时尚、简约、中式”为主题，演绎新时代的中国家具精品。三是个性化原则，即在设计定位和设计概念的界域内，充分发挥设计师的个人智慧，以满足消费者高品位、个性化需求为设计目标，通过巧妙地设计元素构思，形成超凡脱俗的创新设计方案。

(3) 元素的融合途径。在设计实践中，一般通过以下几种途径实现设计元素与产品形态的融合：一是通过产品中线形构件长度方向上的曲直或断面的方圆等形状的差异实现设计元素的融合。二是通过特殊的工艺线脚或附加构造节点、五金件等实现设计元素的融合。三是通过材料的天然或人工肌理、色彩、图纹等实现设计元素的融合。三是通过产品整体气质的塑造，如现代或传统、华丽或朴实、灵巧与粗笨等实现设计元素的融合。

### 4. 形态构思

产品形态构思是整个创新设计过程的中心工作，其基本思路是依据设计定位和用户需求，理清产品的关联因素，融合设计元素，以美观的形态实现产品的功能。

(1) 形态构思的内容。长期以来，人们对形态构思工作内容存在认知误区：认为只要画出单一的产品形态设计方案草图即可。在现代设计实践中，形态构思已形成集产品功能解析、产品形态构成、产品构造工艺设计、产品外观与内涵评价等于一体的系统化、复合型工作内容，而产品形态设计方案草图仅是形态构思工作的一种记录形式。图6-11是形态构思的内容分解示意图。

图6-11　形态构思的内容分解示意图

(2) 形态构思的记录。形态构思是不分时间、场所，多次反复的创新思维过程，有时甚至需要将瞬间的思维灵感及时记录下来，用于备忘或比较、完善，记录的方式就是草图，也称方案草图。草图是一种快速记录思维构思的方式，是一个从无到有、从想象到具体的将思维视觉化的过程，是一种复杂的创造性思维活动。草图有概念草图、元素草图、形态草图、构造草图等，不仅可以记录、表现稍纵即逝的构思内容和过程，也可以用于团队成员间的沟通与交流，激发新的创新设计灵感。

### 5. 效果图

效果图也称设计预想图、设计方案图、设计展示图等，家具形态设计效果图是设计师根据修改完善的形态方案草图，应用手工技法或计算机辅助软件，依据可视、仿真的原则理性地绘制出的图画。绘制效果图的主要目的是规范地表达设计师的创意构思，便于设计师与管理、生产、营销等非设计专业人员之间的顺畅沟通，进一步理解、深化设计。

合格的效果图应充分模拟产品立体形象的比例、尺度、构造、CMF效果等细节的真实性。根据设计要求和表现意图的不同，效果图可分为三类：一是设计尚未完全成熟阶段用于启发、深化设计为主，交流、研讨方案为辅的普通质量效果图、展示性效果图和三视效果图。二是设计完成定案后用于决策审定和作为正式生产文档，或用于新产品的宣传、介绍和推广的高质量模拟仿真效果图。三是直接利用三视图制作的简便、快捷型效果图，具有立面的视觉效果，尺寸、比例准确，立体感和空间视觉形态差的特点。

### 6. CMF 方案

虽然CMF(色彩、材料、表面处理工艺)设计专注于产品表面的美观性构成过程，相对于产品设计的核心——功能和形态，在整个设计构思环节中居于从属地位；但也正是CMF在产品功能、形态与用户之间架起了一条情感通道，才使产品的色彩(color)、材料(material)、表面处理工艺(finishing)、图纹(pattern)通过用户的感官(sense)，形成了相对于产品的情感(emotion)体验，将上述六个元素英文单词首位字母缩写后，即可形成图6-12所示的CMFPSE逻辑关系一般模型。

CMFPSE逻辑关系一般模型使得设计师在进行产品CMF设计时能够有效地驾驭产品的功能、材料、构造、工艺、技术等物质因素与产品形态美、情感体验度等精神因素之间的最佳平衡关系，更好地满足用户对于产品的物质消费和精神消费的双重需求。在应用CMFPSE理论模型时，设计师应该特别注意其中各因素直观描述和内涵分析的准确性，并按照设计的专业手法进行呈现。

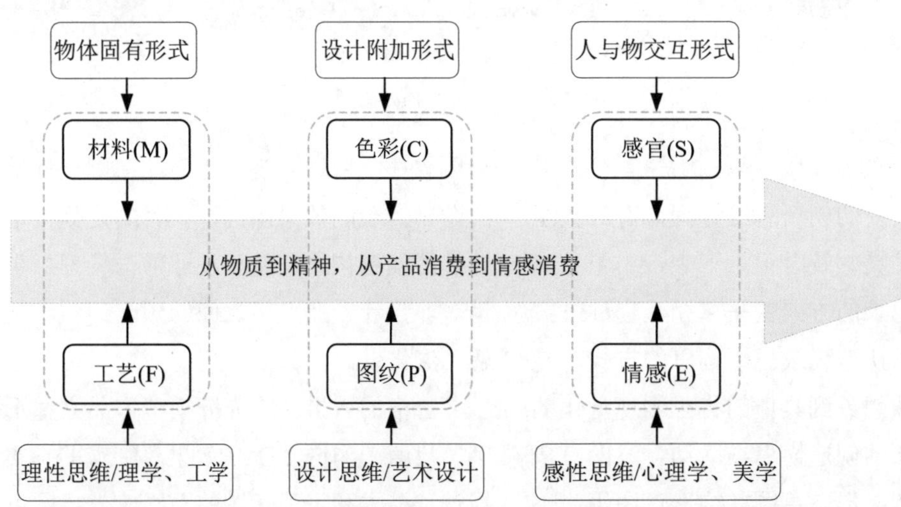

图6-12　产品CMF设计中应用CMFPSE逻辑关系的一般模型

### 7. 方案评审

当方案草图进行到一定程度，完成相应的方案效果图和CMF设计分析后，必须对所有的设计方案进行筛选，即方案评审。方案评审的目的是去掉一些明显没有发展前途的设计方案，较宽泛地保留一些有意义的设计方案。这样可以使设计师集中精力对一些有价值的设计概念做进一步的深入设计。方案评审是设计构思阶段的一个连续的过程，没有明确的评审次数或其他量化指标，一般根据设计过程进度，围绕产品的功能要素、形态关系、构造要素、环境要素、人机关系、情感交互等进行多次评审修订，所采用的评审方法也灵活多样。经过方案评审后，形成评审合格方案的效果图、三视图、爆炸图，然后一并移交至设计实施阶段，结束形态构思阶段的工作。

【案例6-3】“基于情感交互的大众餐饮区智慧型家具设计”的形态构思过程(续案例6-2)

二、设计构思

根据设计调查结果，本项目设计拟运用智慧型产品的基本原理，通过餐桌椅+交互程序的方式，实现产品以下几个功能：一是就餐休闲，二是智慧点付，三是智能温控，四是智慧健康餐饮提醒。本项目采用触控、声控的形式实现智慧交互。

1.概念构思

本项目中的设计概念十分清晰，即“智慧型时尚高科技”概念，此概念既符合当前大众用品的现状和未来发展趋势，又与当下消费者的审美意识、消费行为相吻合。

(1) 智慧型家具的原理。智慧型家具的原理较为繁杂，包括产品硬件系统和软件系统。其系统主要由感知层、网络层、终端层组成，当产品各要素和功能层级关系确定后，由此搭建智慧型家具系统。其中，感知层起数据采集的作用，包括感应信息所需要的设备和技术；网络层是数据处理的关键，包括网络、网络协议、服务器等；而在终端层中数据转变为命令执行，通过硬件与软件反馈给用户。智慧型餐桌椅原理架构示意图如图6-13所示。

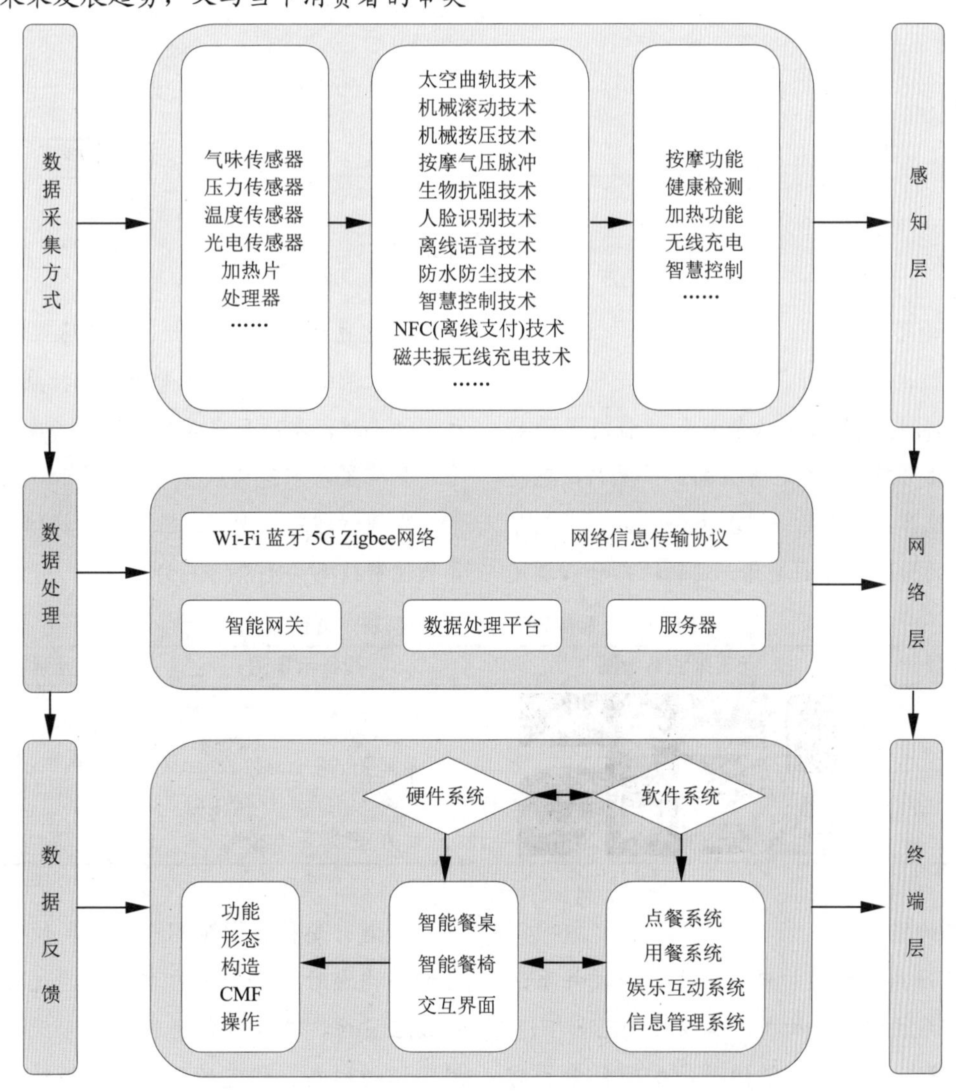


图6-13　智慧型餐桌椅原理架构示意图/绘图：黄慧金

(2) 交互关系。在整个项目产品交互关系中，以用户为交互系统的中心，硬件系统与软件系统均服务于用户中心，由用户监控系统的数据并控制产品系统运行，用户既可以直接与产品硬件互动，也可通过软硬件系统控制产品。而数据端处于中间处理位置，用于接收信息，储存分析，向产品发出指令，再反馈给用户。用户与产品之间的交互关系示意图如图6-14所示。

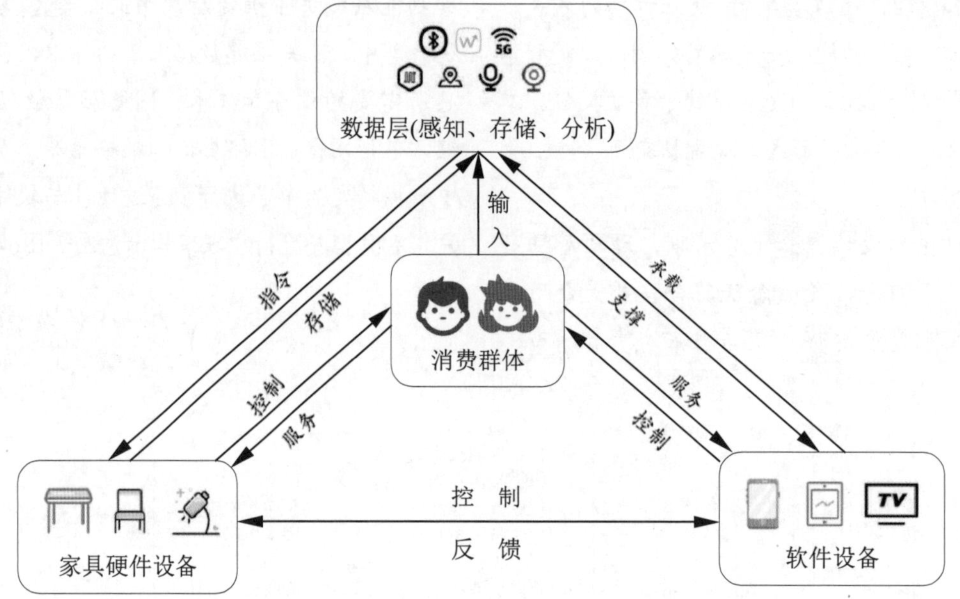


图6-14 用户与产品之间的交互关系示意图/绘图：黄慧金

2. 元素构思

“智慧型时尚高科技”概念传达的是科技感、时尚感，这既是对产品技术含量和功能内涵的要求，也是产品形态构成的思考方向。虽然科技感是对现实高科技产品形态的一种抽象统称，但人们对产品科技感的形态效果还是有一定的认知和心理定位的，这也为本项目指出了一条从现有高科技产品，或未来概念产品、概念场景中抽象提取科技感元素的思路。本项目也将从这两个角度进行元素构思，如从星系宇宙类产品中提取形面、交织线形元素，从现代建筑、现代工业产品中提取流线、切面等展现科技感的元素(表6-5)。

表6-5 元素构思与提取分析/制表：黄春梅

| 元素来源 | 元素来源参考图 | 线条示意图 | 元素特性描述 |
| --- | --- | --- | --- |
| 太空、星系、<br>建筑、汽车<br>工业产品 |  |  | 线条感、节奏感<br>层次感、光泽度<br>金属质感、光影交错<br>切面细节、曲直结合 |

3. 形态构思

本项目产品由餐桌、餐椅、餐凳等硬件系统和点餐软件系统两部分构成，其设计构思如下：

(1) 餐桌、餐椅、餐凳构思。本项目中的智慧型餐桌、餐椅、餐凳用于公共餐饮场所，在进行形态构思时应该把用户就餐行为过程中的安全性放在首位，其次是舒适性。基于此，产品宜采用圆润的形态、稳定的构造、软硬结合的材质等形成科技、时尚的外观与内涵。智慧型餐桌椅的形态构思采用思维导图法，其形态创新构思过程如图6-15所示，其中有背景色块的是本项目产品拟采用的元素。

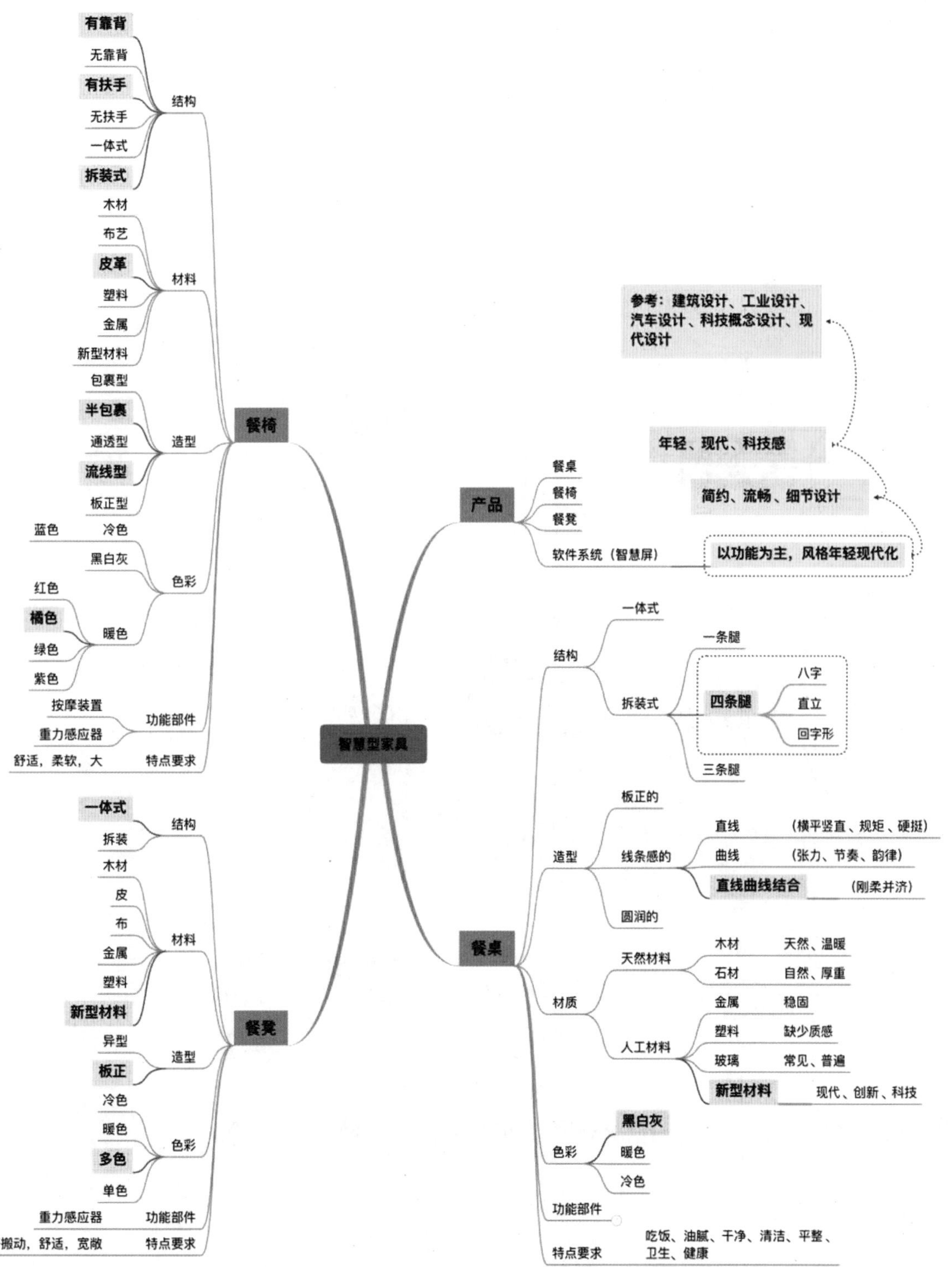


图6-15　智慧型餐桌椅的形态构思过程/绘图：黄慧金

(2) 软件系统构思。前述智慧型餐桌、餐椅、餐凳形态构思方案中的点餐模块、用餐模块、互动模块均需要面向用户端的智慧餐厅App应用程序支撑。在此将App命名为“乐食”，根据用餐场景以及智慧型餐桌椅的三大模块功能，将App分为六个模块：“首页”模块、“登录注册”模块、“我的”模块、“智慧点餐”模块、“智慧用餐”模块、“互动社区”模块。这六个模块既相互独立，又相互关联，其架构方案图如图6-16 所示。

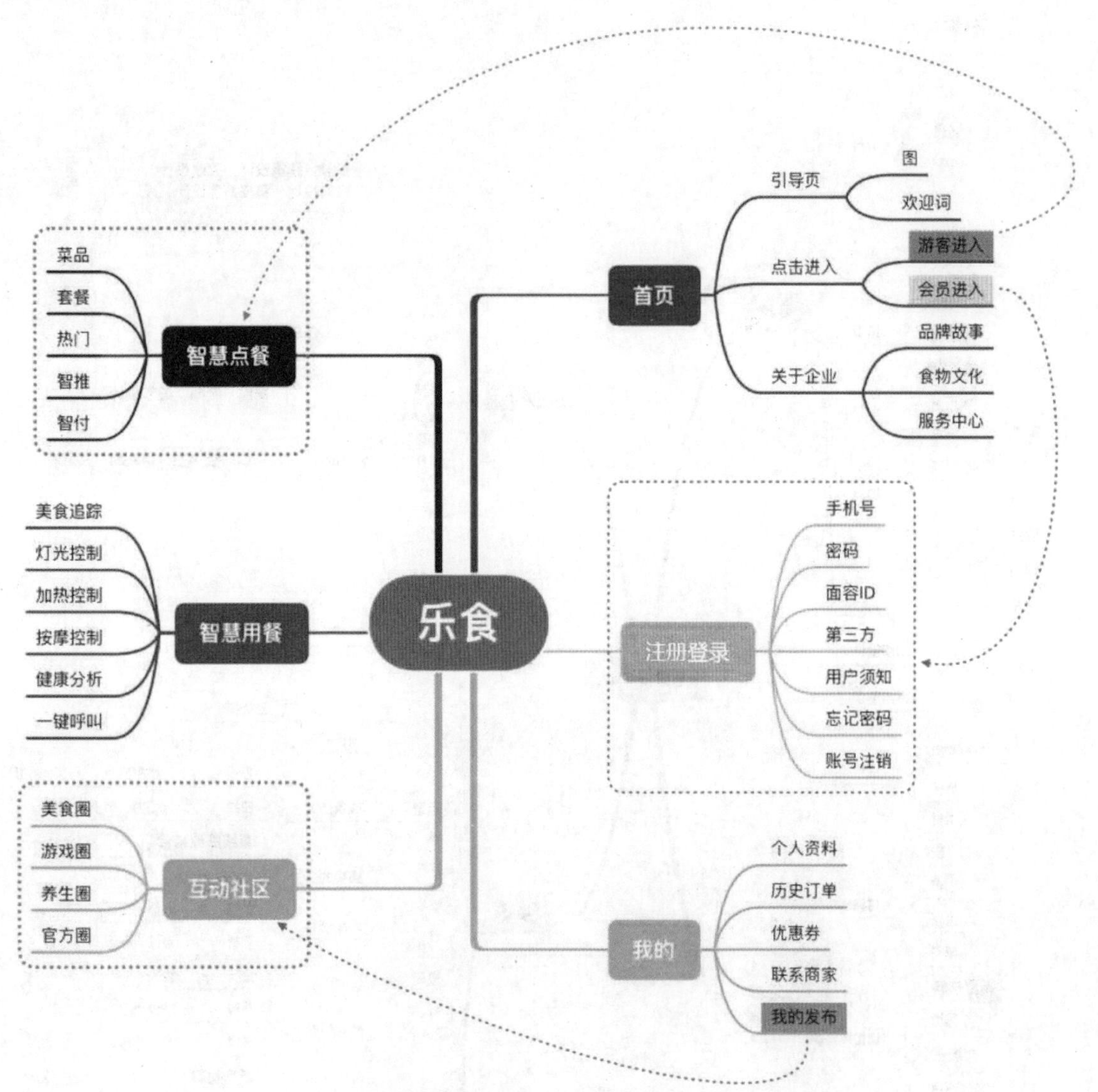


图6-16　智慧型餐厅App系统架构方案图/绘图：黄慧金

4. 方案草图与效果图

(1) 方案草图。综合设计定位、设计概念与元素，将形态构思过程视觉化，形成如图6-17所示的智慧型餐桌椅的形态构思方案草图。图6-18是餐桌、餐椅的功能构思草图，图6-19是智慧型餐厅App交互原型图。

图6-17 智慧型餐桌椅的形态构思方案草图/设计：黄慧金

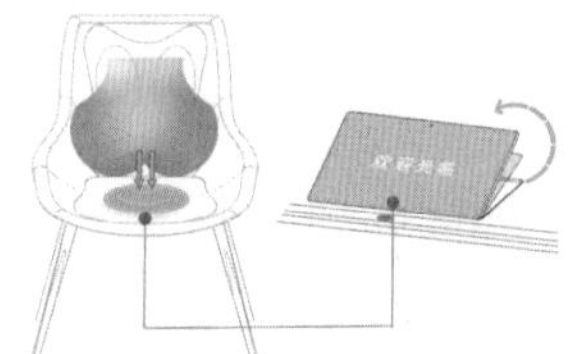

(a) 入座启动自动感应

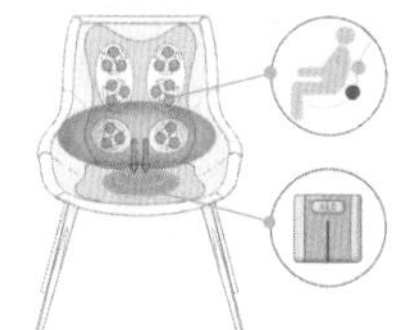

(b) 健康检测、休闲按摩

(c) 触控、声控启动

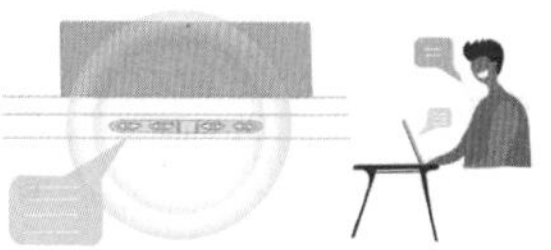

(d) 人机交互

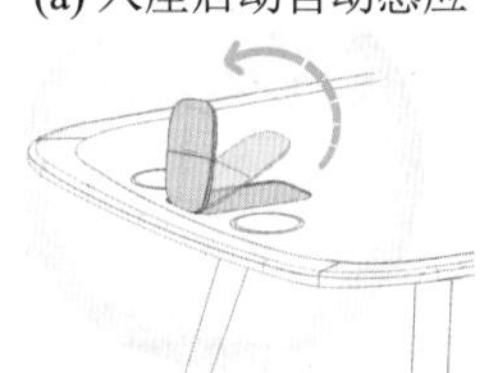

(e) 隐藏式自拍补光灯

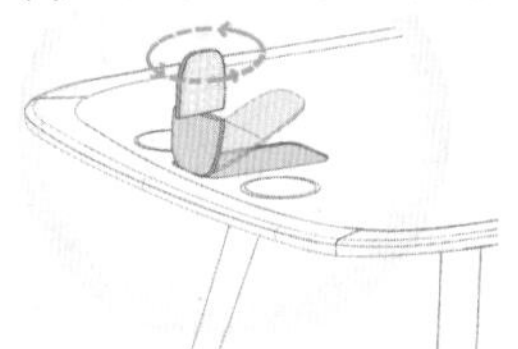

(f) 360º旋转

(g) 磁共振无线充电器

(h) 呼叫铃

(i) 游戏互动

(j) 上菜感应、菜品分析

(k) 保温、保鲜、可加热

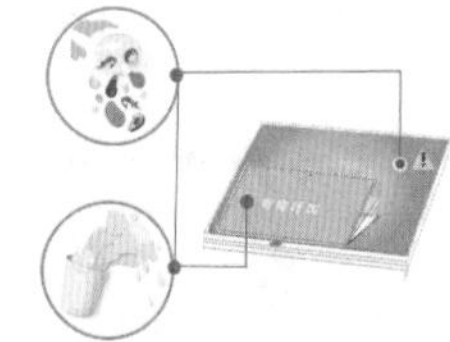

(l) 异常状况警报

图6-18 智慧型餐桌椅的功能构思草图/设计：黄慧金

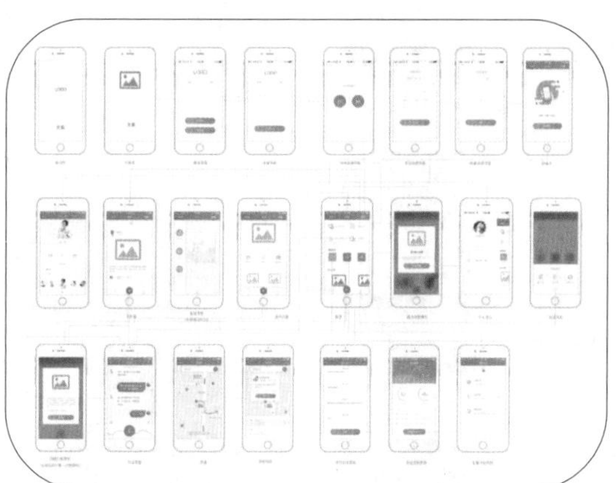

图6-19 智慧型餐厅App交互原型图

(2) 方案效果图。对智慧型餐桌椅方案草图进行综合评审，智慧餐厅App程序综合测试后，形成智慧型餐桌椅方案效果图(图6-20)、智慧型餐厅App程序交互界面效果图(图6-21)。

5. CMF方案

受篇幅所限，这里仅列出餐桌的部分CMF设计方案，读者可参考延伸出餐椅、餐凳的CMF设计方案。本项目中餐桌由胡桃木实木和天然大理石板材构成，根据产品现代、时尚、天然、高档的定位，拟定以胡桃木原木色与不同色泽的大理石组合，形成餐桌的CMF族系方案(表6-6)。读者也可以思考不同树种木材或金属材料与不同色泽的大理石组合的CMF方案效果。

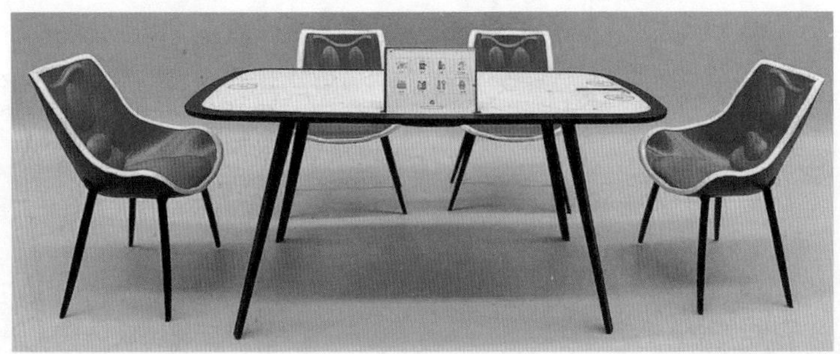

图6-20　智慧型餐桌椅形态方案效果图/设计：黄慧金

图6-21　智慧型餐厅App程序交互界面/设计：黄慧金

表6-6　餐桌的CMF族系方案

| 序号 | 产品方案图示 | 材料与情感特征 | | 色彩情感特征 | 表面处理工艺情感特征 | 用户情感体验 |
|---|---|---|---|---|---|---|
| 1 | | C 45 M 60 Y 70 K 25 | 北美胡桃木：天然、质朴、贵重 | 自然、清新、平静、轻松 | 原木色透明清漆、棱角分明：天然、现代、朴素 | 天然、清新、平静、轻松、现代、时尚 |
| | | C 3 M 2 Y 1 K 0 | 云南苍山白色大理石：贵重、纯洁、高雅 | 纯洁、高雅、平静、轻松 | 天然质感抛光：天然、质朴、温润 | |
| 2 | | C 45 M 60 Y 70 K 25 | 北美胡桃木：天然、质朴、贵重 | 自然、清新、平静、轻松 | 原木色透明清漆、棱角分明：天然、现代、朴素 | 天然、活泼、激情、清新、前卫、时尚 |
| | | C 75 M 40 Y 73 K 27 | 山东莱阳绿色大理石：贵重、清新、生机 | 沉静、理智、高雅、激情 | 天然质感抛光：天然、质朴、温润 | |
| 3 | | C 45 M 60 Y 70 K 25 | 北美胡桃木：天然、质朴、贵重 | 自然、清新、平静、轻松 | 原木色透明清漆、棱角分明：天然、现代、朴素 | 天然、高档、尊贵、庄重、坚实、永恒 |
| | | C 77 M 66 Y 67 K 80 | 河南安阳墨豫黑大理石：高雅、庄重、肃穆 | 古典、庄重、高贵、坚实 | 天然质感抛光：天然、质朴、温润 | |

6. 方案评审

本项目采用验证法进行形态构思设计方案评审，即审查方案与初期拟定的设计目标、设计定位、用户需求等是否相符。图6-22中的智慧型餐桌的功能解析图形成的验证结果表明设计方案评审合格(未完待续)。

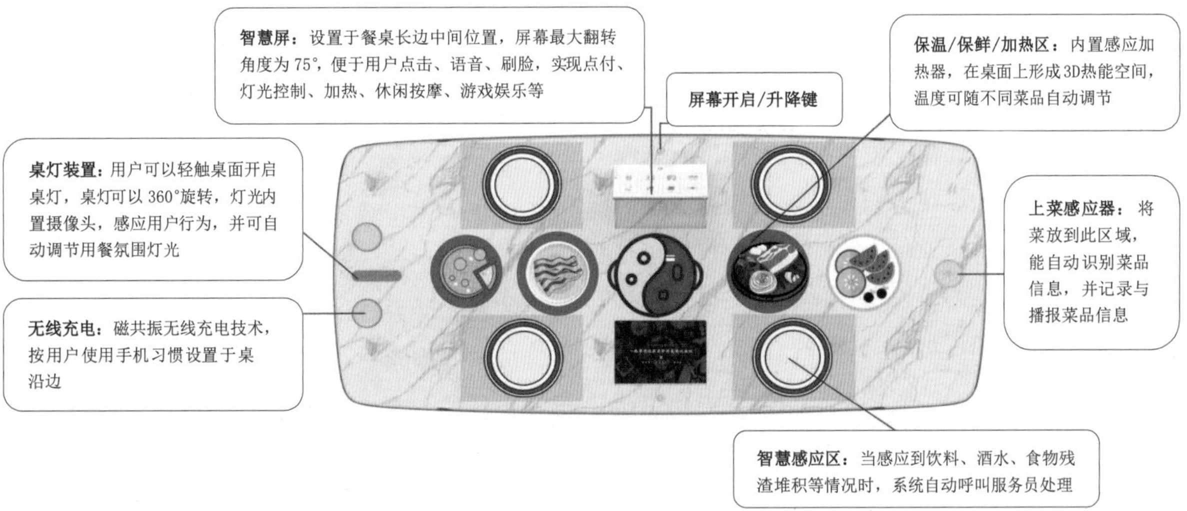


图6-22 智慧型餐桌的功能解析图示/设计：黄慧金

## 三、设计实施阶段

产品形态构思设计完成后，对于评审合格的方案进行深化设计和正式生产前的技术准备工作。其主要工作内容有施工图绘制、模型或样品制作、成本核算与优化、说明书编写等，并从工艺技术的可行性、成本核算与控制等方面进一步优化设计方案。可见，设计实施阶段不仅是产品形态构思阶段的延续，更是设计过程中设计方案由视觉化方案向实物产品转化的关键，尽管其工作内容主要由构造和工艺设计工程技术人员承担，但是创意设计师也应该予以充分的关注。

### 1. 施工图

施工图是产品设计实体化的关键环节，既对产品制造的工期、质量、成本和产品的安全性、可靠性等起着决定性的作用，又是生产管理的主要依据。施工图的工作程序一般是根据已经评审定案的形态设计方案，按照制图标准和生产工艺技术要求，绘制出产品的外部形状、内部构造细节、装配构造关系、构件详图、大样图、拆装示意图、线条透视图等，构成完整的产品图纸系列。对于曲线等不易标注具体尺寸的构件必须画出大样图，或通过CAD软件输出1∶1的大样图，以保证设计方案的准确性。

### 2. 模型制作

设计构思的过程是虚拟的，不能完全客观地反映产品的形态构成过程。效果图虽然能将设计构思视觉化，但却不能全面反映产品的真实面貌。模型却能通过其三维的、实在的物理性帮助呈现设计构思的特征，既是设计师表达创意理念、意图的手段，又是设计师推敲设计细节、完善设计方案，从尺度、构造的合理性以及综合效果方面进行有效验证的方式之一。特别是在产品设计方案的评审环节，模型常作为一种直观、有效甚至是必要的形式而存在。

家具形态设计中常用的模型有三类：设计模型、展示模型和样品模型。其中，设计模型是用于产品形态构思设计方案完成后，为了使形态的构思立体化，以设计草图为依据而制作的一种简单的模型，可用来进一步探讨、完善和改进形态的构思方案。展示模型是用于产品形态构思设计方案评审确定后，为了使设计表现更形象、更具有真实感而制作的在形态、色彩、质感等方面与真正产品有着相同效果的模型。展示模型在研究产品的人机关系、构造关系、制造工艺等方面为决策者提供实物依据。样品模型是严格按照设计要求单独制造出来的实际产品样品，完全、真实地体现产品的物理力学性能、使用功能、构造关系和形态效果等。根据样品模型可以做一些必要的试验和检测，以便进一步分析和完善产品的功能要求，提高产品质量。

### 3. 成本核算

产品成本指企业为制造产品所发生的各项费用支出，主要包括原材料(直接材料)费用、燃料动力费用、生产工人工资(直接人工)以及各项制造费用。其中，原材料费用是指直接用于产品生产并构成产品实体的主要材料、外购半成品以及辅助产品形成的辅助材料等的费用；燃料动力费用是指直接用于产品生产的各种燃料和动力费用；生产工人工资是直接参与产品生产的工人工资及其他各种形式的职工薪酬；制造费用是企业为组织和管理生产所发生的各种费用，一般包括生产车间管理人员的工资、办公费、水电费、折旧费、物料消耗、劳动保护费、季节性和修理期间的停工损失等。

当完成产品施工图等文件后，工艺或工程技术人员即可精确地核算出主材和辅材的材料用量，确定或估算出工时消耗、能源消耗、管理费用等，综合核算出产品生产成本，为后期的产品上市制定营销方案、宣传策略，进行同类产品中的优劣势分析等提供直接的基本数据。

### 4. 优化方案

优化方案指根据施工图、模型制作和成本核算等方面的工作，综合产品的形态与功能、构造之间的关系，系统地分析生产设备、生产工艺、生产成本等因素，以技术为主导进行反复思考，寻求最佳的生产条件，有针对性地进行设计方案优化。

### 5. 编制产品说明书

产品说明书的设计也属于设计内容的一部分。中华人民共和国国家标准《消费品使用说明 第6部分：家具》(GB 5296.6—2004)规范了家具产品说明书的内容与形式，在编写家具产品使用说明书时可参照执行。

【案例6-4】“基于情感交互的大众餐饮区智慧型家具设计”的设计深化过程(续案例6-3)

三、设计深化

1. 餐桌施工图

在绘制施工图时，餐桌的功能尺寸符合中华人民共和国国家标准《家具 桌、椅、凳类主要尺寸》(GB/T 3326—2016)中的规定，餐桌的构造、质量、技术要求等符合中华人民共和国国家标准《木家具通用技术条件》(GB/T 3324—2017)中的规定，胡桃木实木材料质量为中华人民共和国国家标准《锯材检验》(GB/T 4822—2015)规定的一等材，桌面大理石材符合中华人民共和国国家标准《天然大理石建筑板材》(GB/T 19766—2016)中的规定。餐桌施工图如图6-23所示。

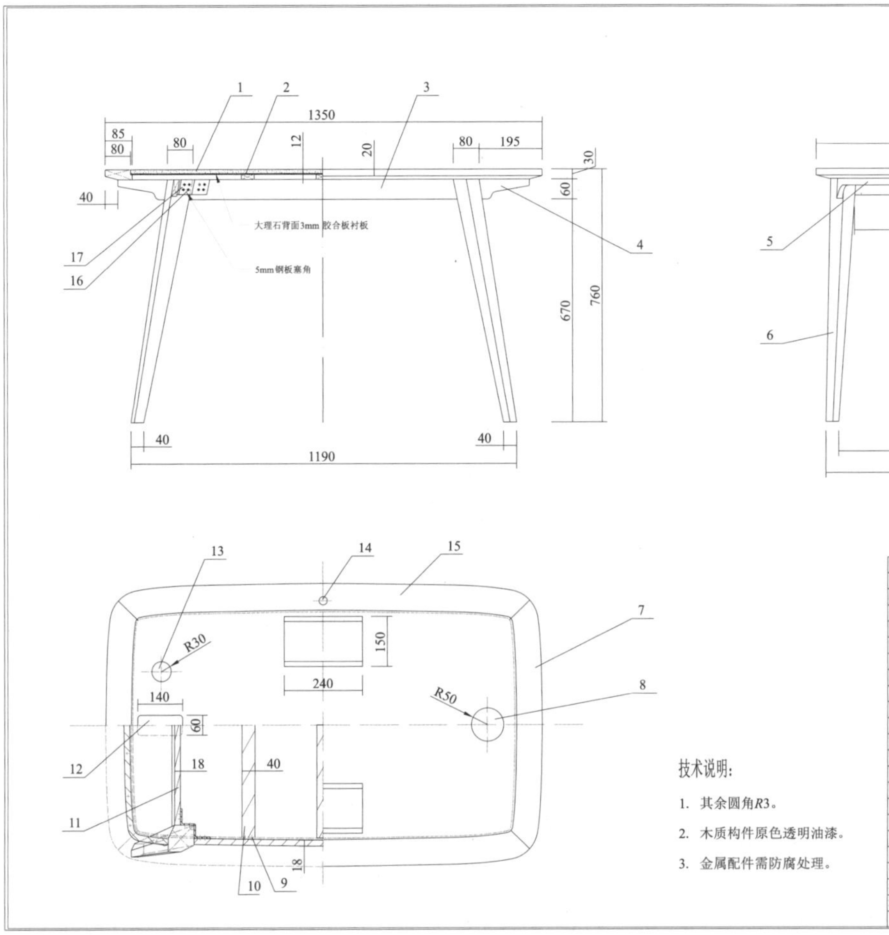

技术说明:

1. 其余圆角$R3$。
2. 木质构件原色透明油漆。
3. 金属配件需防腐处理。

| 17 | 钢板塞角 | 4 | 5mm厚 | 钢板 | 外协加工 |
|---|---|---|---|---|---|
| 16 | 木螺钉 | 76 | 十字头Ø6×16mm | 钢 | 外购 |
| 15 | 桌面长边框 | 2 | 1310×105×30mm | 胡桃木 | |
| 14 | 控制按键 | 1 | | | 外购 |
| 13 | 充电器 | 2 | | | 外购 |
| 12 | 桌灯 | 1 | | | 外购 |
| 11 | 腿拉档 | 2 | 610.9×56.6×18mm | 胡桃木 | |
| 10 | 芯框衬档 | 3 | 690×40×18mm | 胡桃木 | |
| 9 | 偏心连接件 | 24 | Ø25×12mm | 锌合金 | |
| 8 | 感应器 | 1 | | | 外购 |
| 7 | 桌面端框 | 2 | 810×105×30mm | 胡桃木 | |
| 6 | 桌腿 | 4 | 755.6×80×80mm | 胡桃木 | |
| 5 | 侧面端望板 | 2 | 684.5×20×18mm | 胡桃木 | |
| 4 | 正面边望板 | 4 | 155×60×18mm | 胡桃木 | |
| 3 | 正面中望板 | 2 | 825.5×60×18mm | 胡桃木 | |
| 2 | 大理石衬板 | 1 | 1190×690×3mm | 胶合板 | |
| 1 | 桌面芯板 | 1 | 1190×690×12mm | 大理石 | |
| 序号 | 名称 | 数量 | 规格 | 材料 | 备注 |

| 设计 | | | 餐桌<br>型号：-XXX | 代号 | | | |
|---|---|---|---|---|---|---|---|
| 制图 | | | | 规格 | | | |
| 描图 | | | | 比例 | | 共1张 | 第1张 |
| 校对 | | | | 深圳大学家具设计研究所 | | | |
| 审批 | | | | | | | |

图6-23 餐桌施工图(尺寸单位：mm)

2. 餐桌椅模拟场景模型

本项目方案因受条件限制，采用电脑模拟餐桌椅使用场景模型图的表现形式(图6-24)。

图6-24 餐桌椅电脑模拟场景模型图

3.成本核算

餐桌的成本包括原材料成本、燃料成本、工人工资和制造费用四个方面。计算时以餐桌施工图中提供的材料明细为依据，计算出直接材料用量后，再估算出原材料费用、燃料费用、工人工资和制造费用等的综合成本，当产品批量生产后，再以各项费用的实际消耗为标准进行成本修正。

4.产品说明书

智慧型餐桌产品说明书主要内容有产品介绍、技术参数、配件清单、安装说明、使用指南、维护与保养等，具体内容因篇幅所限略去。(未完待续)

## 四、验证与反馈阶段

在完成各项生产准备工作之后，即可以按照图纸等技术文件进行小批量试生产，随即让试生产的产品与消费者见面，即试销售。试销售有参加大型专业展览会、自办展销订货会等渠道，并在试销售前制定合理的产品价格、销售策略、广告宣传，以求快速将产品推向市场。设计师在产品试生产、试销售过程中的主要工作是通过适当的渠道收集市场和消费者对于产品的信息反馈，采取科学的方法分析、处理这些反馈信息，作为进一步改进、完善新产品的依据，并筹备下一轮的新产品设计工作。

总之，家具形态设计程序是根据设计的规律制定的，以阶段性工作内容的实现为服务对象的一种产品设计创新工作流程。随着时代的发展和社会的进步，家具的需求也日趋多样、繁杂，设计分工也更加专业、精细。因此，设计程序是否条理清晰完整，设计组织过程是否科学合理，直接影响产品的综合品质和市场竞争能力。

# 第三节 家具形态设计评价

评价是对事物价值的评判与界定。设计评价也称设计评审，是依据一定的原则和科学的方法，对解决设计问题的方案进行事实判断和价值认定的工作过程。设计评价不仅有助于加强设计过程中的信息交流与反馈，提高设计质量，还可以通过设计评价强化企业或品牌文化，引导消费，弘扬主流价值观，承担企业的社会责任。

## 一、设计评价的指标体系

家具形态设计评价涉及诸多因素，其中既有人的因素，也有物的因素；既涉及生产技术因素，又与社会形态和市场环境密切相关。各种因素交织后形成了错综复杂的产品语义与语境体系，有的需要定性分析，有的需要定量参考，甚至二者都需要。因此，需要建立一种条理清晰的设计评价指标体系，然后依据该体系对家具形态设计进行评价。

根据家具形态设计评价的综合影响因素，制定家具形态设计评价指标体系如图6-25所示。该体系将形态的评价要素划分为三个层级，其中最高层级是目标层，即家具形态的评价目标，也是综合评价的结果；中间层级为准则层，以产品的功能性、美观性、材料合理性、构造科学性、工艺性、经济性、情感特征作为评价准则；最低层级是具体的评价要素层，是准则层的具体化。

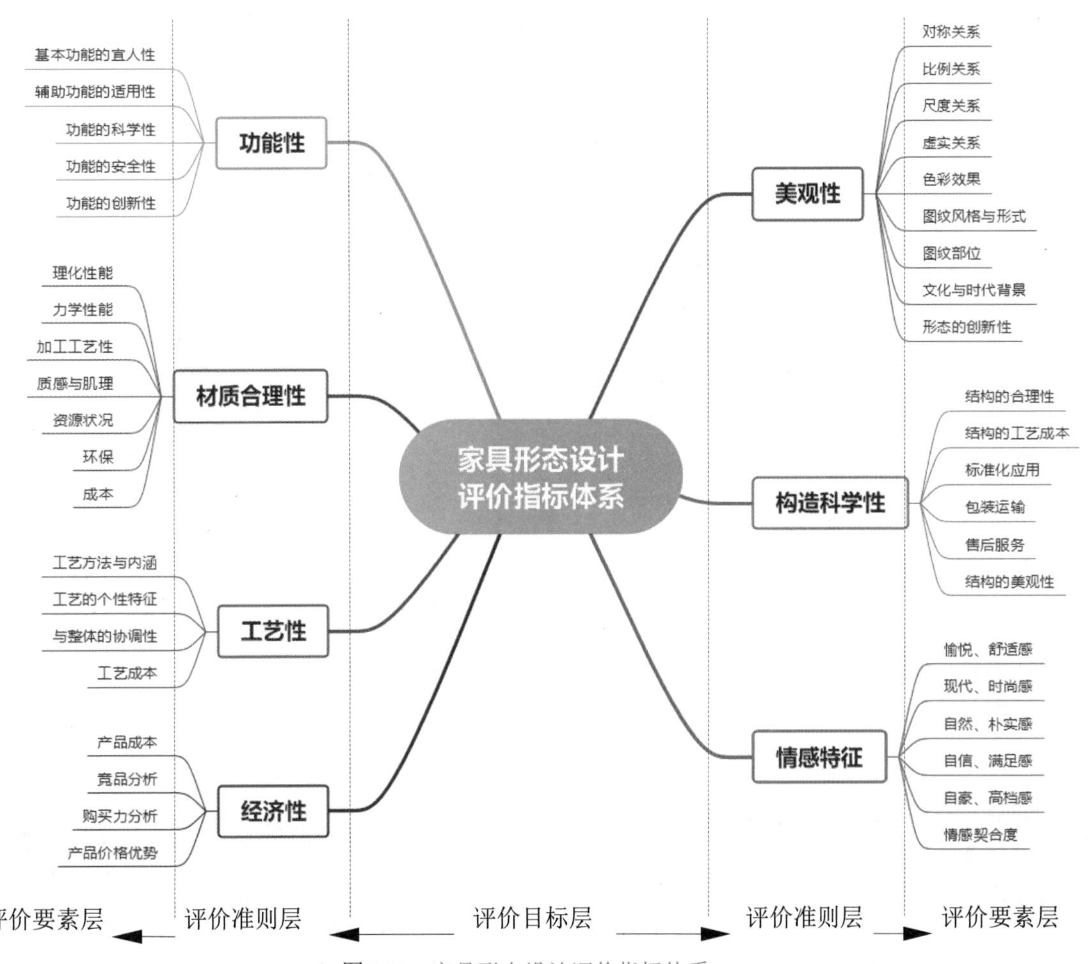


图6-25　家具形态设计评价指标体系

## 二、设计评价的一般流程

设计评价作为设计方案是否可行的审测工具，是设计项目展现问题、解决问题工作流程中的一个工作环节，存在于设计项目的初期、中期和后期，协调或总结不同阶段的设计工作。设计评价是设计组织或管理部门的日常性工作之一，一般具有科学、规范的格式化工作流程，保障设计评价的客观公正。在家具形态设计中，项目初期、中期的设计评价也称设计评审或设计评估，多由设计部门小范围组织完成，直到项目后期才会组织综合性的设计评价，也就是项目的最终评价。一般的设计评价工作可分为评价准备、评价组织、评价实施和评价完成四个阶段。图6-26是家具形态设计评价的一般流程。

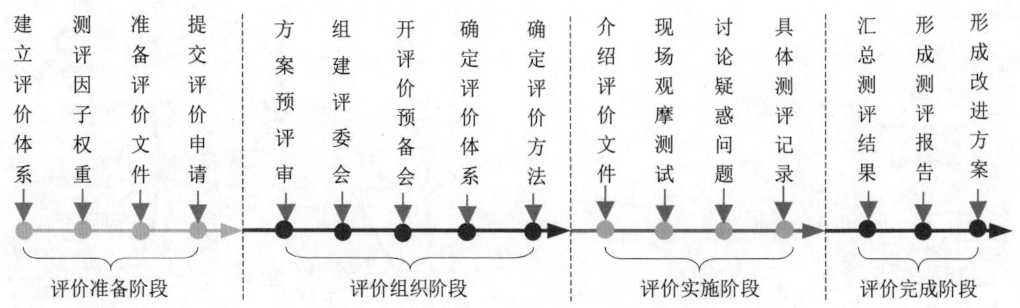


图6-26　家具形态设计评价的一般流程

### 1. 评价准备阶段

评价准备阶段源于设计项目阶段性工作完成后，需要进行阶段性的总结或审测，以便后续工作的展开。评价准备阶段的主要工作内容有：建立评价体系，确定评价要求、目的、计划，确定评价时间、地点等，确定评价因子权重，准备评价文件，等等。尽管工作内容烦琐，但多是一些格式化的规范性文件，一经形成即可多次套用。设计项目负责人根据准备工作完成情况，一般以《设计评价申请报告》的形式正式提出。

### 2. 评价组织阶段

评价组织阶段的主要工作内容有三个方面：一是待评方案预评审，即在正式评价之前，自主邀请相关人员先对待评价的方案进行非正式审查，查漏补缺，避免存在一些原则性的缺陷，以便在正式评价之前进行修正，并决定是否组织评价及何时进行评价。二是组成评价委员会，可根据产品的市场定位及其他相关因素决定邀请的评价专家及其成员构成：一般为由创意设计专家、技术专家、产品经理、业务经理等组成评价委员会。三是召开评价预备会，主要向评价委员会介绍待评方案的设计目标和设计规范，并就设计项目产品的功能输出、风格特征、市场定位、成本等因素是否符合设计目标和设计规范的要求进行说明，审定待采用的评价体系与方法。

### 3. 评价实施阶段

评审会议召开即标志着评价工作正式进入实施阶段，主要工作程序如下：一是由设计项目负责人介绍评价用的各类方案或文件。二是现场观摩或测试设计项目实物产品。三是评审专家提出存在的问题或讨论有疑惑的问题。四是进行各测评点的具体评价记录工作。

### 4. 评价完成阶段

开始回收评价委员会专家的测评表即标志着设计评价进入收尾阶段。这一阶段的主要工作内容有以下几个方面：一是汇总专家的测评结果，得出评价结论，并请评价委员会全体专家签字。二是形成测评报告，一般以表格的形式呈现(表6-7)。三是形成改进方案，针对各评价专家提出的意见，逐条形成采纳与否的处理意见；特别是对不予以采纳的意见，要做出充分、合理的说明。

表6-7　设计项目评价报告样表格式

<table>
<tr><td colspan="6">设计项目评价报告<br><br>编号：2024-××-××××</td></tr>
<tr><td>项目名称</td><td colspan="2"></td><td>项目负责人</td><td colspan="2"></td></tr>
<tr><td>评价专家组负责人</td><td></td><td>评价时间</td><td></td><td>评价地点</td><td></td></tr>
<tr><td rowspan="3">评价专家组成员与分工</td><td>姓名</td><td>单位(部门)</td><td colspan="3">分工</td></tr>
<tr><td></td><td></td><td colspan="3"></td></tr>
<tr><td></td><td></td><td colspan="3"></td></tr>
<tr><td>项目的设计定位或要求</td><td colspan="5"></td></tr>
<tr><td>项目评价意见</td><td colspan="5"></td></tr>
</table>

## 三、设计评价的常用方法

尽管目前国内外已经提出了近30种设计评价方法，但还没有一种公认的比较通用的评价方法。消费者、企业、设计师因各自的诉求不同，评价时各有侧重，难以统一。消费者主要考虑的是产品的价格、适用性、安全性、可靠性、美观性等，而企业则把产品的成本、技术可行性、利润、市场前景等放在首位，设计师往往会兼顾产品的社会效果、环境因素、人们的行为方式、功能的适宜性、形态的美观性等。但是，如果把消费者、企业、设计师三者的侧重点统一到以产品为主体上进行评价，会发现三者的目标实质上是一致的。因此，在进行产品设计评价时，可以邀请不同行业的人员参与其中，形成以产品设计特征为基础的评价体系(图6-24)，对其中的评价因子进行定性或定量评价。其中，定性评价又称非计量性评价，适用于人们凭主观判断家具形态美观性能、心理性能、生理性能等优劣的评价。目前应用较多的定性评价方法有语言区分法和类比分析法两种。定量评价又称计量性评价法，评价时需将产品中的各测评因子进行量化处理和数学计算，形成一个数字化的评价结果。目前应用较多的定量评价法有$\alpha\times\beta$评价法、列项计分评价法和模糊评价法。定量评价法实施过程中的困难在于各测评因子的权重值分配，一般会采用电脑编程协助评价过程中的大量数据计算。

### 1. 语义差异评价法

语义差异评价法也称SD(Semantic Differential)评价法，是目前国内外设计界较为常用的非计量性评价方法。这种方法通过记录评价专家对被测评项目在一定的评价尺度内的主观判断形成评价结果。

在应用语义差异评价法时，首先将待评价对象转化为可用意念或心理感知判断的系列测评因子，也可以配以适当的图片辅助表达。然后将各测评因子划定出适当的评价尺度。常见的测评尺度有-2、-1、0、 1、2五挡，或-3、-2、-1、0、 1、2、3七挡，并以适当的语言文字对各档进行说明。最终以各要素的权重值进行计算后的数值为评价结果，再将各数值兑换为对应的描述型语言。下面是语义差异评价法在“基于情感交互的大众餐饮区智慧型家具设计”项目中的应用案例。

【案例6-5】“基于情感交互的大众餐饮区智慧型家具设计”项目中智慧型餐桌功能性的语义差异评价(续案例6-4)

本项目方案采用七档语义差异评价法对智慧型餐桌的功能性进行评价，由图6-24可知，餐桌的功能性测评因子有基本功能的宜人性、辅助功能的适用性、功能的科学性、功能的安全性、功能的创新性五个，各因子的权重值设置如表6-8所示。评价表回收后，最终统计结果为2.48，介于好与很好之间。至此即完成了智慧型餐桌的功能性测评工作。同理，可以完成智慧型餐桌的形态美观性、材质合理性、构造科学性、工艺性、情感特征、经济性以及餐椅、餐凳应用语义差异法的测评工作。

表6-8　智慧型餐桌功能的SD法测评表

| 测评因子 | -3 | -2 | -1 | 0 | 1 | 2 | 3 | 评分 |
|---|---|---|---|---|---|---|---|---|
| 基本功能的宜人性(0.28) | | | | | | | | 3 |
| 辅助功能的适用性(0.12) | | | | | | | | 2 |
| 功能的科学性(0.20) | | | | | | | | 3 |
| 功能的安全性(0.20) | | | | | | | | 2 |
| 功能的创新性(0.20) | | | | | | | | 2 |

注：表中数值0表示一般，1表示较好，2表示好，3表示很好，-1表示较差，-2表示差，-3表示很差。

### 2. 类比分析评价法

类比分析评价法是一种比较常用的定性评价方法，是根据两个研究对象或两个系统在某些属性上类似而推导出其他属性也类似的评价方法。类比分析评价法应用于家具形态设计方案评价时，要求把待评价的方案与已拟定的标准进行分析、类比，并按5分制对评价结果逐项评分，再按总分的平均值确定产品方案的优劣。下面是类比分析评价法在“基于情感交互的大众餐饮区智慧型家具设计”项目中的应用案例。

【案例6-6】“基于情感交互的大众餐饮区智慧型家具设计”项目中智慧型餐桌功能性的类比分析评价(续案例6-4)

根据图6-24，智慧型餐桌共有基本功能的宜人性、辅助功能的适用性、功能的科学性、功能的安全性、功能的创新性五个功能性测评因子，分别对各测评因子按5分制从高到低列出评分标准，并形成表6-9所示的打分测评表，然后由评价专家进行评价打分。打分后的类比分析法测评表回收统计后，得分为4.6，至此即完成智慧型餐桌的功能性测评工作。同理，可以进行智慧型餐桌的形态美观性、材质合理性、构造科学性、工艺性、情感特征、经济性以及餐椅、餐凳应用类比分析评价法的测评工作。

表6-9 智慧型餐桌功能的类比分析评价法打分表

| 测评因子 | 评分标准与分值 | | | | | | 评分值 |
|---|---|---|---|---|---|---|---|
| 基本功能的宜人性 | 标准 | 完美、合理、舒适，达国际一流水平 | 较合理、较安全，达到市场上高档产品要求 | 能满足基本的使用要求 | 功能低下，部分不符合使用要求 | 功能低劣，缺乏安全保障 | 5 |
| | 分值 | 5 | 4 | 3 | 2 | 1 | |
| 辅助功能的适用性 | 标准 | 巧妙、合理、便捷、安全 | 较合理、便捷、符合安全要求 | 无辅助功能 | 辅助功能设置不当，或安全性差 | 辅助功能与需求不符，安全性完全没有保障 | 4 |
| | 分值 | 5 | 4 | 3 | 2 | 1 | |
| 功能的科学性 | 标准 | 原理清晰、理论先进，达国际一流水平 | 理论较先进，符合高档产品要求 | 通用、常见技术原理 | 理论陈旧、原理落后 | 不符合技术或科学原理 | 5 |
| | 分值 | 5 | 4 | 3 | 2 | 1 | |
| 功能的安全性 | 标准 | 达到国际一流水平 | 达到高档产品的要求 | 能满足基本的安全要求 | 安全性较差 | 安全性很差或不安全 | 4 |
| | 分值 | 5 | 4 | 3 | 2 | 1 | |
| 功能的创新性 | 标准 | 国际上一流的行为原理、功能形式 | 国内领先的行为原理、功能形式 | 常见行为原理、功能形式 | 落后的功能形式 | 陈旧、过时的功能形式 | 5 |
| | 分值 | 5 | 4 | 3 | 2 | 1 | |

### 3. α · β评价法

在$\alpha\times\beta$评价法中，$\alpha$代表某一测评因子的权重系数，$\beta$代表某一测评因子的评价值，$\alpha$和$\beta$的乘积即为对某一测评因子的量化判断。下面仍然以“基于情感交互的大众餐饮区智慧型家具设计”项目为例，说明$\alpha\times\beta$评价法的应用过程。

【案例6-7】“基于情感交互的大众餐饮区智慧型家具设计”项目中智慧型餐桌功能性的$\alpha\times\beta$评价法应用示例(续案例6-4)

根据图6-24，智慧型餐桌的功能性测评因子有五个，分别标定代号为1-1基本功能的宜人性，1-2辅助功能的适用性，1-3功能的科学性，1-4功能的安全性，1-5功能的创新性，各测评因子对应的权重值$\alpha$分别标定代号为$\alpha_{1-1}$、$\alpha_{1-2}$、$\alpha_{1-3}$、$\alpha_{1-4}$、$\alpha_{1-5}$。参考表6-8所赋予的权重值分别为：0.28、0.12、0.20、0.20、0.20。各测评因子的满意度$\beta$取值为0～10，其中10为满意度最高值，0为满意度最低值，然后绘制成表6-10所示的$\alpha\times\beta$打分测评表，交由评价专家进行评价打分。打分后的$\alpha\times\beta$评价法测评表回收统计后，假设计算后的结果是9.336，即为智慧型餐桌的功能性的测评值，亦即完成智慧型餐桌的功能性测评工作。同理，可以完成智慧型餐桌的形态美观性、材质合理性、构造科学性、工艺性、情感特征、经济性以及餐椅、餐凳应用$\alpha\times\beta$评价法的测评工作。

表6-10　智慧型餐桌功能的$\alpha \times \beta$法打分表

| A<br>项目代号与类别 | B<br>测评因子的$\beta$值(0～10) | C<br>测评因子的$\alpha$值 | D<br>$\alpha \times \beta$值 |
|---|---|---|---|
| 1-1 基本功能的宜人性 | 9.5 | 0.28 | 0.28×9.5=2.66 |
| 1-2 辅助功能的适用性 | 9.8 | 0.12 | 0.12×9.8=1.176 |
| 1-3 功能的科学性 | 8.5 | 0.20 | 0.20×8.5=1.7 |
| 1-4 功能的安全性 | 9.5 | 0.20 | 0.20×9.5=1.9 |
| 1-5 功能的创新性 | 9.5 | 0.20 | 0.20×9.5=1.9 |
| 测评结果：$G_1$=9.336 | | $\alpha_1$=1 | 合计：9.336 |

### 4. 列项计分评价法

列项计分法主要适用于全新开发的产品，在没有同类产品作为标准样品供参照时，产品的设计评价可采用此法。组织一个不少于五人的专家评价委员会，在对产品的功能、形态、构造、材质、工艺、经济性、情感特征、绿色特征、技术文件的完整性、售后服务等进行全面的了解之后，评价委员会对列出的各待测评要素层A，B，C，D，…划分分值，要求各要素层的分值之和为100分，即A+B+C+D+…= 100。同时要列出各要素层中的测评准则层(测评因子)($A_1$，$A_2$，$A_3$，…；$B_1$，$B_2$，$B_3$，…；$C_1$，$C_2$，$C_3$，…；$D_1$，$D_2$，$D_3$，…)，并划定各准则层的分值为 $A_1+A_2+A_3+\cdots=A$，$B_1+B_2+B_3+\cdots=B$，…。打分评价结束后，计算出测评的分值，即为评价结果。在此仍然以“基于情感交互的大众餐饮区智慧型家具设计”项目为例，说明列项计分评价法的应用过程。

【案例6-8】“基于情感交互的大众餐饮区智慧型家具设计”项目中智慧型餐桌的列项计分评价法应用示例(续案例6-4)

根据图6-24，分别标定各要素层代号和分值。其中，A，功能性，分值为25；B，美观性，分值为25；C，材质合理性，分值为10；D，构造科学性，分值为10；E，工艺性，分值为10；F，经济性，分值为10；G，情感特征，分值为10。合计为100分。其中，智慧型餐桌的功能性(A)又包含五个准则层，即测评因子，分别进一步标定代号为：$A_1$——基本功能的宜人性(10分)，$A_2$——辅助功能的适用性(3分)，$A_3$——功能的科学性(3分)，$A_4$——功能的安全性(5分)，$A_5$——功能的创新性(4分)。然后绘制成表6-11所示的列项计分评价打分表，交由评价专家进行评价打分。打分表回收统计后，即为智慧型餐桌应用列项计分评价法的评价结果。在此例中，仅对智慧型餐桌的功能性测评进行了较详细的记录，而对其美观性、材质合理性、构造科学性、工艺性、经济性、情感特征的测评进行了缩略，统计后得分为91.3。同理，餐椅、餐凳也可以此为参照，应用列项计分评价法完成测评工作。

表6-11 智慧型餐桌应用列项计分评价打分表

| 项目代号 | 项目名称 | 项目分值 | 分项分值 | 分项代号与内容 | 分项评分 | 项目评分 |
|---|---|---|---|---|---|---|
| A | 功能性 | 25 | 10.0 | $A_1$ 基本功能的宜人性 | 9.5 | 22.6 |
| | | | 3.0 | $A_2$辅助功能的适用性 | 2.8 | |
| | | | 3.0 | $A_3$功能的科学性 | 2.6 | |
| | | | 5.0 | $A_4$功能的安全性 | 4.8 | |
| | | | 4.0 | $A_5$功能的创新性 | 2.9 | |
| B | 美观性 | 25 | 2.5 | $B_1$ 对称关系 | 2.3 | 22.8 |
| | | | … | … | … | |
| | | | 4.0 | $B_9$ 形态的创新性 | 3.8 | |
| C | 材质合理性 | 10 | 2.0 | $C_1$ 理化性能 | 1.8 | 9.2 |
| | | | … | … | … | |
| | | | 1.0 | $C_7$ 成本 | 0.85 | |
| D | 构造科学性 | 10 | 2.5 | $D_1$ 构造的合理性 | 2.4 | 9.7 |
| | | | … | … | … | |
| | | | 1.0 | $D_6$ 构造的美观性 | 0.9 | |
| E | 工艺性 | 10 | 2.5 | $E_1$ 工艺方法与内涵 | 2.3 | 9.2 |
| | | | … | …… | … | |
| | | | 2.5 | $E_4$ 工艺成本 | 2.4 | |
| F | 经济性 | 10 | 2.5 | $F_1$ 产品成本 | 2.1 | 8.5 |
| | | | … | … | … | |
| | | | 2.5 | $F_4$ 产品价格优势 | 2.0 | |
| G | 情感特征 | 10 | 1.5 | $G_1$ 愉悦、舒适感 | 1.3 | 9.3 |
| | | | … | … | … | |
| | | | 2.0 | $G_6$ 情感契合度 | 1.9 | |
| H | 总评得分 | | | | | 91.3 |

### 5. 模糊评价法

模糊评价法是一种基于模糊数学的综合评价方法，其根据模糊数学的隶属理论把定性评价转化为定量评价，即用模糊数学对受到多种因素制约的事物或对象做出一个总体的评价。模糊评价法具有结果清晰、系统性强的特点，能较好地解决模糊的、难以量化的问题，适合解决各种非确定性的问题。模糊评价法应用的基本步骤可归纳如下。

第一步：确定评价对象的要素层论域，即测评因子，如图6-24中设了功能性($U_1$)、美观性($U_2$)、材质合理性($U_3$)、构造科学性($U_4$)、工艺性($U_5$)、经济性($U_6$)、情感特征($U_7$)七个测评准则层，总体评价结果$U=(U_1+U_2+U_3+U_4+U_5+U_6+U_7)$；再根据各评价准则层包含的评价要素层(评价指标)，形成评价要素层(评价指标)集合，即$U_1=\{U_{11}, U_{12}, U_{13}, U_{14}, U_{15}\}$，…，$U_7=\{U_{71}, U_{72}, U_{73}, U_{74}, U_{75}, U_{76}, U_{77}\}$。

第二步：确定评语等级论域，设$V=(V_1+V_2+V_3+V_4+V_5+V_6+V_7)$，其中的每一个等级对应一个模糊子集，即评语等级集合。

第三步：建立模糊关系矩阵。当构造了等级模糊子集后，便可以逐个对被评价因子$U_i$($i$=1, 2,

…, 7)进行量化，即确定各评价准则层在被评方案中相对的等级模糊子集的隶属度$(R|U_i)$，从而得到模糊关系矩阵$\boldsymbol{R}=\begin{pmatrix}(R|U_1)\\(R|U_2)\\\vdots\\(R|U_n)\end{pmatrix}=\begin{pmatrix}r_{11} & r_{12} & \cdots & r_{1m}\\r_{21} & r_{22} & \cdots & r_{2m}\\\vdots & \vdots & \vdots & \vdots\\r_{n1} & r_{n2} & \cdots & r_{rm}\end{pmatrix}$，其中，第$i$行第$j$列元素表示某个被评指标$U_i$从因素来看对$V_j$的隶属度。

第四步：确定评价准则层或要素层(测评因子)的权重值。在模糊评价过程中，评价因子的权重值$\alpha=(\alpha_1，\alpha_1，\cdots，\alpha_n)$，一般采用层次分析法确定评价各准则层或要素层(测评因子)的相对重要性次序，从而确定权重系数，并且在合成之前归一化。然后将权重因子与相应的测评因子合并，即为模糊评价结果。

## 思政要点与设计实践

1. 思考如何结合东方审美观建立中国家具形态评价体系。
2. 理解不同设计程序模式的适用性。
3. 虚拟某家具形态设计项目，按设计程序要求逐步推进项目进程。
4. 虚拟某家具形态设计方案，采用不同的评价方法进行方案评价，并比较评价结果。

## 参考文献

[1] 许继峰，张寒凝，崔天剑. 产品设计程序与方法[M]. 北京：北京大学出版社，2017；51-56.
[2] 唐开军，行焱. 家具设计[M]. 3版. 北京：中国轻工业出版社，2022：31-45.
[3] 熊杨婷，赵璧，魏文静. 产品设计程序与方法[M]. 合肥：合肥工业大学出版社，2017：69-74.
[4] 杨旸，白薇. 产品设计调研与规划[M]. 北京：清华大学出版社，2020：64-76.
[5] 吴坚. 解密高端餐饮转型困扰[J]. 扬州大学烹饪学报，2013，30(2)：29-34.

# 后 记

设计位于产业链的顶端，以创新性为基本属性孕育产品，以虚拟推演的方式历经产品生命周期的全过程。现代设计活动是职业设计师运用专业的技能，以虚拟规划的形式对各种数据进行科学分析，对产品构成和生产过程进行理性推演，对产品市场和消费者进行全面研究后，进行的创造性构思活动，以形成最佳结果。可见，产品品性的优劣在其孕育期的设计阶段，即由设计师的专业水平所决定，这也是设计的重要性所在。

因此，在新文科、新设计构建的架构体系中，作为大学教学的主要构成元素之一的教材应该新在何处是我们必须重点思考的问题。作者认为，与新兴设计学科配套的教材应该契合复杂多样的工作与生活环境，多元化的行为需求和审美需求，转换编写理念，构建新的架构体系、知识体系、内涵体系；利用互联网平台、人工智能技术，突破传统教材的局限性，形成数字化配套的立体型特色。也缘于此，作者萌发了编写《家具形态设计》教材的想法。

无论是本教材的直观内容还是内涵，都意在突破传统的家具造型设计类教材固有的“功能价值”的编写理念，以新兴的“情感价值”为编写理念，结合当前与未来情感消费观的内涵与需求，以期重构家具形态设计的架构体系、知识体系，引导传统的家具造型设计类教材的迭代升级。

在本教材长期的成稿过程中，作者思考多于撰写。思考中式悟物之道的架构体系、知识体系，知识点的呈现形式、教学组织、配套教学资源等方面的内容及其预期效果，尽管还不完全成熟，但也基本成型。教材采用了黄慧金、余柏庆等研究生论文中的设计案例，多处采用一些企业的优秀产品作为案例，特别是得到了清华大学出版社编辑们的大力支持，他们给出了高屋建瓴性的编写建议，并做了大量的实质性工作，在此一并表示衷心的感谢!

作　者

2024年春于深圳